U0199088

工业和信息化部“十四五”规划专著

新型高性能 CuW 系高压电触头材料

梁淑华　张　乔　曹伟产　王彦龙　著

科学出版社

北　京

内 容 简 介

本书是作者在 CuW 系高压电触头材料领域多年来研究工作的总结。依据 CuW 系高压电触头材料在苛刻服役环境下出现的问题，基于实际服役环境下的损伤机理及失效机制，从材料学的角度设计材料成分、调控微观组织、优化制备工艺，研制系列新型高性能 CuW 系高压电触头材料，并对研制的 CuW 触头材料进行服役性能表征分析，研究工作涉及失效分析—成分设计—组织调控—工艺优化—性能表征—产品研制整个过程。

本书内容系统深入、理论性较强、逻辑结构清晰、语言通俗易懂，适合材料、冶金、电力、化工等学科领域相关科研人员、工程技术人员阅读，涉及的研究方法和研究成果将为从事电接触材料的广大科技工作者及高等院校师生提供理论指导和参考借鉴。

图书在版编目(CIP)数据

新型高性能CuW系高压电触头材料 / 梁淑华等著. —北京：科学出版社，2023.12

ISBN 978-7-03-067853-9

Ⅰ. ①新…　Ⅱ. ①梁…　Ⅲ. ①高压电力系统-电触头　Ⅳ. ①TM503

中国版本图书馆CIP数据核字(2020)第269000号

责任编辑：吴凡洁　罗　娟 / 责任校对：王萌萌
责任印制：师艳茹 / 封面设计：赫　健

科学出版社 出版
北京东黄城根北街 16 号
邮政编码：100717
http://www.sciencep.com
北京中石油彩色印刷有限责任公司 印刷
科学出版社发行　各地新华书店经销
*
2023 年 12 月第　一　版　开本：720 × 1000　1/16
2023 年 12 月第一次印刷　印张：18 1/2
字数：370 000

定价：150.00 元

(如有印装质量问题，我社负责调换)

前　言

电网建设关系到国计民生，断路器(开关)作为电网中保证运行安全的关键设备，其核心部件是电触头。CuW 合金因具有高的耐电压强度和抗电弧烧蚀性能，是断路器及其组合电器、电容器组开关、隔离开关等各类高压断路器电触头的关键材料。电网负荷不断增大和服役环境的多样化，对断路器(开关)提出“(超)大容量”、“小型化”、“长寿命”、“高可靠”的需求，导致触头的服役环境日益苛刻，因此，迫切需要开发超强承载、极端耐热、高强耐烧、超高耐磨的新型 CuW 系高压电触头材料。

依据 CuW 系高压电触头材料在苛刻服役环境下出现的问题，多年来作者带领团队基于电触头材料实际服役环境下的损伤机理及失效机制，从材料成分设计、微观组织调控、制备工艺优化等方面进行深入研究。在此基础上，研制了系列新型高性能 CuW 系高压电触头材料，并对研制的 CuW 系高压电触头材料服役性能进行表征分析。研究工作涉及失效分析—成分设计—组织调控—工艺优化—性能表征—产品研制整个过程，期望本书的出版有助于新型高性能 CuW 系高压电触头材料的进一步研发和应用领域拓展。

书中的主要内容是团队多年来研究工作的总结，第 1 章主要介绍高压电触头材料服役需求及 CuW 系高压电触头材料存在的问题，第 2 章主要介绍 W 骨架的活化烧结，第 3 章主要介绍 W 骨架熔渗过程模拟及合金元素对 Cu 液熔渗过程的影响，第 4 章主要介绍添加合金元素和陶瓷相对 CuW 系高压电触头性能的影响，第 5 章主要介绍超细结构、纤维增强结构和梯度增强结构三种新型 CuW 系高压电触头材料的组织结构设计，第 6 章主要分析模拟 CuW 系高压电触头材料的损伤过程。各章节之间既相对独立，又相互联系，在内容上形成一个整体。

本书的研究得到国家高技术研究发展计划(863 计划)课题(No：2015AA034304)、国家自然科学基金重点项目(No：50834003)、陕西省电工材料与熔渗技术重点科技创新团队(No：2012KCT-25)、陕西省重点研发计划(No：2017ZDXM-GY-033、2019ZDLGY05-07)等项目的资助，先后有 5 名博士研究生、25 名硕士研究生参与本书的研究工作，发表论文 43 篇(SCI 收录 39 篇)，申报国家发明专利 39 项(授权 30 项)，获省部级一等奖 2 项。

衷心感谢科技部、国家自然科学基金委员会、陕西省科技厅等部门的资助；感谢团队成员、毕业及在读的博士和硕士研究生为此研究工作付出的努力；感谢为本研究提供实验帮助的分析测试、设备操作及维护的有关人员；感谢肖鹏、邹军涛、王献辉、杨晓红、白艳霞、卓龙超、刘楠、陈铮等团队成员为本书撰写的辛勤付出；感谢科学出版社的编辑及相关工作人员为本书做出的奉献。书中引用同行的研究结果均以参考文献的形式列出，特向有关作者致谢。

由于作者水平有限，很多研究工作还不够成熟，书中难免存在不足之处，还望读者不吝赐教。

作　者

2023 年 8 月

目　录

第1章 绪　论

电力作为支撑国民经济发展的先导性和基础性产业，是打通社会经济各个环节的“动力源”，它不但与人们的日常生活、社会稳定密切相关，而且是关系国家安全的战略资源。随着我国经济社会的不断进步，电力工业进入高速发展期，发电装机、电网规模等多项指标已稳居世界首位，有力支撑了国民经济的快速发展和人民生活水平的不断提高，电力平稳运行与安全保障也更加重要。

在信息技术、新能源汽车、轨道交通、半导体等高端装备制造为代表的新兴产业推动下，对电力资源的需求逐年增长。而我国电力资源多分布在经济欠发达的西部和北部地区，在经济发达且用电需求大的中东部地区则较为欠缺，面对能源资源与用电负荷分布不均衡的特征，大容量、远距离、低损耗的特高压输电优势明显。同时，在“双碳”目标推动下，光伏、风电、核电等清洁能源装机容量占比加速提升，面对光伏、风电等间歇性能源持续接入电网以及对火电、核电发电效率提升的需求，需发展调峰能力强、储能优势突出、事故备用可靠性高的抽水蓄能技术，提升用电高峰电网负荷能力。新发展格局下面临的新挑战对电网设备提出了更高需求，对负责电网开断的枢纽设备——断路器(开关)的服役要求也因使用场景升级而变得更为严苛。

六氟化硫(SF_6)断路器因具有优异的绝缘、灭弧和开断性能，且其可靠性高、易于维护，广泛应用于特高压电网和新能源并网建设中[1]。SF_6断路器中负责开合的触头包括导电触头和弧触头，导电触头在电网接通后长期承担负荷电流，而弧触头主要承担开合过程强电弧烧蚀，进而保护导电触头。弧触头作为执行开断指令的部件直接决定SF_6断路器的开断能力，是断路器的“心脏”[2-6]。目前广泛应用的是CuW/CuCr自力式整体触头(图1.1)，其主要由高熔点、高强度以及优异耐电弧烧蚀性能的CuW合金和具有良好导热性能、导电性能及弹性的CuCr合金组成。本书聚焦于研究整体触头前端耐烧蚀CuW合金部分，以下(电)触头均指CuW系高压电触头。

电触头材料的物理性质及电特性很大程度上决定了高压断路器的安全性、可靠性及断开和关合特性。在断开和关合过程中，电触头材料要承受高温电弧的烧蚀、SF_6气体的冲蚀、动静弧触头之间因插拔而引起的挤压和磨损、反复开合过程中热疲劳等服役工况[7-13]。在高压、超高压以及特高压电网中，依据断路器在承担载荷、开合电流、开合频次等方面的差异，将电触头的服役环境分为三类。

第一类是大容量、小型化服役需求。输配电断路器用电触头开断电流通

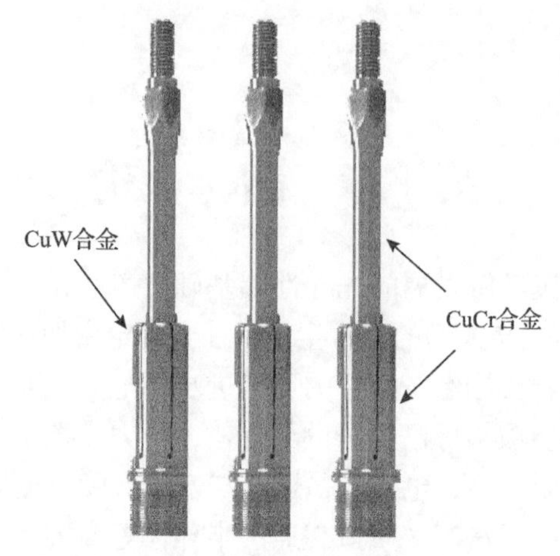

图 1.1　CuW/CuCr 自力式整体触头

常较大，一般为 40～50kA，并要求其在满容量条件下电寿命能够达到 20 次以上；随着特高压工程的建设与运行，电网负荷不断增大，高压断路器额定短路开断电流不断提升(31.5kA—40kA—50kA—63kA)，南方电网深圳局域网甚至达到 80kA，这就要求断路器能够满足大容量的服役需求。加之智能电网建设的逐步推进，要求灭弧室空间逐渐缩小，对高压断路器提出结构紧凑、便于集成安装的小型化苛刻要求。高压断路器大容量、小型化的发展趋势，迫切要求断路器用电触头材料具有更加优异的耐电弧烧蚀性能和良好的高温稳定性。

第二类是长寿命服役需求。特高压电容器组及抽水蓄能电站断路器用电触头服役过程中需要频繁开合，其中特高压电容器组断路器的设计电气寿命要求达到 3000 次以上，抽水蓄能电站高压断路器开断次数甚至达到 10 次/天以上，远超配电断路器触头在小电流下 800～1000 次的开断能力。由于操作频次高，触头不仅要经历电弧烧蚀，还要承受高频次的高温磨损和机械力挤压作用。因此，迫切需要提高电触头材料的耐磨性能及抵抗高温变形的能力，满足特高压电容器组断路器和抽水蓄能断路器用电触头长寿命的服役需求。

第三类是超大容量服役需求。超大容量发电机断路器用电触头作为发电机主回路中重要的控制保护设备，是连接发电机和变压器之间的大电流开关设备，也可以用作发电机与厂用变压器之间的分支断路器及其他大电流设备的控制和保护。发电机断路器由于额定短路开断电流极大(≥160kA)，远高于目前所使用的常规输配电断路器最大开断电流 63kA。目前，单机容量最大的台山核电站 1、2 号机组(1750MW)用发电机断路器的额定短路电流甚至超过 250kA。因此，对其提出了超大容量的服役需求，这就要求发电机断路器用电触头材料具备超级耐烧、超强耐热和良好的高温稳定性能。

在现有触头体系中，CuW 合金因其优异的综合性能仍是主要使用的高压电触头材料，但在(超)大容量、小型化、长寿命等苛刻服役环境下，CuW触头材料的耐烧、耐热、耐磨等性能需进一步提升。铜(Cu)和钨(W)两者的密度、熔点、热膨胀系数等物理性能差异较大，且Cu和W在任何温度下均不固溶，其组合而成的是一种假合金，因此通常采用熔渗法、液相烧结法等粉末冶金工艺制备，其中熔渗法是国际上公认适宜生产 CuW 触头材料的方法[14-16]。熔渗法是将一定粒度的W粉或混有少量诱导Cu粉的W粉压制成生坯，再通过烧结获得具有一定密度和强度的多孔W骨架，然后在真空或还原气氛下熔渗，金属Cu液在毛细管力作用下渗入多孔W骨架的方法。

熔渗法制备的CuW合金，其主要的承载结构为预烧结W骨架，烧结后的骨架强度直接决定合金的承载能力。骨架的烧结程度越高，即骨架W颗粒之间的连接度越高(或烧结颈越多)，则强度越高，其通常需要高的烧结温度来实现，但过高的烧结温度在工业生产中对设备要求较高，极大地增加了生产成本。同时，Cu/W界面完全不润湿，熔渗过程易产生孔隙等缺陷，而W骨架的孔隙结构及Cu液的特性对熔渗过程有重要影响，直接决定 CuW 合金的致密度及性能。面对(超)大容量、小型化、长寿命等苛刻服役需求，除了W骨架烧结和Cu液熔渗等制备工艺优化，还需通过成分和结构设计改善电弧烧蚀行为，进一步提升 CuW 合金的综合性能。高压电触头服役于高温、气流冲蚀、挤压等复杂环境，要想进一步提升其服役性能，亟须明晰 CuW 合金在热、电、机械等载荷交互作用下的失效机理。针对高压电触头用CuW合金存在的上述问题，本书主要围绕W骨架烧结、熔渗，CuW合金成分、组织结构设计，服役环境下CuW触头损伤分析等展开相关研究，为开发超强承载、极端耐热、高强耐烧、超高耐磨的新型 CuW 系高压电触头材料提供理论依据和技术支撑。

参考文献

[1] Elaine A L V, Alzenira R A, Luciane N C, et al. Substations SF_6 circuit breakers: Reliability evaluation based on equipment condition[J]. Electric Power Systems Research, 2017, 142(1): 36-46.

[2] 王珩, 李素华, 刘立强, 等. CuW电触头材料研究综述[J]. 电工材料, 2014, (5): 11-17.

[3] 杨晓红, 李思萌, 范志康, 等. CuFeW触头材料的性能[J]. 高压电器, 2008, 44(6): 537-540.

[4] Yang X H, Liang S H, Wang X H, et al. Effect of WC and CeO_2 on microstructure and properties of W-Cu electrical contact material[J]. International Journal of Refractory Metals & Hard Materials, 2010, 28(2): 305-311.

[5] Liang S H, Wang X H, Wang L L, et al. Fabrication of CuW pseudo alloy by W-CuO nanopowders[J]. Journal of Alloys and Compounds, 2012, 516(5): 161-166.

[6] Qian K, Liang S H, Xiao P, et al. In situ synthesis and electrical properties of CuW-La_2O_3 composites[J]. International Journal of Refractory Metals & Hard Materials, 2012, 31(3): 147-151.

[7] 梁淑华, 范志康. 铜钨系触头材料生产中常见缺陷及其消除办法[J]. 高压电器, 2000, 36(3): 20-21, 47.

[8] Cao W C, Liang S H, Gao Z F, et al. Effect of Fe on vacuum breakdown properties of CuW alloys[J]. International Journal of Refractory Metals & Hard Materials, 2011, 29(6): 656-661.

[9] Wang Y L, Liang S H, Ren J T. Analysis of meso-scale damage and crack for CuW alloys induced by thermal shock[J]. Materials Science and Engineering: A, 2012, 534(2): 542-546.

[10] Cao W C, Liang S H, Gao Z F, et al. Vacuum arc characteristics of CuW70 alloy[J]. Rare Metal Materials and Engineering, 2011, 40(4): 571-574.

[11] 王泽温, 王强, 范志康. CuW合金触头的耐磨性[J]. 电工材料, 2002, (1): 1-4.

[12] Wang Y L, Liang S H, Li Z B. Experiment and simulation analysis of surface structure for CuW contact after arc erosion[J]. Materials Science and Technology, 2015, 31(2): 243-247.

[13] Echlin M P, Mottura A, Wang M, et al. Three-dimensional characterization of the permeability of W-Cu composites using a new "TriBeam" technique[J]. Acta Materialia, 2014, 64(2): 307-315.

[14] Xiong X J, Liu Y X. Effect of tungsten particle size on structures and properties of infiltrated W-Cu compacts for electrodes[J]. Materials Science and Engineering of Powder Metallurgy, 2007, 12(2): 101-105.

[15] Liang S H, Chen L, Yuan Z X, et al. Infiltrated W-Cu composites with combined architecture of hierarchical particulate tungsten and tungsten fibers[J]. Materials Characterization, 2015, 110: 33-38.

[16] Wang C P, Lin L C, Xu L S, et al. Effect of blue tungsten oxide on skeleton sintering and infiltration of W-Cu composites[J]. International Journal of Refractory Metals & Hard Materials, 2013, 41(11): 236-240.

第 2 章　W 骨架的活化烧结

烧结作为熔渗法制备 CuW 合金的关键工序，是将压制成型的 W 压坯放入通有保护气氛或真空环境的高温烧结炉中，在目标温度下保温一段时间，得到熔渗用 W 骨架的过程[1-3]。CuW 合金的性能与 W 骨架的烧结密切相关，骨架 W 颗粒之间较高的连接度(或较多的烧结颈)有利于 CuW 合金强度的提高，但这通常需要较高的烧结温度。一般来说，粉末冶金工艺烧结温度为(0.7～0.8) T_m(T_m 为金属熔点)[4]。W 作为典型的难熔金属，熔点高达 3410℃，纯钨的烧结温度为 2387～2728℃。而在实际生产、实验中，受设备条件的限制，过高的烧结温度不但经济成本较高，而且难以实现[5, 6]。在工业生产中，通常较为经济的烧结温度为 1400～1500℃，这就要求降低 W 骨架的烧结温度。

活化烧结常用来降低烧结温度，可实现 W 骨架的低温烧结。活化烧结是指采用化学或物理的措施，使烧结温度降低，烧结时间缩短，或者使烧结体的密度和其他性能得到提高的方法[2-4]。活化烧结的方法归结起来主要有两种：一种方法是依靠外界因素降低活化能，达到活化烧结的目的，如循环改变烧结温度、在烧结填料中添加强还原剂以及施加外应力等；另一种方法是提高粉末的活性，使烧结过程得到活化，如粉末表面预氧化、添加活化元素以及使烧结形成少量液相等[2-4]。其中，添加元素活化烧结就是将少量具有活化效应的金属粉末加入基体材料中，降低基体材料的烧结活化能，从而促进基体材料的烧结。

目前，W 的活化烧结最常用的方法是添加微量活化元素，使粉末颗粒表面形成活化层，进而加速 W 原子的扩散，降低 W 粉的烧结温度，缩短烧结时间[7, 8]。因此，基于烧结活化剂在基体中溶解度低，而基体金属在活化剂中有中等溶解度，且活化剂与基体金属熔点差异大、不生成金属间化合物的选择原则[9]，本章通过在 W 骨架中添加单元素 Ni、Cr 以及双元素 Cu-Ni、Cu-Cr，研究活化元素添加对 W 骨架烧结的影响规律，以实现对熔渗用 W 骨架强度的提升，进而提高 CuW 系高压电触头材料的综合性能，并期望为熔渗烧结制备 CuW 系高压电触头材料提供理论指导。

2.1　单元素活化烧结 W 骨架

虽然通常是多种元素混合添加进行活化，但单元素活化烧结的机理研究尤为重要。因此，本节主要分析单独添加 Ni、Cr 等元素对于 W 骨架烧结特性的影响以及添加活化元素后 W 的扩散、迁移行为。为了直观观察添加元素与 W 在烧结过程中的扩散行为，本节 Ni、Cr 的添加量均为 20%(质量分数)。

2.1.1 单元素 Ni 活化烧结 W 骨架

W 在 Ni 中的溶解度和扩散系数远大于 Ni 在 W 中的溶解度和扩散系数，Ni 可以加速 W 原子的扩散[10]，因此 Ni 成为最常见的 W 粉烧结活化元素。在烧结过程中 Ni 会在 W 晶界处形成过渡层，提供了 W 原子的快速扩散通道，进而加速烧结过程[11-13]。Cu 作为 CuW 系高压电触头材料的主要组成相，虽与 W 互不固溶，也不发生反应，但在烧结过程中容易形成液相，促进 W 颗粒重排，加快致密化，缩短烧结所需时间。故本节选择在 Cu 熔点之下(750℃、850℃、950℃)以及 Cu 熔点之上(1100℃、1200℃、1300℃)两个温度区间具体展开研究，分析单独添加 Ni 元素对于 W 骨架烧结特性的影响。

在 Cu 熔点以下温度，制备的单元素 Ni 活化烧结 W 骨架微观形貌(图 2.1)显示，在 750℃烧结，W 颗粒已经完全烧结在一起，仅有极少单独存在的 W 颗粒，一层衬度不同于 Ni 和 W 基体的过渡层覆盖在部分 W 颗粒表面。在 850℃烧结，W 颗粒表面同样覆盖着一层衬度不同于 Ni 和 W 基体的薄层，比 750℃时覆盖于 W 颗粒表面的薄层更厚。在 950℃烧结，覆盖于 W 基体表面的薄层衬度变得更加明显。经测量可知，不同温度烧结制备的 W 骨架中覆盖在 W 颗粒表面的薄层厚度为 1～2μm，随着温度的升高，衬度更加明显。对不同温度烧结骨架局部位置放大进行能量色散 X 射线谱(X-ray energy dispersive spectrum, EDS)线扫描分析可知，在 750℃烧结，W 颗粒表面覆盖的薄层中未出现两相之间明显的扩散现象，W 基体在其周围 Ni 相中的扩散距离很短。随着温度的提高，在 850℃烧结，过渡层中两相之间出现了较明显的互扩散现象，W 基体在其周围 Ni 相中的扩散距离增加，同时也出现 Ni 向 W 基体中扩散的现象。随着温度进一步提高到 950℃，伴随着 Ni 相在基体中的继续深入，W 颗粒在其周围的扩散距离也继续增加。由此可见，W 中添加活化元素 Ni 时，烧结致密化温度显著降低，活化效果非常明显。

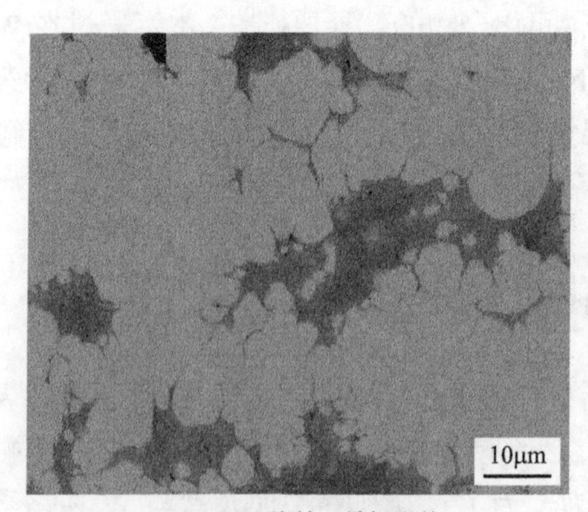

(a) 750℃烧结W骨架形貌

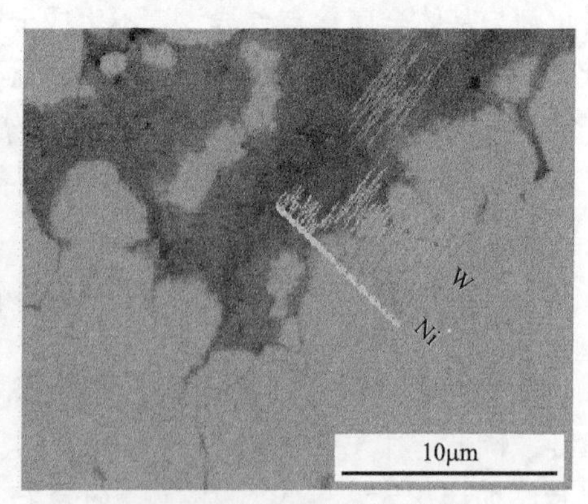

(b) 750℃烧结W骨架线扫描结果

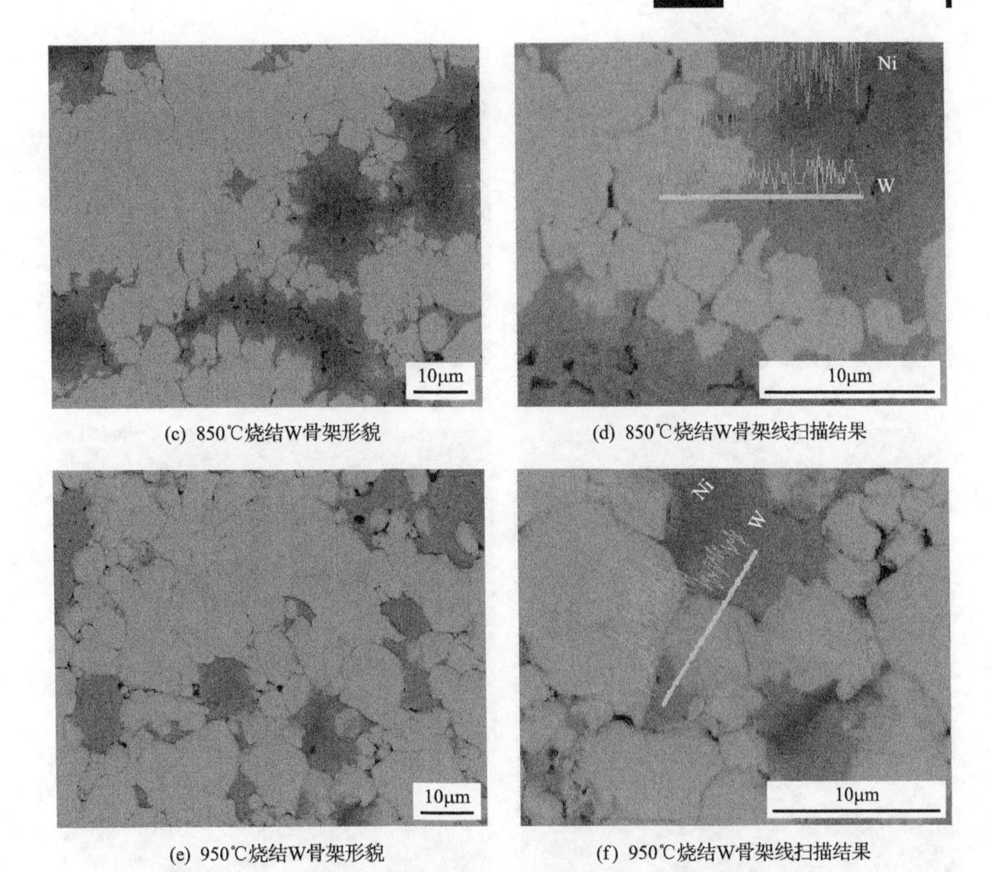

(c) 850℃烧结W骨架形貌 (d) 850℃烧结W骨架线扫描结果

(e) 950℃烧结W骨架形貌 (f) 950℃烧结W骨架线扫描结果

图 2.1 低于 Cu 熔点烧结含 20%Ni(质量分数)的 W 骨架微观形貌

在 Cu 熔点以上温度，制备的单元素 Ni 活化烧结 W 骨架微观形貌(图 2.2)显示，在 1100℃烧结，W 颗粒已经完全烧结在一起，其周围存在大片的 Ni 相。W 颗粒表面覆盖的过渡层厚度约为 1μm，而未与大部分 W 相烧结在一起的单独 W 颗粒表面覆盖的过渡层厚度增加到 2μm。随着温度的提高，在 1200℃烧结，过渡层大面积地出现在骨架中 W 颗粒的表面，过渡层厚度也增加到 2～3μm。当烧结温度上升到 1300℃时，覆盖于 W 基体表面的薄层逐渐消失，W 相与 Ni 相各自致密地烧结到一起，W 颗粒之间的间隙趋于消失。对骨架中局部位置放大进行 EDS 线扫描分析可以看出，在 1100℃烧结，该过渡层中两相之间的扩散比较明显，W 的浓度曲线在向界面外延伸时趋于平缓下降，这说明 W 基体在其周围 Ni 相中的扩散距离也在增加。在 1200℃烧结，W 向界面外延伸的浓度曲线以及 Ni 在 W 基体中的浓度曲线下降都比较平缓，两相之间的扩散程度进一步增加。在 1300℃烧结，W 向界面外延伸的浓度曲线更为缓慢，W 在其周围 Ni 相中的扩散距离达到最大值。在 1200℃及 1300℃烧结的骨架中选取与 W 颗粒边界距离相同的位置点 1、2 处进行 EDS 点能谱分析(图 2.3)，表明 Ni 中固溶了大量 W 原子。

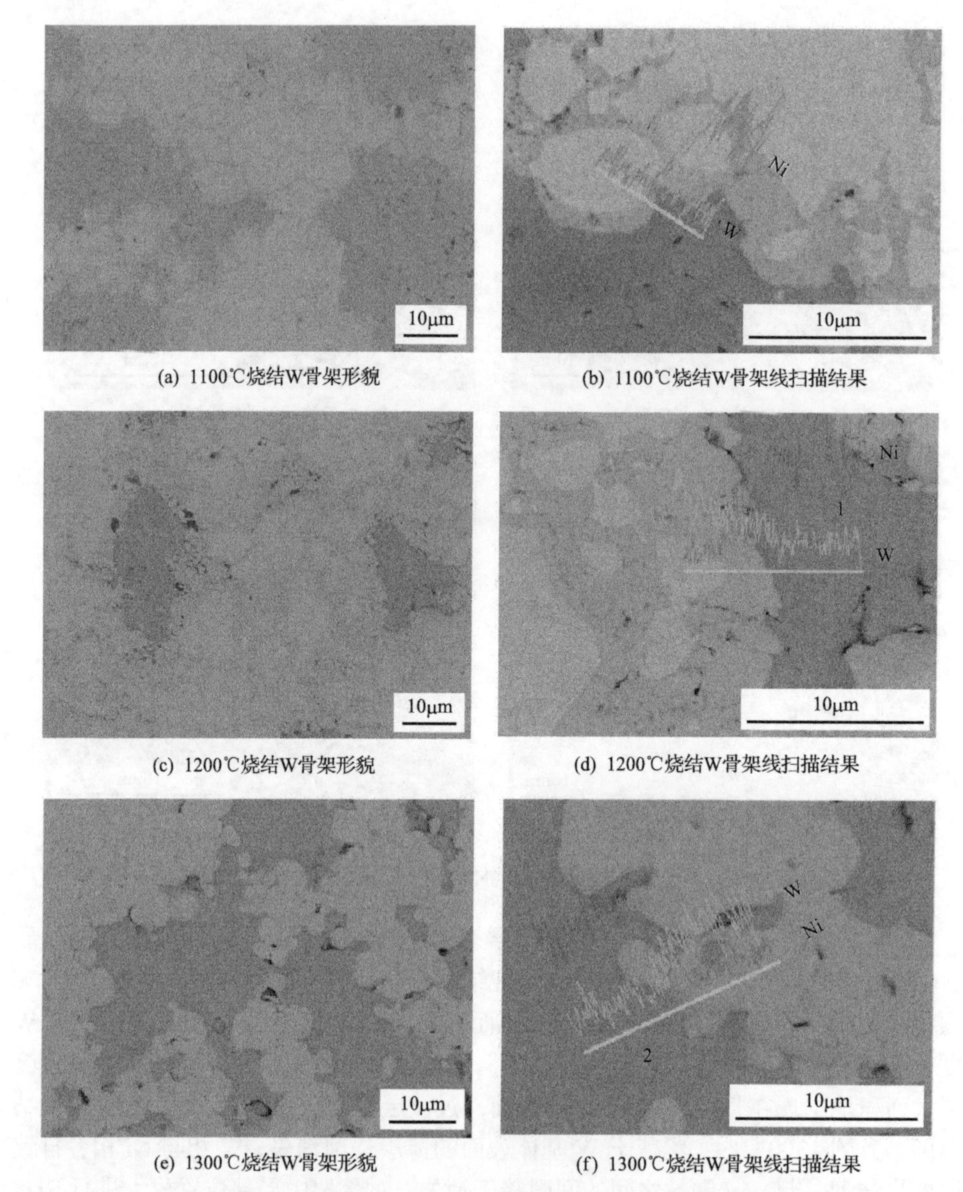

(a) 1100℃烧结W骨架形貌　(b) 1100℃烧结W骨架线扫描结果

(c) 1200℃烧结W骨架形貌　(d) 1200℃烧结W骨架线扫描结果

(e) 1300℃烧结W骨架形貌　(f) 1300℃烧结W骨架线扫描结果

图 2.2　高于Cu熔点烧结的含20%Ni(质量分数)的W骨架微观形貌

在W中添加Ni烧结时，Ni覆盖于W颗粒表面形成扩散层，该扩散层可以加速W原子扩散，加快烧结过程，从而对W粉烧结起到良好的活化效果。烧结温度的升高有助于W在Ni中的扩散，增大扩散层厚度，进一步加速烧结。

2.1.2　单元素Cr活化烧结W骨架

与Ni相同，Cr与W的熔点差异较大，且不能生成金属间化合物，同时与Cu

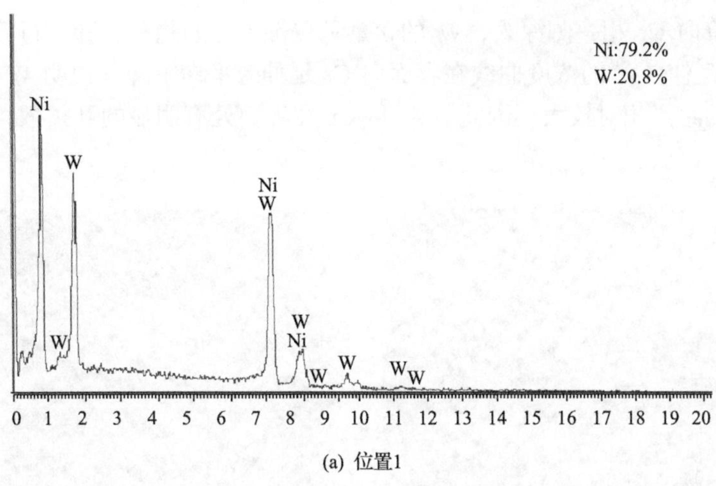

(a) 位置1

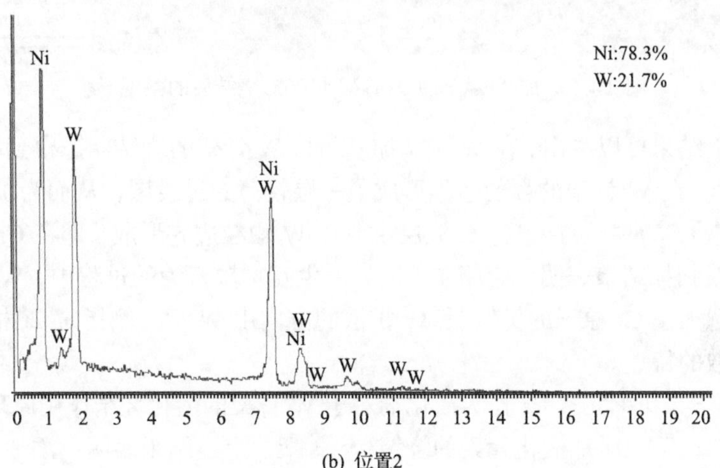

(b) 位置2

图 2.3 图 2.2(d)和(f)中位置 1、2 处的 EDS 点能谱分析

有限互溶，对 CuW 合金传导性能影响较小。因此，选择单独添加 Cr 元素，研究 Cr 元素对 W 骨架烧结性能的影响，同时研究添加 Cr 后 W 的扩散与迁移行为。

Cr 的熔点(1860℃)比 Cu 的熔点(1083℃)高很多，而且按照经典烧结理论，Cr 的烧结温度为 1302～1488℃，因此单独添加 Cr 的 W 骨架试样，在 1100℃、1200℃两个温度都未烧结成型。添加 Cr 的 W 骨架在 1300℃烧结后的微观形貌(图 2.4)显示，虽然有部分未烧结在一起的独立 W 颗粒存在，但绝大多数 W 颗粒已经形成烧结颈。在部分 W 颗粒的表面，存在一层不同于 W 和 Cr 基体衬度的过渡区域；此外，在过渡区域内部均匀分布着一层衬度与 W 基体相似的物质。对骨架中的局部位置放大后进行 EDS 线扫描分析。结果表明，沿着过渡层，随着向 W 一侧深入，Cr 含量在两相界面处呈梯度减少的趋势；穿过过渡层向 W 延伸时 Cr 的含量急剧减少，在 W 相一侧几乎看不到 Cr 的分布，说明 Cr 原子的扩散距离较短。而随着向 Cr 相一侧深入，W 的含量呈缓慢下降的趋势，穿过过渡层继续向 Cr 相一侧延伸。W 的浓度曲线在界面向 Cr 延伸时平缓下降，说明 W 原子在 Cr 相中扩散的距离相对较大。因此，W 和 Cr 在界面处有明显的互扩散，并在界面处形成了过渡层。

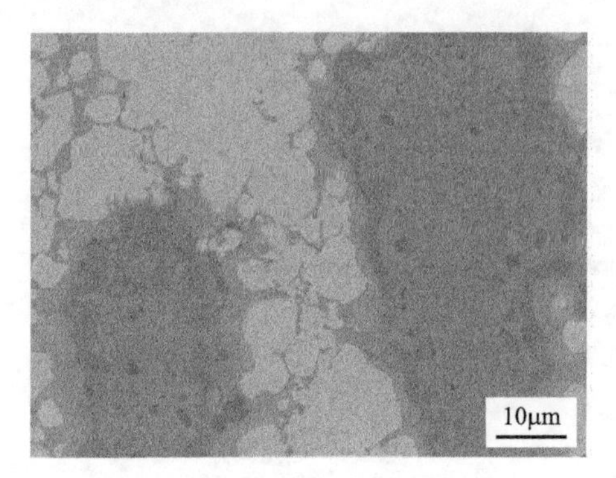

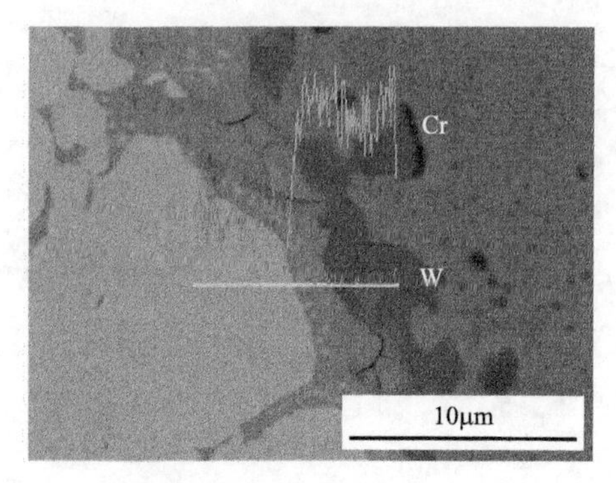

图 2.4　添加 20%Cr 的 W 骨架 1300℃烧结后的微观形貌

从以上结果可以看出，在 W 中添加 Cr 时，W 骨架的烧结状态得到明显改善。添加 Cr 后，在 W 骨架的颗粒边界形成了一层较薄的过渡层，从而为扩散提供了通道，加速了 W 原子的扩散。过渡层主要在 W 颗粒边界形成，即在 Cr 相一侧形成。EDS 线扫描结果表明，两相在界面处发生互扩散行为的过程中，W 原子的扩散距离要远大于 Cr 原子的扩散距离，扩散的方向由 W 相一侧指向 Cr 相一侧，呈现单向扩散的特点。

单元素 Ni 和单元素 Cr 作为活化剂对于 W 骨架的活化烧结作用原理相似，烧结状态显然优于未添加活化元素的烧结 W 骨架。上述结果表明，添加单元素 Ni 或单元素 Cr 活化烧结 W 骨架时均产生了过渡层，在固相烧结状态下，过渡层的形成与 W/Ni、W/Cr 原子间的互扩散作用密切相关。烧结过程中，当 W 在 Ni 或 Cr 相中溶解时，首先在 W 颗粒表面形成“载体相”（过渡层），然后 W 原子通过过渡层向 Ni 相或 Cr 相中扩散，扩散的结果使 W 颗粒中心距离不断减小，粉末坯块发生体积收缩。由于两相原子的互扩散系数相差很大，在 W 颗粒表面层内会产生大量的空位缺陷，加速烧结过程中的物质迁移，促进 W 骨架的烧结。

固态扩散是依靠原子的热激活而进行的过程。在任何烧结温度下，两相中的原子始终以其阵点为中心进行热振动，温度越高，W 和 Ni、Cr 原子的热振动就越剧烈，原子被激活而进行跃迁的概率就越大。然而，在过渡层形成的扩散过程中，如果晶格的每个节点都被原子占据，尽管两相中存在部分激活原子，具备跳动、跃迁的能力，但由于没有供其跳动的适当位置，W 和 Ni、Cr 原子的跃迁也不能实现，因此空位的存在对 W 和 Ni、Cr 两相原子的固态扩散起着极为重要的作用。空位是一种热平衡缺陷，在任一温度下，空位都有一定的平衡浓度。随着烧结温度的升高，原子的振动能量会提高，脱离平衡位置往别处迁移的原子数增多，两相中空位的浓度也增加。空位扩散示意图及势能曲线如图2.5所示。

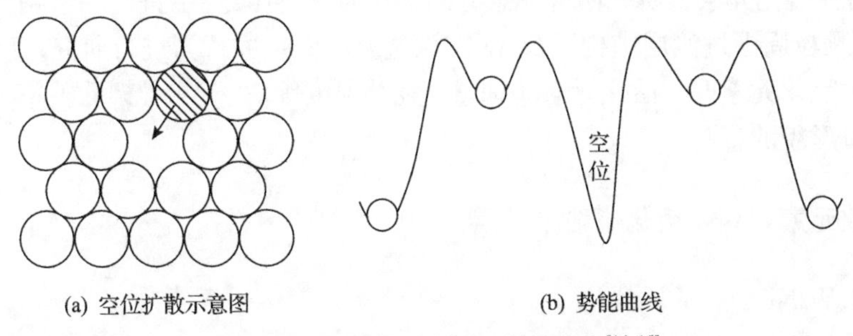

(a) 空位扩散示意图　　(b) 势能曲线

图2.5　空位扩散示意图及势能曲线[14, 15]

原子逐步向其邻近的空位跳动而迁移，或者说，原子借空位的运动而迁移，宏观上表现为物质的迁移。空位的存在，使得周围邻近原子偏离其平衡位置，势能升高，从而使原子跳入空位所需跨越的势垒有所降低，相邻原子向空位的跳动就比较容易。温度越高，空位的浓度越大，W和Ni、Cr中原子的扩散越容易。研究表明，金属元素的熔点(T_m)直接反映该元素激活能的大小，熔点越高，激活能就越大。W的熔点为3410℃，Ni的熔点为1450℃，Cr的熔点为1860℃。因此，在相同的烧结温度下，Ni、Cr相中被激发的原子数要远大于W相。根据空位形成理论，Ni、Cr相比W相中的原始空位浓度高几个数量级，这样会在两相的界面处形成由Ni、Cr相到W相的空位浓度梯度。原子间互扩散的驱动力是形成固溶体和化合物(合金层)，从而使系统的自由能降低。合金层(由固溶体或化合物组成的过渡层)形成所释放的能量比孔隙完全消除所释放的能量要高2～3个数量级，因此合金层的形成也就决定了扩散的方向。这也是W/Ni、W/Cr最终形成单向扩散的原因。在空位浓度梯度的作用下，W原子向Ni、Cr相一侧扩散形成W-Ni、W-Cr固溶体，最终形成由固溶体组成的过渡层。根据过剩空位模型，在W向Ni、Cr一侧单方向溶解的同时(合金层形成)，将在W基体中产生大量过剩空位，促进位错攀移，从而加速W原子的迁移，宏观上表现为物质的扩散迁移和W基体的烧结致密化。

因此，添加Ni、Cr元素活化烧结W骨架，形成过渡层(合金层)，是加速致密化的主要原因之一。过渡层的形成加速了W基体的扩散，同时互扩散产生新的过剩空位和位错，有助于W基体活化烧结，达到致密化效果。

2.2　双元素活化烧结W骨架

单独添加Ni、Cr等元素对W骨架的活化烧结作用主要依赖于骨架W颗粒表面形成过渡层，加速 W 基体的扩散。W 骨架制备过程中会加入少量诱导 Cu 粉以保证骨架孔隙的连通度，烧结时 Cu 粉会熔化转变为液相，而 Ni 可以与 Cu 无限互溶，Cr 在 Cu 中也有一定的固溶度。因此，本节在 W 骨架中同时添加 Cu-Ni 或 Cu-Cr 两种活化元素，研究两种元素共同存在对 W 骨架烧结特性的影响。主要通过对 W 颗粒周围过渡层结构以及 W 在该过渡层中扩散行为进行研究，确定共同添加两种活化元素时，活化元素添加量、烧结温度等对于 W 骨架孔隙率、骨架强度及断口形貌的影响。

2.2.1 双元素 Cu-Ni 活化烧结 W 骨架

1. CuW/Ni 扩散层的结构

950℃烧结 CuW/Ni 扩散偶及其界面处的微观形貌(图 2.6)显示，扩散偶界面处 W 颗粒连接度较低。在 CuW-Ni 扩散偶界面处的 W 颗粒周围存在少量衬度较浅的过渡层，该过渡层相对于单独添加 Ni 时骨架中 W 颗粒周围的过渡层较厚，衬度更加接近 W 基体。通过 EDS 线扫描分析结果可以看出，随着向 Ni 一侧的移动，W 元素逐渐减少；随着向 W 中深入，Ni 元素也逐渐减少。同时，添加在 W 中的 Cu 在界面处的 Ni 中有很大的溶解度，W 在界面处与 Cu、Ni 发生了互扩散。

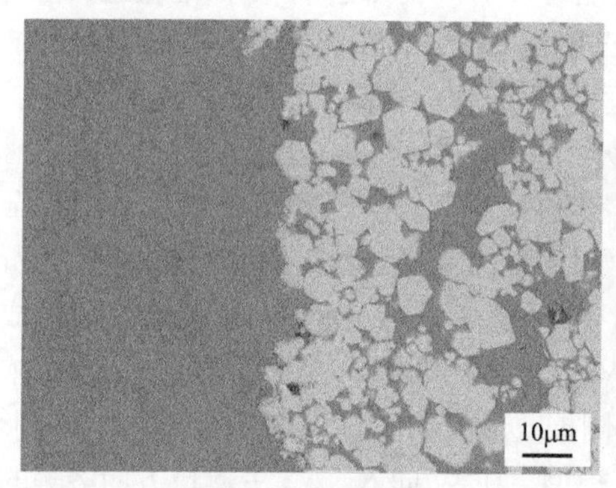

(a) 扩散偶形貌

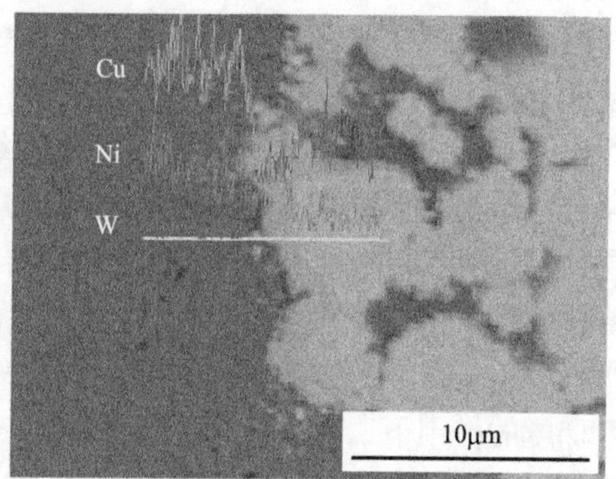

(b) 扩散层形貌及EDS线扫描分析

图 2.6 950℃烧结 CuW/Ni 扩散偶微观形貌及 EDS 线扫描成分分析

在确定了扩散层的存在之后，对扩散偶界面进行透射电子显微镜(transmission electron microscope，TEM)分析，以研究扩散层的微观组织结构。扩散层中 W 颗粒及其周边的 TEM 形貌、能谱分析结果及相应的选区电子衍射花样(图 2.7)表明，区域 1 为 W 基固溶体，区域 2 为 Cu 基固溶体和 W 基固溶体共存区域，区域 3 和区域 4 均为 Cu 基固溶体。

1100℃(高于 Cu 的熔点)烧结 CuW/Ni 扩散偶及其界面微观形貌(图 2.8)表明，随着烧结温度的升高，界面处 W 颗粒连接度提高，与 950℃烧结 CuW/Ni 扩散偶

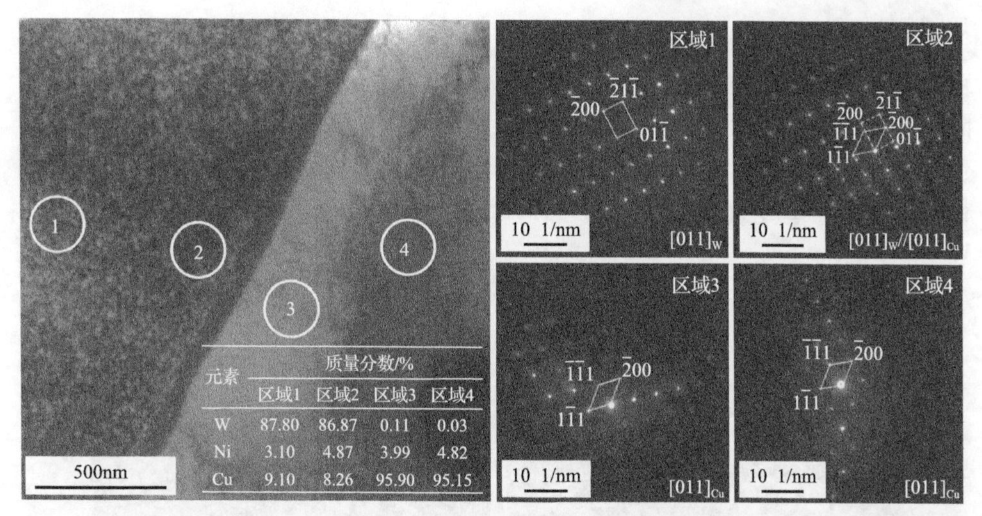

元素	质量分数/%			
	区域1	区域2	区域3	区域4
W	87.80	86.87	0.11	0.03
Ni	3.10	4.87	3.99	4.82
Cu	9.10	8.26	95.90	95.15

图 2.7 950℃烧结扩散层 TEM 形貌、能谱分析结果及相应区域的选区电子衍射花样标定结果

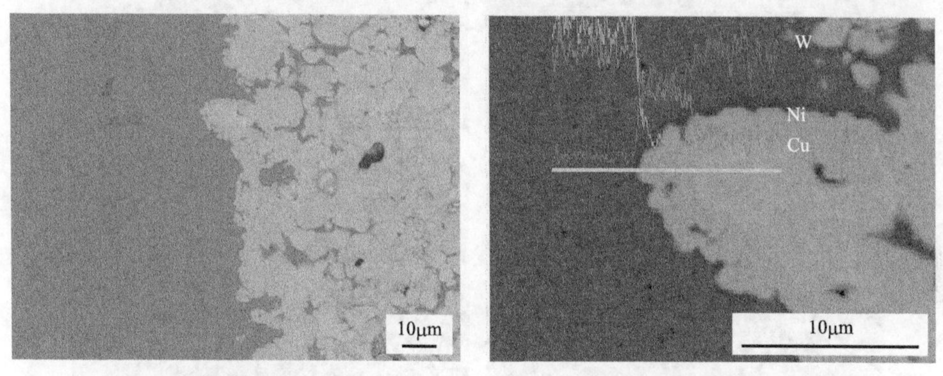

(a) 扩散偶形貌

(b) 扩散层形貌及EDS线扫描分析

图 2.8 1100℃烧结 CuW/Ni 扩散偶微观形貌及 EDS 线扫描成分分析

界面处的 W 颗粒相比，1100℃烧结 W 颗粒之间连接更加紧密。在 CuW/Ni 扩散偶界面处 W 颗粒之间的边界消失，W 基体的烧结更加充分，使得其边界单个 W 颗粒连成一个整体。但随着温度的升高，CuW/Ni 扩散偶界面处 W 颗粒周围的过渡层消失。通过 EDS 线扫描可以看出，随着向 Ni 一侧的移动，W 元素逐渐减少，与 950℃烧结 CuW/Ni 扩散偶界面处 W 的浓度曲线改变趋势相似，但向 W 中扩散的 Ni 元素浓度却要高出很多，界面处三种元素之间的互扩散现象更加明显。而原本添加在 W 中的 Cu 在界面处 Ni 中的溶解度较大，向 Ni 端的扩散非常明显。

为了进一步确定扩散层的微观组织结构，对扩散偶界面进行 TEM 分析。扩散层中 W 颗粒及其周边的 TEM 形貌、能谱分析结果及相应的选区电子衍射花样(图 2.9)表明，区域 1 为 Cu 基固溶体，区域 2 为 Cu 基固溶体和 W 基固溶体共存区域，区域 3 为 W 基固溶体。在 950℃和 1100℃两个温度下，CuW/Ni 扩散偶界面处 W 颗粒周围的过渡层(活化膜)均为富 W 固溶体和富 Cu 固溶体的共存区。而随着向 W 基体中深入，过渡层逐渐成为单相的富 W 固溶体；随着向 W 基体外延伸，与界面处的距离增大，过渡层逐渐成为单相的富 Cu 固溶体。同时，能谱分析结果表明，在富 W 固溶体中同时存在 Cu 和 Ni；在富 Cu 固溶体中亦同时存在 W 和 Ni。

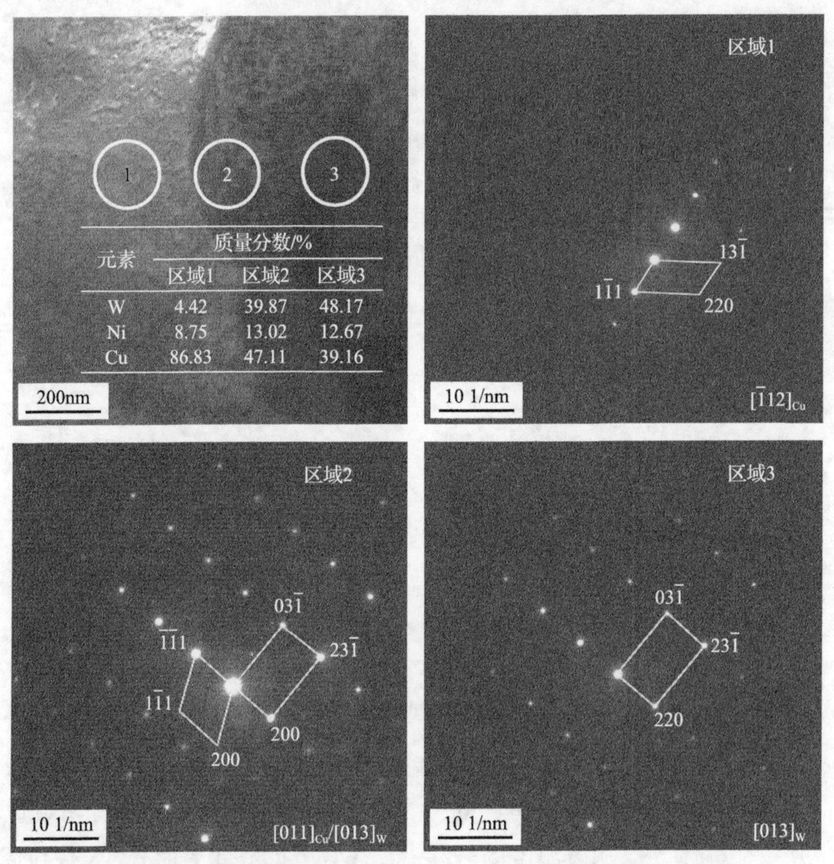

图 2.9 1100℃烧结扩散层 TEM 形貌、能谱分析结果及相应区域选区电子衍射花样标定结果

在 950℃和 1100℃两个温度下，Cu、W 两组元完全不固溶。但研究结果表明，Cu、W 两组元发生了固溶现象。虽然 Cu、W 两组元之间不固溶，但 Ni 元素在 Cu、W 两相中都有固溶度，由于 Ni 相的存在，Cu、W 两相之间并未直接发生原子的固溶，而是分别先固溶到 Ni 相中，再随着 Ni 相溶入另一相中。从能谱分析可以看出，在 Cu 熔点之下的 950℃烧结时，三组元之间的固溶度很小，只有极少的 Cu、W 原子随着 Ni 溶入了对方的晶格中。随着温度的升高，在 Cu 熔点以上的 1100℃烧结时，液相 Cu 开始出现，提高了其流动性，且 Cu、W、Ni 之间的固

溶度也随着温度的升高而增加。因此，在 1100℃烧结时，富 Cu 固溶体中的 W 含量及富 W 固溶体中的 Cu 含量均有不同程度的增加。

2. CuW/Ni 中的互扩散行为

由烧结活化能和扩散系数之间的关系可知，烧结活化能会随着扩散系数的增大而降低。烧结活化能降低是促进烧结的一个指标，烧结活化能越低，材料越容易烧结。因此，提高材料在烧结时的扩散系数以降低其烧结活化能，便可以促进材料的烧结。本小节主要研究覆盖于 W 颗粒表面的过渡层(活化膜)对 W 基体原子扩散速率的影响行为。通过计算不同温度、不同扩散模式下 W 在该层中的扩散系数，对比 W 在单独添加 Ni 时的互扩散系数以及未添加活化元素时的自扩散系数；研究双元素添加对 W 骨架烧结的促进机制。根据菲克第二定律，利用 Boltzman-Matano 法(图 2.10)，计算 W 在过渡层中的互扩散系数。

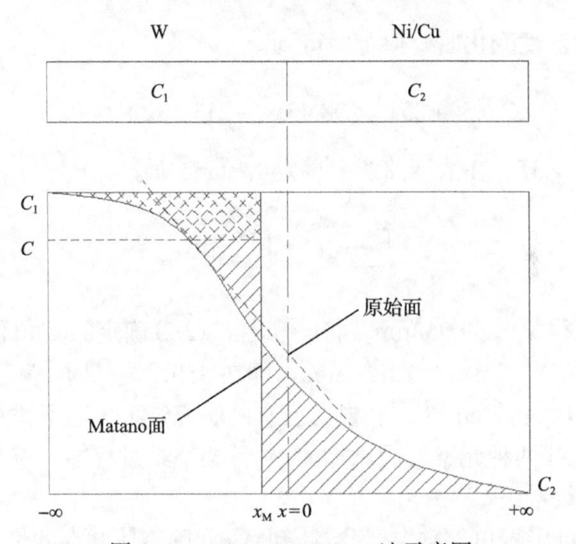

图 2.10　Boltzman-Matano 法示意图

为了计算 W 在扩散层中的互扩散系数，在扩散层上取 6 个点，测出扩散组元(W)的浓度 C(质量浓度)以及扩散距离 x，将其结果绘制成如图 2.11 所示的浓度变化曲线。

根据菲克第二定律，利用 Boltzman-Matano 法，由式(2.1)可以计算扩散层中 W 元素的扩散系数。

$$\int_{C_1}^{C_M} x\mathrm{d}C = -2t\left(D\frac{\mathrm{d}C}{\mathrm{d}x}\right) \tag{2.1}$$

式中，D 为扩散系数；t 为烧结时间；$\mathrm{d}C/\mathrm{d}x$ 为浓度梯度。

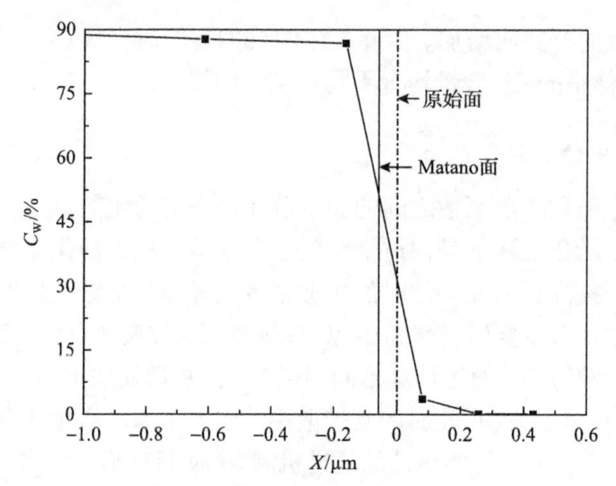

图 2.11　W 在扩散层中的浓度变化曲线

将图 2.11 的浓度变化曲线拟合后得到

$$C = 504.85x^3 + 98.45x^2 - 213.53x + 34.05 \tag{2.2}$$

然后根据式(2.3)，在浓度曲线上确定 Matano 面。

$$\int_{C_M}^{C_1} x\mathrm{d}C = \int_{C_2}^{C_M} x\mathrm{d}C \tag{2.3}$$

求解式(2.3)得 $x = -0.058\mu\text{m}$。将 x 和由式(2.2)确定的 C 值代入式(2.1)，得到 W 的扩散系数 $D = 3.381\times10^{-15}\text{cm}^2/\text{s}$，即在 950℃烧结时，W 在扩散层中的互扩散系数为 $3.381\times10^{-15}\text{cm}^2/\text{s}$[16]。根据已有的研究结果，与不添加 Ni 的 W 骨架烧结相比，Cu、Ni 两种元素共同添加的 W 骨架烧结过程中，W 颗粒边界的扩散速率提高了几个数量级[17]。

由以上结果可以看出，富 W 固溶体和富 Cu 固溶体共存的过渡层极大地促进了 W 基体的扩散，其速率要高于 W 的自扩散以及添加 Ni 时 W 的扩散，故该过渡层的存在对于 W 烧结的促进作用要优于单独添加 Ni 对于 W 烧结的影响。而过渡层对于 W 扩散速率的影响，可从 W 在这两种不同基体中扩散的机制进行解释。W 在 Ni 中形成置换固溶体，所以间隙机制对其影响很小，主要是交换扩散机制。当 W 在 Ni 中扩散时，因为 W 的原子半径要远大于 Ni 的原子半径，所以无论 W 与 Ni 之间发生的是直接交换还是环形换位交换，W 原子通过 Ni 原子点阵到达下一个位置都要克服很大势垒，扩散速率很低。W 在通过富 Cu 固溶体时，Ni 先溶于 Cu 中，使得 Cu 的晶格中同样存在许多缺陷，W 在通过富 W 固溶体和富 Cu 固溶体时，其扩散实际上是沿着这两种置换固溶体中的缺陷进行的，这样便大大提高了其扩散速率。通过以上研究确定了过渡层的结构，并且计算了 W 在该层中的互扩散系数及其在相同温度下的自扩散系数，将两者进行比较，发现该过渡层的存在加速了 W 的扩散，对 W 的烧结起到了活化效果，并且与单独添加对于 W 的活化效果相比，元素 Ni 和 Cu 共同添加活化效果更佳。

以 CuW/Ni 扩散偶为例，扩散偶界面处 W 颗粒周围过渡层的形成过程示意于图 2.12。烧结开始时，加入 W 基体中的 Cu 首先向 Ni 端扩散，形成二组元固溶体，随后 W 向该固溶体中扩散，最终形成三组元固溶体。富 W 固溶体和富 Cu 固溶体共存的过渡层加速了 W 原子在其中的扩散，降低了 W 的烧结活化能，从而促进了 W 骨架的烧结。

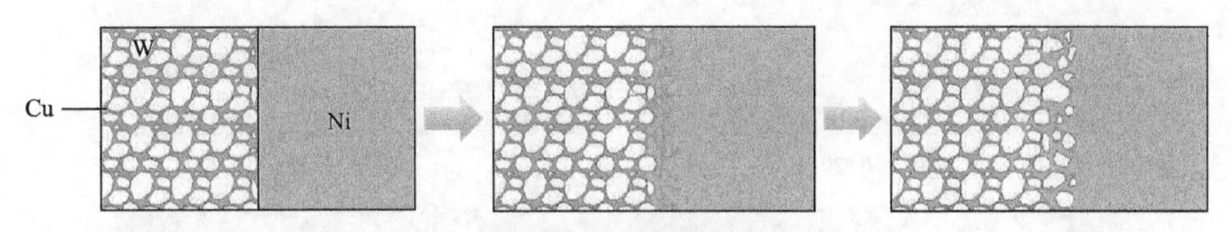

图 2.12　固溶体过渡层形成过程示意图

3. Cu、Ni 元素配比对 W 骨架性能的影响

烧结后的骨架强度直接决定熔渗法制备 CuW 合金的承载能力，骨架的烧结状态越好，骨架的强度就越高，则合金的承载能力越强。因此，本小节主要讨论同时添加 Cu 和 Ni 两种活化元素对 W 骨架烧结特性的影响，系统评价活化元素添加配比对骨架断口形貌、颗粒烧结颈形成和骨架强度的作用，为制备综合性能优异的 CuW 合金提供依据。

添加不同配比 Cu 和 Ni(Cu 的质量分数固定为 10%，Cu、Ni 质量比分别为 20∶1、40∶1 和 60∶1)的 W 骨架在 1050℃烧结后的断口形貌(图 2.13)显示，当 Cu、Ni 质量比为 20∶1 时，绝大多数 W 颗粒边界已经发生圆整化，W 颗粒之间开始发生黏结并形成烧结颈，部分小颗粒之间的烧结颈已经长大，但仍有极个别独立存在呈多边形且未发生烧结的 W 颗粒，整个骨架处于烧结的初期和中期阶段。当 Cu、Ni 质量比为 40∶1 时，断口中几乎所有颗粒都黏结在一起，颗粒之间已经由点接触、面接触转变为晶粒结合，而且部分颗粒间的烧结颈已经长大。当 Cu、Ni 质量比为 60∶1 时，在低倍形貌照片中已经看不到独立存在的未烧结 W 颗粒，颗粒之间的烧结颈已经长大；但在高倍下仍可以看到少量独立存在的未烧结 W 颗粒；除此之外，尺寸较大的 W 颗粒之间已经形成烧结颈，说明其烧结状态相比 40∶1 更好。在烧结过程中，骨架烧结并不是均匀进行的，刚开始颗粒之间点接触、面接触比较紧密，颗粒表面能较大的颗粒先发生烧结，随后带动其余颗粒发生烧结，最终达到整体烧结的效果。对断口形貌的直观分析可以发现，1050℃烧结骨架的状况随着添加 Cu、Ni 质量比的变化呈规律性变化趋势。当 Cu、Ni 质量比增大时，骨架烧结程度越来越高，当 Cu、Ni 质量比达到 60∶1 时，骨架的烧结程度最高。

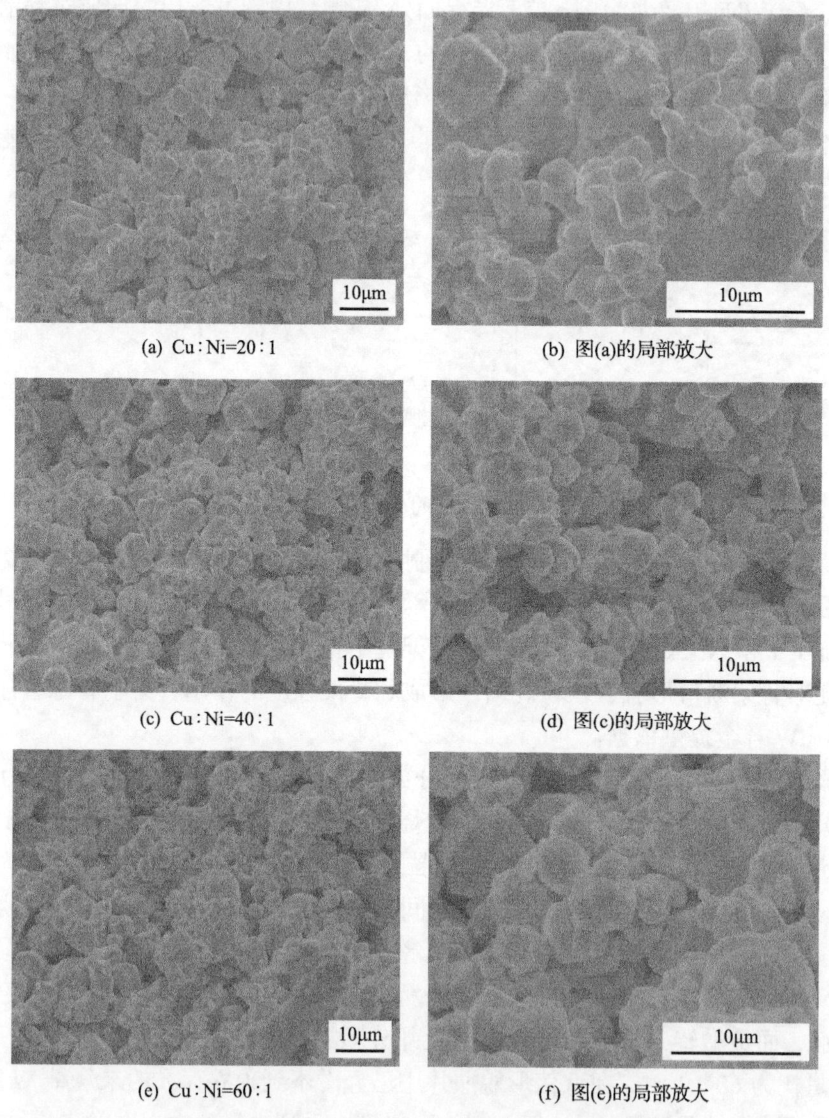

(a) Cu∶Ni=20∶1 (b) 图(a)的局部放大

(c) Cu∶Ni=40∶1 (d) 图(c)的局部放大

(e) Cu∶Ni=60∶1 (f) 图(e)的局部放大

图 2.13 添加不同 Cu、Ni 质量比的 W 骨架 1050℃烧结后的断口形貌

添加不同 Cu、Ni 质量比的 W 骨架 1050℃烧结后的压应力-应变曲线(图 2.14)显示，随着 Cu、Ni 质量比的提高，W 骨架的抗压强度不断增大，当 Cu、Ni 质量比为 60∶1 时达到最大值，这说明 W 骨架烧结状态随着 Ni 含量的减少不断得到改善。

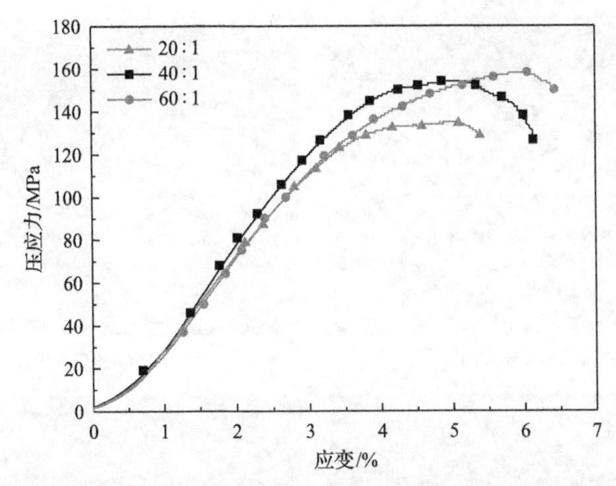

图 2.14 添加不同 Cu、Ni 质量比的 W 骨架 1050℃烧结后的压应力-应变曲线

由上述分析可知，在骨架的活化烧结过程中，虽然烧结温度比 W 的理论烧结温度低很多，但骨架烧结状态已经具备了孔隙率降低、颗粒间形成烧结颈和接触面增加等中期烧结的特征，说明活化元素 Cu、Ni 的添加降低了 W 的烧结温度，发挥了活化烧结的作用。

2.2.2 双元素 Cu-Cr 活化烧结 W 骨架

选择与 W 骨架有不同溶解特性的 Cu、Cr 双元素活化烧结，研究 W 颗粒表面过渡层的形成机理及其促进活化的机制，评价 Cu、Cr 两种活化元素共同添加对 W 骨架烧结特性的影响。实验中添加不同质量比的 Cu 和 Cr(Cu 的质量分数固定为 10%，Cu、Cr 质量比分别为 20∶1、40∶1 和 60∶1)，观测活化元素添加量对 W 骨架断口形貌、颗粒烧结颈形成和骨架强度的影响，为获得高性能 W 骨架以及 CuW 合金的制备提供有力参考。

添加不同 Cu、Cr 质量比的 W 骨架 1050℃烧结后断口形貌(图 2.15)显示，当 Cu、Cr 质量比为 20∶1 时，大部分尺寸较大的颗粒边界已经开始圆整化，整个断口形貌中仅发现极个别仍然呈多面体形状的 W 颗粒，仅有少量 W 颗粒形成烧结颈。当 Cu、Cr 质量比为 40∶1 时，烧结效果得到改善。尺寸较大的 W 颗粒边界已经圆整化，较小的 W 颗粒依附于较大 W 颗粒表面，并烧结聚集在一起，绝大多数 W 颗粒已经形成烧结颈，但是仍有个别未发生烧结、呈多面体形状的 W 颗粒存在。当 Cu、Cr 质量比为 60∶1 时，骨架烧结程度得到进一步提升，W 颗粒边界几乎全部圆整化。在高倍下可以清晰地看到 W 颗粒之间形成的烧结颈已经长大，几乎不存在独立、呈多面体状未烧结的 W 颗粒。

添加不同 Cu、Cr 质量比的 W 骨架 1050℃烧结后的压应力-应变曲线(图 2.16)表明，三种 Cu、Cr 质量比的试样整体承载能力较低，与同等条件下添加 Cu、Ni

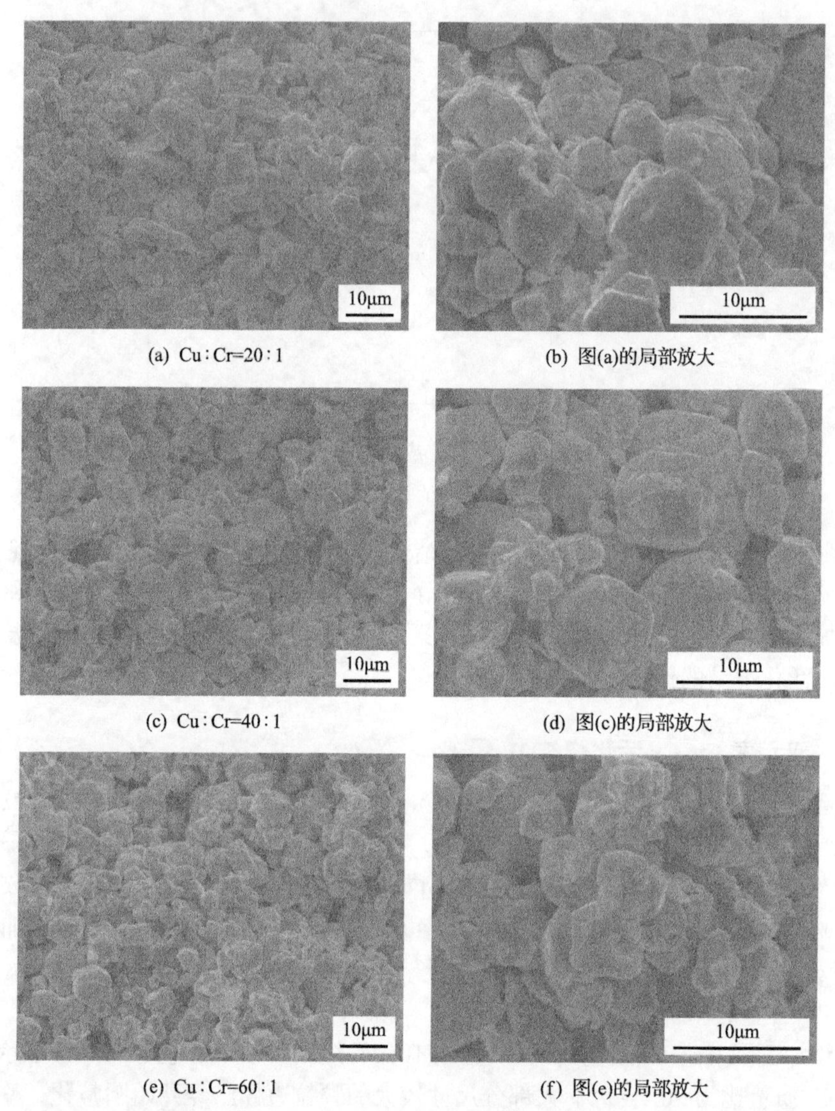

(a) Cu∶Cr=20∶1　(b) 图(a)的局部放大

(c) Cu∶Cr=40∶1　(d) 图(c)的局部放大

(e) Cu∶Cr=60∶1　(f) 图(e)的局部放大

图 2.15　添加不同 Cu、Cr 质量比的 W 骨架 1050℃烧结后的断口形貌

的 W 骨架相比，W 骨架承载能力有所下降，而且 W 骨架受压过程中的应变量较小，材料塑性相对较差。此外，当试样达到最大应力值以后，材料几乎呈脆性断裂特征。综上所述，在 1050℃下，W 骨架的烧结状况随着 Cu、Cr 质量比的增加，相对烧结致密度和抗压强度不断增加，各项性能指标均在 Cu、Cr 质量比为 60∶1 时达到最佳值。

双元素 Cu、Cr 活化烧结与双元素 Cu、Ni 活化烧结的机理相似，其活化机理是：加入的 Cu 与 W 之间完全不固溶，且 Cu/W 界面润湿性较差，而 Cr 和 W 无

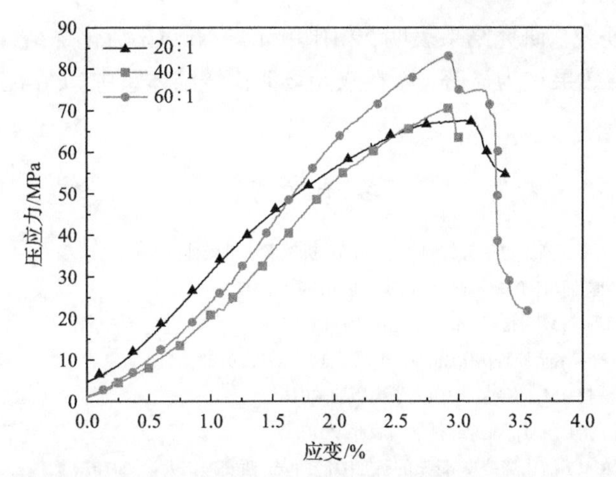

图 2.16 添加不同 Cu、Cr 质量比的 W 骨架 1050℃烧结后的压应力-应变曲线

限互溶，但是在本实验条件下 W 和 Cr 之间仍呈现单向扩散。在 W 骨架低温烧结阶段，Cu 相在熔点附近呈黏性状态，促进 W 颗粒的重排，迅速达到致密化，同时缩短颗粒之间的接触距离。随着烧结温度升高，颗粒重排阶段完成之后，Cu 相的作用被削弱，此时 W 和 Cr 之间的扩散起主导作用，W 和 Cr 之间相互扩散形成以富 Cr 固溶体和富 W 固溶体组成的过渡层(合金层)。当过渡层形成之后，与过渡层紧密接触的 W 颗粒表面层中的 W 原子不断地向过渡层中扩散，再通过过渡层向相邻原子扩散，这样会在 W 颗粒表面层中产生大量的空位缺陷，最终形成空位浓度梯度。在较低温度下产生的空位浓度梯度成为高熔点 W 相原子扩散的原动力，从而促进 W 颗粒之间的原子扩散，加速 W 骨架的烧结致密化。由于烧结速率受到 W 原子通过过渡层扩散的限制，当过渡层超过一定厚度时，W 原子的扩散速率必然受到影响，骨架的烧结致密化速率减慢，这也是骨架烧结状态随 Cu、Cr 质量比改变的原因。而当烧结温度达到 Cu 熔点以上时，骨架的活化烧结不仅取决于低温烧结时过渡层加速 W 颗粒间扩散的作用，而且液相 Cu 的出现加速了颗粒的重排，使得颗粒之间的接触更加紧密，缩短了烧结过程中原子间的扩散距离，从而促进了 W 骨架的烧结。

根据经典的烧结理论[2-4]，粉末开始烧结的温度为(0.4～0.5) T_m，W 的熔点为 3410℃，故 W 粉的烧结温度为 1364～1705℃。前述实验烧结温度均低于 1300℃，但是 W 骨架已经具备了孔隙率降低、颗粒间形成烧结颈、接触面增加等中期烧结的特征，其强度也达到了较高水平。因此，Ni、Cr 元素的添加降低了 W 粉末的烧结温度，发挥了活化烧结作用。

本章针对 W 颗粒烧结温度高、工业生产中难以实现的问题，提出了添加微量元素活化烧结的解决措施，分别进行了单元素 Ni、Cr 以及双元素 Cu-Ni、Cu-Cr

活化烧结相关研究。研究结果表明，相比单元素 Ni、Cr 活化烧结，双元素 Cu-Ni、Cu-Cr 活化烧结效果较为显著；而在双元素活化烧结体系中，Cu-Ni 双元素活化烧结更具优势。

参 考 文 献

[1] 范志康, 梁淑华, 肖鹏. 高压电触头材料[M]. 北京: 机械工业出版社, 2004.

[2] 黄培云. 粉末冶金原理[M]. 2 版. 北京: 冶金工业出版社, 1997.

[3] 果世驹. 粉末烧结理论[M]. 北京: 冶金工业出版社, 2007.

[4] 阮建明, 黄培云. 粉末冶金原理[M]. 北京: 机械工业出版社, 2018.

[5] 易健宏. 粉末冶金材料[M]. 长沙: 中南大学出版社, 2016.

[6] 邹俭鹏. 粉末冶金材料学[M]. 北京: 科学出版社, 2017.

[7] 高永. 添加 CuNi /CuCr 活化烧结 W 骨架的研究[D]. 西安: 西安理工大学, 2010.

[8] 岳巍. Cu/Ni 活化烧结 W 骨架机理的研究[D]. 西安: 西安理工大学, 2009.

[9] 马康竹. 钨钼活化烧结机理[J]. 中国钼业, 1995, 19(6): 14-19.

[10] 马康竹, 邱家禄, 殷京良. 钨加镍活化烧结[J]. 稀有金属, 1984, (5): 34-40.

[11] Gupta V K, Yoon D H, Meyer H M, et al. Thin intergranular films and solid-state activated sintering in nickel-doped tungsten[J]. Acta Materialia, 2007, 55: 3131-3142.

[12] Johnson J L. Activated liquid phase sintering of W-Cu and Mo-Cu[J]. International Journal of Refractory Metals & Hard Materials, 2015, 53: 80-86.

[13] 欧阳明亮, 秦明礼, 曲选辉, 等. 加镍钨粉的活化烧结研究进展[J]. 稀有金属材料与工程, 2009, 38(z1): 122-125.

[14] 余永宁. 材料科学基础[M]. 北京: 高等教育出版社, 2006.

[15] 胡赓祥, 蔡珣, 戎咏华. 材料科学基础[M]. 3 版. 上海: 上海交通大学出版社, 2010.

[16] Cui J, Liang S H, Yue W, et al. Diffusion behavior of W in the WCu/Ni interface[J]. International Journal of Refractory Metals & Hard Materials, 2011, 29: 153-157.

[17] Mundy J N, Rothman S J, Lam N Q, et al. Self-diffusion in tungsten[J]. Physical Review B, 1978, 18(12): 6566.

第3章 W骨架的熔渗

熔渗是W骨架烧结后制备CuW合金的关键工序，其过程是Cu液在毛细管力作用下沿颗粒间隙流动填充烧结W骨架孔隙。熔渗过程直接决定了CuW触头材料的致密度，对材料的微观组织与性能有很大影响。但是，Cu/W界面完全不润湿，在熔渗过程中容易产生孔隙，因此需要合理调控熔渗工艺提高CuW合金的致密度。目前，关于熔渗法制备CuW合金的研究主要围绕熔渗温度对微观组织的影响规律及Cu/W界面润湿性两方面，而对于熔渗机理方面的研究仍然缺乏，亟须深入探索。然而，由于熔渗过程是在真空或还原气氛下的高温环境进行的，现有技术条件下缺乏对该过程进行观测和表征的有效手段。传统“试错法”常用熔渗CuW合金的微观组织和性能来反推和优化熔渗工艺的参数，但是其成本高、灵活性差。计算机模拟手段可以清晰直观地呈现熔渗过程，便于对熔渗过程工艺参数进行优化，可以更好地指导CuW合金的实际生产。

采用熔渗法制备CuW合金时，影响其最终性能的因素有两个方面：①W骨架的物理性质和结构特征，如骨架孔隙率、孔隙形貌及强度；②熔渗相的流动性，Cu液作为熔渗相在熔渗过程中受温度、添加元素等因素的影响表现出不同的流体性质，如黏度、表面张力、润湿性、界面特性等，影响Cu、W分布均匀程度和界面黏附。因此，本章首先通过对微观渗流机理的分析，解析熔渗过程中的热力学与动力学，建立计算机模拟熔渗过程的几何及计算模型；然后，通过计算模拟不同W粉粒径(即孔隙特征)和润湿性对熔渗过程的影响规律；再利用座滴法研究合金元素对Cu/W界面润湿性的影响规律及机理；最后，使用计算机模拟研究在Cu中添加合金元素后对熔渗过程的影响[1]。

3.1 W骨架熔渗的微观渗流机理

W骨架的熔渗过程实质上是Cu液在多孔W骨架中的渗流填充，通过对熔渗过程中Cu液在多孔W骨架内的流动现象和规律进行研究，可揭示多孔W骨架内Cu液的渗流机理。而对Cu液在W骨架内流动行为的研究，需要结合流体力学、热力学、多孔介质理论、表面物理、物理化学以及材料学交叉进行。

3.1.1 熔渗过程中的热力学和动力学

熔渗法制备CuW合金时，W骨架具有较大的比表面积，表面能作用明显；

W 骨架中孔隙的形状复杂，阻力较大，但毛细管力作用显著。同时，熔渗过程中必须考虑 Cu 液的黏性作用；在熔渗过程中往往压力较大，流体的压缩性也要考虑。此外，在熔渗过程中有时会发生复杂的物理化学过程。因此，深入研究熔渗过程的渗流机理必须进行热力学及动力学分析。

从热力学角度分析，Cu 液能渗入 W 骨架孔隙中必须满足相应的热力学条件，即满足 Young-Dupre 公式。Mortensen 等[2]提出了熔渗法制备复合材料的润湿热力学及润湿理论，两相的结合造成表面能增高，导致液态金属与预制体材料的润湿性较差，阻碍了熔渗过程的顺利进行。根据 Young-Dupre 公式，当固气表面张力(σ_{SG})大于固液表面张力(σ_{SL})时，熔体可以自发渗入多孔介质孔隙，该过程的 Gibbs 自由能变化$\Delta G<0$，不需施加外力，该熔渗过程称为无压熔渗；而固气表面张力(σ_{SG})小于固液表面张力(σ_{SL})时，$\Delta G>0$，熔渗过程不能自发进行，需要增加外力协助完成熔渗过程，称为有压熔渗。从动力学角度分析，熔渗过程中主要包括外加压力、毛细管力、黏滞阻力、重力、推动孔隙中气体时的反作用力以及存在物理化学作用时的界面力等。

W 骨架孔隙的孔径较小，依靠熔体金属与骨架材料的润湿性在孔隙中产生的毛细管力推动渗流过程的进行。由于 W 骨架中孔隙形貌多样、孔隙通道错综复杂，通常采用等效孔径的毛细管计算孔隙中的毛细管力。熔渗过程中的黏滞阻力是液态金属流动时与预制体孔隙表面产生的摩擦阻力。通过对渗流过程中渗流压力、渗流阻力的研究[3-5]，可获得 W 骨架中流体的受力情况及渗流过程的动力学特性，确定影响熔渗过程中推动及制约渗流过程的受力因素，进而通过对渗流过程中压力及阻力进行调整可实现对熔渗过程的调控。

3.1.2 Cu 液流动过程的基本方程

1. Cu 液流动过程的运动方程

运动方程描述流体所受压力、重力和黏性力等外力与流体质点的加速度、速度之间的关系，是牛顿第二定律在流体流动中的应用。通过分析流动过程中力的作用及其变化与速度之间的关系从而描述在这些作用力下流体的运动。

在普通流体力学中，根据动量定理可以导出黏性流体的运动方程，即 Navier-Stokes 方程。对于流体在多孔介质中的流动，由于多孔介质孔隙结构复杂、形状不明确、比表面积大及黏性作用强，很难导出运动方程。一般情况下，多孔介质中的流动方程是通过实验总结得出的，即 Darcy 定律。Darcy 定律可看作多孔介质中忽略惯性后，特殊情况下稳态流动的运动方程。Darcy 定律的微分形式为[6]

$$v=-\frac{K}{\mu}\left(\frac{\partial p}{\partial z}+\rho g\right) \tag{3.1}$$

式中，v 为流体的速度；μ为流体的黏度；p 为流体压力；z 为高程；ρ为流体的密度；g 为重力加速度；K 为多孔介质的渗透率，是反映多孔介质结构特性的参数，可表示为[7]

$$K=\frac{-\mu v}{\frac{\partial p}{\partial L}+\rho g\sin\varphi} \tag{3.2}$$

其中，L 为沿流动方向的长度；φ为孔道与水平线的夹角。对于在各向同性介质中单相流体的流动，Darcy 定律的二维表达式为

$$v=-\frac{K}{\mu}(\nabla p-\rho g) \tag{3.3}$$

在笛卡儿坐标系中，可将式(3.3)写成分量形式：

$$v_x=-\frac{K}{\mu}\frac{\partial p}{\partial x},\quad v_y=-\frac{K}{\mu}\frac{\partial p}{\partial y} \tag{3.4}$$

对于各向异性介质，渗透率 K 是二阶张量，写成矩阵形式为

$$K=\begin{bmatrix} K_{xx}K_{xy} \\ K_{yx}K_{yy} \end{bmatrix} \tag{3.5}$$

对于各向异性介质，Darcy 定律的方程式为

$$\begin{cases} v_x=-\dfrac{K_{xx}}{\mu}\dfrac{\partial p}{\partial x}-\dfrac{K_{xy}}{\mu}\left(\dfrac{\partial p}{\partial y}+\rho g\right) \\ v_y=-\dfrac{K_{yx}}{\mu}\dfrac{\partial p}{\partial x}-\dfrac{K_{yy}}{\mu}\left(\dfrac{\partial p}{\partial y}+\rho g\right) \end{cases} \tag{3.6}$$

流体在多孔介质中流动时十分复杂，使得 Darcy 定律对流体流动的研究有一定的局限性。Darcy 定律适用范围通过雷诺数 Re 进行判断，其无量纲表达式为

$$Re=\frac{\rho dv}{\phi\mu} \tag{3.7}$$

式中，ρ为流体的密度；μ为流体的黏度；ϕ 为多孔体的孔隙率；v 为流体的速度；d 为特征尺寸，非固结材料特征尺寸取颗粒的平均直径，固结材料特征尺寸取毛细管的平均直径。当 $Re\leqslant 5$ 时，Darcy 定律适用；而当 $Re>5$ 时，Darcy 定律不适用。当 $Re\leqslant 5$ 时，属于层流，黏性力起主要作用。当 $Re<100$ 时，仍属层流，黏性力起主要作用，但是惯性力增强并起到支配作用。

由于熔渗法制备 CuW 合金时，Cu 液在高温下渗流浸入多孔 W 骨架通道中。Cu 液在熔渗过程中的流速无法跟踪测试，同时 W 骨架属于多孔介质，其孔隙形貌复杂、孔径分布不均匀，因此采用特征值进行雷诺数计算的公式为[8]

$$Re = \frac{\rho v_c K_c^{1/2}}{\mu} \tag{3.8}$$

式中，v_c为特征速度；K_c为特征渗透率。其中，特征速度 v_c及特征渗透率 K_c根据式(3.9)和式(3.10)计算。

$$v_c = \left[\left(P_{inject} - P_{front}\right)/\rho\right]^{1/2} \tag{3.9}$$

$$K_c = \frac{\phi R_c^2}{24} \tag{3.10}$$

式中，P_{inject}、P_{front}分别为孔隙入口及流动前沿的压力；R_c为 W 骨架的孔隙当量半径。

结合 W 骨架的相关参数确定 Cu 液在骨架中流动的特征速度和特征渗透率，根据式(3.8)可确定 Cu 液在 W 骨架通道中渗流时的雷诺数为 0.78，其值小于 5，因此 Darcy 定律适用于本研究。

2. Cu 液流动过程的能量方程

能量方程是指单位时间内由外界传输给一个物质系统或空间区域的热量、内部热源产生的热量，以及由外界作用于该系统的质量力和表面力所做的功率之和，该功率等于该系统总能量对时间的变化率。能量方程是物质系统或空间区域内能量守恒和转换规律的数学描述。为简化计算过程，对流动过程做以下假设：不考虑热辐射影响和黏性耗散；不考虑质量力的作用；流体与固体之间瞬时达到局部热平衡，即 $T_f(r,t)=T_s(r,t)=T(r,t)$（下角 f 和 s 分别对应于流体和固体）。由于一个物质系统或空间体积内含有固体和流体两部分，且两者的热力学特性参数如比热容和热导率等各不相同，因而对这两部分需分别研究。

固体骨架的能量方程为

$$\nabla \cdot \left(k_s \nabla T\right) + q_s = \frac{\partial}{\partial t}\left(\rho_s c_s \Delta T\right) \tag{3.11}$$

式中，∇为哈密顿算子；q_s为骨架在单位时间内单位体积自身产生的能量；ρ_s和 c_s分别为骨架材料的密度和比热容；k_s为骨架材料的热导率；ΔT为温度变化量。

孔隙中流体的能量方程为

$$\frac{\partial}{\partial t}(\rho e)+\nabla\cdot(\rho h v)=\nabla\cdot\left(k_{\mathrm{f}}\nabla T\right)=q_t \tag{3.12}$$

式中，e 为流体的内能；h 为流体的比焓；ρ为流体的密度；v 为流体的速度；k_{f}为流体的热导率；q_t为流体在单位时间内单位体积自身产生的能量。

3.1.3 Cu 液流动过程的计算方法

1. Cu 液流动通道的几何模型

研究流体在多孔介质中的流动时，为了分析流体的流动特性对渗流行为的影响，通常针对某一孔隙中的流动进行讨论，即毛细管模型。毛细管模型可定量分析多孔介质的动力学特征，解释多孔体系中的实验现象[9, 10]。对于单通道流动过程的计算可简化为在两水平板间由毛细管力驱动的流动过程，假设流动过程中填充材料充足，忽略表面粗糙度、凝固、其他流动阻碍以及末端效应，流体在特征尺度较小的孔隙通道中流动时，毛细管力是流体流动的主要驱动力(图 3.1)，而表面张力是毛细管力的决定性参数，由表面张力引起的内部压力使流体在微通道中的断面呈弯月面，弯月面内、外压力差被称为 Laplace 应力。

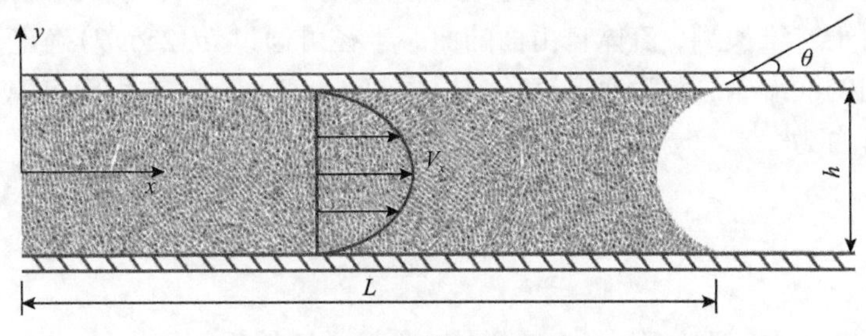

图 3.1 平板间的流动

由于 W 骨架孔径分布不均匀，采用 Daccord[11]在单通道模型中提出的当量孔径确定 W 骨架通道的几何参数。采用 Gambit 软件建立二维直通道模型，并进行网格划分(图 3.2)。

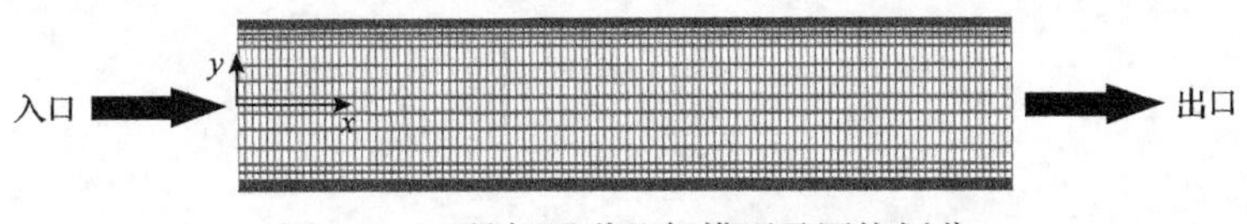

图 3.2 W 骨架通道几何模型及网格划分

2. Cu 液流动过程的计算模型

熔渗法制备 CuW 合金的过程中，使用 H_2 作为保护气氛防止氧化，因此在熔渗开始阶段 W 骨架的孔隙中充满了 H_2。且 H_2 的分子平均距离明显大于 Cu 液中 Cu 原子的平均距离，因此在计算过程中，认为 Cu 液是不可压缩流体，而 H_2 是可压缩流体。采用 Fluent 6.1 软件中 VOF(volume of fluid)模型计算互不相溶的 Cu 液与 H_2 在 W 通道中的流动过程。

基于连续 Navier-Stokes 方程的动量方程可表述为

$$\rho\frac{\mathrm{d}V}{\mathrm{d}t}=\rho g-\nabla P+\mu\nabla^2 v \tag{3.13}$$

式中，ρ 为流体密度；g 为重力加速度；P 为单位体积内施加的压力；∇ 为哈密顿算子；∇^2 为拉普拉斯算子。

与 H_2 压力相比，毛细管力在 W 骨架通道中的流动过程起着主导作用，CuW 合金的渗流过程可近似认为是无压熔渗过程。因而分析流动性对 Cu 液在 W 骨架通道中流动行为的影响，需考虑毛细管力的作用对 Navier-Stokes 方程进行修正[12, 13]：

$$\rho\frac{\mathrm{d}V}{\mathrm{d}t}=\rho g+\mu\nabla^2 v+P_{\mathrm{c}} \tag{3.14}$$

式中，P_{c} 为毛细管力，可表述为通过气/液界面的压力降，与自由面的曲率半径成反比[14]。对于二维模型，流体自由面的曲率半径可通过 $h/(2\cos\theta)$ 确定，θ 为流体与固体表面的润湿角，h 为通道直径。根据 Young-Laplace 方程确定 W 骨架通道中的毛细管力为[15]

$$P_{\mathrm{c}}=\frac{2\gamma_{\mathrm{LG}}\cos\theta}{R_{\mathrm{c}}} \tag{3.15}$$

式中，θ 为 Cu、W 间的润湿角；R_{c} 为 W 骨架通道的毛细管当量半径；γ_{LG} 为 Cu 液的表面张力。若弯月面的曲率半径 $r=\infty$、压力降 $\Delta p=0$，则流动前沿呈水平液面；若 $r>0$、$\Delta p>0$，则流动前沿呈凸液面；若 $r<0$、$\Delta p<0$，则流动前沿呈凹液面。

不可压缩牛顿流体在平行板间的非定常、层流流动的 Navier-Stokes 方程可缩减为[16]

$$-\frac{\partial p}{\partial x}=-\mu\frac{\partial^2 v_x}{\partial y^2} \tag{3.16}$$

式中，p 为 x 处流体的压力；μ 为流体黏度；v_x 为流体在 x 方向的速度，坐标 x、y 的取向见图 3.1。式(3.16)的两边是相互独立的，因此可将上述偏微分方程分成

$$\frac{\mathrm{d}p}{\mathrm{d}x}=-\beta,\quad \mu\frac{\mathrm{d}^2}{\mathrm{d}y^2}v_x=-\beta \tag{3.17}$$

其中，β为常数。根据边界条件 $v_x|_{y=h/2}=v_x|_{y=-h/2}=0$ 求解式(3.17)，得到

$$v_x = \frac{\beta}{2\mu}\left(\frac{h^2}{4} - y^2\right) \tag{3.18}$$

流动前沿的速度 $\mathrm{d}L/\mathrm{d}t$ 等于平均流速 $\overline{v_x}$：

$$\frac{\mathrm{d}L}{\mathrm{d}t} = \overline{v_x} = \frac{1}{h}\int_{-h/2}^{h/2} v_x \mathrm{d}y \tag{3.19}$$

将式(3.19)代入式(3.18)，积分求解β可得

$$\beta = \frac{12\mu}{h^2}\left(\frac{\partial L}{\partial t}\right) \tag{3.20}$$

将式(3.20)代入式(3.17)，两平板间的压力损失 $\partial p / \partial x$ 可通过偏微分方程表述为

$$\frac{\partial p}{\partial x} = -\frac{12\mu}{h^2}\left(\frac{\partial L}{\partial t}\right) \tag{3.21}$$

计算过程中，不同的毛细管驱动力通过改变Cu/W界面润湿角实现，Cu/W界面润湿角数据通过试验得到[17]，Cu液浸入W骨架通道制备CuW合金的熔渗过程假定为等温过程，并设定渗流温度为1593K，Cu的物理参数见表3.1。

表3.1 Cu的相关物理参数

材料	温度/K	密度/(kg/m^3)	黏度/(Pa·s)	表面张力系数/(N/m)
Cu	1593	7760	0.00286	1.22

除了毛细管力，由Cu/W界面润湿性引起的黏附功在渗流过程中产生阻碍作用，影响Cu液在W通道中的流动状态。根据Young-Dupre方程确定黏附功 W 为[18]

$$W = \gamma_{\mathrm{LG}}(1+\cos\theta) \tag{3.22}$$

式中，θ为液/固界面润湿角。

渗流过程中产生的渗流阻力根据Blake-Kozeny方程计算：

$$\frac{\Delta P}{L} = \frac{150\mu(1-\phi)^2 v_x}{D_{\mathrm{p}}^2 \phi^3} \tag{3.23}$$

式中，ΔP 为压力差；D_{p} 为平均颗粒直径。流动过程中产生的黏滞阻力系数及惯性阻力系数根据Ergun公式[19]得到。黏滞阻力系数α 为

$$\frac{1}{\alpha}=\frac{150(1-\phi)^2}{D_{\mathrm{p}}^2\phi^3} \tag{3.24}$$

惯性阻力系数为

$$C_2=\frac{3.5(1-\phi)}{D_{\mathrm{p}}\phi^3} \tag{3.25}$$

综上所述，Cu 液能渗入 W 骨架孔隙中必须满足 Young-Dupre 公式，熔渗作用力包括外加压力、毛细管力、黏滞阻力、重力、推动孔隙中气体时的反作用力以及存在物理化学作用时的界面力等。Cu 液渗流过程适用 Darcy 定律，且基于毛细管模型可以模拟整个渗流过程。

3.2 W 粉粒径对 Cu 液渗流行为的影响

W 粉粒径直接决定烧结 W 骨架的孔隙特征，如孔径大小，而孔径大小对 Cu 液在孔隙中流动的驱动力、阻力、熔渗速度等有重要影响。此外，W 粉也直接影响烧结和 CuW 合金的性能。以较大粒径 W 粉为原料，W 颗粒间相互接触较少，难以形成足够多的烧结颈，会使 W 骨架的结构松散，不易获得高强度的 CuW 合金，且 CuW 合金中会出现大范围的富 Cu 区。而减小 W 粉粒径可以有效提升 W 骨架的强度，但是 W 粉过细容易团聚，会造成 W 骨架中微通道的闭合或堵塞。同时，孔隙通道尺寸减小会导致熔渗阻力增大，进而产生孔隙缺陷。因此，本节对不同粒径及级配 W 粉制备骨架形成的孔隙通道进行分析，建立相应的毛细管模型，以讨论 W 粉粒径及级配对 Cu 液在 W 骨架通道中流动行为的影响规律。

为了计算方便，忽略形成烧结颈产生的体积收缩，将烧结 W 骨架简化为颗粒的堆积。根据 W 骨架的孔隙率以及 W 粉的粒径及比表面积，通过式(3.26)确定单一粒径制备 W 骨架通道的毛细管当量半径[20, 21]：

$$R_{\mathrm{c}}=\frac{\phi}{2S(1-\phi)} \tag{3.26}$$

式中，R_{c}为 W 骨架通道的毛细管当量半径；ϕ为多孔介质孔隙率；S为 W 粉的比表面积。其中，W 粉的比表面积 S 与 W 粉的粒径 D 存在下述关系：

$$S=\frac{6}{D\rho} \tag{3.27}$$

因此，式(3.26)可变为

$$R_c = \frac{\phi D \rho}{12(1-\phi)} \tag{3.28}$$

由此可确定单一粒径 W 粉制备 W 骨架对应的孔隙当量半径，具体结果见表 3.2。

表 3.2 单一粒径 W 粉制备 W 骨架的孔隙当量半径

粒径/μm	0.3	0.4	0.6	0.8	5.0	6.0	7.0	8.0
W 骨架的孔隙当量半径/μm	0.023	0.031	0046	0.061	0.383	0.460	0.536	0.613

3.2.1 微米级 W 粉制备骨架通道中 Cu 液的渗流行为

一般制备 CuW 触头采用 6～8μm 的 W 粉，以获得较高的经济性。考虑到粉末粒径分布的随机性，本节对 5～8μm 的 W 粉制备 W 骨架通道中 Cu 液的流动行为进行计算机模拟。根据制备骨架 W 粉粒径确定孔隙通道所对应的毛细管当量半径，建立单通道 W 骨架通道。选用粒径为 5μm、6μm、7μm 和 8μm 的 W 粉制备 CuW70 合金 W 骨架，分析 1593K 时 Cu 液在 W 骨架通道中流动行为的演变规律。

渗流过程中，单位时间内 Cu 液在 W 骨架通道中的流动距离可以衡量熔渗发展的速率，模拟计算的流动距离如图 3.3 所示。流动前期，随着 W 粉粒径的减小，Cu 液在 W 骨架通道中的流动距离增大；而在流动后期，随着 W 粉粒径的减小，Cu 液在 W 骨架通道中的流动距离减小。这主要是由于通道的孔径发生变化引起 Cu 液在 W 骨架通道中的压力变化，需对 Cu 液在 W 骨架通道中的压力分布进行分析。

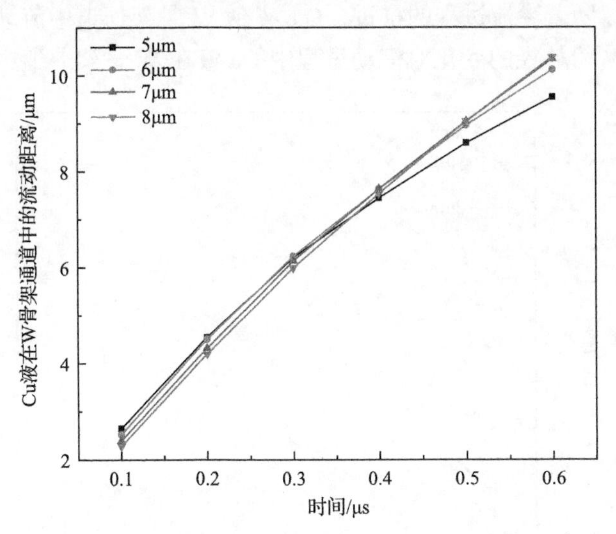

图 3.3 不同粒径 W 粉制备 W 骨架通道中 Cu 液的流动距离随时间的变化

不同粒径 W 粉制备的 W 骨架通道中的压力分布计算结果如图 3.4 所示，左侧为入口，右侧为出口，W 骨架通道中的压力从入口到出口逐渐变小。总体上，流动过程中，从通道入口至出口压力呈递减分布，并且 Cu 液的压力始终大于气体的压力，因而可以保证 Cu 液在无压条件下即可进入 W 骨架通道中。但是，在熔渗过程中，Cu 液推动气体向出口方向流动，W 骨架通道中的流动驱动力与气体向出口流动时受到气体的反作用力之间的相互影响，使得通道中的压力分布变化较为复杂。通道中压力场的分布直接决定 Cu 液在通道中的填充状态，因而 Cu 液的填充不按制备粉末粒径的变化呈线性变化的规律。

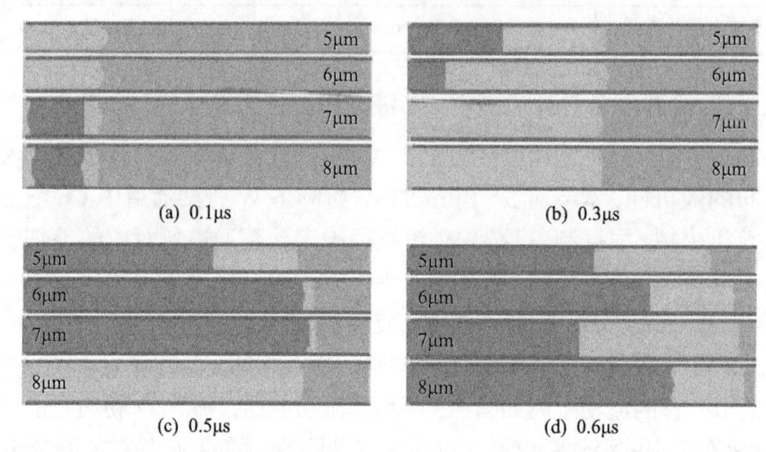

图 3.4 不同粒径 W 粉制备 W 骨架通道中的压力分布

渗流过程中 Cu 液在 W 骨架通道中的压力损失和流动前沿的压力差如图 3.5 和图 3.6 所示。随着渗流过程的推进，Cu 液在 W 骨架通道中流动时的压力损失增大。但是，W 粉粒径的变化对流动过程中 Cu 液在 W 骨架通道中压力损失的变

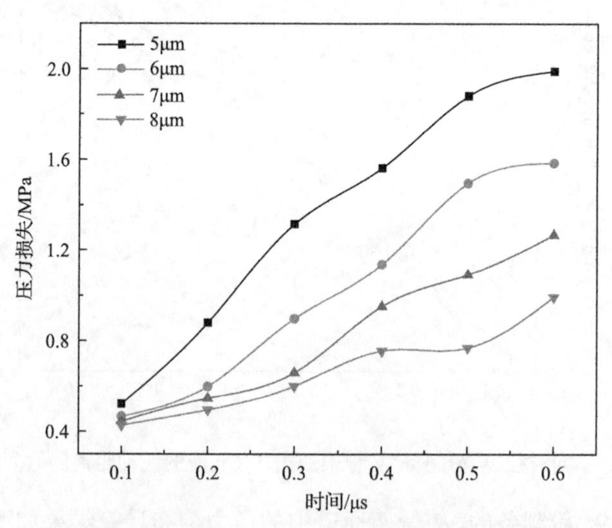

图 3.5 渗流过程中 Cu 液在 W 骨架通道中的压力损失

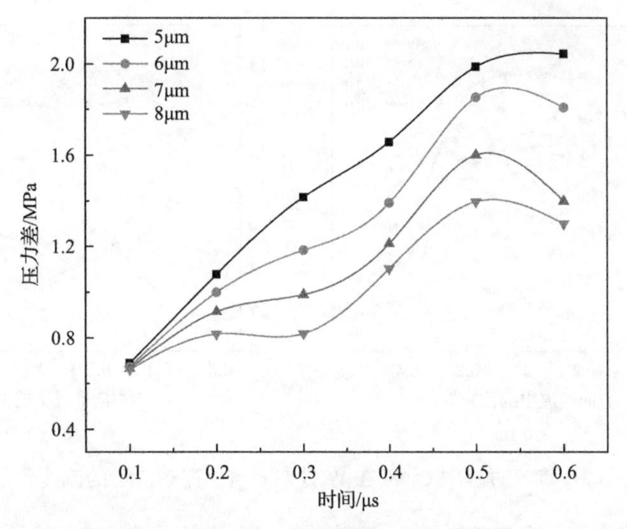

图 3.6 渗流过程中 Cu 液在 W 骨架通道中流动前沿的压力差的变化

化有较大的影响，随着 W 粉粒径的减小，Cu 液的压力损失增大，且随着熔渗时间的延长，该趋势更加显著。同时，在渗流初期(0.1μs)，流动前沿压力差接近；而在流动后期(0.6μs)，流动前沿的压力差随着粉末粒径的减小而增大，当 W 粉的粒径从 8μm 减小至 5μm 时，流动前沿的压力差增大 57.3%。可见，W 粉粒径的减小导致骨架孔隙的孔径减小，引起的几何变化使 Cu 液在通道中的压力损失增大，但是流动前沿的压力也会增大。

W 粉粒径导致 W 骨架通道尺寸变化会影响 Cu 熔体在通道中的压力，进而改变 Cu 液在不同粒径 W 粉制备的 W 骨架通道中的熔渗速度，导致熔渗制备 CuW 合金所需的渗流时间不同。因此，对 Cu 液在不同粒径 W 粉制备 W 骨架通道中的流速进行分析，其结果分别如图 3.7 和图 3.8 所示。随着渗流过程的推进，上游

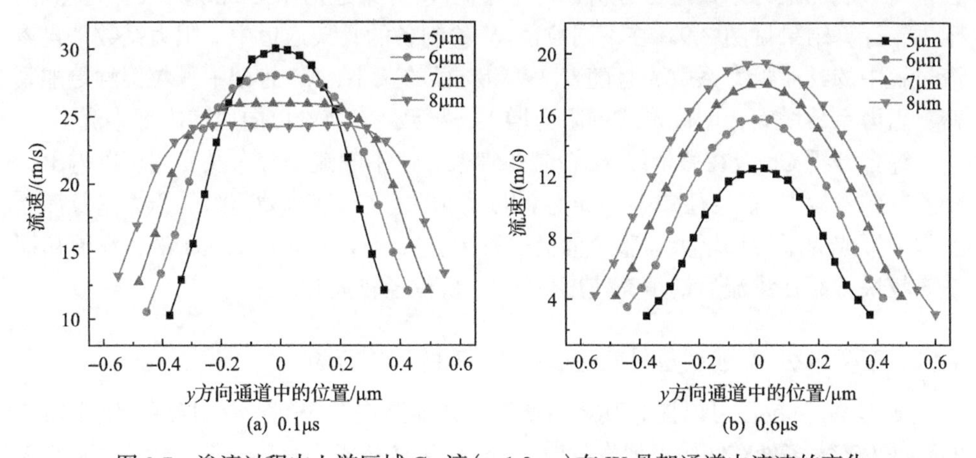

图 3.7 渗流过程中上游区域 Cu 液(x=1.3μm)在 W 骨架通道中流速的变化

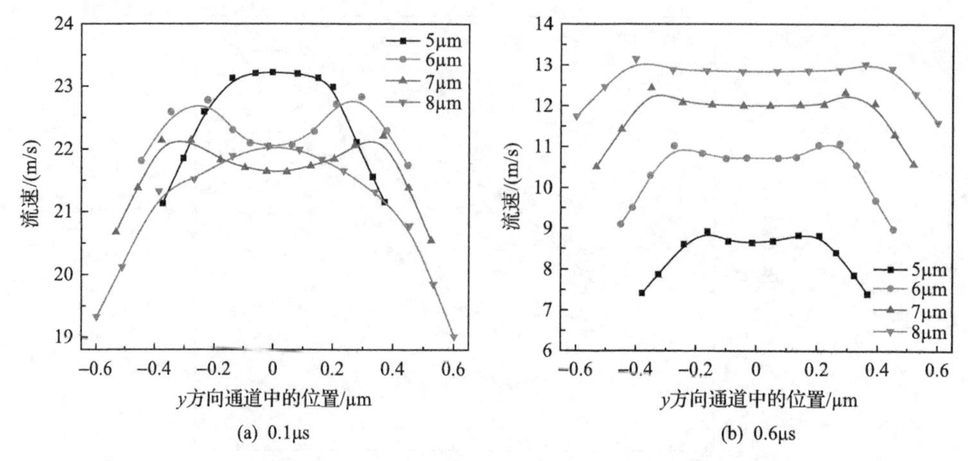

图 3.8 渗流过程中 Cu 液在 W 骨架通道中流动前沿的流速分布

区域(x=1.3μm) Cu 液的流速减小，且随着 W 粉粒径减小，Cu 液渗流初期的流速增大，渗流后期的流速减小。而流动前沿速度的变化规律与上游区域有所不同。在渗流初期(0.1μs)，流动前沿的流速在靠近 W 表面处较低，通道中心的流速较高。W 骨架通道中流动前沿中心及靠近 W 表面的流速与 W 粉粒径没有明显的对应关系。在流动后期(0.6μs)，流动前沿的流速在 W 骨架通道中心流速平稳、靠近 W 表面处较低。同时，随着 W 粉粒径减小，流动前沿的流速减小。由上述结果可知，随着流动时间延长，流动前沿流速减小。采用较小粒径的 W 粉制备 W 骨架通道，可增大渗流初期 Cu 液在 W 骨架通道中的流速，但渗流后期的流速减小。

从 Cu 液在不同粒径 W 粉制备骨架通道中渗流时压力损失的变化可知，Cu 液流动过程中受到的阻力不等。对于具有一定黏度的 Cu 液在通道中渗流的过程，形成的阻力主要来自两个方面：黏滞阻力和局部阻力。因此，对 Cu 液在渗流过程中所形成的阻力系数进行分析，讨论不同 W 骨架通道中 Cu 液渗流时所受到的阻力，计算结果见图 3.9。在不同粒径 W 粉制备的骨架通道中，阻力系数来自渗流过程中的黏滞阻力系数，且随着 W 粉粒径的减小，W 骨架中颗粒接触更加紧密，阻力系数增大，因此形成的阻力增大，导致 Cu 液难以向通道内部渗流。

综合分析 Cu 液在微米级 W 粉制备骨架通道中的流场分布及变化可以得出，随着制备骨架 W 粉粒径减小，Cu 液的压力损失、Cu 液流动前沿的压力差及渗流过程中形成的阻力均增大。整个渗流过程中，W 粉粒径较小时 Cu 液在渗流初期填充较快，而在渗流后期填充速度低于 W 粉粒径较大时。

3.2.2 亚微米级 W 粉制备骨架通道中 Cu 液的渗流行为

细化 W 粉粒径可以提高其烧结活性，并显著提升 W 骨架的强度。纳米粉末的制备工艺大多处在实验室研发阶段，工业化生产技术仍有待开发。而亚微米级 W

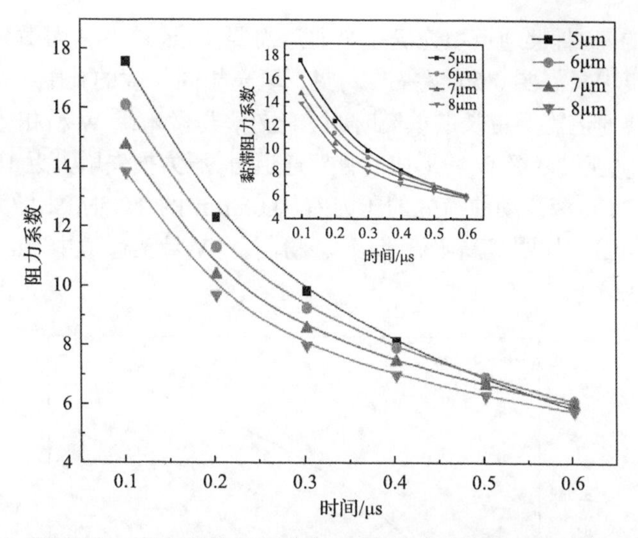

图 3.9 微米级 W 粉制备骨架通道中 Cu 液流动时阻力系数随时间的变化

粉既具有较高的烧结活性，粉末颗粒团聚也较少，因而有必要对亚微米级 W 粉制备的骨架通道中 Cu 液流动行为进行研究。本节选用粒径为 0.6μm 和 0.8μm 的亚微米级 W 粉进行骨架制备，分析 Cu 液在亚微米级 W 粉制备骨架通道中流动行为的演变规律。

对亚微米级 W 粉制备的骨架通道中 Cu 液流动距离、压力损失及流动前沿的压力差进行计算。与微米级 W 粉相同，随着熔渗时间延长，Cu 液流动距离不断增大，且随着粉末粒径减小，Cu 液在 W 骨架通道中的流动距离减小(图 3.10)。与微米级 W 粉制备骨架通道的流动距离相比，相同长度的 W 骨架通道，亚微米

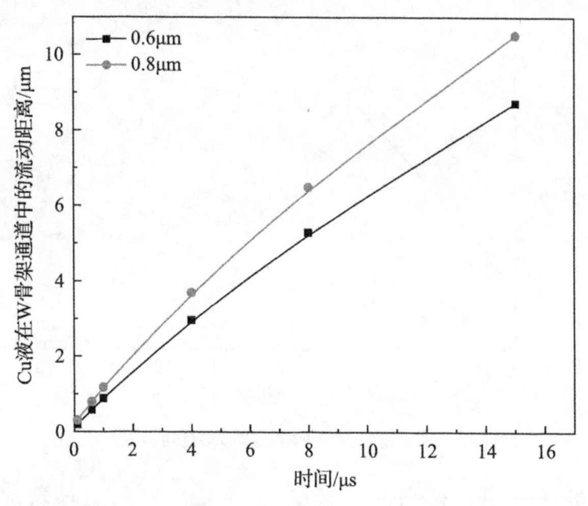

图 3.10 亚微米级 W 粉制备 W 骨架通道中 Cu 液流动距离随时间的变化

级 W 粉制备的 W 骨架通道填充满整个通道需要 15μs 左右，而微米级 W 粉制备的 W 骨架通道中只需要 0.6μs 左右。可见，填充相同长度的孔隙，亚微米级 W 粉制备的 W 骨架通道需要更长的填充时间。此外，与微米级 W 粉相比(图 3.5)，Cu 液流过相同长度亚微米级 W 粉形成的骨架通道时,压力损失增大近 10 倍(图 3.11)。流动 15μs 时，Cu 液流动前沿处的压力差从 0.8μm 的 15.5MPa 增大到 0.6μm 的 19.3MPa(图 3.12)，均明显高于微米级 W 粉制备 W 骨架通道中 Cu 液流动前沿处的压力差(图 3.6)。

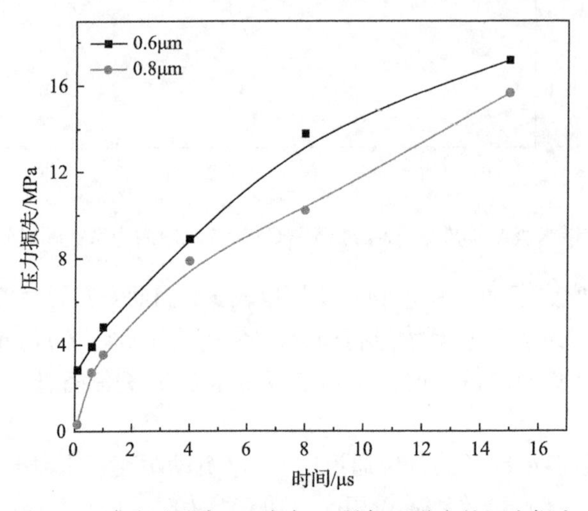

图 3.11 渗流过程中 Cu 液在 W 骨架通道中的压力损失

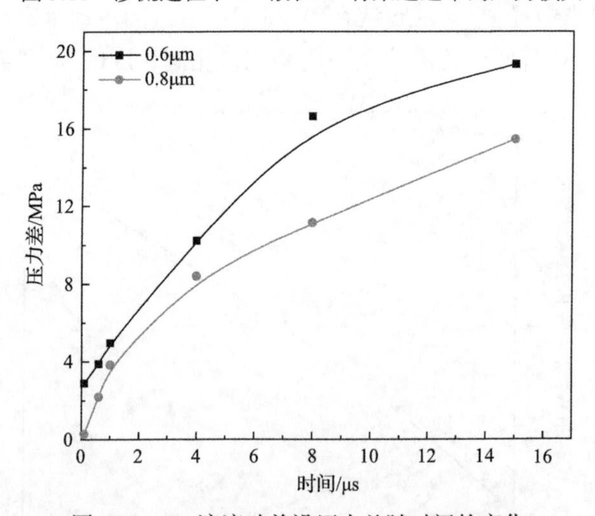

图 3.12 Cu 液流动前沿压力差随时间的变化

对不同位置的流速进一步分析，结果如图 3.13 所示。随着流动过程的推进，上游位置(x=0.072μm) Cu 液的流速逐渐减小。从流速曲线来看，上游区域 Cu 液

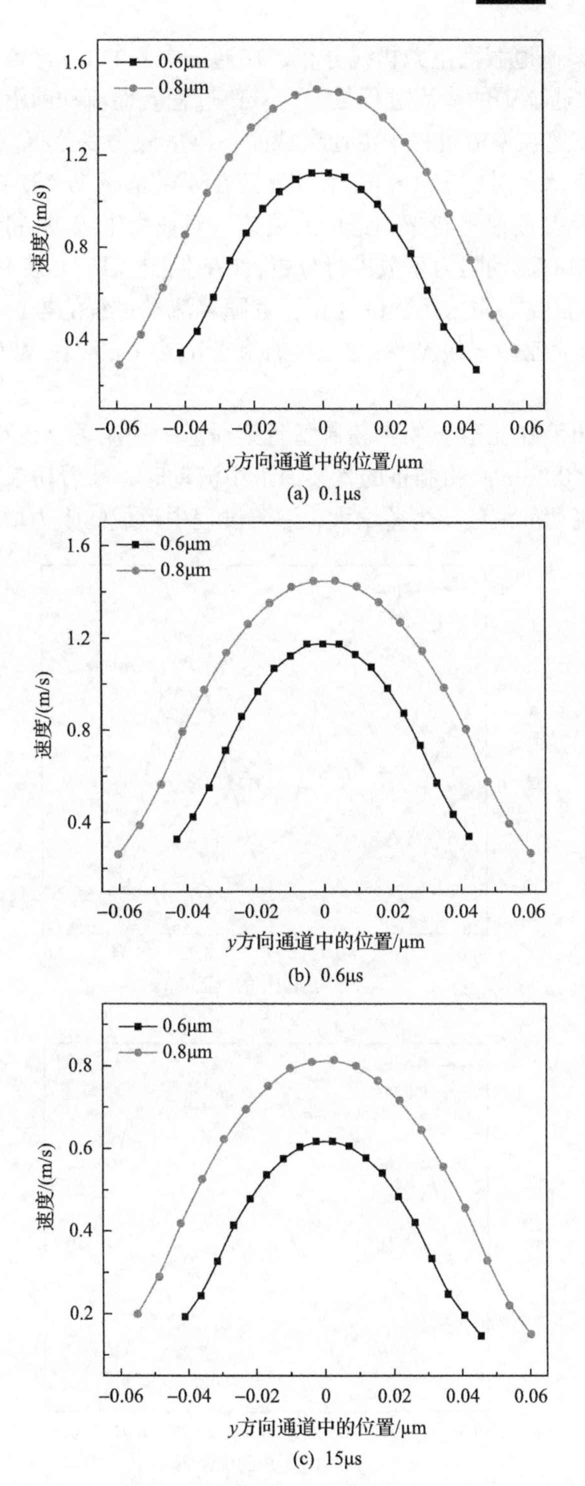

图 3.13　亚微米级 W 粉制备骨架通道中流动时上游(x=0.072μm)Cu 液的流速

的流速沿 W 骨架通道截面呈抛物线分布，在通道中心的 Cu 液流速较高。可见，Cu 液在 W 骨架通道中的渗流过程是一个减速过程。而流动前沿的流速计算结果表明，Cu 液的流速在渗流过程中沿通道截面不再呈抛物线分布，而是上下波动变化，如图 3.14 所示。对比图 3.8 可知，Cu 液在亚微米级 W 粉制备骨架通道中的流速低于微米级 W 粉制备骨架通道中的流速。对亚微米级 W 粉制备骨架通道中 Cu 液流动过程中的流动阻力系数进行分析，结果见图 3.15。从变化趋势可以看出，阻力系数主要来自黏滞阻力系数的变化，且随着流动过程的推进，阻力系数逐渐减小。同时，增大亚微米级 W 粉的粒径有利于减小 Cu 液在 W 骨架通道中流动时的阻力系数。

综合分析Cu液在亚微米级W粉制备骨架通道中的流场分布及变化可以得出，Cu 液在 0.6μm、0.8μmW 粉制备的骨架通道中流动时，随着粉末粒径的减小，压力损失、Cu 液流动前沿的压力差增大，渗流过程中形成的阻力增大。这个变化规

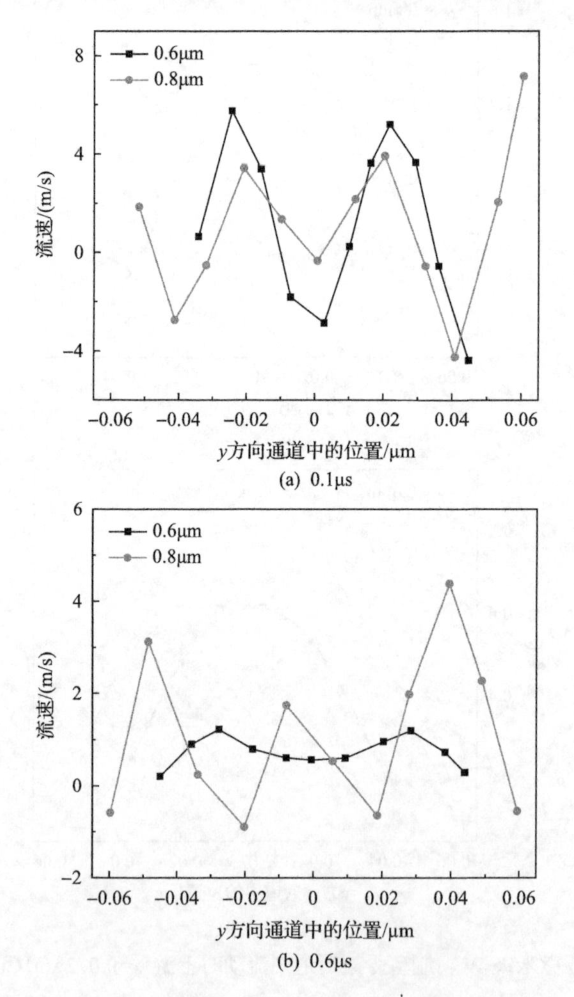

(a) 0.1μs

(b) 0.6μs

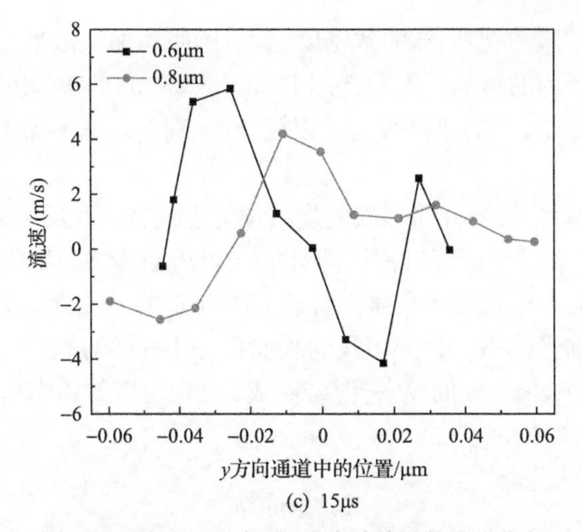

(c) 15μs

图 3.14 渗流过程中 Cu 液流动前沿的流速分布

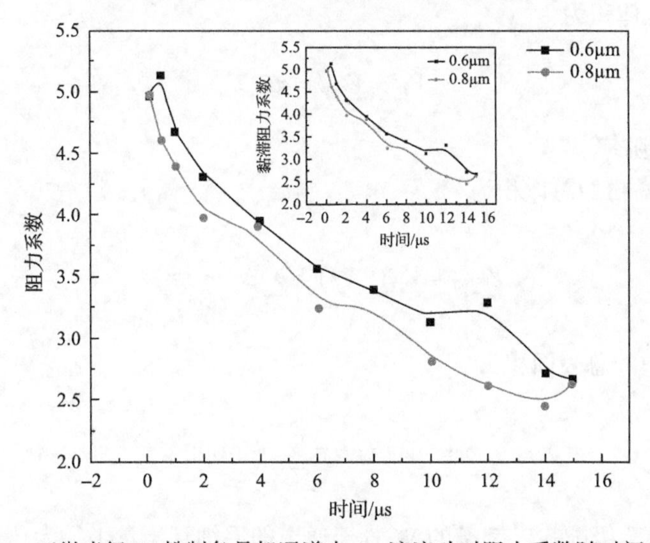

图 3.15 亚微米级 W 粉制备骨架通道中 Cu 液流动时阻力系数随时间的变化

律与微米级 W 粉制备骨架通道中的变化规律基本一致。然而，Cu 液流动前沿的流速沿截面的分布明显不同于微米级 W 粉制备骨架通道中的分布，呈上下波动分布。因此，亚微米级 W 粉制备骨架通道中的 Cu 液填充速度远低于微米级 W 粉，熔渗时间应较微米级 W 粉适当延长。

3.2.3 级配 W 粉制备 W 骨架通道中 Cu 液的渗流行为

单一粒径颗粒在最密堆积时，无法通过增加压制压力或粉末分散性进一步提高堆垛密度。但是在大颗粒之间的空间内填入小颗粒，即进行不同粒径的颗粒级配，可以进一步提高颗粒的堆垛密度。因此，采用不同粒径的粉末进行颗粒级配可以显著增加 W 骨架成型坯体的致密度。为了阐明添加亚微米级 W 粉对 Cu 液在骨架通道中渗流行为的影响，本节选用 0.6μm、0.8μm 的 W 粉分别与 7μm 的 W 粉以 1∶1、1∶2、1∶3 的比例级配，以混合 W 粉为原料制备 CuW70 合金的 W 骨架。

假设烧结后 W 骨架颗粒间形成的烧结颈为点接触，不发生烧结收缩。则制备一个半径 r=1cm、高 h=1cm 的圆柱体形的 CuW70 合金 W 骨架，可将 W 骨架中形成的孔隙近似为一个长 L、毛细管当量半径为 R 的毛细管通道。假设骨架中孔的总体积等于毛细管体积，骨架中孔的表面积等于粉的总表面积。制备骨架的粉末选用粒径为 $r_1, r_2, \cdots, r_n$ 的 W 粉混合而成，分别对应的粉末粒数为 $N_1, N_2, \cdots, N_n$。则 W 骨架的总体积为

$$V_{总} = \pi r^2 h \tag{3.29}$$

式中，孔隙总体积为

$$V_{孔} = V_{总}\phi = \pi R^2 L \tag{3.30}$$

其中，ϕ 为孔隙率。

骨架中 W 粉的总体积为

$$V_{颗粒} = V_{总}(1-\phi) = \sum_{i=1}^{n} N_i \cdot \frac{4}{3}\pi r_i^3 \tag{3.31}$$

W 孔道中的总表面积为

$$S_{孔} = 2\pi R \cdot L = \sum_{i=1}^{n} N_i \cdot 4\pi r_i^2 \tag{3.32}$$

由此得出，级配粉末制备的 W 骨架通道的毛细管当量半径为

$$R_{\mathrm{c}} = \frac{\phi}{2\sum_{i=1}^{n} N_i \cdot r_i^2} \tag{3.33}$$

且有

$$\frac{3}{4}(1-\phi) = \sum_{i=1}^{n} N_i \cdot r_i^2 \tag{3.34}$$

取两种粒径 r_1、r_2 的 W 粉混合制备 W 骨架，粉末的质量比为 $x:y$，则

$$\frac{m_1}{m_2}=\frac{x}{y} \tag{3.35}$$

由于 $m=\rho V$，则有

$$\frac{\rho V_1}{\rho V_2}=\frac{x}{y} \tag{3.36}$$

结合式(3.31)，可将式(3.36)整理为

$$\frac{N_1\cdot\frac{4}{3}\pi r_1^3}{N_2\cdot\frac{4}{3}\pi r_2^3}=\frac{x}{y} \tag{3.37}$$

可推导出

$$N_1=\frac{x}{y}\cdot\frac{r_2^3}{r_1^3}\cdot N_2 \tag{3.38}$$

$$m_i=\rho\cdot N_i\cdot\frac{4}{3}\pi r_i^3 \tag{3.39}$$

根据给定的 W 粉粒径及质量比，结合式(3.34)～式(3.37)确定的不同粒径 W 粉粒数 N_1、N_2 和毛细管当量半径 R，所需不同粒径 W 粉的质量(表 3.3)可以看出，随着亚微米级 W 粉在混合 W 粉中质量比的增大，W 骨架通道的毛细管当量半径减小；而亚微米级 W 粉粒径减小，混合 W 粉制备 W 骨架的毛细管当量半径也会减小；W 粉数目越多，流体流经的内部表面积越大。

表 3.3　级配 W 粉制备 W 骨架的对应参数

r_1/μm	r_2/μm	$x:y$	N_1/个	N_2/个	R/μm	m_1/g	m_2/g
0.6	7	1∶1	904513888889	569606413	0.677	15.8	15.8
0.6	7	1∶2	603009259259	759475219	0.942	10.5	21.0
0.6	7	1∶3	452256944449	854409621	1.17	7.9	23.7
0.8	7	1∶1	381591796209	569606413	0.88	15.8	15.8
0.8	7	1∶2	254394531364	759475219	1.197	10.5	21.0
0.8	7	1∶3	190795898439	854409621	1.461	7.9	23.7

Cu 液在颗粒级配 W 骨架通道中流动距离随时间的变化趋势(图 3.16)表明，亚微米级 W 粉添加的质量分数越大，Cu 液的流动距离越大，Cu 液填充相同长度的 W 骨架通道所需的时间越短；而减小添加亚微米级 W 粉的粒径，可增大 Cu

液在 W 骨架通道中的流动距离。而上游区域(x=1.3μm)处(图 3.17)，流动初期(0.1μs)，Cu 液在 W 骨架通道中的流速在中心位置较大，靠近壁面处较低；流动后期(0.6μs)，Cu 液的流速降低，Cu 液沿着 W 通道截面的流速呈抛物线分布。但是，在所有时间段内，随着亚微米级 W 粉在混合粉末中质量分数的减小和亚微米级 W 粉粒径的增大，Cu 液在通道中心的流速减小。在级配 W 粉制备骨架通道中流动前沿处，Cu 液流动前沿的流速变化趋势与上游区域相同(图 3.18)。因此，级配 W 粉中增大亚微米级 W 粉的质量分数或减小亚微米级 W 粉的粒径，提高了毛细管当量半径，可以有效增大 Cu 液的熔渗速度。

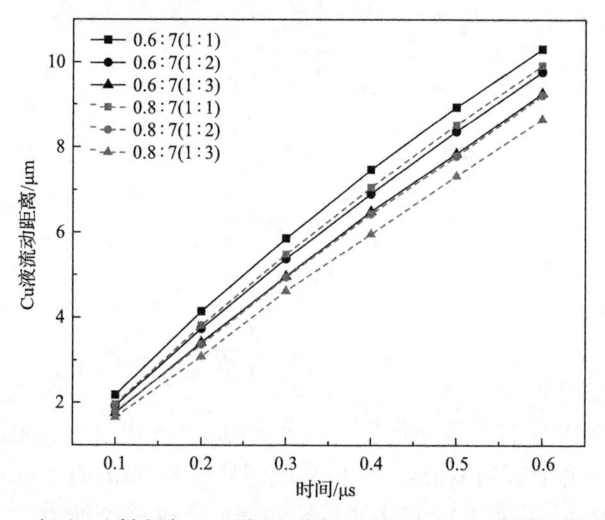

图 3.16 级配 W 粉制备 W 骨架通道中 Cu 液的流动距离随时间的变化

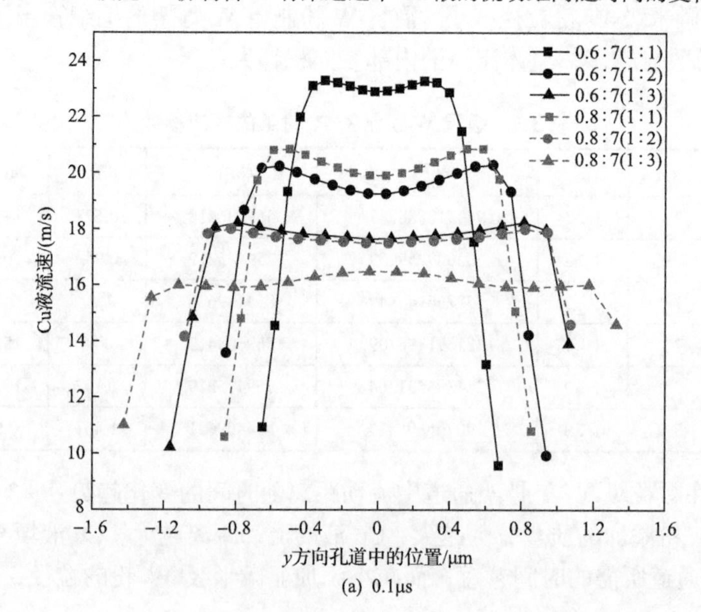

(a) 0.1μs

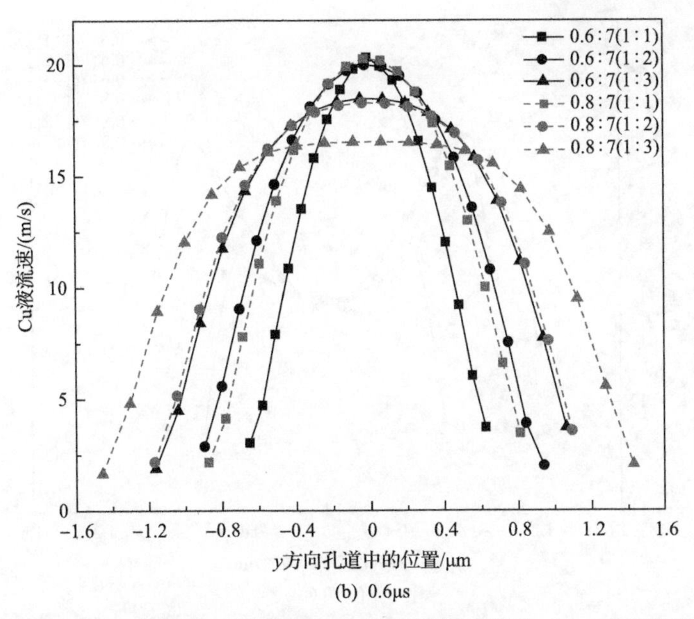

(b) 0.6μs

图 3.17 级配 W 粉制备 W 骨架通道中上游区域 Cu 液(x=1.3μm)的流速变化

在级配 W 粉制备骨架通道中，阻力系数的变化是流动过程中 W 骨架通道变化引起黏滞阻力系数变化产生的，结果见图 3.19。随着亚微米级 W 粉质量分数的增大及粒径的减小，阻力系数逐渐增大。这是由于减小亚微米级 W 粉的粒径或增大含量，会导致 W 骨架中颗粒的比表面积增大，进而增大 Cu 液在 W 骨架通道中流动时的阻力。

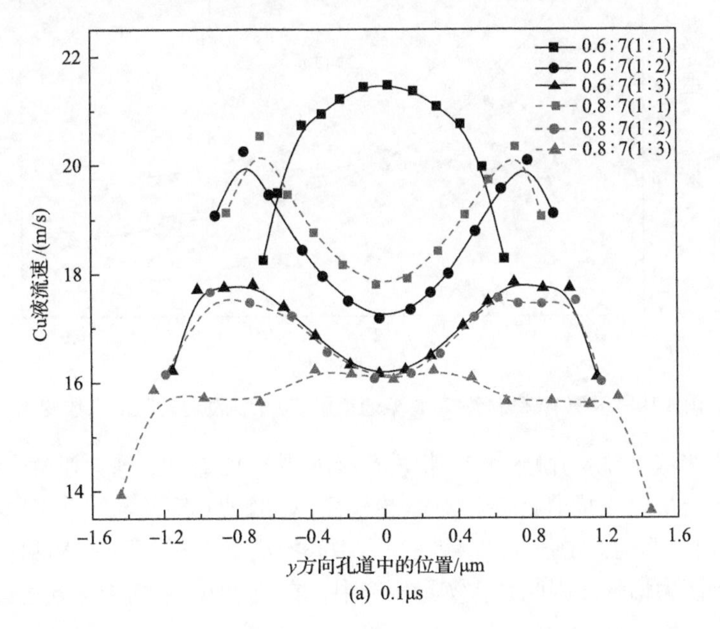

(a) 0.1μs

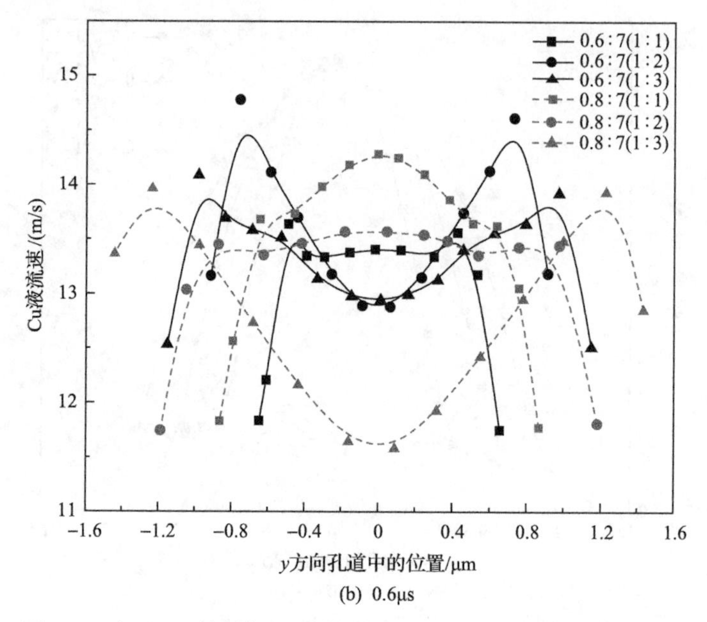

(b) 0.6μs

图 3.18 级配 W 粉制备 W 骨架通道中 Cu 液流动前沿的流速变化

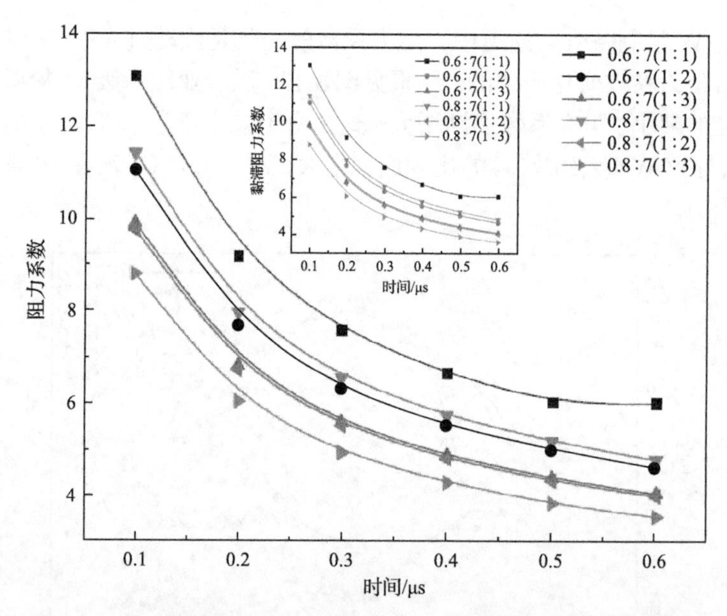

图 3.19 级配 W 粉制备 W 骨架通道中 Cu 液流动时的阻力系数变化

将亚微米级 W 粉与微米级 W 粉进行级配制备 W 骨架，增大亚微米级 W 粉在混合粉中的质量比或减小亚微米级 W 粉粒径，W 骨架孔隙的毛细管当量半径减小，Cu 液流动时的驱动力增强，Cu 液在通道中心的流速增大，但是 W 粉颗粒数量的增多，流动阻力增强。因此，在实际生产中，在微米级 W 粉中加入适量的亚微米级 W 粉实现颗粒级配，不仅有利于提高压制坯体的密度，还能在一定程度上促进 Cu 液的熔渗过程。

3.2.4 不同孔隙率 W 骨架通道中 Cu 液的渗流行为

孔隙率是评价多孔介质内流体传输性能的重要参数，是指材料内部的孔隙占总体积的比例。然而，由于多孔介质孔隙结构复杂，根据孔隙对多孔介质的有效性将孔隙分为通孔和闭孔两种，只有通孔对流体流动起作用。因此，将孔隙率也分为两种：①有效孔隙率，即多孔介质内通孔总体积与该多孔介质总体积的比值；②绝对孔隙率或总孔隙率，即多孔介质内通孔和闭孔的总体积与该多孔介质总体积的比值。通常所说的孔隙率是指有效孔隙率。熔渗时，W 骨架结构的孔隙率不同，Cu 液在 W 骨架通道中的流动行为也会产生很大变化，因而需要对 Cu 液在不同孔隙率 W 骨架通道中的渗流行为进行研究。

常用的 CuW 合金主要有 CuW60、CuW70 和 CuW80，采用平均粒径 7μm 的 W 粉制备 W 骨架时，使用 3.2.3 节方法计算得到的孔隙毛细管当量半径结果见表 3.4。随着 W 在 CuW 合金中质量比的增大，制备的 CuW 合金 W 骨架的孔隙率减小，骨架的孔隙毛细管当量半径减小。根据确定的 W 骨架孔隙毛细管当量半径建立 W 骨架通道的几何模型，分析孔隙率对 Cu 液在 W 骨架通道中流动行为的影响。

表 3.4 粒径 7μm 的 W 粉制备不同孔隙率 W 骨架的孔隙毛细管当量半径

合金成分	孔隙率/%	孔隙毛细管当量半径/μm
CuW60	58.4	0.8190
CuW70	47.9	0.5364
CuW80	34.2	0.3032

Cu 液在 W 骨架通道中的流动距离、压力损失及流动前沿压力差的计算结果如图 3.20～图 3.22 所示。渗流初期，Cu 液在 W 骨架中的流动距离随骨架孔隙率的增大而减小。随着流动过程的推进，低孔隙率 W 骨架(34.2%)通道中 Cu 液流动距离的增长速度降低，在流动后期明显低于高孔隙率 W 骨架(58.4%和 47.9%)通道中的流动距离。此外，随着 W 骨架孔隙率的减小，Cu 液在 W 骨架通道中流动时的压力损失和流动前沿压力差均增大。

Cu 液在 W 骨架通道中的流速如图 3.23 和图 3.24 所示。渗流初期，随着 W 骨架孔隙率的减小，W 骨架通道的上游(图 3.23)和 Cu 液流动前沿(图 3.24)处 W 骨架通道中心的流速均增大。而在流动后期，Cu 液的流速减小，Cu 液流速沿着 W 骨架通道截面呈向上的抛物线分布，且随着孔隙率的减小，Cu 液的流速减小。这表明在流动初期，随着 W 骨架孔隙率减小，Cu 液在 W 骨架通道中的流速增大；

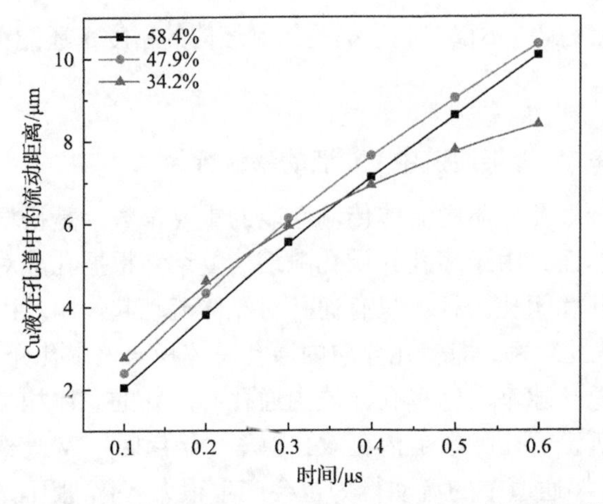

图 3.20　不同孔隙率 W 骨架通道中 Cu 液流动时流动距离随时间的变化

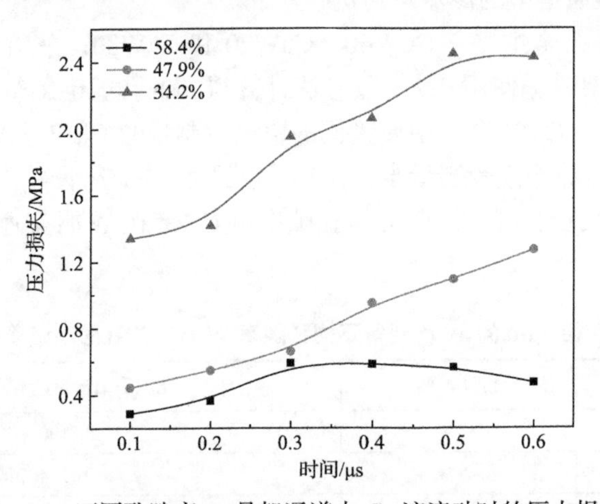

图 3.21　不同孔隙率 W 骨架通道中 Cu 液流动时的压力损失

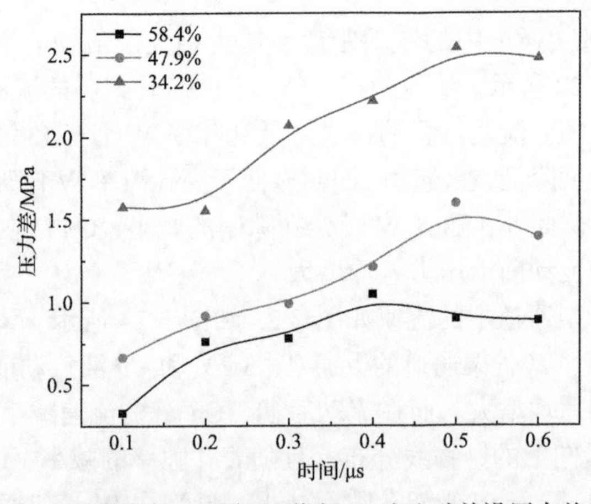

图 3.22　不同孔隙率 W 骨架通道中 Cu 液流动前沿压力差的变化

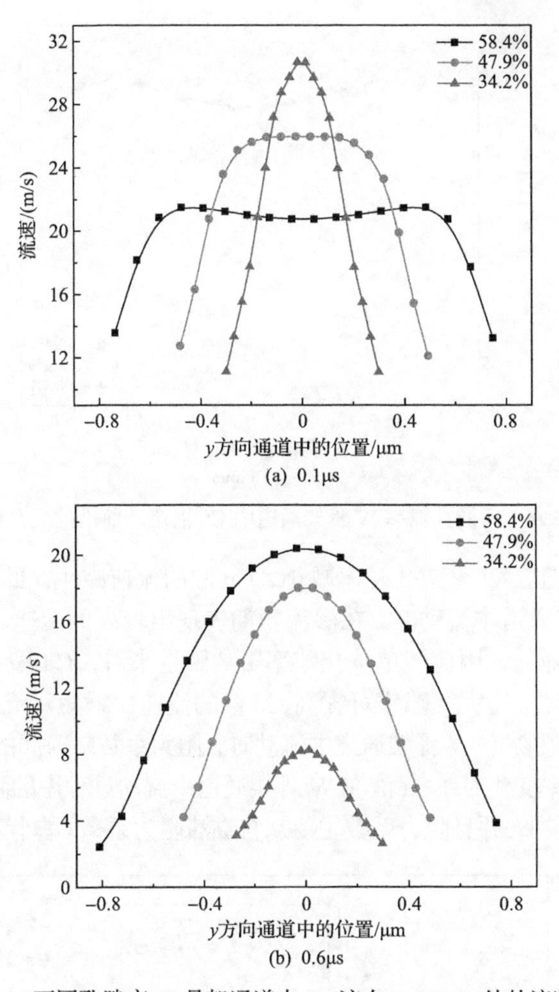

图 3.23 不同孔隙率 W 骨架通道中 Cu 液在 x=1.3μm 处的流速分布

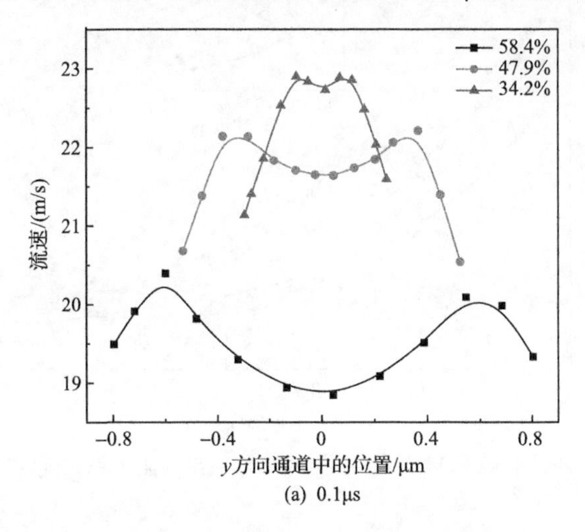

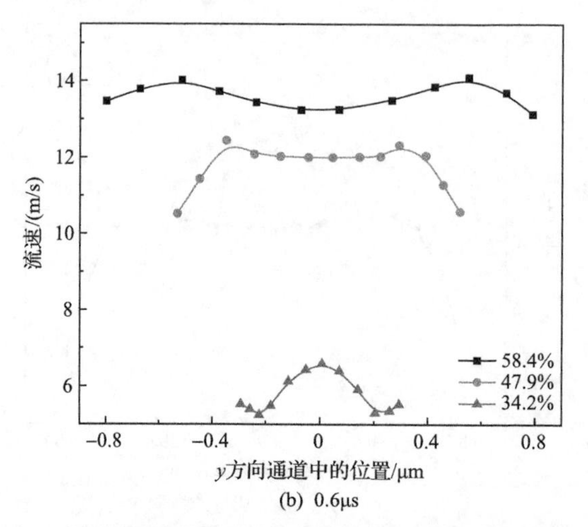

(b) 0.6μs

图 3.24 不同孔隙率 W 骨架通道中 Cu 液流动前沿的流速分布

而在流动后期，随着 W 骨架孔隙率减小，Cu 液的流速减小。此外，Cu 液在较小孔隙率的 W 骨架通道中流动时，在渗流初期表现出较高的流速，随着流动过程的推进，流速急剧降低。因此，单从孔隙率影响因素来看，Cu 液在较长的 W 骨架通道中进行渗流时，增大孔隙率可提高 Cu 液的流速，缩短渗流时间。

Cu 液在不同孔隙率 W 骨架通道中流动时，阻力系数随时间的变化如图 3.25 所示。W 骨架孔隙率变化时，Cu 液在 W 骨架通道中流动过程中的阻力系数随着渗流过程的推进逐渐减小，并且阻力系数主要来自黏滞阻力系数。减小 W 骨架的孔隙率，

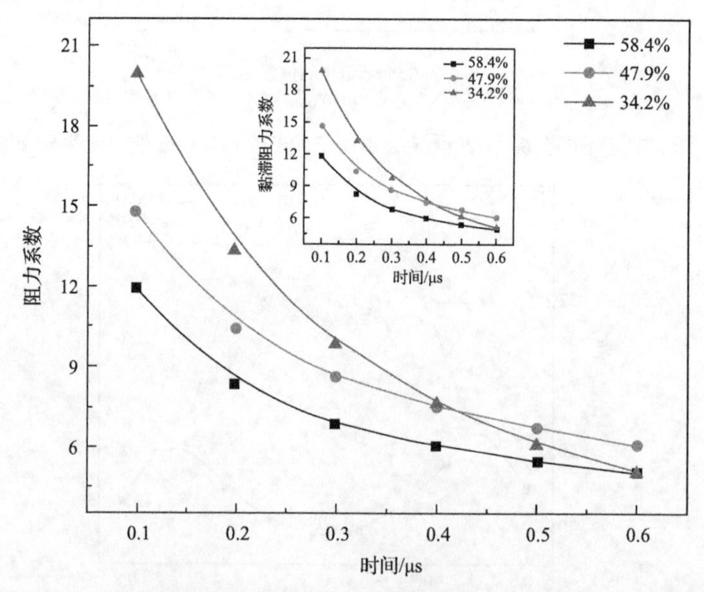

图 3.25 不同孔隙率 W 骨架通道中 Cu 液流动时阻力系数随时间的变化

Cu液在通道中流动时的阻力系数总体呈增大趋势。因此，随着孔隙率的降低，孔隙毛细管当量半径减小，Cu液在W骨架通道中的压力损失、流动前沿的压力差增大，流动过程中形成的阻力增大，Cu液在通道中的流速减小，不利于渗流过程的推进。

因此，熔渗过程主要受W骨架的孔隙毛细管当量半径影响，而减小粉末粒径或增加粉末中细粉的量会降低孔隙毛细管当量半径。W骨架的孔隙毛细管当量半径越小，Cu液在W骨架通道中的压力损失、流动前沿的压力差增大，渗流过程中形成的阻力增大，Cu液在通道中的流速减小，不利于熔渗过程的推进。此外，虽然渗流初期，Cu液在孔隙毛细管当量半径较小的W骨架通道中流动距离较大，但是在渗流后期流动距离反而较小，减慢了熔渗速度，需要延长熔渗时间以获得高的致密度。

3.3 Cu/W界面润湿性对渗流行为的影响

Cu/W界面润湿性直接决定毛细管力及黏附功，即对熔渗过程的驱动力和阻力均有很大影响，并且Cu/W界面的润湿角可以通过改变熔体成分或修饰界面而调控，故润湿性是熔渗工艺中不可忽略的一个因素。因此，对不同润湿角的Cu液在W骨架通道中的渗流行为进行研究，具有重要的指导意义。本节选用0°、12°、45°三个不同的润湿角，基于流体力学分别模拟在该条件下Cu液在W骨架孔道中的渗流行为。

3.3.1 W骨架的表征体元

W骨架是包含不同形貌孔隙的多孔介质，Cu液渗入时，孔隙中充满保护气体。实质上，渗流过程是不互溶的Cu液和气体在W骨架通道中的流动过程。因此，用连续介质理论对不互溶两相流体在多孔W骨架通道中的渗流过程进行计算分析。

多孔介质连续介质理论的运用需确定多孔介质中一点P的表征体元(representative elementary volume，REV)大小。首先，表征体元和单个孔隙必须足够大，包含足够数目的孔隙；其次，表征体元应当远比整个流动区域的尺寸小，否则平均的结果不能代表在P点发生的现象。在表征体元中为了表征不同的物理量，必须用若干重叠的连续介质代替孔隙介质，而其中的每一种连续介质代表一种相，并且充满整个孔隙介质区域，在空间中的每一点可以规定这些连续介质中任一介质的性质，相互间也可以发生交互作用。用假想的连续介质代替实际的多孔介质，可以描述多孔介质的孔隙率、速度、比流量等其他参量，其表征体元的特征尺寸不变。在表征体元中，流体通过的总流量(Q_{jo})为

$$Q_{jo}=\int_{(\Delta A_j)_o} V_j \mathrm{d}A_j \tag{3.40}$$

式中，$(\Delta A_j)_o$为在以 P 点为中心、在 I_j 方向的一个表征面元；V_j 为通过$(\Delta A_j)_o$面上的ΔI_j 方向的速度分量。把在 I_j 方向上通过$(\Delta A_j)_o$面的比流量 q_{jo} 定义为

$$q_{jo}=\frac{Q_{jo}}{\left(\Delta A_j\right)_o} \tag{3.41}$$

为了结合 W 骨架通道的结构特征及 W 颗粒在骨架中排列的随机性，采用 Voronoi 随机算法建立 W 骨架通道形貌。对 Cu 液在 W 骨架通道中的渗流行为进行分析，讨论 CuW 合金中残余孔隙的形成机制。采用 Voronoi 随机算法建立 CuW70 的 W 骨架模型，利用 Gambit 软件对流体区域进行非结构网格划分，如图 3.26 所示，白色部分表示烧结形成的 W 骨架，网格部分为孔隙。x、y 分别为水平和垂直方向。通过 Fluent 6.1 软件中的 VOF 模型对 Cu 液在多孔 W 骨架通道中流动时的非稳态过程进行求解。

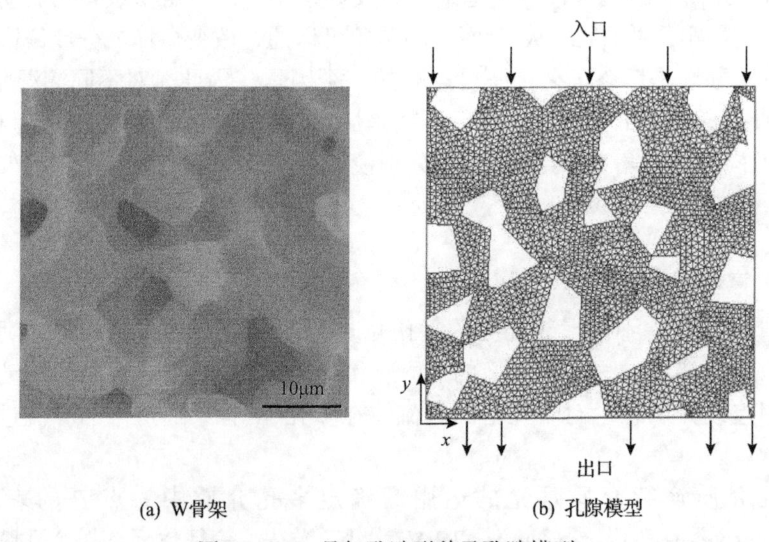

(a) W骨架　　(b) 孔隙模型

图 3.26　W 骨架孔隙形貌及孔隙模型

3.3.2　不同润湿角下的渗流过程

Cu 液在 W 骨架通道中随时间变化的流动状态可以较为直观地反映熔渗过程，结果如图 3.27 所示。在熔渗初期，润湿性对 Cu 液在 W 骨架通道中的流动状态影响不明显。随着熔渗时间的延长，Cu 液流股在通道中的流动出现显著区别。Cu、W 间的润湿角减小时，Cu 液在 W 表面的黏附增强，因此当 Cu、W 间润湿角为 0°

时，大通道中的 Cu 液与所撞击的骨架表面产生的黏附较强，导致 Cu 液流股形成较大的黏附面，并沿 W 表面移动。当润湿角较大时，较差的润湿性使 Cu 液与 W 表面产生的黏附功较小，Cu 液与小面积 W 表面发生撞击后依然保持原有的流动方向射流。此外，从 W 骨架通道的结构来看，在喉道较宽、孔隙半径较大及缩孔与扩孔孔径转变较小的通道中，Cu 液的填充率较大，而缩孔与扩孔孔径变化较大时，Cu 液在 W 骨架通道中的填充率显著降低。因此，在考虑润湿性影响 W 骨架通道填充率的同时，应尽量保证 W 骨架中孔隙的均匀性。

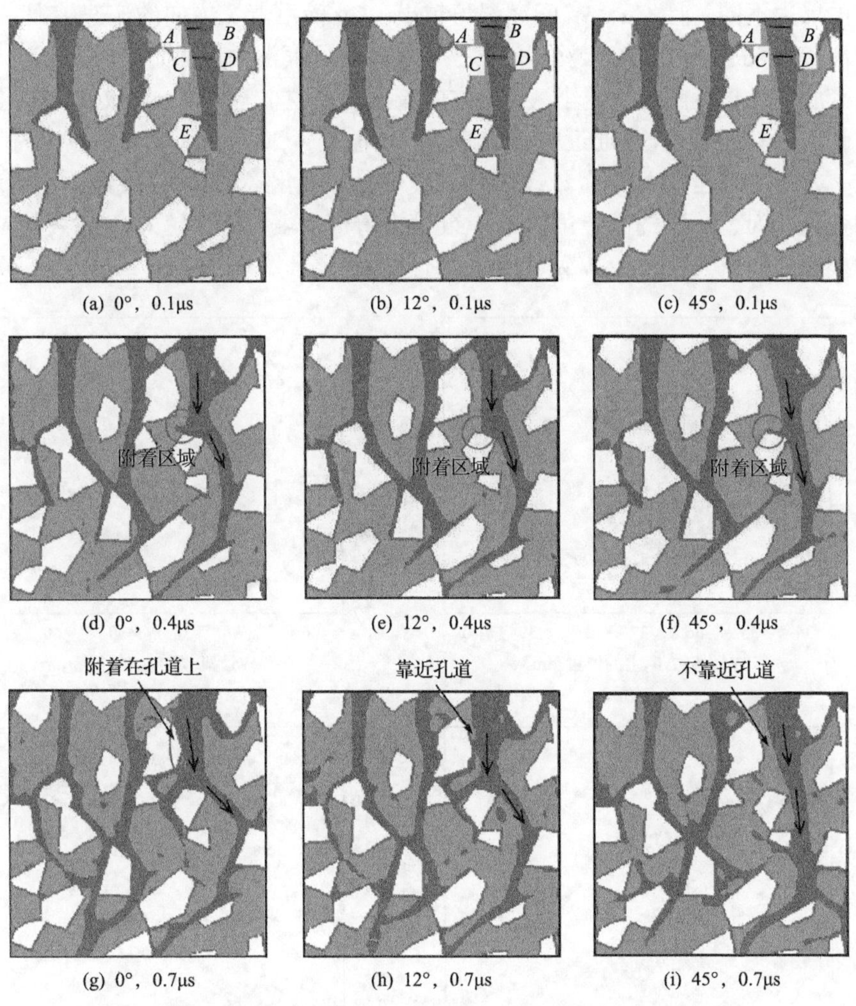

图 3.27　不同润湿角条件下 Cu 液在 W 骨架通道中的流动状态

为了进一步分析 W 骨架孔隙均匀性对 Cu 液在孔隙通道中渗流的影响，对图 3.27 中 *AB*、*CD* 及该流股流动前沿位置的流速分布进行讨论，结果如图 3.28 所示。可以看到，Cu 液在流股中心的流速明显高于靠近 W 表面处。随着 Cu、W

间润湿角减小，流股中心的流速提高，Cu 液与 W 表面产生的黏附增强，导致 Cu 液脱离 W 表面时损失的能量增大，近 W 表面流速降低较快。相对地，*CD* 位置受 W 表面黏附的影响，Cu 液脱离 W 表面后流股 *C* 侧的流速接近，*D* 侧则是润湿角越大流速越快。此外，流动前沿在 *x*、*y* 方向的速度分布表明，Cu 液与骨架 *E* 点撞击后流股右侧的宽度急剧减小，右侧 *y* 方向的流速明显高于左侧，与流动前沿顶端的流速接近。将 *x* 方向的流速理解为 Cu 液向 W 表面运移的能力，因为不同润湿角时 Cu 液向 W 表面产生的诱导力与取向力不等，Cu 液在 *x* 方向向 W 表面运移的能力不同。且 Cu、W 间润湿角越小，Cu 液沿着 *x* 方向的流速越大，在 *x* 方向向 W 表面运移的能力越强。反之，Cu、W 间润湿角越大，Cu 液与 W 表面撞击和脱离时损耗的能量越小，沿 *y* 方向流速损失越小。因此，导致 Cu、W 间润湿角较大时 Cu 液在孔隙通道中的流速较快。但是，Cu、W 间润湿角较小时，Cu 液在 *x* 方向的流速较大。沿 *x*、*y* 方向的速度分布变化必然导致 Cu 液后期流动状态的变化。Cu、W 间的润湿角越小，Cu 液沿着横向填充速度越大，Cu 液与 W 表面的接触面积增大，Cu、W 两相界面结合增强。

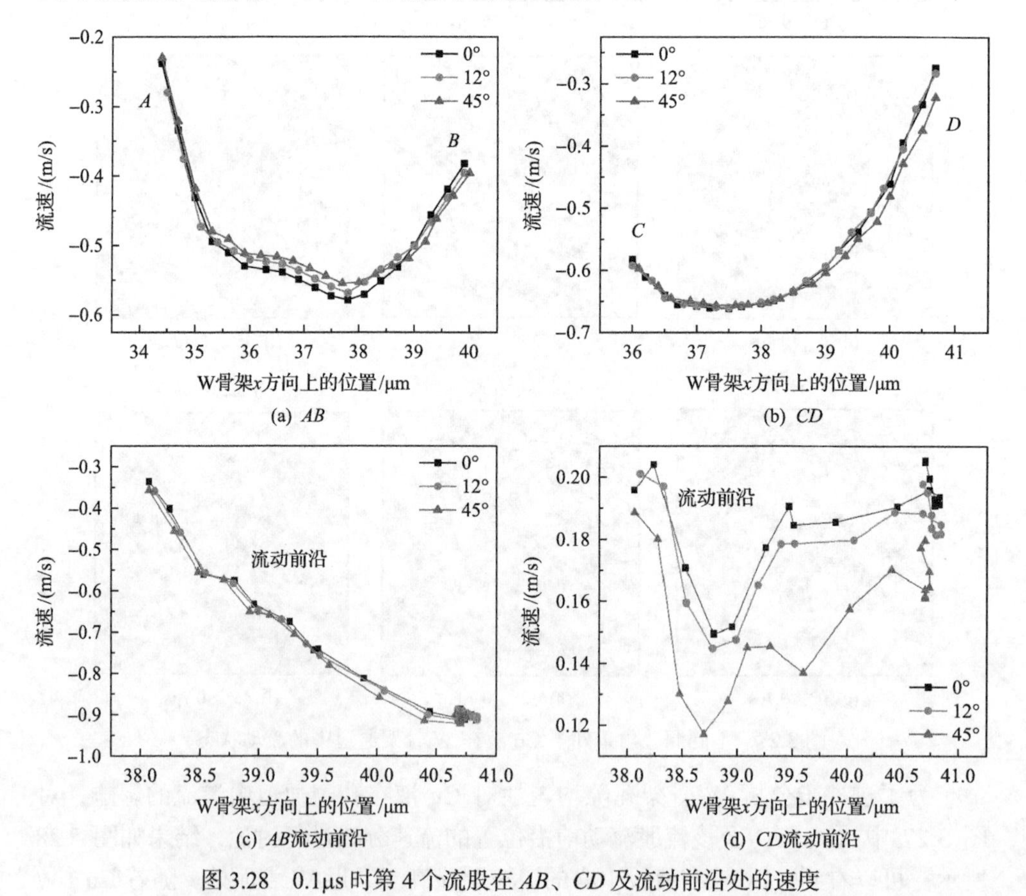

图 3.28　0.1μs 时第 4 个流股在 *AB*、*CD* 及流动前沿处的速度

由上述结果可知，Cu液与W表面的润湿性在渗流过程中表现出双重作用。Cu液与W表面的润湿性较好，具有较高的毛细管力，在入口处表现为推动作用，但较好的铺展性与较强的黏附作用增大了Cu液在通道中的流动阻力，减慢熔渗速度。在综合作用下，减小润湿角会降低熔渗后的孔隙率。因此，在W骨架的熔渗过程中，改善Cu/W界面的润湿性，不仅有利于熔渗过程的顺利进行，还有利于CuW合金性能的提升。

3.4 合金元素对Cu/W界面润湿性的影响

3.3节模拟计算结果表明，CuW合金的熔渗过程会受到金属Cu液与固相W颗粒之间润湿性的影响，而添加元素可以改善Cu/W界面润湿性。因此，本节通过座滴法研究不同温度条件下，合金元素Fe、Ni、Cr添加量对Cu/W界面润湿性和相界面结合特性的影响规律及机理，旨在为熔渗工艺制备新型CuW合金提供理论依据。首先在真空气氛下熔炼不同成分的CuFe、CuNi、CuCr合金，然后将这些合金置于W基板中心，使用座滴法测量润湿角[22]。

3.4.1 润湿性的表征与测定

1. 润湿性的表征

润湿涉及气、液、固三相，广义的润湿是固相表面的流体被另一种流体所取代的过程，而狭义的润湿则专指固相表面的气相被液相取代的过程。固相表面被液相润湿的程度一般由两者之间的润湿角(接触角)θ来表征，在固-液-气三相的接触点处(图3.29)，由Thomas Young于1805年提出的Young方程从表面张力的平衡关系给出了如下定义：

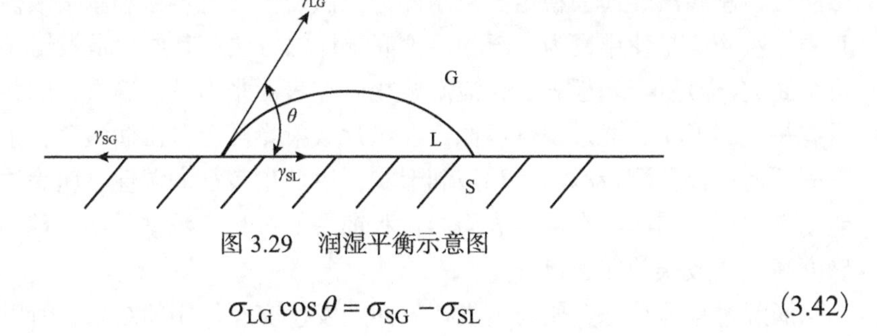

图3.29 润湿平衡示意图

$$\sigma_{LG}\cos\theta=\sigma_{SG}-\sigma_{SL} \tag{3.42}$$

式中，σ_{LG}、σ_{SG}、σ_{SL}分别表示液/气、固/气和固/液界面张力，三者共同决定固、液、气三相接触点的平衡润湿角。当润湿角$\theta\leqslant90°$时，固/液界面润湿；$\theta>90°$时称为不润湿；$\theta=0°$和$\theta=180°$则分别为完全润湿和完全不润湿两种极端情况。从热力学出发，考虑体系能量的变化，也可使用黏附功的概念来衡量润湿程度(式(3.22))[23]。黏附功的大小反映了液体对固体的润湿程度和两者间的界面结合强度。这两个关系式至今仍是人们研究表面现象、界面润湿、材料复合、焊接、冶金反应等方面的基础公式。

在采用熔渗法制备 CuW 合金的过程中，熔融 Cu 液在毛细管力作用下渗入多孔骨架。毛细管力 P_0 与 Cu/W 界面的润湿角 θ 存在如下关系[24]：

$$P_0 = 6\lambda\sigma_{\mathrm{LG}}\cos\theta\frac{V_{\mathrm{p}}}{\left(1-V_{\mathrm{p}}\right)D} \tag{3.43}$$

式中，λ 为 W 颗粒偏离球形的几何因素影响系数；V_{p} 为骨架中 W 颗粒的体积分数；D 为 W 颗粒的平均直径。

同时，Washburn 方程给出了熔渗过程中毛细管的上升动力学关系[25]:

$$h\frac{\mathrm{d}h}{\mathrm{d}t} = \frac{\rho R^2}{8\mu}\left(\frac{2\sigma_{\mathrm{LG}}\cos\theta}{\rho R} - gh\right) \tag{3.44}$$

式中，h 为流动距离；ρ 为液相的密度；μ 为液态合金的黏度；R 为毛细管当量半径。从式(3.44)可以看出，在无外力作用下，熔渗过程能否顺利进行取决于液相与骨架相润湿角的大小。润湿角小于 90°的情况下，随着固/液界面接触角的减小，液相浸渗骨架的毛细管力逐渐增强。可见，改善 Cu/W 界面的润湿性有利于熔渗过程中 Cu 液的渗入，有助于提高 CuW 合金的致密度。

2. 润湿性的测定

在对润湿的长期研究中，科研人员设计了多种测量润湿性的方法：浸入法、微滴法、座滴法、薄膜稳定法、耐渗透压法、界面电容法和水平液体表面法等。其中，座滴法是使用最为广泛的评价润湿性的方法。其原理是根据 Young 方程，将金属(合金)置于基板表面，液滴熔化后在表面张力及液滴重力的共同作用下将具有一定的形状；通过观察摄像，在照片或投影屏上量出润湿角，也可以在金属冷凝后通过仪器测量润湿角和液滴形状，由此来表征润湿性。座滴法方便快捷，能动态观察金属座滴在基板表面熔化和铺展的过程，数据后期处理相对简单，精确度高，一般误差在±1°。

润湿过程是液态金属与基板在界面处发生交互作用的结果，所以座滴法不仅可以用来测量润湿角的变化，还可以通过对两者界面的研究，反映润湿过程中界面处所发生的冶金现象。润湿过程中所发生的固/液界面原子间的扩散、溶解以及化学反应在熔渗过程中同样存在，因此研究润湿过程所形成的界面组织结构，将对实现熔渗过程中的相控制提供帮助。

3. 改善润湿性的途径

改善两相间润湿性的方法主要有以下几种[26-28]：①活性元素合金化；②采用表面涂层技术；③热处理；④施加物理场(磁场、电场等)以改变表、界面能。此外，适度提高烧结温度、合理的气氛保护以及采用流体动力学方法也能获得较好的润湿性。其中，添加合金元素作为提高固/液两相间润湿性的有效方法[29-32]，在生产中有广泛的应用前景。

3.4.2　合金元素对 Cu/W 界面润湿性的影响规律

1. Fe 对润湿性的影响

高温下，Fe 在 W、Cu 中均有较大的溶解度，而室温时，Fe 在 W 中的溶解度仍很高，在 Cu 中的溶解量却很小(图 3.30 和图 3.31)。因此，若在 Cu 液中添加少量的 Fe 元素，一方面可使 Cu 与 W 两相界面发生微合金化实现冶金结合，提高界面结合强度。另一方面，室温下 Fe 元素从铜基体中析出，不会使 Cu 相的电导率损失过多，这有利于开发高性能 CuW 触头材料。本节通过座滴法研究不同温度条件下，合金元素 Fe 添加量对 Cu、W 两相润湿性和相界面结合特性的影响规律及机理，旨在为采用熔渗工艺制备新型 Cu(Fe)W 合金提供理论依据。

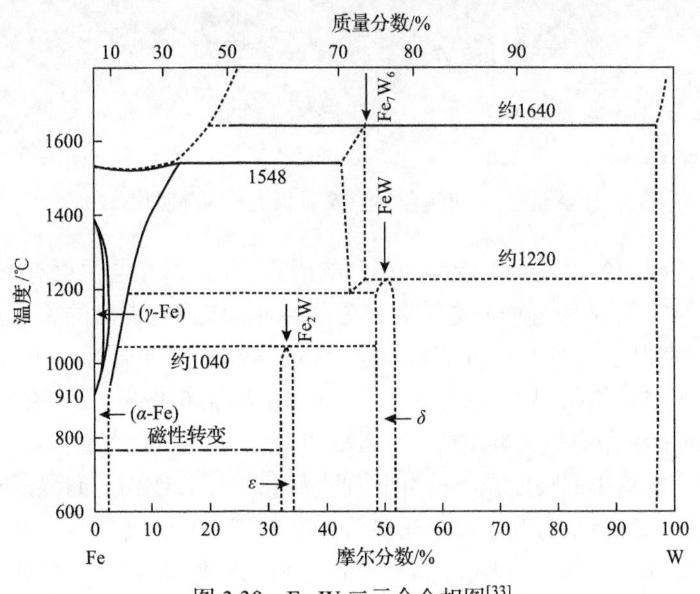

图 3.30　Fe-W 二元合金相图[33]

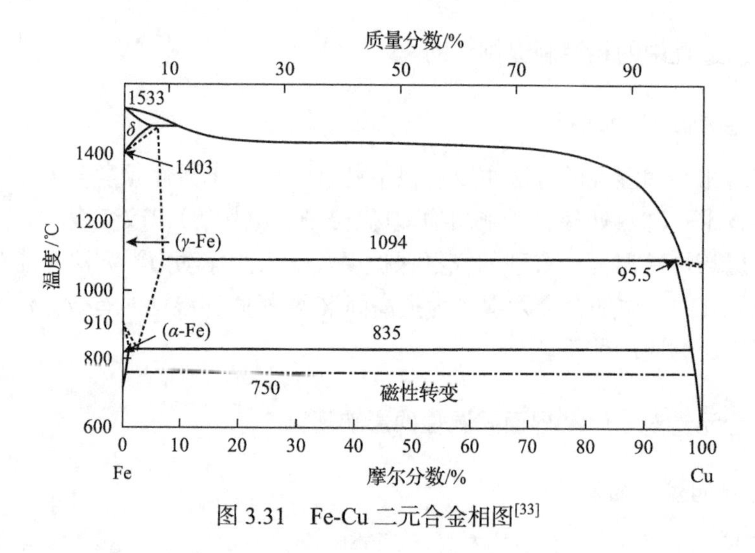

图 3.31　Fe-Cu 二元合金相图[33]

图 3.32 为不同 Fe 元素添加量(质量分数)的 Cu 合金 1200℃时在 W 基板上的铺展照片。可以看出，纯铜与 W 基板间的润湿角θ>90°，说明 Cu/W 界面几乎不润湿。但在 Cu 中添加少量 Fe 元素后，Cu/W 界面的润湿角随着 Fe 元素添加量的增加逐渐减小，表明添加 Fe 元素有利于 Cu/W 界面润湿性的改善。

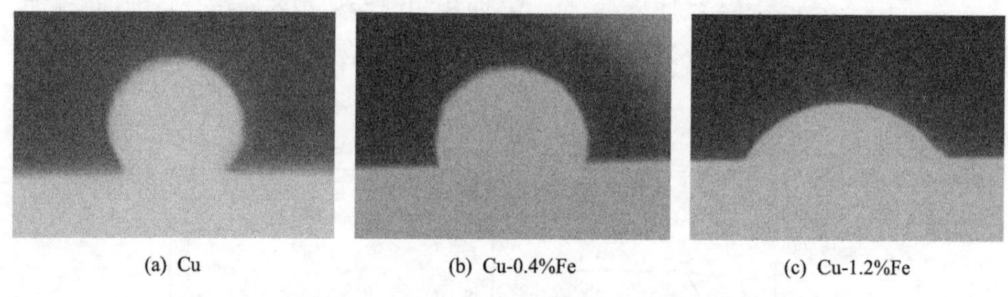

(a) Cu　(b) Cu-0.4%Fe　(c) Cu-1.2%Fe

图 3.32　Ar 气氛下座滴合金在 W 基板上的润湿照片(1200℃)

Young 方程中各界面自由能均为温度的函数，使润湿角与温度有密切的联系。因此，对于给定的固/液界面润湿体系，有必要对润湿角与温度的关系进行系统的研究。对不同温度下不同 Fe 元素添加量(质量分数)的 Cu 合金与 W 之间的润湿角进行详细测量，结果如图 3.33 所示。在 Cu 中添加 0.4%～1.6%的 Fe 元素后，Cu/W 界面的润湿角有较大幅度减小。当添加量为 0.4%～1.2%时，随着 Fe 添加量的增加，润湿角减小的幅度减小；当添加量为 1.2%～1.6%时，润湿角则几乎不发生变化。温度的升高也有利于减小润湿角，特别是对于添加 1.2%Fe 的 CuFe 座滴合金，在 1300℃时，其与 W 基板间的润湿角可以降低到 47.5°。可见，升高温度使 Fe 元素对 Cu/W 界面润湿性的改善作用得到了更好的发挥。

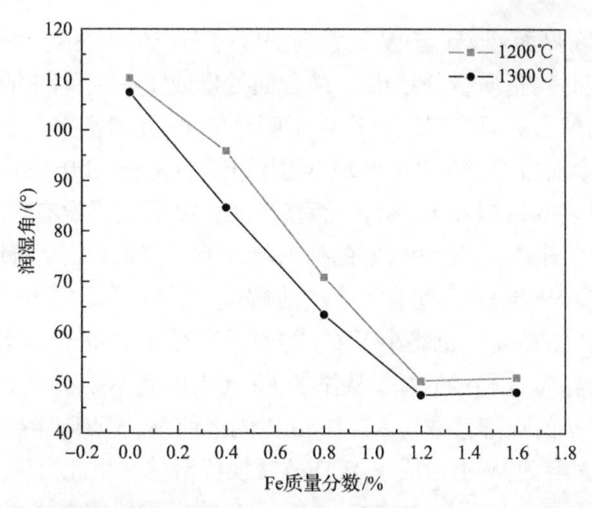

图 3.33 Ar 气氛下不同温度的 Cu/W 界面润湿角随 Fe 添加量的变化规律

为了研究 Fe 元素的添加对 Cu/W 界面润湿性和界面结合状态的影响机理，利用扫描电子显微镜(scanning electron microscope, SEM)和 EDS 对几种典型的座滴润湿冷凝试样的界面区域进行元素线扫描分析，结果如图 3.34 所示。纯 Cu 座滴与 W 基板经 1150℃润湿实验冷凝后的 Cu/W 界面处形貌和元素分布表明，Cu/W

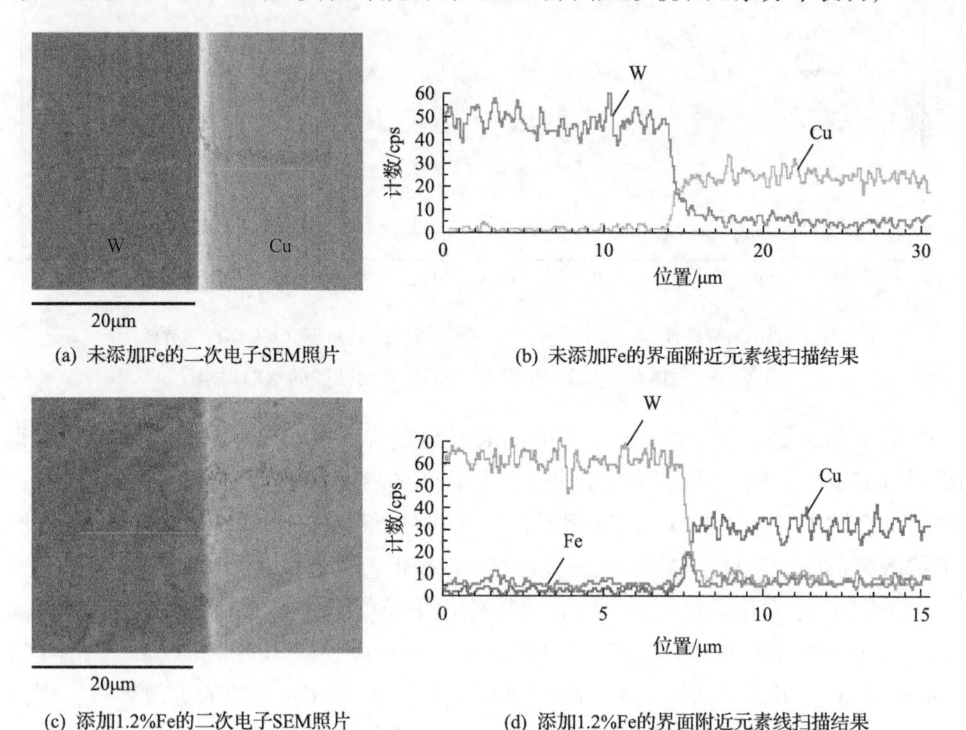

(a) 未添加Fe的二次电子SEM照片

(b) 未添加Fe的界面附近元素线扫描结果

(c) 添加1.2%Fe的二次电子SEM照片

(d) 添加1.2%Fe的界面附近元素线扫描结果

图 3.34 纯 Cu 与 W 基板 1150℃润湿冷凝后界面 EDS 线扫描结果

界面比较平直，在界面处 Cu 与 W 元素的浓度分布产生了突变。而加入 1.2%Fe(以下没有特殊说明时均指质量分数)后，结合面处形成了一层薄的合金过渡层，呈现凹凸不平的锯齿状，并且在界面处产生了明显的 Fe 元素富集。

添加 Fe 元素前后 Cu/W 界面区域 X 射线衍射(X-ray diffraction, XRD)物相分析结果(图 3.35)表明，添加 1.2%Fe 元素后，Cu/W 界面仍没有新相生成。但是，在添加 1.2%Fe 的图谱中，W 和 Cu 的衍射峰均有所降低，衍射峰略有宽化，这可归结于 Cu 与 Fe、W 与 Fe 之间有一定的溶解度[33]。Fe 原子的半径(0.126nm)小于 W 的原子半径(0.137nm)，也略小于 Cu 的原子半径(0.128nm)，因此 Fe 原子的溶入将会引起 W 与 Cu 晶格的收缩。从添加 Fe 元素前后 W(100)的点阵常数差异来看，固溶 Fe 后 W 的点阵常数(0.3171nm)比固溶前 W 的点阵常数(0.3176nm)小，这表明 Fe 部分固溶到 W 中形成了 W(Fe)置换固溶体。由此可见，在实验添加范围内，Cu/W 界面合金过渡层中的 Cu、Fe、W 均以固溶体方式存在，Fe 与 W 间没有金属间化合物形成，从而避免了 Cu/W 界面因生成脆性金属间化合物而带来的不利影响，有利于 Cu/W 两相间结合强度的提高。

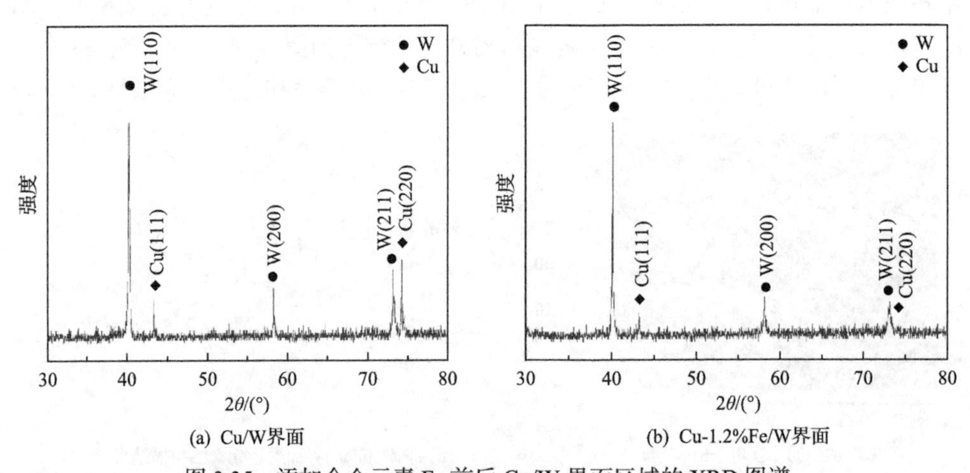

图 3.35 添加合金元素 Fe 前后 Cu/W 界面区域的 XRD 图谱

对于未添加合金元素 Cu/W 界面的润湿与结合，由于 W 与 Cu 互不相溶，很难通过溶解扩散的方式进行物质传递，两者间的界面能较高，界面润湿性较差，同时结合键也较弱。根据 W-Fe 相图，当 Fe 添加量小于 1.6%时，W 与 Fe 通过原子扩散可形成固溶体。CuFe 座滴合金在 W 基板上铺展的过程中，由于溶质元素 Fe 在固液两相中化学势不同，在正吸附作用下将使合金液中的溶质 Fe 向界面聚集，从而使界面处 Fe 的浓度高于基板内部，在浓度梯度作用下，Fe 原子将向 W 基板内扩散。可见，活性元素 Fe 的引入降低了 W 和 Cu 之间的扩散势垒，促进了界面两侧各元素原子间的扩散与溶解，在座滴与 W 基板界面处形成了高扩散层。如前所述，界面合金过渡层的形成，使Cu/W界面的界面能降低，提高了界面的润湿性。

2. Ni、Cr对润湿性的影响

根据Ni-W相图，Ni在W中有较大溶解度，且还会与W发生反应生成金属间化合物。而从Cr-W和Cr-Cu相图中可以看出，Cr与W无限互溶，而在Cu中的溶解度却很小。因此，在高温润湿过程中，铜合金与W基板的界面处存在Ni、Cr元素浓度差，驱使Ni、Cr原子向W基体中扩散，进而在界面处发生复杂的冶金反应，会对Cu/W界面的润湿性产生重要影响。然而，由于合金元素Ni、Cr有较强的吸气性，本节着重研究在真空条件下合金元素Ni、Cr对Cu/W界面润湿性及其界面特性的影响。从润湿角的测量结果可以看出，随着Cu中Ni、Cr添加量的增加，Cu/W界面润湿角不断下降，表明Ni、Cr的引入能够有效改善Cu/W界面的润湿性(图3.36和图3.37)。

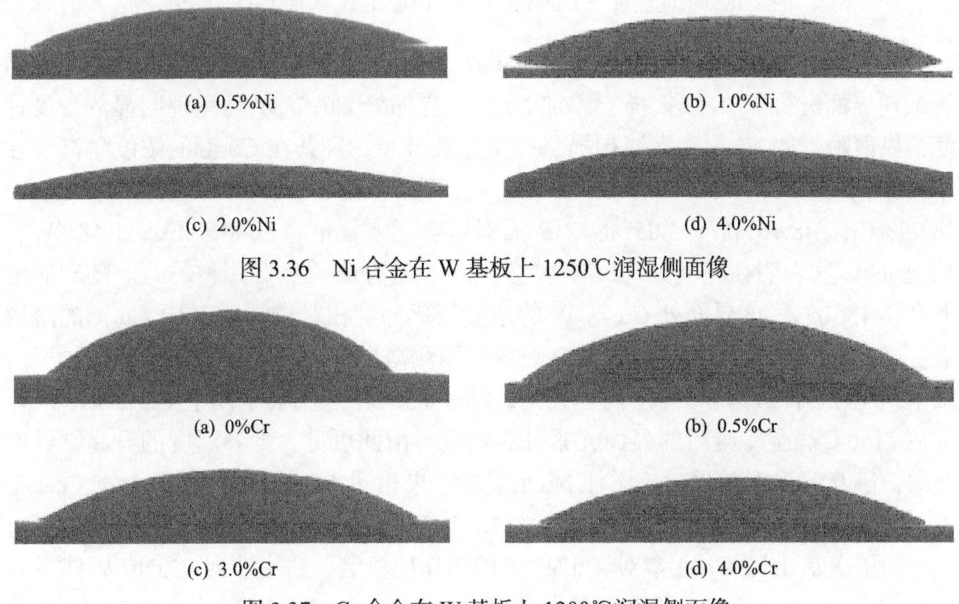

图3.36 Ni合金在W基板上1250℃润湿侧面像

图3.37 Cr合金在W基板上1200℃润湿侧面像

不同温度下,CuNi/W和CuCr/W界面的润湿角变化如图3.38所示。对CuNi/W体系而言，在Ni添加量小于2%的情况下，CuNi/W体系界面的润湿角随温度的升高而大幅度减小，而Ni添加量大于2%时，CuNi/W体系界面润湿角随温度升高的减小幅度较小。对CuCr/W体系来说，CuCr/W界面的润湿角随着温度的升高不断减小，并且随着Cr添加量增加其降低幅度不断减小。因此，与Fe元素相同，温度的升高均有利于CuNi/W和CuCr/W界面润湿性的改善。在较高的温度下，添加少量的 Cr 和 Ni 可显著减小润湿角，而随着添加量的继续增大，润湿角的变化不大。

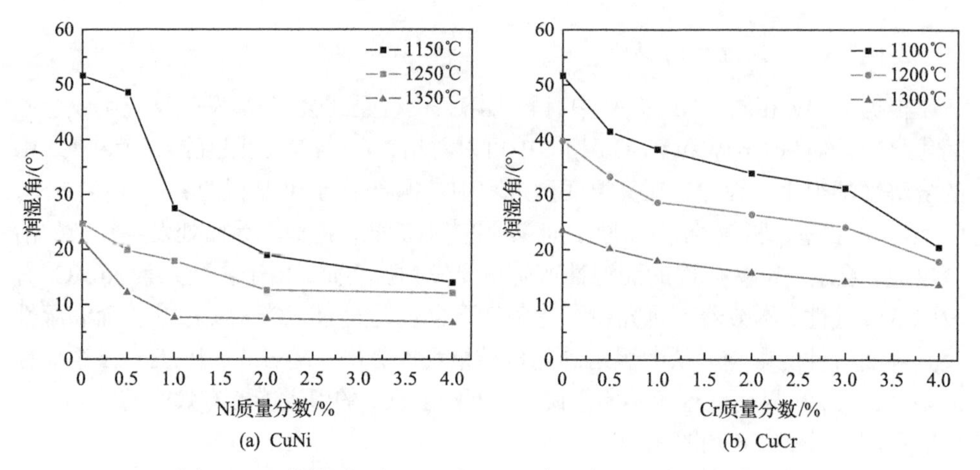

图 3.38 不同温度下 CuNi 或 CuCr 合金在 W 基板上的润湿角

为了研究添加 Ni、Cr 元素对 W/Cu 界面结合状态的影响，对座滴合金冷凝后的试样界面进行 EDS 线扫描。添加 Ni 后，界面处 Cu 与 W 均呈现明显的浓度梯度，界面附近的 Ni 元素沿线扫描路径呈连续分布，且其在 Cu 侧的浓度稍高于在 W 侧的浓度。对 *A*、*B* 两处的 EDS 点分析结果显示，*A* 点对应各元素含量为 48.99%Cu、48.96%W、2.05%Ni，*B* 点对应各元素含量为 94.01%Cu、1.48%W、4.51%Ni，这表明在界面处 Cu 与 W 发生了一定程度的互溶(图 3.39)。随着温度上升到 1350℃，该界面处 Cu 与 W 的浓度变化梯度相对较缓，W 向 Cu 侧的溶解程度增大(图 3.40)。值得注意的是，对界面两侧薄层区域分别进行 EDS 分析发现，Ni 在 W 侧的含量为 0.55%，高于在 Cu 侧的 0.33%，这明显不同于 Cu-2%Ni/W 体系在 1150℃润湿冷凝后的界面元素分布情况。由此可见，随着温度的升高，界面处的扩散互溶程度加强。与添加 Ni 元素的结果相同，Cu-1%Cr/W 界面处，Cu 与 W 的浓度梯度发生变化，表明界面处的 Cu 与 W 发生了一定程度的互溶(图 3.41)。

为了揭示 Ni、Cr 元素对 Cu/W 界面的作用机制，进一步对 CuNi/W 体系和 CuCr/W 体系的界面微观形貌和物相进行表征分析，如图 3.42 所示。CuNi/W 体系中，结合界面存在 2～3μm 厚的中间过渡层，过渡层中有溶解析出的颗粒，同时还有亮白色的网状新相生成。界面处 XRD 物相分析结果表明，Cu 相向 W 侧有少量的扩散，而且界面附近有金属间化合物 Ni_4W 相生成，这一结果与 Ni-W 合金相图[33]相吻合。结合图 3.39(a)和 3.42(a)可知，温度较低时，元素 Ni 扩散所需要的能量较高，扩散距离较短，所以 Ni 在 Cu 侧的浓度大于在 W 侧浓度，对 Cu 与 W 两相扩散互溶度的促进作用没有得到充分发挥。温度升高使得提供给金属原子扩散的能量升高，界面处 Ni 与 W 原子间的相互扩散充分，促使界面处 Ni 与 W 的

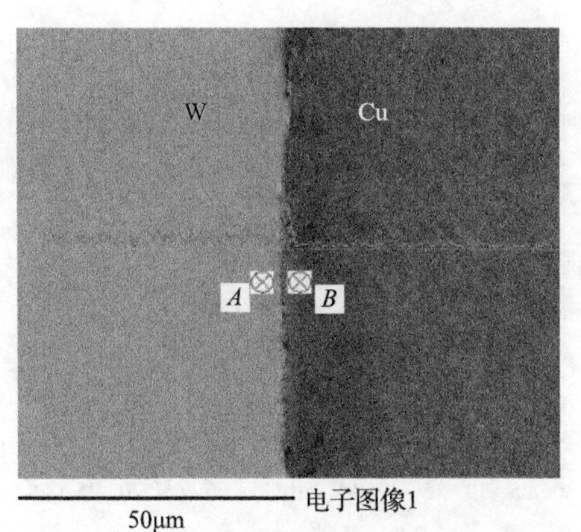

(a) 界面处的二次电子SEM像

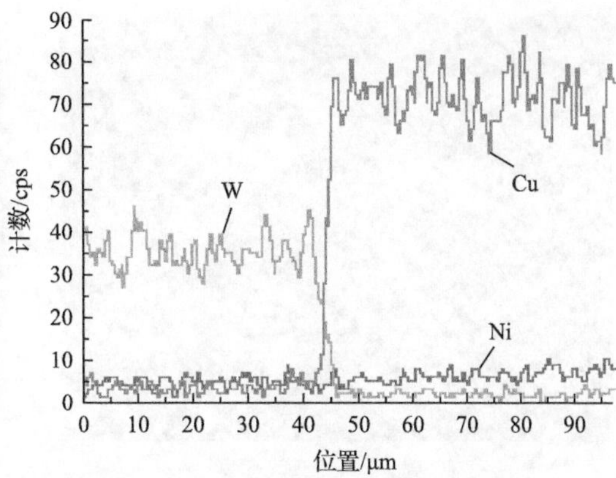

(b) W、Cu、Ni的元素线扫描分布

图 3.39　Cu-2%Ni/W 在 1150℃润湿冷凝后界面区域线扫描结果

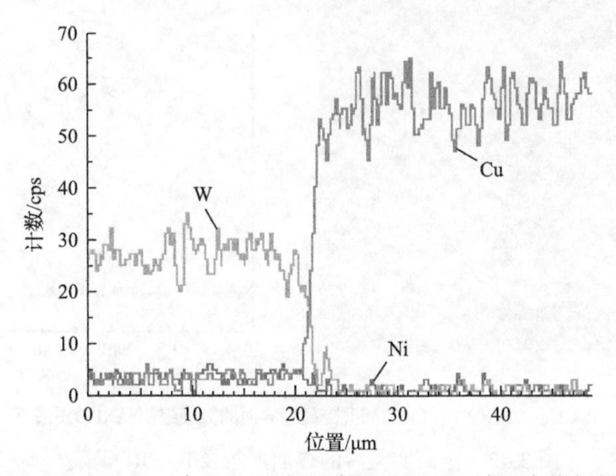

图 3.40　Cu-2%Ni/W 在 1350℃润湿冷凝后界面区域元素线扫描结果

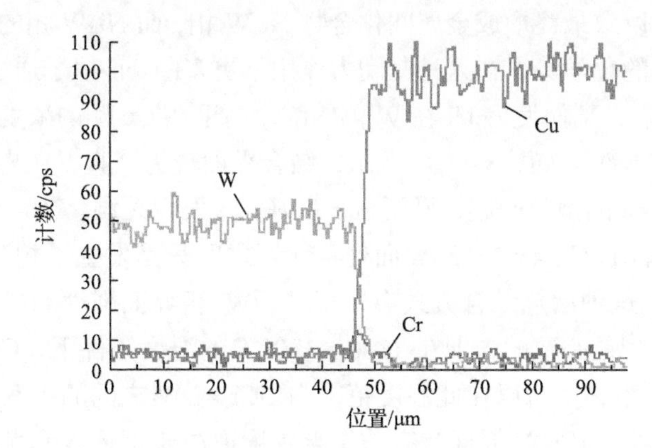

图 3.41　Cu-1%Cr/W 在 1100℃润湿冷凝后界面区域元素线扫描结果

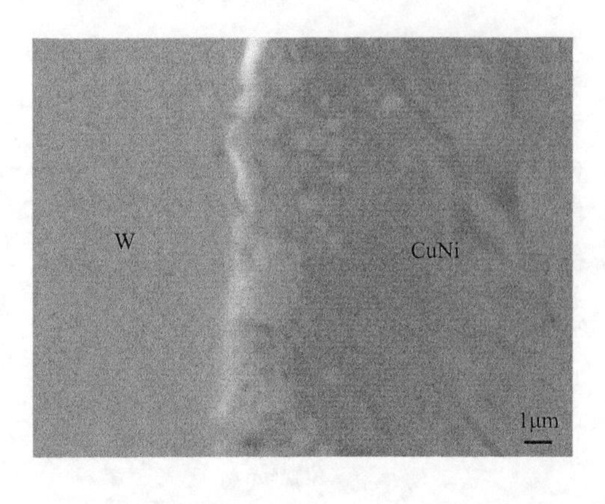

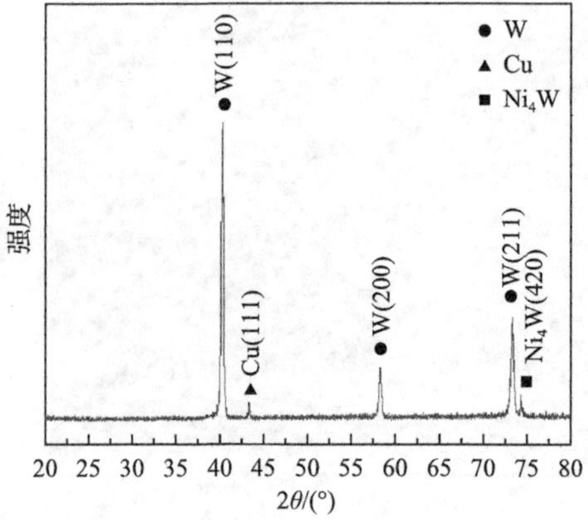

(a) Cu-4%Ni/W在1350℃润湿冷凝后界面区域微观组织及XRD图谱

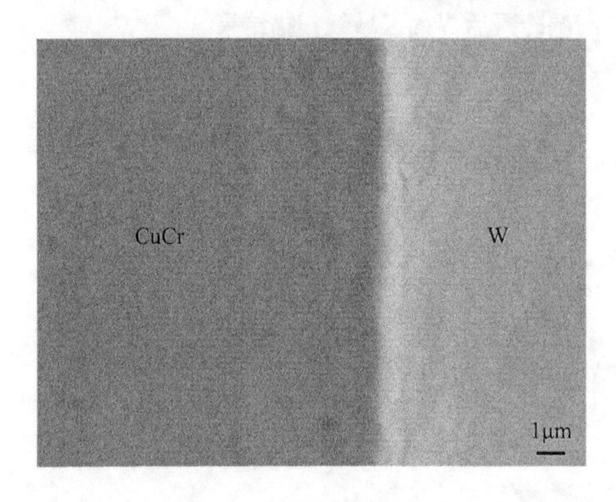

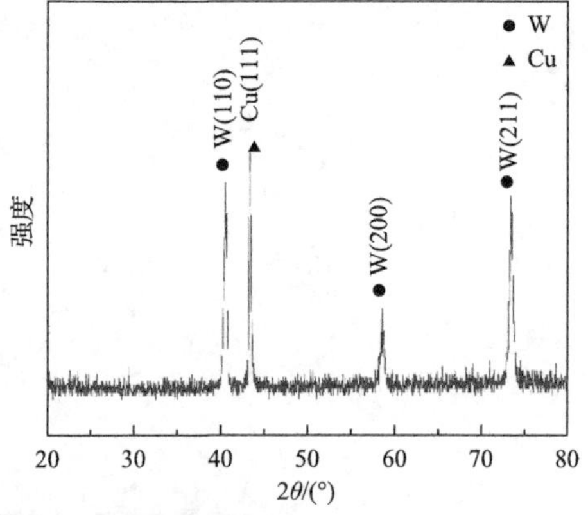

(b) Cu-4%Cr/W在1200℃润湿冷凝后界面的微观组织及XRD图谱

图 3.42 座滴实验后的界面形貌及其 XRD 图谱

浓度不断增大，以致最终形成金属间化合物 Ni_4W 相，而 Ni_4W 相的生成又降低了界面处 Ni 元素的化学势，在这种驱动力作用下更多的 Ni 原子通过界面由 CuNi 合金向 W 中扩散，从而使得 Ni 在 W 侧的浓度高于在 Cu 侧的浓度。

对于 CuCr 体系，如图 3.42(b)所示，结合界面较为平直，在界面处存在少数因溶解扩散而形成的微观凸起，界面结合良好，未发现孔洞。结合界面处的 XRD 分析结果可以看出，Cu-4%Cr/W 界面处各元素之间只是发生了相互扩散与溶解，没有新相生成，这种冶金结合方式有助于 Cu/W 相界面强度的提高。该结果与 Cr-W 合金相图[33]是一致的，即在 1100～1200℃的温度条件下，Cr 与 W 可形成互溶度较大的固溶体。所以在此温度范围内，Cr 与 W 之间的扩散主要是通过溶解方式进行的，而 CuCr/W 界面状态与结合程度取决于上述各元素间的相互扩散程度。

3.4.3 合金元素对Cu/W界面润湿性的影响机理

在高温润湿过程中，添加合金元素Fe、Ni、Cr的Cu合金与W基板在界面处发生了复杂的冶金反应，而温度和合金元素对CuFe/W、CuNi/W和CuCr/W体系间的界面结构与结合状态会产生较大的影响，在宏观上表现为润湿角的变化。对座滴合金而言，液态合金的表面张力不仅与温度和压力有关，还与合金液中的溶质元素有关。溶质元素对液态合金表面张力的影响可用Gibbs吸附公式表示为[34, 35]

$$\varGamma = -\frac{c}{kT} \cdot \frac{\mathrm{d}\sigma}{\mathrm{d}c} \tag{3.45}$$

式中，$\varGamma$为单位面积上液体表面较内部多吸附的溶质量，$\mathrm{mol/cm^2}$；c为溶质浓度，$\mathrm{mol/cm^3}$；k为玻尔兹曼常数，$1.380649\times10^{-23}\mathrm{J/K}$；$\sigma$为表面张力，mN/m；$T$为热力学温度，K。

从式(3.45)可以看出，当液态金属表面比其内部的溶质量多时，$\varGamma$为正，此时表面张力随着溶质浓度的升高呈下降趋势。从以上的实验结果可以看出，添加Fe、Ni、Cr的座滴合金中溶质元素有向W基板表面扩散的趋势，表明Fe、Ni、Cr都是易被Cu/W界面吸附的活性元素。由此可见，溶质元素Fe、Ni、Cr添加量的增加有利于降低座滴合金熔体的表面张力。

综上所述，合金元素是通过界面合金层这个载体来改善Cu/W界面润湿性的。因此，合金元素对Cu/W界面微观结构的影响，即界面合金层对Cu/W体系润湿性的影响作用至关重要。对CuFe、CuNi、CuCr座滴合金与W基板间形成的固/液界面来说，在润湿过程中同时发生两个方向的物质传输：一方面，由于固/液界面两侧的Fe、Ni、Cr相化学势不同，在正吸附作用下合金液中的溶质原子向界面处富集，并跨越固/液界面向W基板中扩散和溶解；另一方面，由于W-Fe、W-Ni和W-Cr的互溶性，W基板上的原子也会扩散和溶解到CuFe、CuNi、CuCr合金熔体中。界面处各元素原子间的扩散溶解，促使Cu、Fe(Ni，Cr)与W在液滴与基板的界面处形成很薄的合金过渡层。

界面合金层的形成是一个动态过程，可以分为4个步骤：①随着温度的升高，CuFe/W和CuCr/W体系中，Cu液中未熔化的Fe(Cr)颗粒部分熔化，Fe(Cr)原子溶入Cu液中，形成相应温度下的饱和溶液；②溶解的溶质原子Fe(Ni，Cr)通过Cu液的输送与W基板接触，形成具有一定固溶度的W-Fe(W-Ni，W-Cr)固溶体；③由于形成了相应的固溶体，固/液界面处的溶质原子Fe(Ni，Cr)被消耗掉，使界面处溶质浓度降低，座滴合金中远离界面的Fe(Ni，Cr)原子继续溶解，向界面处扩散；④界面状态改变，合金过渡层逐渐增厚。在界面两侧各元素浓度梯度的作用下，上述过程重复进行。以 CuCr/W 体系为例，扩散溶解原理示意图如图 3.43 所示。

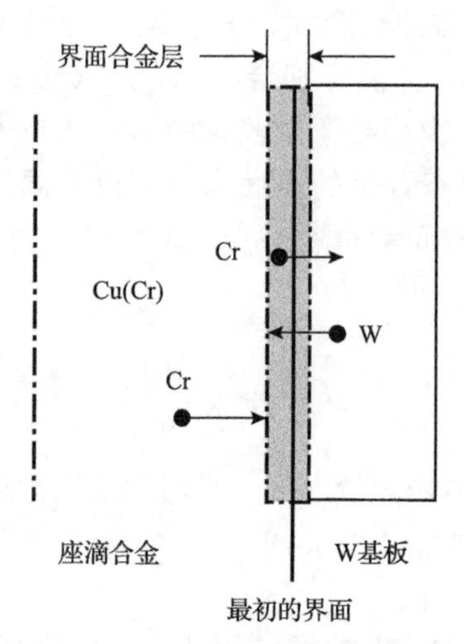

图 3.43 CuCr/W 体系界面处的扩散溶解示意图

铜合金熔体中 Fe(Ni，Cr)添加量的提高，增大了其向界面处扩散聚集的驱动力，而温度的升高则提高了 Fe(Ni，Cr)原子在界面处的扩散程度，当扩散的溶质量达到一个临界值时，便在界面处形成了合金过渡层，温度和合金元素添加量均影响合金过渡层的形成。当界面处形成合金过渡层后，界面处的能量会发生变化，此时 Young 方程可以改写为[26, 36]

$$\cos\theta = \cos\theta_0 - \Delta\sigma_r/\sigma_{LG} - \Delta G_r/\sigma_{LG} \tag{3.46}$$

式中，θ为形成界面合金层后的润湿角；θ_0为无界面合金层时的润湿角；$\Delta\sigma_r$为形成新的界面结构所引起的界面能改变，即固/液单层界面变为双层界面后界面张力的变化，$\Delta\sigma_r<0$；ΔG_r为界面发生溶解、扩散及合金化所引起 Gibbs 自由能的变化。由于 CuFe、CuNi、CuCr 合金熔体与形成的界面合金层间界面能小于单层 Cu/W 界面的界面能，即合金熔体与界面合金层的亲和力大于合金熔体与基板的亲和力。

Cu 中添加 Fe(Ni，Cr)后，在界面处所发生的 Cu(Fe，Ni，Cr)与 W 间的合金化过程均为吸热过程，会消耗一部分固/液界面能，所以$\Delta\sigma_r<0$。随着扩散过程的进行，发生合金化的区域不断增大，系统的总自由能在界面处过剩自由能降低的同时也不断降低。另外，由于固/液界面处原子排列方式不同于远离界面区域的原子排列方式，界面处晶格失配程度较高，能量增大，系统处于不稳定状态。为了使界面回落到平衡状态，系统便自发在界面处形成合金过渡层以降低界面能，这会在一定程度上降低晶格的失配度和界面不稳定状态。因此，新形成的合金层与合金熔体、基板间均具有较低的界面能。从式(3.46)所包含的两类界面能的变化

可以看出，活性元素Fe(Ni，Cr)存在于Cu/W界面，通过改善界面微观结构，从热力学上减小了Cu/W两相间的界面能，进而有利于液态Cu更好地与W基板润湿、结合。此外，温度的升高加快了活性原子Fe、Ni、Cr的扩散速度和扩散距离，增大了合金元素向W基板表面的扩散通量，随着界面处各元素原子间溶解过程的进行和金属间化合物的形成，固/液界面能σ_{SL}得到了进一步降低。

因此，Fe、Ni、Cr元素的添加会在Cu/W界面形成合金过渡层，使Cu—W键转变为Cu—Fe(Ni，Cr)—W键，减小了Cu/W两相间的界面能，降低了Cu/W界面的润湿角，改善了Cu/W界面的润湿性。

3.5 合金元素对Cu液渗流过程的影响

前面的计算和实验结果表明，Cu/W界面的润湿性对W骨架通道的熔渗过程有重要影响，且在Cu液中添加合金元素Fe、Ni、Cr可以改善Cu/W界面的润湿性。在此基础上，本节以Fe、Cr元素为例，采用计算机模拟的方法来研究Cu中添加合金元素对Cu液在W骨架通道中渗流行为的影响，探讨Cu中添加合金元素时阻力系数的变化以及对CuW合金参与孔隙形成的影响机制。

3.5.1 添加合金元素时Cu液的物理参数

1. Cu/W界面的润湿角

添加Fe、Cr时Cu/W界面的润湿角由3.4节的座滴法测定，测量值如表3.5所示。

表3.5 Cu中添加Fe、Cr时Cu/W界面的润湿角

元素	不同添加量下的润湿角						
	0.4%	0.8%	1.0%	1.2%	2.0%	3.0%	4.0%
Fe	80.0°	72.0°	—	52.0°	—	53.0°	—
Cr	—	—	28.5°	—	26.4°	25.0°	14.6°

2. Cu液的表面张力

假定表面的成分与体相成分差距局限于单分子层，使用统计学方法推导出二元合金的表面张力为

$$\exp\left(-\frac{\gamma_M A}{RT}\right) = x_1 \exp\left(-\frac{\gamma_1 A}{RT}\right) + x_2 \exp\left(-\frac{\gamma_2 A}{RT}\right) \tag{3.47}$$

式中，x_1、x_2为组元的摩尔分数；A为摩尔表面积(假定$A_1=A_2=A$)，m^2/mol；γ_M、

γ_1和γ_2分别表示合金、组元 1 和组元 2 的表面张力，mN/m。

3. Cu 液的黏度

Moelwyn-Hughes 于 1961 年首次将黏度与热力学性质相结合，通过较完整的理论得到了二元合金熔体黏度的计算模型为[37]

$$\eta = (x_1\eta_1 + x_2\eta_2)\left(1 - 2x_1x_2\frac{\Omega}{RT}\right) \tag{3.48}$$

式中，η、η_1和η_2分别为合金、组元 1 和组元 2 的动力黏度，Pa·s；x_1、x_2为组元 1、组元 2 的摩尔分数；R为气体常数；T为热力学温度，K；Ω为合金的转换能，J/mol。

4. Cu 液的密度

二元合金熔体的密度ρ_{comp}可表示为

$$\rho_{\text{comp}} = \frac{\rho_1\rho_2}{\rho_1\omega_2 + \rho_2\omega_1} \tag{3.49}$$

式中，ρ_1和ρ_2分别为组元 1 和组元 2 的理论密度；ω_1和ω_2分别为组元 1 和组元 2 的质量分数。

3.5.2 添加合金元素时 Cu 液的渗流过程模拟

1. 添加 Fe 元素时的渗流过程

为了研究添加 Fe 对 Cu 液在 W 骨架通道中渗流机理的影响，在 Cu 中添加 0.4%～1.6%Fe，对 1473K 时 Cu 液在 W 骨架通道中的渗流过程进行模拟与仿真（Ar 气氛保护），分析 Fe 对渗流过程中压力、流动阻力系数、速度矢量及 Cu 液流动状态的影响，确定 Fe 添加对 Cu 液在 W 骨架通道中渗流行为的影响及对熔渗后 CuW 合金中残余孔隙形成的影响。

在 Cu 中添加 Fe 时，渗流过程中阻力系数随渗流时间的变化见图 3.44。可以看出，在渗流过程中阻力系数的变化包括黏滞阻力系数及局部阻力系数两部分。总的阻力系数在渗流过程中的变化与局部阻力系数的变化趋势一致。从图 3.44（a）和（c）可以看出，添加 0.8%Fe、1.2%Fe、1.6%Fe 时，随着渗流时间的延长，阻力系数的波动逐渐减小，而添加 0.4%Fe 时阻力系数的波动较大。黏滞阻力系数在渗流过程中随 Fe 添加量的变化如图 3.44（b）所示，随着渗流时间的延长，黏滞阻力的变化不断减小。从整体变化的分布来看，添加 Fe 时阻力系数的变化受合金元素

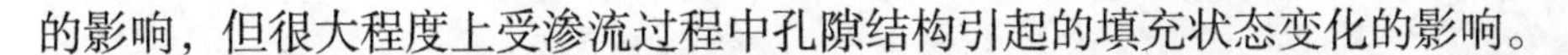
的影响，但很大程度上受渗流过程中孔隙结构引起的填充状态变化的影响。

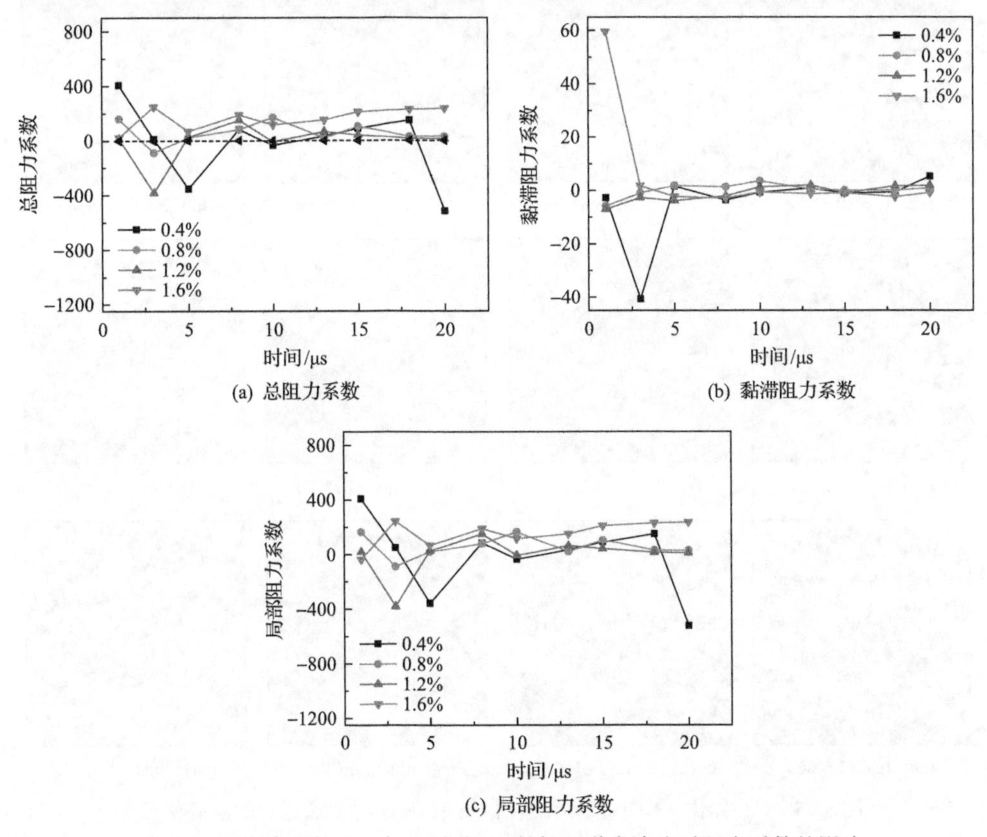

图 3.44　Cu 中添加 Fe 对 Cu 液在 W 骨架通道中渗流时阻力系数的影响

图 3.45 为添加不同量 Fe 元素时 Cu 液在 W 骨架通道中的渗流状态。渗流初期，Cu 液沿着渗流方向垂直渗入孔隙，由于不同流股的汇合及孔隙形状和孔径的转变使 Cu 液脱离 W 表面流动，形成较多的孔隙。其中，Cu 液汇流时在区域Ⅰ、Ⅱ、Ⅳ、Ⅶ中封入气体，孔隙端孔Ⅲ、Ⅴ、Ⅵ中此时没有 Cu 液流入，而端孔Ⅷ中有少量的 Cu 液流入。随着渗流时间的延长，W 骨架通道中的气体被 Cu 液推动和挤压发生变形并缩小，部分区域中的气泡随 Cu 液排出骨架。

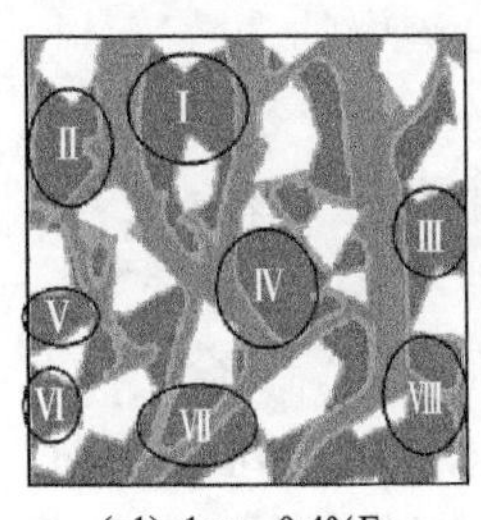

(a1) 1μs，0.4%Fe

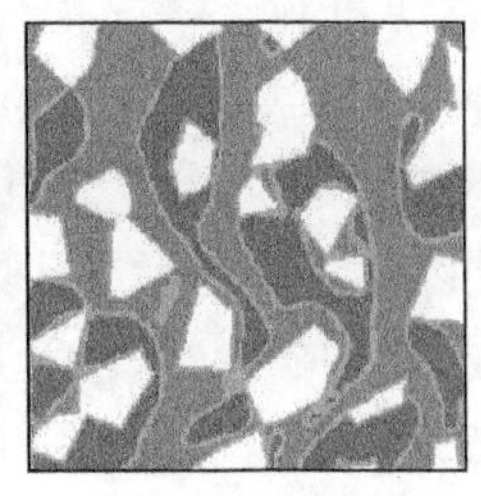
(b1) 5μs，0.4%Fe

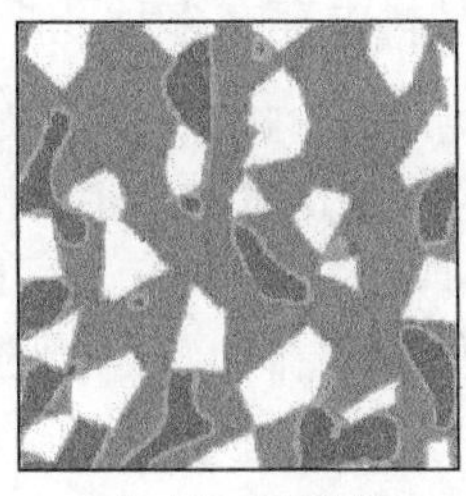
(c1) 10μs，0.4%Fe

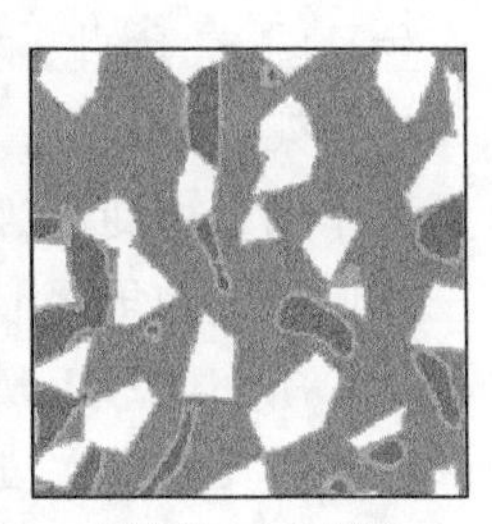
(d1) 20μs，0.4%Fe

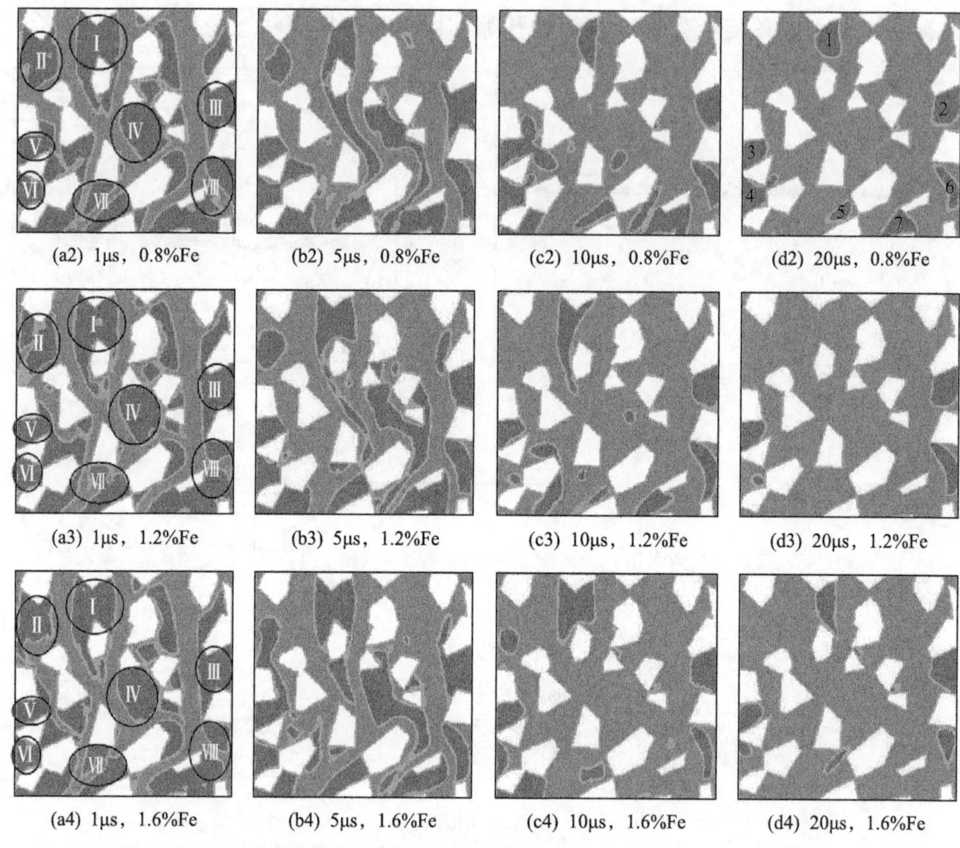

(a2) 1μs，0.8%Fe　(b2) 5μs，0.8%Fe　(c2) 10μs，0.8%Fe　(d2) 20μs，0.8%Fe

(a3) 1μs，1.2%Fe　(b3) 5μs，1.2%Fe　(c3) 10μs，1.2%Fe　(d3) 20μs，1.2%Fe

(a4) 1μs，1.6%Fe　(b4) 5μs，1.6%Fe　(c4) 10μs，1.6%Fe　(d4) 20μs，1.6%Fe

图 3.45　Cu 中添加不同量 Fe 元素时 Cu 液在 W 骨架通道中的渗流状态

渗流后期(20μs)，添加 0.4%Fe 的 Cu 液经熔渗后向Ⅰ～Ⅷ区域中的孔隙移动，且体积减小，但孔隙中的气泡均未完全排出，最终 CuW 合金中孔隙较多。这是由于此时 Cu 液的填充能力较差，较多气泡的存在减小了骨架中有效流道孔径，孔隙的形成包括强、弱流股汇流形成旋涡的气泡孔隙、端孔及三角形孔隙中产生的气孔。当 Fe 元素添加量增加到 0.8%后，孔隙末端(Ⅲ、Ⅴ、Ⅷ)、孔喉(Ⅵ)比较大的区域中很难浸入 Cu 液，形成孔隙 2、3、4、6；汇流(Ⅰ和其他区域)产生的气泡仍有部分存在，形成孔隙 1 和 7；Cu 液经过窄喉道(Ⅶ)后，孔隙形状突变产生孔隙 5。因此，材料中存在多种孔隙形成机制，浸没于 Cu 液中的多数气体已排出骨架，由旋涡、孔隙末端等形成黏附于孔隙表面的气泡仍出现较多。而当 Fe 元素添加量达到 1.2%时，仅在末端孔隙区域Ⅲ、Ⅴ、Ⅵ、Ⅷ中存在气体孔隙，在三角形孔隙的角落形成极其微小的气泡孔隙，其余易形成孔隙的区域基本充满。可见，添加 1.2%Fe 能充分排出 W 骨架通道中的气体，渗流后 CuW 合金中的孔隙缺陷主要是由无法填充的骨架末端孔隙引起的。当 Fe 元素添加量达到 1.6%时，W 骨架通道中气泡体积继续缩小。汇流区域Ⅱ中气泡消失，区域Ⅰ、Ⅶ气泡明显减小，端孔区域Ⅵ、Ⅷ中形成较小的气泡，区域Ⅲ、Ⅴ中孔隙体积基本不变。因此，添加1.6%Fe时，渗流过程中的残余孔隙主要由部分汇流形成的旋涡孔隙、部分端孔孔隙及三角形的角隅孔隙引起。Cu液流入端孔的能力、旋涡形成气泡的排出和缩小的能力增强，使Cu液在W骨架通道中表现出较高的填充率。

在Cu中添加Fe时，Cu液在W骨架通道中渗流时质量流率的变化见图3.46。在渗流过程中，渗流开始阶段(＜3μs)，Cu液的质量流率快速减小；随着渗流时间的延长，质量流率缓慢减小，质量流率随Fe添加量的增加变化不明显。

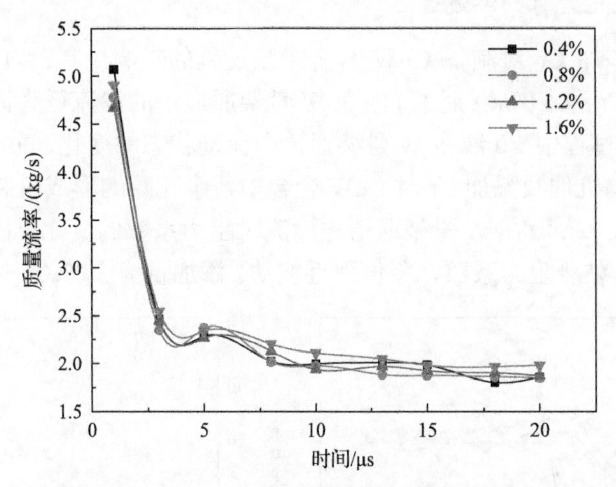

图3.46 Cu中添加Fe对Cu液在W骨架通道中渗流时质量流率的影响

CuW合金致密度在渗流过程中的变化趋势如图3.47所示。随着Cu液的渗入，CuW合金的致密度不断增大。添加1.2%Fe时CuW合金的致密度最大，而添加0.4%Fe时CuW合金的致密度最小。这主要是由于Fe的添加量不同时，Cu液在

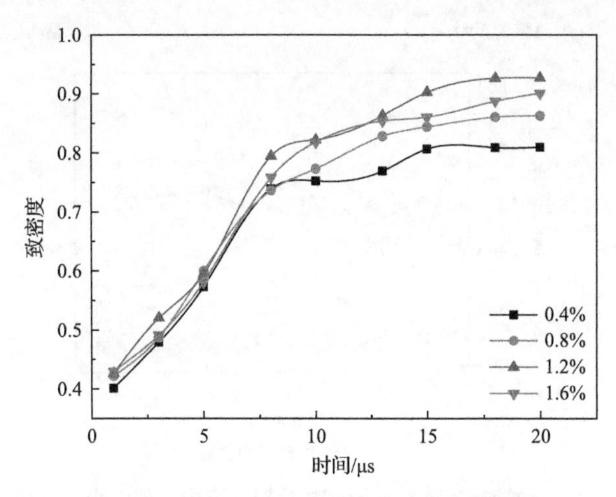

图3.47 添加Fe对CuW合金致密度的影响

W 骨架中进入不同孔隙的能力不同，使 Cu 液进入 W 骨架中汇流、端孔、孔径变化孔隙的填充程度不同。

综上所述，CuW 合金的致密度随着合金元素 Fe 添加量的增加先增大后减小。添加 1.2%Fe 时 CuW 合金的致密度最大，其次是 1.6%Fe、0.8%Fe，添加 0.4%Fe 时 CuW 合金的致密度较低。在 Cu 中添加 1.2%Fe 时填充率较高，可提高 CuW 合金中 Cu、W 两相的质量比。

2. 添加 Cr 元素时的渗流过程

为了研究添加 Cr 对制备 CuW 合金渗流过程的影响机制，对添加 1.0%Cr、2.0%Cr、3.0%Cr 和 4.0%Cr 时 Cu 液在 W 骨架通道中的渗流行为进行仿真，分析添加 Cr 时渗流过程中 Cu 液在 W 骨架通道中流动状态的变化，并讨论 Cr 添加对渗流过程的影响机理及添加 Cr 时 CuW 合金中残余孔隙的形成机制。

添加 Cr 时，Cu 液在 W 骨架通道中渗流时阻力系数的变化见图 3.48。随着渗流时间的延长，黏滞阻力系数在零值附近波动；添加量为 3.0%Cr 时黏滞阻力系数

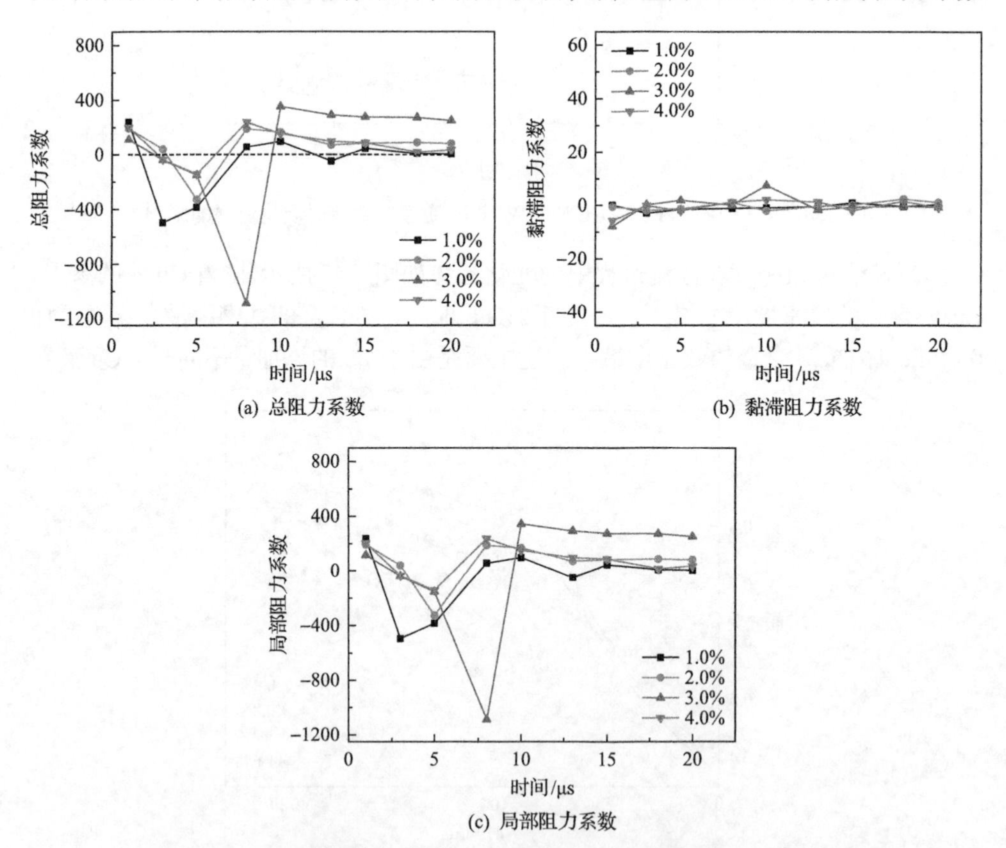

(a) 总阻力系数　(b) 黏滞阻力系数

(c) 局部阻力系数

图 3.48　Cu 中添加 Cr 对 Cu 液在 W 骨架通道中渗流时阻力系数的影响

波动最大，添加量为 1.0%Cr 时波动最小。这表明受渗流过程中气体反作用的影响，黏滞阻力系数在吸收气体的能量和自身黏滞作用损失能量之间交替作用，添加 3.0%Cr 时相互影响的程度更强。黏滞阻力系数与局部阻力系数的值相比，黏滞阻力系数值很小。渗流过程中，Cu 液在 W 骨架通道中渗流时的阻力系数主要是局部阻力系数变化引起的。此外，添加 Cr 时，渗流过程中总阻力系数及局部阻力系数随着渗流时间的延长逐渐趋于一个稳定值。总阻力系数在渗流 10μs 后，随着 Cr 添加量的增加呈现先增大后减小的趋势。由此可见，添加 Cr 对 Cu 液在 W 骨架通道中渗流时阻力系数的变化有较大影响。其中，添加 1.0%Cr 时，渗流过程中总阻力系数最小。

图 3.49 为添加不同量 Cr 元素时 Cu 液在 W 骨架通道中的渗流状态。在渗流初始阶段，Cu 液沿入流方向流动时，骨架中包含大量的气体，在 W 骨架中形成大量的气泡。随着渗流过程的推进，骨架中的气体体积不断减小，较大的气泡移动、缩小并发生分裂，形成较小的气泡随着 Cu 液在 W 骨架通道中流动。

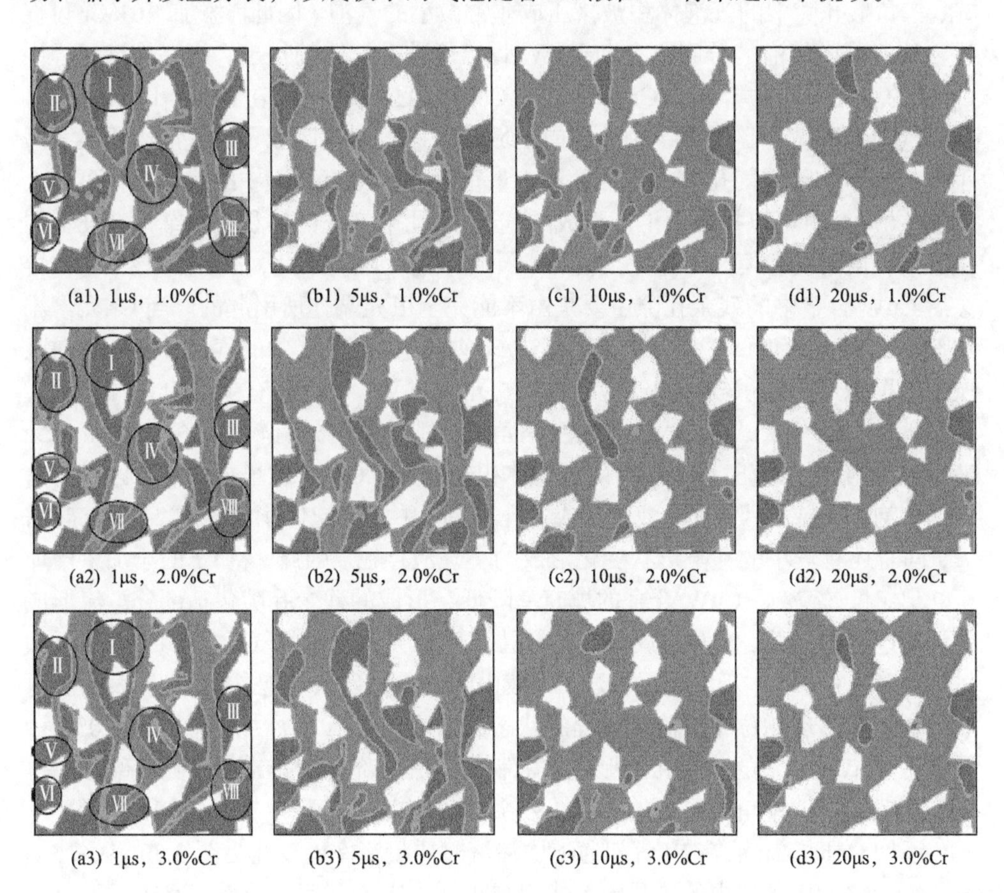

(a1) 1μs，1.0%Cr (b1) 5μs，1.0%Cr (c1) 10μs，1.0%Cr (d1) 20μs，1.0%Cr

(a2) 1μs，2.0%Cr (b2) 5μs，2.0%Cr (c2) 10μs，2.0%Cr (d2) 20μs，2.0%Cr

(a3) 1μs，3.0%Cr (b3) 5μs，3.0%Cr (c3) 10μs，3.0%Cr (d3) 20μs，3.0%Cr

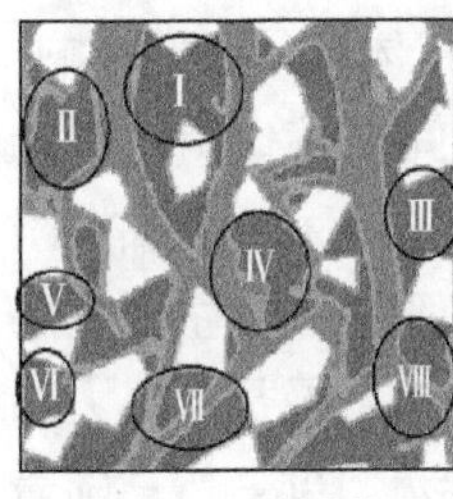

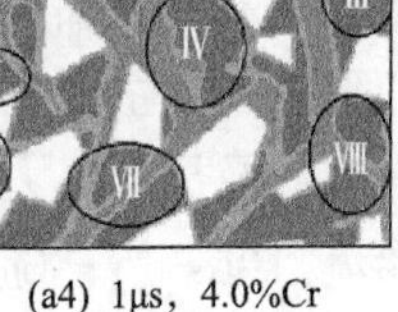
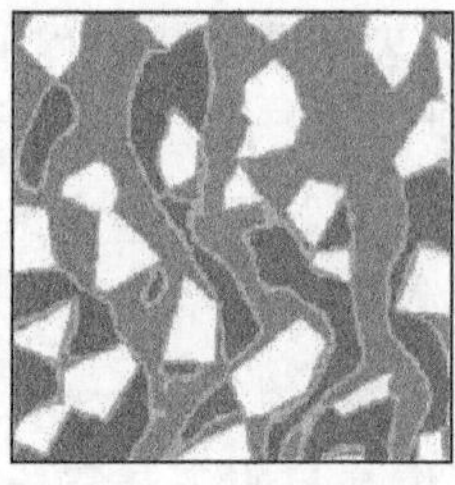
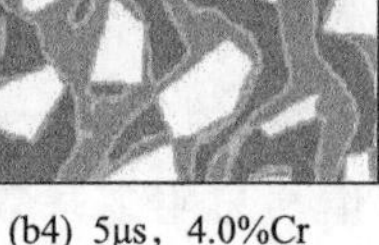
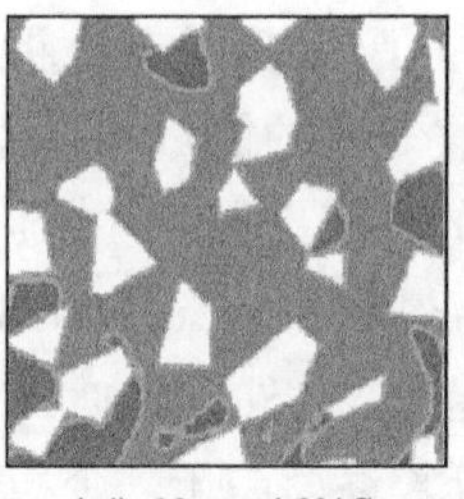
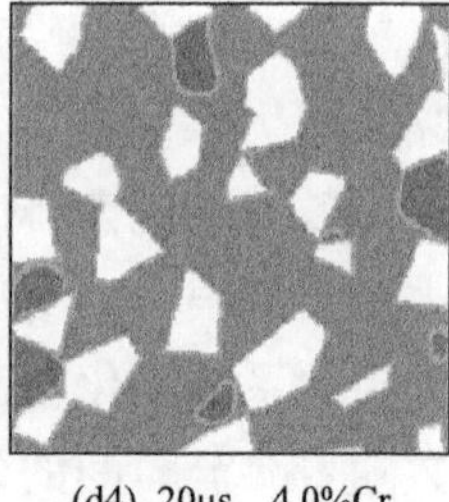

(a4) 1μs，4.0%Cr　(b4) 5μs，4.0%Cr　(c4) 10μs，4.0%Cr　(d4) 20μs，4.0%Cr

图 3.49　Cu 中添加不同量 Cr 元素时 Cu 液在 W 骨架通道中的流动状态

渗流 20μs 后，添加 1.0%Cr 的 Cu 液在区域Ⅰ、Ⅶ中汇流形成的气泡体积减小，区域Ⅱ、Ⅳ中气泡分裂成较小的气泡后随着 Cu 液排出骨架通道。骨架端孔区域Ⅲ没有 Cu 液流入，区域Ⅴ、Ⅵ、Ⅷ中气泡体积减小。从渗流中气泡形成和排出的过程可知，添加 1.0%Cr 时容易使汇流形成的大气泡分裂成较小的气泡排出 W 骨架通道。部分端孔中有 Cu 液流入，使气泡体积减小，部分端孔无法进行填充，三角形孔隙中的气泡体积被挤压成非常微小的气泡。因此，添加 1.0%Cr 可促进渗流过程中气泡的分裂，有助于 W 骨架通道中气体的排出，提高熔渗过程中 Cu 液的填充率。对于 2.0%Cr 添加量的 Cu 液，区域Ⅱ、Ⅳ中气泡排出、区域Ⅰ、Ⅶ中气泡体积减小，区域Ⅰ中气泡向区域Ⅱ偏移，端孔区域Ⅷ中气泡体积显著减小，其他端孔区域气孔中 Cu 液的流入量很少。从渗流过程中的状态变化可知，添加 2.0%Cr 时可以排出由汇流形成的气泡，端孔中气孔的体积根据结构特征不同减小的程度不同，但是不能完全消除端孔带来的孔隙。因此，添加 2.0%Cr，在熔渗后 CuW 合金中的残余孔隙主要是由不能完全填充端孔所引起的。当 Cr 元素添加量增加到 3.0%时，汇流区域Ⅱ、Ⅶ中气泡排出、区域Ⅰ中的气泡分裂分别在区域Ⅰ、Ⅳ中形成体积较小的气泡，骨架端孔区域Ⅴ、Ⅵ、Ⅷ有少量的 Cu 液流入，区域Ⅲ基本没有 Cu 液流入，同时在三角形孔隙的角落处有较小的气泡存在。Cu 液在 W 骨架中渗流时形成的封闭气体体积较添加 2.0%Cr 时增加，汇流区域有少量的气泡黏附或浸没于 Cu 液中形成气孔，端孔中的气泡体积较添加 2.0%Cr 时增大，同时还有较小的孔隙形状变化形成的小气泡存在。因此，将 Cr 的添加量增加至 3.0%时，熔渗后 CuW 合金的填充率降低，形成的残余孔隙包括部分汇流形成旋涡时产生的气孔、端孔形成的气孔及孔隙形状尖锐产生的气孔。当 Cr 元素添加量达到 4%时，基本不出现浸没于 Cu 液中的气泡，残余气泡黏附于 W 表面。对照残余孔隙出现的位置及流动过程的状态分布可知，Cr 的添加量增大至 4.0%时，熔渗后 CuW 合金的残余孔隙形成的机制是汇流后部分未排出的孔隙、部分端孔以及孔隙形状尖锐角落形成的气孔，残余孔隙均以黏附于 W 表面的形式存在。

添加 Cr 时，Cu 液在 W 骨架通道中渗流时质量流率的变化见图 3.50。渗流 5μs 内，Cu 液在 W 骨架中的质量流率快速减小；渗流 5μs 后，质量流率趋于平缓，减小速度较小。加入合金元素 Cr，在渗流 20μs 时，质量流率随着 Cr 添加量的增大有较小幅度的增大。图 3.51 为添加合金元素 Cr 时，渗流过程中 CuW 合金致密度随渗流时间的变化。随着渗流时间的延长，CuW 合金的致密度逐渐增大。渗流 20μs、添加 2.0%的 Cr 时，CuW 合金的致密度较高。

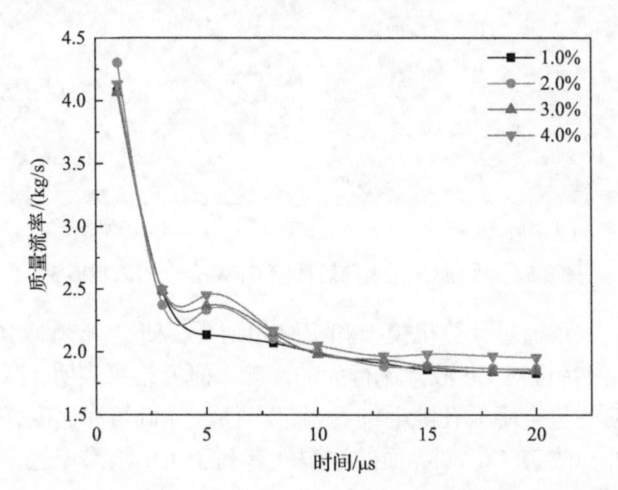

图 3.50 Cu 中添加 Cr 对 Cu 液在 W 骨架中渗流时质量流率的影响

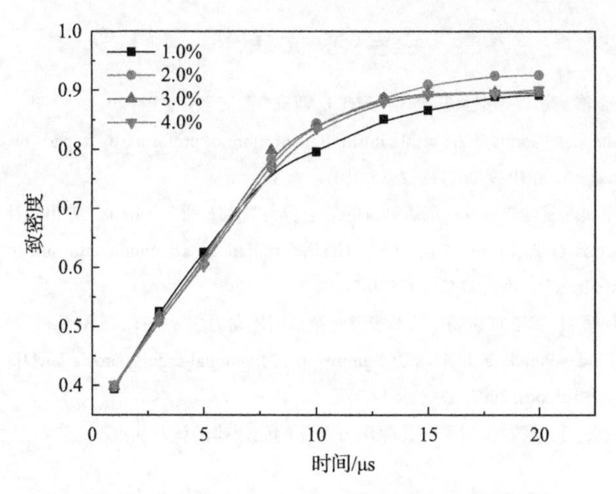

图 3.51 添加 Cr 对 CuW 合金致密度的影响

综上所述，添加 2.0%的 Cr 时，CuW 合金的致密度最高。图 3.52 为添加 Cr 前后 CuW 合金的微观形貌，图中椭圆圈起的部分表示孔隙。未添加合金元素时，制备得到的 CuW 合金中存在较多孔隙缺陷；添加 Cr 后，合金中的孔隙缺陷明显减少，与模拟计算结果吻合较好。

因此，在 Cu 中加入少量 Fe、Cr 元素可以增强气泡排出骨架的能力或促进渗流过程中气泡的分裂，显著提升熔渗后 CuW 合金的致密度，但是过多地添加反而会增加熔渗后的孔隙率，降低 CuW 合金致密度。

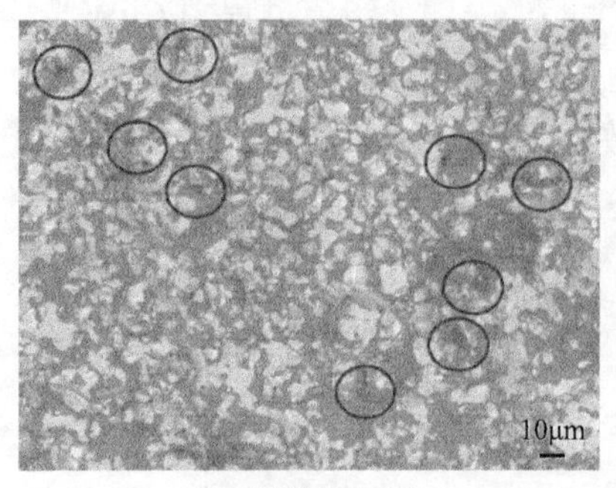

(a) 未添加Cr元素

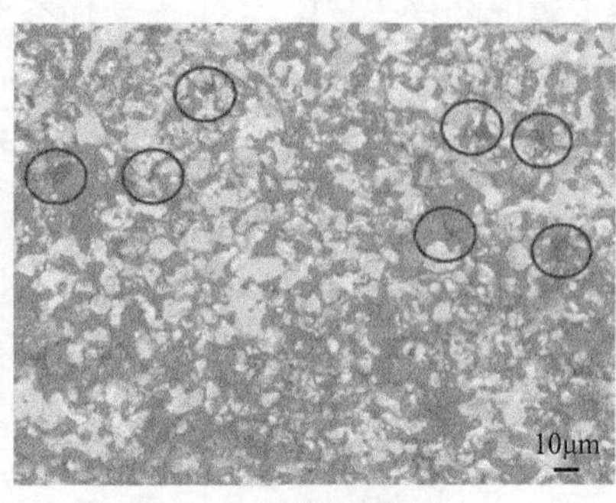

(b) 添加Cr元素

图 3.52 添加 Cr 元素前后熔渗 CuW 合金的微观形貌

综上所述，本章通过计算机模拟和实验相结合，研究 W 骨架熔渗过程中 W 骨架特征及 Cu 液特性对 Cu 液渗流行为的影响。研究结果表明，减小粉末粒径或增加粉末中细粉的量会降低孔隙毛细管当量半径，降低熔渗速度，因而需要延长熔渗时间。此外，改善 Cu/W 界面的润湿性有利于 Cu 液渗流过程的进行，降低 CuW 合金孔隙率。

参考文献

[1] 白艳霞. CuW 假合金渗流过程模拟及其机理研究[D]. 西安: 西安理工大学, 2014.

[2] Mortensen A, Masur L J, Cornie J A, et al. Infiltration of fibrous preforms by a pure metal: Part I. Theory[J]. Metallurgical Transactions A, 1989, 20(11): 2535-2547.

[3] 赵浩峰, 蔚晓嘉. 金属基复合材料及其浸渗制备的理论与实践[M]. 北京: 冶金工业出版社, 2005.

[4] Maxwell P B, Martins G P, Olson D L, et al. The infiltration of aluminum into silicon carbide compacts[J]. Metallurgical Transactions B, 1990, 21(3): 475-485.

[5] 于思荣, 张新平, 何镇明. 离心加速场中液态浸渗纤维预制体动力学分析[J]. 宇航学报, 2001, 22(5): 97-102.

[6] Ochoa-Tapia J A, Valdes-Parada F J, Alvarez-Ramirez J. A fractional-order Darcy's law[J]. Physica A: Statistical Mechanics and Its Applications, 2007, 374(1): 1-14.

[7] 许江, 曹偈, 李波波, 等. 煤岩渗透率对孔隙压力变化响应规律的试验研究[J]. 岩石力学与工程学报, 2013, 32(2): 225-230.

[8] Chang C Y. Simulation of molten metal through a unidirectional fibrous preform during MMC processing[J]. Journal of Materials Processing Technology, 2009, 209(9): 4337-4342.

[9] Mulone V, Karan K. Analysis of capillary flow driven model for water transport in PEFC cathode catalyst layer: Consideration of mixed wettability and pore size distribution[J]. International Journal of Hydrogen Energy, 2013, 38(1): 558-569.

[10] Solomon A K. On the equivalent pore radius[J]. The Journal of Membrane Biology, 1986, 94(3): 227-232.

[11] Daccord G. Chemical dissolution of a porous medium by a reactive fluid[J]. Physical Review Letters, 1987, 58(5): 479-482.

[12] Shirokoff D, Rosales R R. An efficient method for the incompressible Navier-Stokes equations on irregular domains with no-slip boundary conditions, high order up to the boundary[J]. Journal of Computational Physics, 2011, 230(23): 8619-8646.

[13] Ling H, Li H L. Compressible navier-stokes-poisson equations[J]. Acta Mathematica Scientia, 2010, 30(6): 1937-1948.

[14] Nordström J, Mattsson K, Swanson C. Boundary conditions for a divergence free velocity-pressure formulation of the Navier-Stokes equations[J]. Journal of Computational Physics, 2007, 225(1): 874-890.

[15] Benavente D, García del Cura M A, Fort R, et al. Thermodynamic modelling of changes induced by salt pressure crystallisation in porous media of stone[J]. Journal of Crystal Growth, 1999, 204(1-2): 168-178.

[16] Karniadakis G E, Israeli M, Orszag S A. High-order splitting methods for the incompressible Navier-Stokes equations [J]. Journal of Computational Physics, 1991, 97(2): 414-443.

[17] 孙德国, 肖鹏, 梁淑华, 等. 元素Co对Cu/W间润湿性的影响[J]. 稀有金属材料与工程, 2008, 37(12): 2134-2138.

[18] Zhu D Y, Jin Z H, Wang Y L, et al. Mathematical description of wettability of reaction type liquid solid interface[J]. Journal of Xi'an Jiaotong University, 1997, 31: 94-99.

[19] Wu C Y, Ferng Y M, Chieng C C, et al. Investigating the advantages and disadvantages of realistic approach and porous approach for closely packed pebbles in CFD simulation[J]. Nuclear Engineering and Design, 2010, 240(5): 1151- 1159.

[20] 王福军. 计算流体动力学分析: CFD 软件原理与应用[M]. 北京: 清华大学出版社, 2004.

[21] 范志康, 梁淑华, 肖鹏. CuW 假两相合金的熔渗参数[J]. 中国有色金属学报, 2001, 11(1): 102-104.

[22] 杨晓红. 超高压CuW/CuCr整体电触头材料的研究[D]. 西安: 西安理工大学, 2009.

[23] Nakashima K, Matsumoto H, Mori K. Effect of additional elements Ni and Cr on wetting characteristics of liquid Cu on zirconia ceramics[J]. Acta Materialia, 2000, 48(18-19): 4677-4681.

[24] Garcia-Cordovilla C, Louis E, Narciso J. Pressure infiltration of packed ceramic particulates by liquid metals[J]. Acta Materialia, 1999, 47(18): 4461-4479.

[25] Asthana R. The effect of wetting kinetics on the penetration of a layered capillary[J]. Metallurgical and Materials Transactions A, 2001, 32(10): 2663-2666.

[26] 陈康华, 包崇玺, 刘红卫. 金属/陶瓷润湿性(上)[J]. 材料科学与工程, 1997, 15(3): 6-10.

[27] 陈名海, 刘宁, 许育东. 金属/陶瓷润湿性的研究现状[J]. 硬质合金, 2002, 19(4): 199-205.

[28] 张雄飞, 王达健, 陈书荣, 等. 液态铝与陶瓷的润湿性改变机理[J]. 粉末冶金技术, 2003, 21(1): 42-45.

[29] Hashim J, Looney L, Hashmi M S J. The wettability of SiC particles by molten aluminium alloy [J]. Journal of Materials Processing Technology, 2001, 119(1-3): 324-328.

[30] Lee C B, Jung S B, Shin Y E, et al. The effect of Bi concentration on wettability of Cu substrate by Sn-Bi solders[J]. Materials Transactions, 2001, 42(5): 751-755.

[31] Lee Y F, Lee S L, Huang C H, et al. Effects of Fe additive on properties of Si reinforced copper matrix composites fabricated by vacuum infiltration[J]. Powder metallurgy, 2001, 44(4): 339-343.

[32] Voytovych R, Ljungberg L Y, Eustathopoulos N. The role of adsorption and reaction in wetting in the CuAg-Ti/alumina system[J]. Scripta Materialia, 2004, 51(5): 431-435.

[33] 长崎诚三, 平林真. 二元合金状态图集[M]. 刘安生, 译. 北京: 冶金工业出版社, 2004.

[34] 胡福增, 陈国荣, 杜永娟. 材料表界面[M]. 上海: 华东理工大学出版社, 2001.

[35] 郭景杰, 傅恒志. 合金熔体及其处理[M]. 北京: 机械工业出版社, 2005.

[36] Kalogeropoulou S, Baud L, Eustathopoulos N. Relationship between wettability and reactivity in Fe/SiC system[J]. Acta Metallurgica et Materialia, 1995, 43(3): 907-912.
[37] Moelwyn-Hughes E A. Physical Chemistry[M]. Oxford: Pergamon Press, 1961.

第 4 章　添加元素(相)对 CuW 触头材料性能的影响

前述研究表明，通过对 W 骨架烧结和 Cu 液熔渗等制备工艺优化可以提升 W 骨架强度和 CuW 合金致密度，但是面对(超)大容量、小型化、长寿命等服役条件，仅由 W、Cu 两相组成的 CuW 合金已难以满足触头苛刻的使用需求，在制备工艺优化的同时，成分设计成为提升 CuW 合金综合性能的重要方式之一。此外，触头在服役过程中不仅要经受机械插拔引起的挤压、磨损以及反复开合过程中的热疲劳，还要面对关合过程中高压击穿间隙介质引起的高温电弧烧蚀。因此，仅仅提升 CuW 合金的力学性能不足以全面评估触头材料的服役效果，还需综合考虑耐电弧烧蚀性能。因此，本章以熔渗 CuW 合金为研究对象，结合第一性原理对材料中的相特征与电击穿现象的关系及其物理本质进行系统探讨[1, 2]，研究合金元素、碳化物、氧化物等的添加对其组织及击穿性能的影响，并提出改善 CuW 合金电击穿特性的措施及方法，为高性能 CuW 触头的制备提供理论指导和技术借鉴。

4.1　CuW 合金中添加元素的确定原则

触头的电弧烧蚀行为是多种复杂因素综合决定的，而材料本身的耐电弧烧蚀性能是决定性因素之一。因此，本节仅研究 CuW 合金材料本身对其耐电弧烧蚀性能的影响。而为了在实验室中模拟电弧烧蚀工况，通过自制真空灭弧室产生的放电电弧对CuW合金进行烧蚀，以研究成分对CuW合金电弧烧蚀性能的影响规律。

由于触头材料表面击穿的发生由合金表面电子的逸出引起，虽然引起电子发射有热发射、场致发射、热-场致发射等原因，但实验中 CuW 合金是在常温和一定的高电压条件下发生的电击穿现象，因而可以认为发生在 CuW 合金表面的电击穿是由场致发射电子逸出引起的间隙电击穿，即在合金表面外加电压到某个临界值时，当合金表面逸出的电流密度大于临界值时发生电击穿。金属表面的场致发射电流密度(J)与电场强度(ε)和金属逸出功(Φ)的关系可根据 Fowler-Nordheim 公式[3-5]表述，见式(4.1)。

$$J=\frac{1.54\times10^{-6}\varepsilon^2}{\Phi}\exp\left[-\frac{6.83\times10^{7}\Phi^{\frac{3}{2}}}{\varepsilon}\theta\left(3.79\times10^{-4}\frac{\sqrt{\varepsilon}}{\Phi}\right)\right] \tag{4.1}$$

式中，J 的单位为 A/m^2；ε 的单位为 V/m；Φ 的单位为 eV。从式(4.1)可以看出，金属表面的场致发射电流由电场强度和金属逸出功共同决定。在相同的电场强度下，金属表面发射电流密度随着金属逸出功的减小而增大。因此，金属的逸出功越大，发生电击穿所需要的电流密度需在更大的电压下才能够达到。而金属表面电流密度的大小与材料自身的特性密切相关。目前关于晶体逸出功的测量有多种方法，但由于不同测量方法得出的结果也不相同，而且测定方法多针对晶体而言，测量值应为多个晶面的平均值。要研究合金的击穿特性，就必须准确地研究金属表面电子特性。为深入理解 CuW 合金的电击穿特性，需要阐明 Cu、W 晶体不同表面电子结构和表面稳定性与逸出功的关系。本节通过第一性原理对金属的高对称低指数面的表面原子弛豫、表面能及逸出功进行计算，探讨逸出功与晶面的关系。

4.1.1 Cu 和 W 晶体的表面逸出功第一性原理计算

1. 计算方法及模型

基于密度泛函理论的剑桥顺序法总能量计算软件(Cambridge Sequential Total Energy Package，CASTEP)模块进行第一性原理计算，计算时采用广义梯度近似(generalized gradient approximation，GGA)，交换关联势采用 Perdew-Burke-Ernzerhaf(PBE)函数，自洽计算时所有能量的收敛值设为 1×10^{-5}eV/atom，每个原子上的力小于 0.03eV/Å，公差偏移小于 0.001Å，应力偏差小于 0.05GPa。利用 CASTEP 模块对 Cu 晶体和 W 晶体的结构参数进行优化，平衡时 Cu 和 W 的晶格常数分别为 0.363315nm 和 0.318203nm。其中，Cu 的晶格常数计算值与实验值 0.3615nm[6]以及其他计算结果[7-11](0.3664nm、0.3636nm、0.3643nm)差异很小，说明优化后的模型结构合理。第一性原理计算采用广泛适用于各种表面计算的薄片(slab)模型，图 4.1 分别构建了 5～13 层原子、真空层厚度 10Å 及 8 层原子、真空层厚度 10～13Å 的两种模型，探索了模型结构的稳定性。结果表明，当真空层厚度大于 10Å、模型层数达到 9 层以上时误差小于 0.5%。综合计算精度和计算速度后，均采用 10 层原子层、真空层厚度为 12Å 构建表面模型。考虑到相对于金属晶体本身，金属表面形成时，结构必将发生变化，表面原子会失去其相邻原子，即相互作用力失去了平衡。表面上失去平衡的原子将无法保持原晶体节点位置，在垂直方向上出现收缩或膨胀，直至各个方向受力平衡。表面原子发生弛豫的现象体现在第一、二原子层之间的距离较其晶体有所收缩。

首先采用公式$\Delta d=(d_{mn}-d_0)/d_0\times100\%$来计算原子的弛豫，$d_0$ 为晶体的原子层间距，d_{mn} 为表面形成后相邻原子层间距，计算结果正号表示向外膨胀，负号表示向内收缩，计算结果如表 4.1 所示。面心立方结构的 Cu 不同表面的Δd_{12}和 Cu(100)、

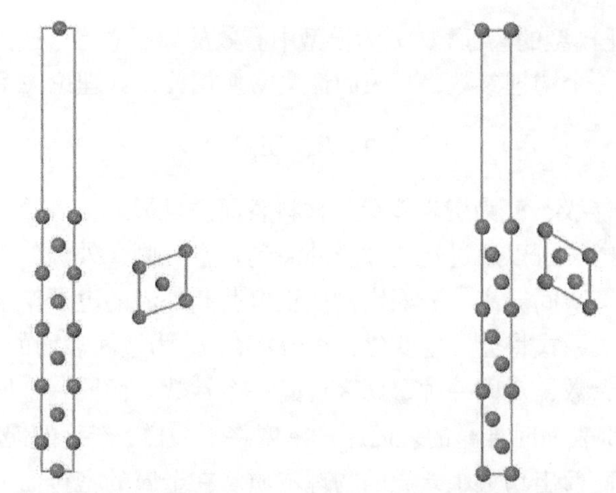

(a) 5~13层原子，真空层厚度10Å　　(b) 8层原子，真空层厚度10~13Å

图 4.1 W(110)和 Cu(111)表面模型

表 4.1 Cu 和 W 表面的原子结构参数(表面弛豫) (单位：%)

晶面	Cu(100)	Cu(110)	Cu(111)	W(100)	W(110)	W(111)
Δd_{12}	–3.24	–11.17	–1.43	–11.5	–3.78	–21.93
Δd_{23}	–0.1	+4.62	–0.26	+1.96	+0.19	–24.67

Cu(111)面的Δd_{23}计算结果为负值，即向内收缩；只有 Cu(110)面的Δd_{23}原子间距增大，发生膨胀。各个表面$|\Delta d_{12}|>|\Delta d_{23}|$，说明表面原子弛豫从表面的第 1 层原子到第 3 层原子有减小趋势。Cu(100)表面的计算值为–3.24%和–0.1%，与文献[9]和[11]报道结果相近，而 Cu(110)表面弛豫值与文献[6]、[8]和[10]吻合很好。W 的变化规律和 Cu 有所差别，在Δd_{12}的变化中，W(110)表面弛豫程度最小。在Δd_{23}的变化中，与 W 和 Cu 其他晶面弛豫程度相比，只有 W(111)面的Δd_{23}增大，说明第 2 层与第 3 层原子间收缩程度加大。通过对 Cu 和 W 晶体的(111)、(110)和(100)高对称表面弛豫计算可知，密排面上的原子弛豫程度最小，而此现象的出现是由这些晶面上表面原子的排列造成的，表面原子的堆垛密度越低，向内收缩越大。

2. 表面能及逸出功计算

晶体的自由表面与晶体内部存在差异，是由于自由表面与真空之间接触界面的存在。暴露在真空下的金属表面原子只是部分原子与其他原子相结合，相邻原子成键数目少于晶体内部，其能量高于晶体，因而产生表面能。可采用如下公式计算表面能[12]：

$$E_{\text{surf}} = \left(E_{\text{slab}} - nE_{\text{bulk}}\right) / (2S) \tag{4.2}$$

式中，E_{slab} 为几何优化后晶面的总能量；E_{bulk} 为体材料每个原子的能量；E_{surf} 为

表面能；S 为优化模型的表面积；n 为模型中有效的原子总数。逸出功是表征表面得失电子能力的一个物理参数，与表面性质密切相关，其理论关系式[13]为

$$\Phi = E_{\mathrm{v}} - E_{\mathrm{f}} \tag{4.3}$$

其中，E_{v} 为真空能级；E_{f} 为费米能级。材料表面一旦形成，表面外电子的状态将发生变化，表面电子可以通过隧道效应外溢到真空一侧，外溢的电荷形成的垂直于表面的正负电荷瞬间分离，表面内侧的正电荷和外溢的电子产生偶极矩。反映表面和逸出功的关系式将会发生变化，$\Phi=D-\mu$，D 为金属表面的偶极矩，μ 为体材料的体相特性参数，对同一种金属来说是一个常数。而同一金属不同表面原子堆垛不一样，产生表面时裸露的表面原子密度将不一样，产生的偶极矩大小不等，导致金属不同表面逸出功大小差异的物理本质。在金属的密排面上，原子排列最为集中，由此产生的偶极矩最大，电子逸出需克服的能量也越大，即金属密排面上的逸出功最大。表 4.2 是 Cu 晶体和 W 晶体的表面能及对应低指数面逸出功的第一性原理计算结果。Cu 晶体和 W 晶体中最稳定的表面分别为 Cu(111)面和 W(110)面。表面能是形成单位表面积时系统亥姆霍兹自由能的变化 $\mathrm{d}F/\mathrm{d}A$，因此，表面能越小的表面在相同条件下越易形成。从逸出功的计算结果可以看出，Cu 和 W 晶体不同晶面的逸出功相差较大。Cu 晶体不同晶面的逸出功大小顺序依次为 $\Phi_{(111)}>\Phi_{(100)}>\Phi_{(110)}$，而 W 三个晶面中逸出功大小顺序依次为 $\Phi_{(110)}>\Phi_{(111)}>\Phi_{(100)}$。可见，Cu 和 W 晶体中密排面上的逸出功最大，且 W 晶体密排面的逸出功大于 Cu 晶体密排面的逸出功。

表 4.2 Cu 和 W 晶体的表面能及逸出功

晶面	Cu(100)	Cu(110)	Cu(111)	W(100)	W(110)	W(111)
表面能/($\mathrm{eV/nm^2}$)	9.41	10.13	8.49	48.52	20.64	22.0
逸出功/eV	4.30	4.27	4.58	3.91	4.77	3.98

3. 表面电子态密度

为进一步分析引起 Cu 和 W 晶体不同表面结构稳定性差异的影响因素，对 Cu 和 W 晶体不同表面的电子总态密度及表面原子层的电子态密度进行第一性原理计算，结果见图 4.2 和图 4.3。在费米能级(能量为 0 的位置)左侧，Cu(111)表面态密度呈下降趋势，Cu(100)表面变化不大，而 Cu(110)表面出现上升趋势，使费米能级处的电子密度整体抬高。对比各表面表层原子的态密度与 Cu 晶体的总态密度可以发现，表层原子相对于晶体电子态密度的形状发生了明显变化，Cu(110)面和 Cu(100)面表层原子的电子态密度峰值较 Cu 晶体的电子态密度向高能区偏移，并在–3eV 左侧的肩峰消失，同时表层原子的电子态密度强度有了较大增幅。

而 Cu(111)面的表面电子态密度和 Cu 晶体相比变化不大,电子向高能区的偏移使表面电子态密度处于比晶体能量相对较高的状态。电子态密度增加的相对幅度决定了表面的相对稳定性，增幅越大越不稳定，反之亦然，所以不同晶面逸出功的差异源于表面电子态密度的变化。

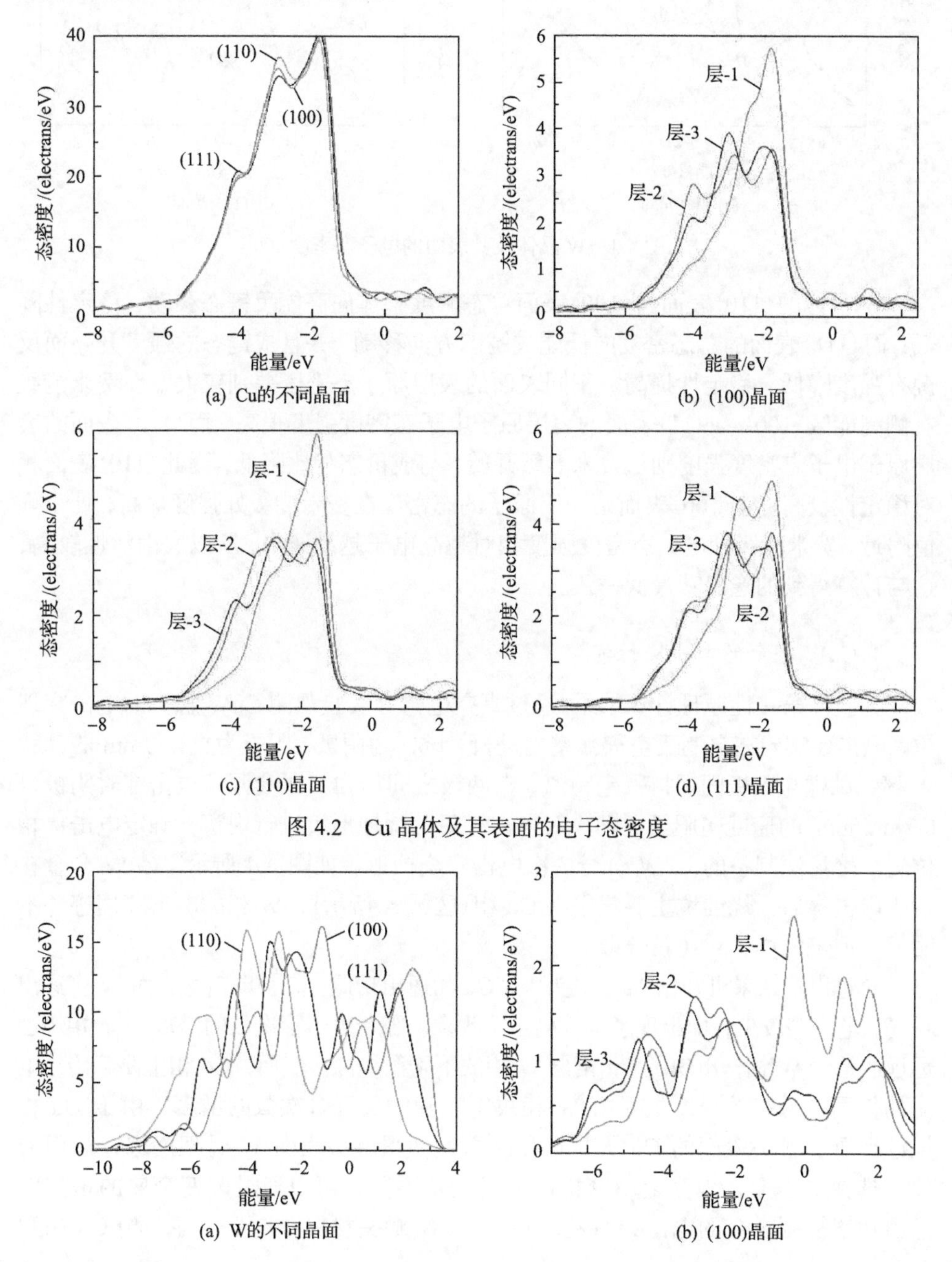

图 4.2　Cu 晶体及其表面的电子态密度

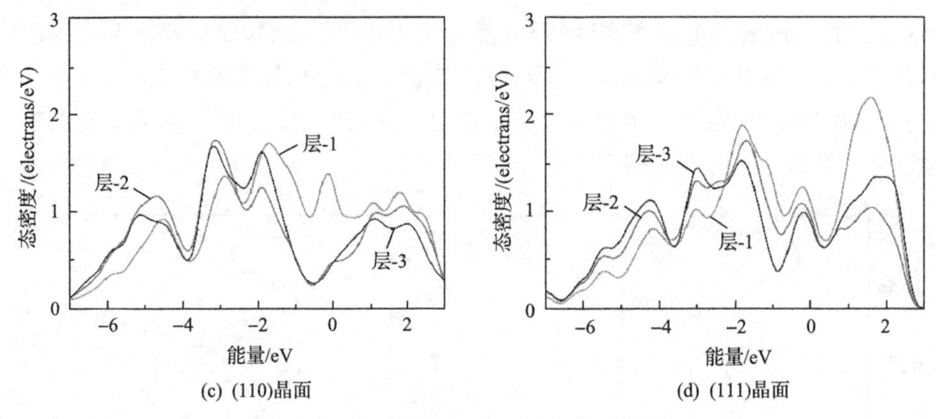

图 4.3　W 晶体及其表面的电子态密度

W 晶体的(110)表面与(100)表面总态密度整体向高能反键态移动，稳定性降低；而(111)表面的总态密度向低能成键态方向移动，并且成键态的强度升高而反键态强度降低，稳定性提高。不同表面的表层原子态密度差别较大，在费米能级右侧高能区(100)、(111)表面的表层原子电子态密度强度很高，而(110)表面的表层原子电子态密度强度则从费米能级开始，与成价态相比降低，因此(110)表面相对稳定性较高。W(100)表面第一层原子的态密度在费米能级处强度最高，处于峰值附近，费米能级处电子态密度强度相对越高电子越易逸出，所以表面活性较高，这与计算得到的逸出功最低一致。

4. CuW 合金的电击穿性能

为验证第一性原理计算结果，通过真空电击穿实验观测 CuW 触头的电击穿现象。电击穿实验在自制真空灭弧室内进行，试样为阴极，阳极为直径 3mm 的针状 W 棒，试样与阳极间保持一定距离，在两极之间加 8kV 的电压，电击穿时阴极以 0.2mm/min 的速度向阳极运动。对电击穿后的烧蚀形貌进行观察，确定电击穿相位置。熔渗法制备的 CuW 合金一次电击穿烧蚀形貌如图 4.4 所示，CuW 合金在发生电击穿后，烧蚀坑主要集中在 Cu 相(区域 A 所示)，W 相的电击穿痕迹并不明显，但烧蚀坑相对比较分散。

通过以上结果可知，CuW 触头中，Cu 相逸出功低，易被电击穿，而 W 相逸出功高，电击穿较少，即出现了选择电击穿现象。随着电击穿次数的增多，Cu 相烧蚀远远严重于 W 相，出现了 Cu 相与 W 相的不均衡烧蚀。然而，Cu 相主要起传导电流的作用，触头的强度主要由 W 相决定，随触头开合次数的增多，由于 Cu 相烧蚀严重，触头表面的 Cu 大量熔化及蒸发使得触头表面 W 骨架崩塌，从而失效。选择电击穿是因为金属密排面的逸出功不同，可以通过改变金属的密排面逸出功来控制合金的电击穿特性。对于 CuW 触头材料，增强击穿弱相 Cu 相和

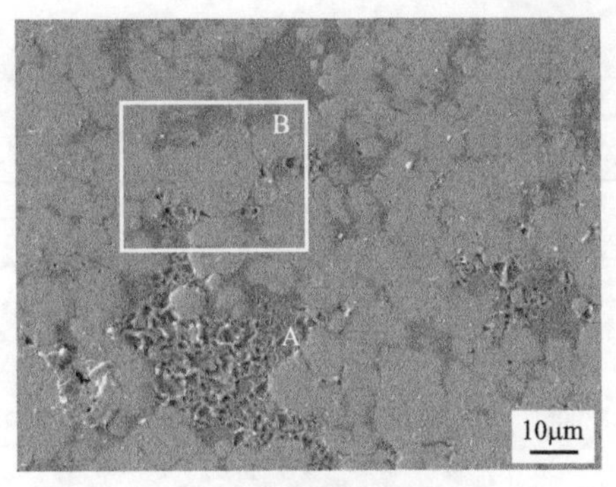

(a) 一次电击穿后形貌　　(b) 图(a)中区域 B 放大形貌

图 4.4　CuW 合金经一次电击穿后的烧蚀形貌

减弱击穿强相 W 相两种方式均可实现两种相电击穿性能的平衡，以提高触头的耐电弧烧蚀性能。

4.1.2　合金元素对 Cu 相和 W 相电子结构的影响

要使 Cu 相获得与 W 相接近的逸出功，应使 Cu 的电子结构尽可能接近 W。因此，本节通过计算不同合金元素 Ti、Zr、Cr、La 掺杂 Cu 以及 Fe、Nb、Cr、Ni、Y、Mo 掺杂 W 所构成体系的电子态密度，计算以 2×2×2 的 Cu 超胞及 W 超胞为对象，对比所有替换模型的最终能量，选取能量最低模型作为最佳模型；进一步通过对比掺杂后体系在费米能级处电子态密度，研究不同掺杂元素对 Cu 和 W 电子结构的影响。

1. 构建模型

综合考虑计算效率及可行性，本小节对于 Cu 晶胞及 W 晶胞均选取 2×2×2 的超胞作为研究对象，其中 W 超胞中有 16 个原子，Cu 超胞中有 32 个原子。考虑实际情况，在超胞中替换两个原子进行研究，排除等效替换结构则可获得所有可能的替换模型，其中 $Cu_{30}X_2$(X=Ti、Zr、Cr、La)共 20 种，$W_{16}M_2$(M=Fe、Nb、Cr、Ni、Y、Mo)共 24 种。所有模型示意图及结构的能量分别如表 4.3 及表 4.4 所示。

表 4.3　双原子掺杂 $Cu_{30}X_2$ 所有可能模型

Cu-X 超胞结构	优化后最终能量/eV			
	Cu-Ti	Cu-Zr	Cu-Cr	Cu-La
	−47502.48143933	−46857.94861641	−49229.87305790	−46018.00855397

续表

Cu-X 超胞结构	优化后最终能量/eV			
	Cu-Ti	Cu-Zr	Cu-Cr	Cu-La
	−47502.13986040	−46857.65188871	−49228.10969868	−46017.39099944
	−47502.56764711	−46858.26288006	−49228.45591452	−46018.63413987
	−47502.79777619	−46858.50373020	−49228.77526815	−46018.68408491
	−47502.09807982	−46857.64467253	−49227.97313192	−46017.72059558

注：黑色分别代表代替的原子，即 Ti、Zr、Cr、La；灰色代表 Cu 原子。

2. 模型优化

以 $Cu_{30}Ti_2$ 掺杂模型为例，对 5 种 $Cu_{30}Ti_2$ 模型进行结构优化，优化基于密度泛函理论的 CASTEP 模块进行第一性原理计算。所有初步模型的几何优化都是在广义梯度近似下进行的，采用 PBE 函数交换关联势，采用超软赝势(ultrasoft)进行离子-电子相互作用。选取平面波的截止能为 300eV，此截止能对后续计算电子态密度及电子数计算均适用。对于 k 点的选择，k 点网格采用 Monkhorst-Pack 网格，具体为 3×3×3 和 5×5×5，分别用于几何优化和静态计算。体系总能量的收敛标准为 1×10^{-5}eV/atom，每个原子上的力小于 0.03eV/Å，公差偏移小于 1×10^{-3}Å，应力偏差小于 0.05GPa。

最终对比优化后不同模型的最终能量，选取能量最低的模型为最稳定掺杂模型。如图 4.5(a)和(b)所示分别为 Ti、Zr、Cr、La 双原子掺杂 Cu 超胞和 Fe、Nb、Cr、Ni、Y、Mo 双原子掺杂 W 超胞的最稳定模型。

3. 电子态密度

根据优化后的最稳定模型，分别计算 $Cu_{30}X_2$(X=Ti、Zr、Cr、La)和 $W_{16}M_2$(M=Fe、Nb、Cr、Ni、Y、Mo)的电子态密度，并将其分别与纯 Cu 及纯 W 进行比较，结果如图 4.6 所示。对比费米能级(E_f)处的电子态密度可知，双原子的 W 超胞掺杂中，Nb 的电子态密度最低，随后依次是 Mo、Cr、Y、Ni、Fe。在双原子的 Cu 超胞掺杂中，La 掺杂的电子态密度最低，随后依次是 Cr、Zr、Ti。说明在 W 中掺杂 Nb 最稳定，在 Cu 中掺杂 La 最稳定。

表 4.4 双原子掺杂 $W_{16}M_2$ 所有可能模型

W-M 超胞结构	优化后最终能量/eV					
	W-Fe	W-Nb	W-Cr	W-Ni	W-Y	W-Mo
	–28804.34588261	–30179.82105475	–32010.55793718	–29782.38846111	–27456.14434421	–30949.75484643
	–28804.35754644	–30179.74684799	–32010.59572096	–29782.60472166	–27456.31580885	–30949.75271490
	–28804.47359562	–30179.78038624	–32010.51065377	–29782.53404246	–27456.26074679	–30949.74842779
	–28804.36800555	–30179.82490229	–32010.50591791	–29782.76740709	–27456.93757776	–30949.74715862

注：黑色分别代表代替的原子，即 Fe、Nb、Cr、Ni、Y、Mo；灰色代表 W 原子。

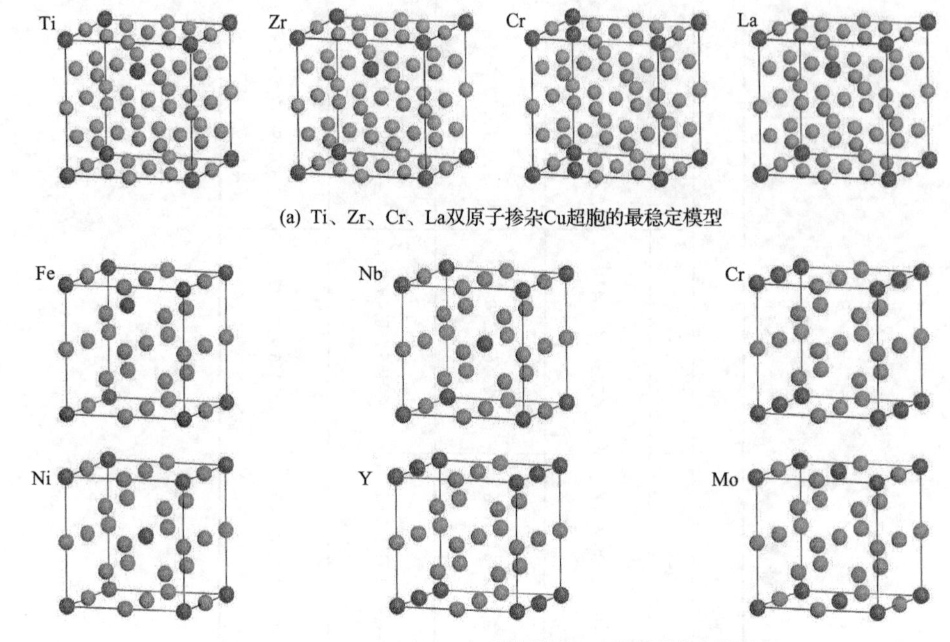

(a) Ti、Zr、Cr、La双原子掺杂Cu超胞的最稳定模型

(b) Fe、Nb、Cr、Ni、Y、Mo双原子掺杂W超胞的最稳定模型

图 4.5　不同元素掺杂后的最稳定模型

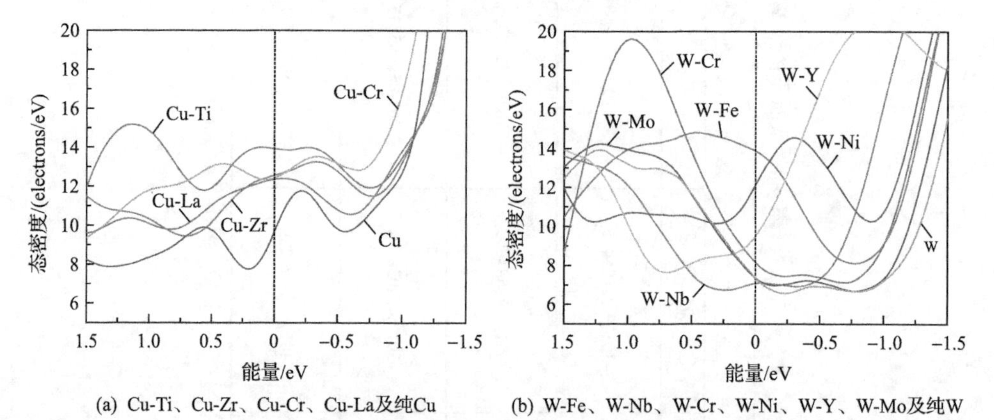

(a) Cu-Ti、Cu-Zr、Cu-Cr、Cu-La及纯Cu　　(b) W-Fe、W-Nb、W-Cr、W-Ni、W-Y、W-Mo及纯W

图 4.6　不同合金的电子态密度

4. 电荷数

目前已经有许多文献通过第一性原理计算材料的电子逸出功，计算结果与实验吻合较好，且大部分研究均是通过建立不同晶面的表面模型并优化才能获得电子逸出功。但是，为了简化计算流程，本节利用电接触理论对掺杂前后 Cu 和 W 相的电子逸出功进行定量表征。由电接触理论可知，当合金元素添加至 Cu 或 W 相中时，若电子由 Cu 或 W 向添加元素转移，则 Cu 或 W 的电子逸出功将增大；

若电子由添加元素向 Cu 或 W 转移，则 Cu 或 W 的电子逸出功将减小。因此，Cu 原子和 W 原子与掺杂原子之间在掺杂后的电子转移路径能够表明 Cu 相和 W 相电子逸出功的改变情况。

对掺杂体系中所有Cu原子及W原子的分态密度从负无穷至费米能级处积分，可以计算得到 Cu 及 W 的总电荷数。图 4.7(a)和(b)分别为 Cu-Ti、Cu-Zr、Cu-Cr、Cu-La 及纯 Cu 体系中单个 Cu 原子及 W-Fe、W-Nb、W-Cr、W-Ni、W-Y、W-Mo 及纯 W 体系中单个 W 原子的电荷数。对于 Cu 中的掺杂，在掺杂 Ti、Zr、Cr、La 后，Cu 中的电荷数增加。而对于 W 中的掺杂，在掺杂 Fe、Nb、Cr、Ni、Mo 后，W 中的电荷数增加，而掺杂 Y 后，W 中的电荷数出现了减少。因此，在 Cu 晶胞掺杂体系中，电子逸出功由大到小排序是 Cu、Cu-Cr、Cu-Ti、Cu-Zr、Cu-La。在 W 晶胞掺杂体系中，电子逸出功由大到小排序是 W-Y、W、W-Cr、W-Mo、W-Ni、W-Nb、W-Fe。

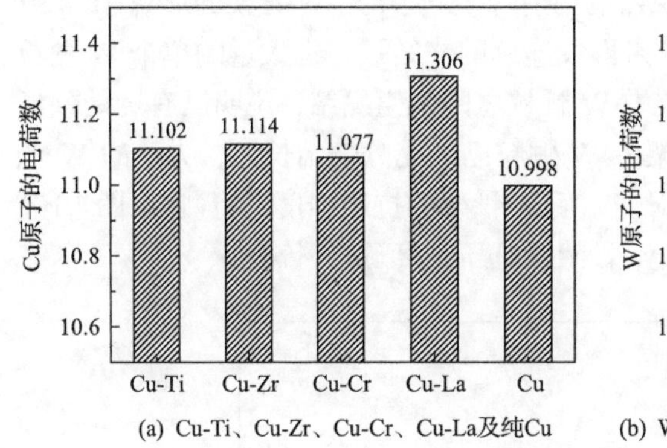

(a) Cu-Ti、Cu-Zr、Cu-Cr、Cu-La及纯Cu

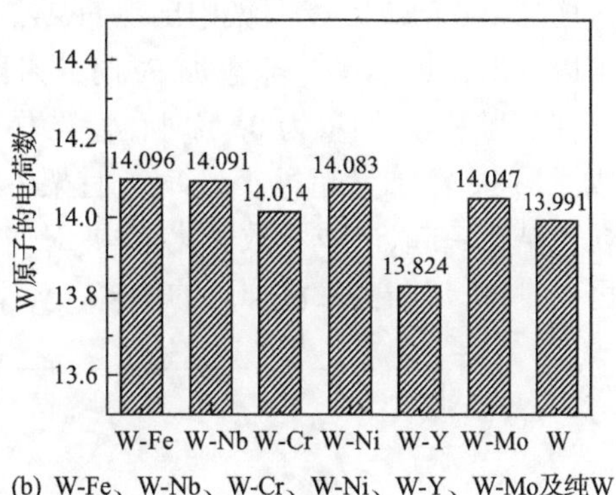

(b) W-Fe、W-Nb、W-Cr、W-Ni、W-Y、W-Mo及纯W

图 4.7 不同双原子掺杂后 Cu 原子和 W 原子的电荷数

因此，CuW 触头中，Cu 相逸出功低，易被击穿，而 W 相逸出功高，电击穿较少，即出现了选择电击穿现象。要实现 Cu 相和 W 相逸出功相近，可在 W 中加入 Fe、Nb、Cr、Ni、Mo 等元素。但是，本小节仅考虑第一性原理计算得到的结果，未考虑金属之间的溶解度、冶金反应等多方面因素。因此，需要结合添加元素的性质以及制备工艺等多种因素，并对实际强化效果进行实验验证。

4.2 W 骨架中添加合金元素对 CuW 合金性能的影响

为验证 4.1 节添加元素对 W 相逸出功降低作用的预测结果，本节选择 Fe 和 Nb 元素直接添加到 W 骨架中，通过后续熔渗工艺制备 CuW 合金，并系统地研究添加元素对 CuW 合金微观组织结构、耐电压强度及烧蚀形貌的影响规律，可为高性能 CuW 触头材料的实际生产提供指导和借鉴[1, 14]。

4.2.1 Fe 对 CuW 合金组织与性能的影响

第 3 章研究结果表明，Fe 可以改善 Cu/W 界面的润湿性。当 Fe 的添加量增加到 1.2%时，在 1300℃ Cu/W 界面的润湿角由 107.5°减小到 47.5°。Fe 元素还可促进 Cu/W 界面处形成合金扩散层，而且 Cu/W 界面结合由机械结合演变为冶金结合。4.1 节的研究也表明，在 W 中添加 Fe 元素可以降低其逸出功，减少 Cu、W 两相间的选择电击穿现象。在前期研究的基础上，本节以 Fe 为添加元素，将适量的 Fe 粉添加到 W 粉中，通过熔渗法制备 CuW(Fe)合金，并系统研究添加 Fe 对 CuW 合金电弧烧蚀性能的影响。

1. Fe 添加量对 CuW 合金组织的影响

不同 Fe 添加量的 W 骨架 1080℃烧结后 XRD 图谱如图 4.8 所示。当 Fe 添加量增加到 0.8%时，W 骨架中出现 Fe_7W_6 的衍射峰。从烧结后 W 骨架的形貌(图 4.9)可以看出，W 骨架中未添加 Fe 时，未形成连续的烧结颈，有大量的单个 W 颗粒存在。当 Fe 添加量为 0.6%时，骨架中 W 颗粒之间发生黏结，说明已有烧结颈形成。当 Fe 添加量超过 1.0%时，骨架中 W 颗粒已经充分烧结长大，大量的 W 颗粒黏结在一起，形成了致密化结构。对烧结后 W 骨架的抗压强度进行测试(图 4.10)可以发现，随着 Fe 添加量的增多，W 骨架的抗压强度逐渐升高。

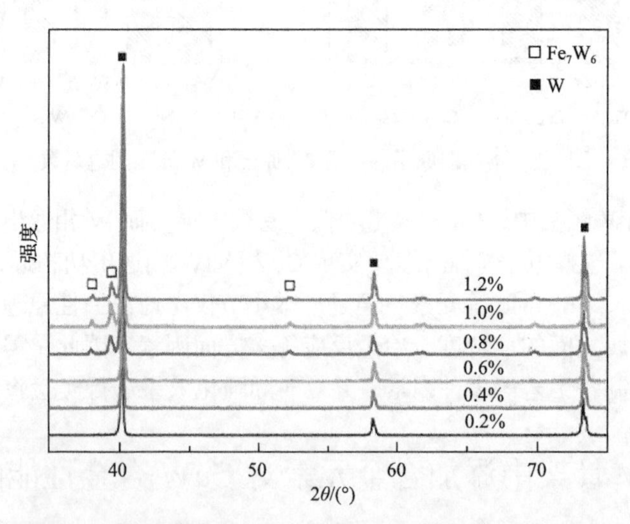

图 4.8 不同 Fe 添加量的 W 骨架 1080℃烧结后的 XRD 图谱

熔渗制备的 CuW 合金中，当 Fe 添加量达 0.6%和 1.0%时，合金中除 W、Cu 相的衍射峰之外，还存在 Fe_7W_6 金属间化合物的衍射峰(图 4.11)。对比 W 骨架的 XRD 结果可以看出，W 骨架中熔渗 Cu 后，仅增加 Cu 的衍射峰，这说明在熔渗

(a) 未添加Fe　(b) 添加0.6%Fe

(c) 添加1.0%Fe　(d) 图(c)的局部放大

图 4.9　不同 Fe 添加量的 W 骨架烧结后的 SEM 形貌

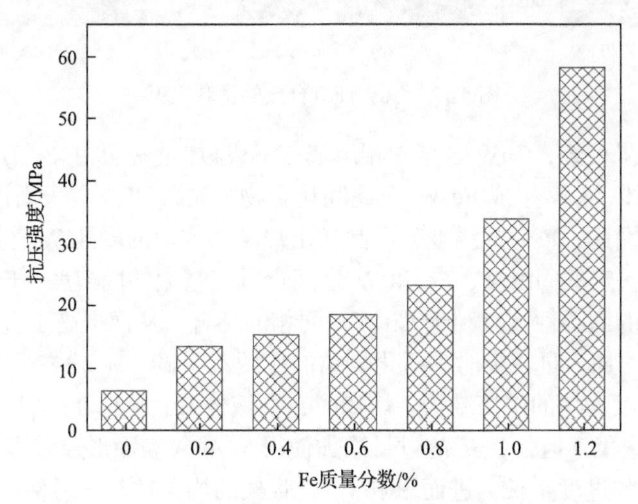

图 4.10　不同 Fe 添加量的 W 骨架 1080℃烧结后的抗压强度

过程中 Cu 未与 Fe 发生反应生成其他新相。进一步观察熔渗 CuW 合金的微观组织(图 4.12)可以发现，未添加 Fe 元素的 CuW 合金中出现了大量富 Cu 区(深色区域)，两相分布不均匀。但是，CuW(0.6%Fe)合金中两相分布均匀，没有明显的 Cu 相聚集。然而，CuW(1.0%Fe)合金中的 W 相(浅色区域)已经发生聚集和长大。

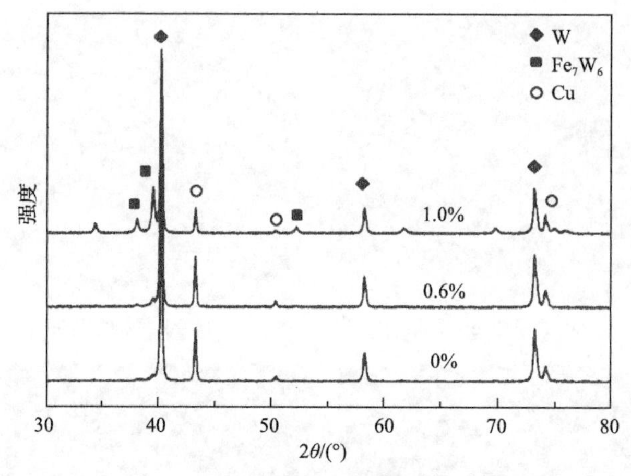

图 4.11　不同 Fe 添加量的 CuW 合金 XRD 图谱

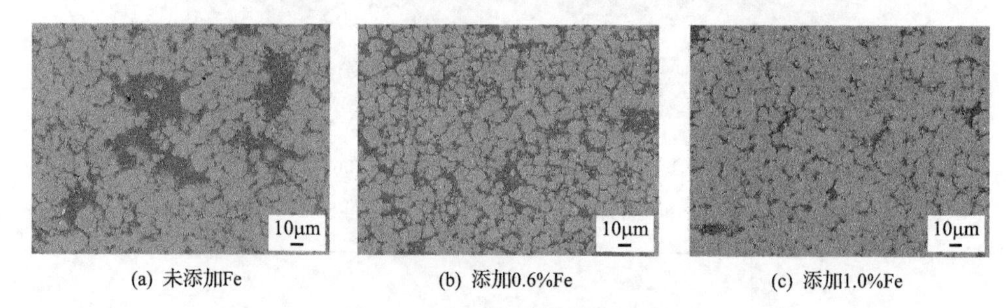

(a) 未添加Fe　(b) 添加0.6%Fe　(c) 添加1.0%Fe

图 4.12　CuW(Fe)合金的微观组织

由以上结果可知，CuW 合金中相组成与 Fe 添加量密切相关。在 W 骨架制备过程中，Fe 可以与 W 生成 Fe_7W_6 金属间化合物，提高 W 颗粒表面活性，促进 W 的扩散烧结。因此，较低的温度就可制备出烧结颈均匀的多孔 W 骨架。其次，Fe 与 Cu 之间有一定的固溶度，Fe 和 W 之间也具有较大的固溶度，Fe 提高了液体在 Cu/W 界面的润湿性，有利于 Cu、W 两相的结合，从而提高了合金的致密度。然而，当 Fe 的加入量较少时，活化烧结的作用不明显，W 粉在骨架烧结阶段没有充分形成连续均匀的网格结构。熔渗时，在液体 Cu 的带动下 W 骨架发生坍塌而出现 Cu 相聚集。但是，Fe 的过量添加使得 W 颗粒表面形成较多的 Fe_7W_6，W 颗粒之间烧结颈过度生长，进而影响了 W 骨架的均匀性与连通性，也不利于 Cu 相的连续分布。因此，只有适量 Fe 元素的添加才能保证 Cu、W 两相的均匀性。

2. Fe 添加量对 CuW 合金物理及力学性能的影响

Fe 添加后对 CuW 合金物理和力学性能的影响如图 4.13 所示。Fe 添加量小于 0.6%时，CuW 合金的致密度和硬度随着 Fe 添加量的增加逐渐增大，当 Fe 添加量超过 0.6%后，CuW 合金的致密度和硬度均下降。与致密度和硬度变化趋势相同，当 Fe 添加量为 0.6%时，CuW 合金的热导率和导电率均达到最高值。

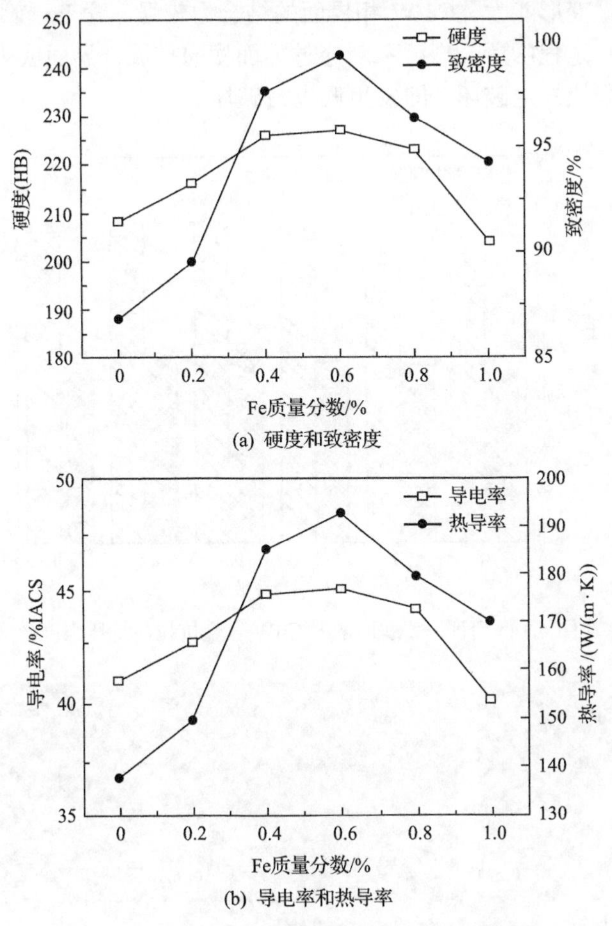

图 4.13 CuW 合金性能随 Fe 添加量的变化曲线

随着 Fe 添加量的增加，CuW 合金的抗拉强度与抗压强度均呈现先增大后减小的趋势(图 4.14)。当 Fe 添加量为 0.6%时，CuW 合金的抗压强度和抗拉强度最大，分别为 1004.8MPa 和 621.6MPa。未添加 Fe、添加 0.6%Fe、添加 1.0%Fe 的 CuW 合金拉伸断口形貌如图 4.15 所示。随着 Fe 元素添加量的增加，CuW 合金的断裂方式从以 W/W 界面的解离为主变为部分 W 颗粒的断裂，最后转变为 Cu/W 界面的断裂。Fe 的过量加入对 CuW 合金力学性能的影响主要体现在三个方面：①W 颗粒间形成的闭孔不利于界面载荷传递；②大量脆性相 Fe_7W_6 易成为裂纹源；③Cu 相的不连续分布降低了合金的韧性。CuW(0.6%Fe)合金的断裂主要表现为 Cu/W 界面的开裂及 Cu 相的撕裂。这是因为 Cu 相形成均匀的网状组织，合金对裂纹的敏感性大大降低。当 CuW 合金受到外力作用时，应力通过网状组织在横向和纵向得到传递，合金中较多的组织承担了外加载荷的作用，使得 CuW 合金的强度提高。从图 4.15 也能看出，合金断口通过撕裂棱相互连接起来，表明合金具有一定的塑性变形能力，Cu/W 相界面的结合力较强。含 Fe 较多的 CuW 合金承受外力达到一定程度后，裂纹不断穿过界面横向扩展，界面成为裂纹扩展的通道，导致材料很快发生破坏，即发生低应力破坏。

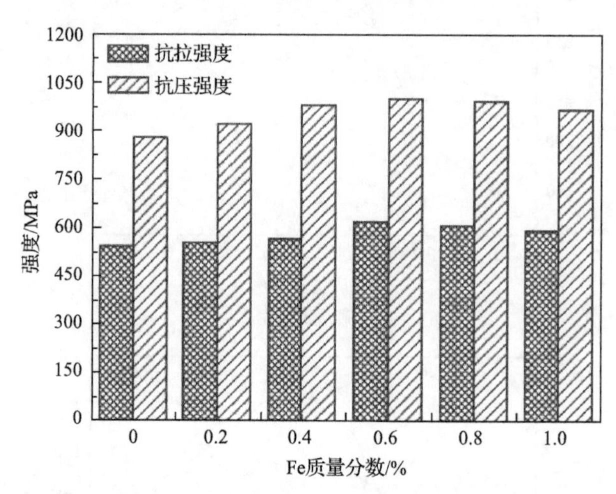

图 4.14　不同 Fe 添加量的 CuW 合金抗拉与抗压强度

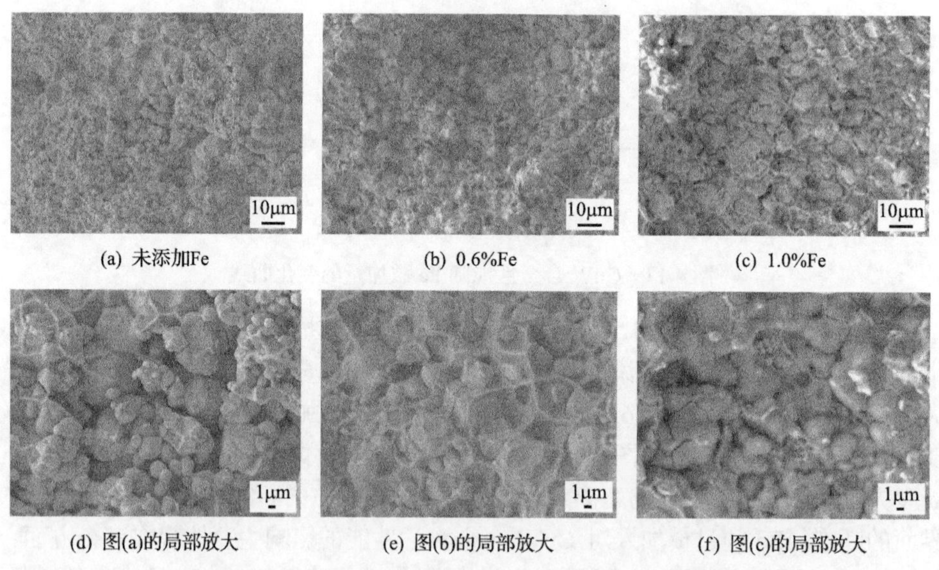

(a) 未添加Fe　(b) 0.6%Fe　(c) 1.0%Fe

(d) 图(a)的局部放大　(e) 图(b)的局部放大　(f) 图(c)的局部放大

图 4.15　不同 Fe 添加量的 CuW 合金拉伸断口形貌

3. Fe 添加量对 CuW 合金电击穿性能的影响

为了研究 Cu/W 两相界面结合对真空电弧的影响，对未添加 Fe、添加 0.6%Fe

和添加1.0%Fe的CuW合金进行真空电击穿研究,电击穿后CuW合金的表面SEM形貌如图4.16所示。未添加Fe的CuW合金表面出现大量烧蚀坑,并且局部烧蚀较为严重,原始形貌已经难以辨认。CuW(0.6%Fe)合金表面虽然出现烧蚀坑,但是坑的深度明显小于未添加Fe的CuW合金表面烧蚀坑深度。而CuW(1.0%Fe)合金表面的烧蚀坑主要集中在深色区域的Cu相。

(a) 未添加Fe (b) 0.6%Fe (c) 1.0%Fe

图4.16 电击穿后不同Fe添加量的CuW合金表面SEM形貌

对CuW合金的烧蚀面积和烧蚀深度进行测量,结果见图4.17。当Fe添加量小于0.6%时,随着Fe加入量的提高,表面烧蚀面积逐渐减小的同时,其烧蚀坑深度也逐渐减小,说明添加Fe元素的CuW合金在相同条件下抗烧蚀能力逐渐提高。当添加量为0.6%时,合金的表面烧蚀面积和烧蚀深度同时达到最小。进一步增大Fe添加量,CuW合金的烧蚀面积增大,并且烧蚀坑深度增加。

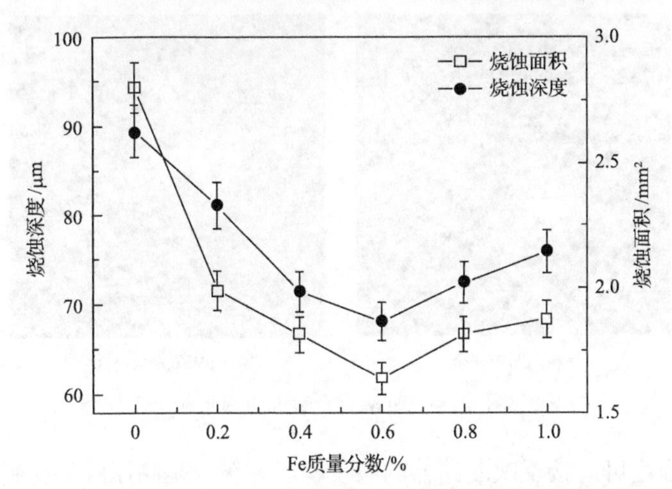

图4.17 不同Fe添加量的CuW合金经50次电击穿后烧蚀深度和烧蚀面积

在真空间隙施加很高的电压时,阴极表面上某些微凸起点因场致发射产生焦耳热,这些区域的温度迅速升高,导致爆发性的金属蒸发和火花(电击穿),同时在等离子体压力的作用下形成“火山口”,从而产生阴极斑点。阴极斑点的重要参数包括阴极斑点的大小、承载电流和电流密度、运动速度和阴极斑点时间参数等。

尽管影响真空电弧和阴极斑点特性的因素很多，如电极材料的表面状况、电极的形状、外部磁场的大小、真空间隙的大小和真空度等，但是决定真空电弧和阴极斑点特性最主要的因素还是电极材料本身的性能，如金属本身的物理性质、阴极材料的微观组织等。真空电弧的基本特性如电弧稳定性、电弧电压、电弧腐蚀速率和截流值等主要由阴极斑点确定，因此目前对真空电弧的研究都集中在阴极斑点上。但是由于阴极斑点是一个复杂的物理现象，其运动的不连续性、大小和形状的多样性与易变性以及和斑点密切联系的等离子云等现象，使人们对它的物理本质和基本的物理参数到目前为止仍然缺乏足够的了解，至今还未形成统一和令人信服的观点[15]。

为此，本节利用高速摄影技术对真空电击穿过程中阴极斑点的运动情况进行拍摄，试样为阴极，圆锥形 W 针为阳极，阴极可以上下移动。CuW 和 CuW(0.6%Fe)合金的表面电弧形貌如图 4.18 所示。电击穿时 CuW 合金表面真空电弧为集中的亮斑，而在 CuW(0.6%Fe)合金表面电弧发生了明显的分裂和移动，有利于避免合金表面电弧的集中烧蚀。这是因为 CuW(0.6%Fe)合金的导热性能好，发生电击穿时局部产生的热量可快速传递出去，在相对较大范围内产生金属蒸气，有利于次级阴极斑点的产生，从而出现阴极斑点的裂化。表面阴极斑点出现裂化，可以避免集中烧蚀引起的挥发和喷溅，有效地提高材料的抗烧蚀性能。相反，没有裂化的阴极斑点在局部引起温度急剧升高，Cu 相发生剧烈喷溅，造成严重的烧蚀。

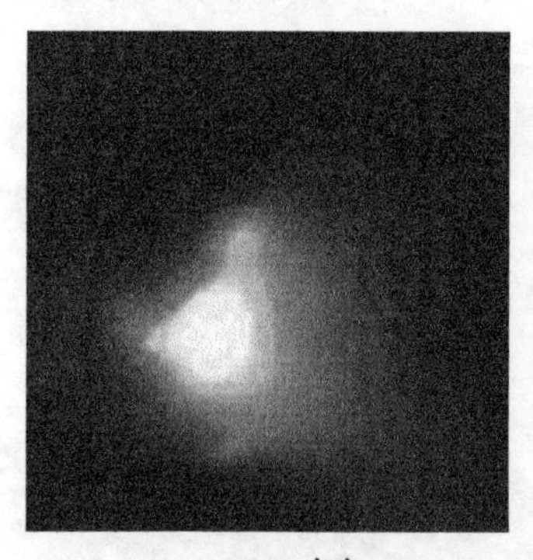

(a) CuW合金

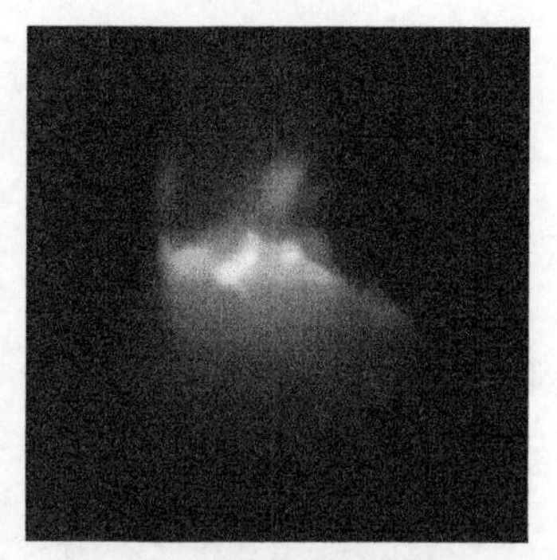

(b) CuW(0.6%Fe)合金

图 4.18　CuW 合金表面电弧形貌

耐电压强度可间接反映断路器的服役电压等级，是高压触头材料最重要的性能指标之一。而截流值表征断路器截断电流的能力，截流值越小，过电压对断路器的影响越小。随着 Fe 添加量的增加，合金的截流值先减小后增大，耐电压强度则先增大后减小，如图 4.19 所示。在 CuW 合金中，Cu/W 相界面、Cu 相、W 相的耐电压能力依次提高。当 Fe 的加入量较少时，烧蚀点在 Cu/W 界面处形成，合金的耐电压强度较低。加入适量 Fe 时，其可与 Cu、W 两相形成固溶体，界面得到强化，部分烧蚀点转移至 Cu 相和 W 相上，因此耐电压强度提高。但当 Fe 的加入量较大时，烧蚀点主要集中在 Cu 相，导致耐电压强度下降。

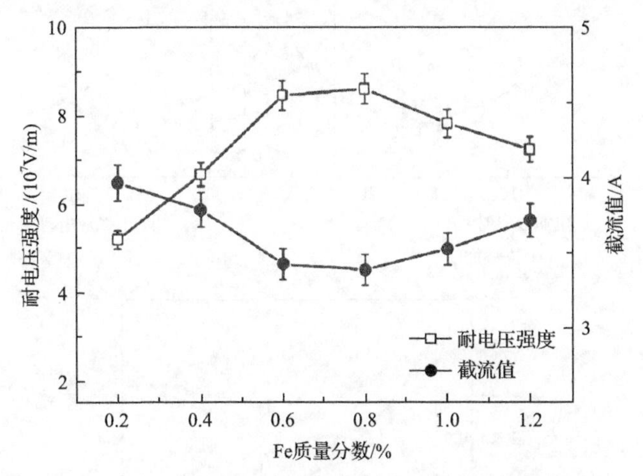

图 4.19　不同 Fe 添加量的 CuW 合金电击穿性能

如图 4.20 所示，CuW 合金电击穿过程的电弧放电曲线呈现明显波动，截流值约为 5A；而 CuW(0.6%Fe)合金在整个电击穿过程中电弧没有出现明显波动，并且截流值较小，约为 2.5A；但当 Fe 的添加量达到 1.0%时，合金表面的电弧放电曲线也出现明显波动。材料表面真空电弧的运动特性与材料本身属性有关，电弧的稳定性与金属电击穿时表面产生的金属蒸气密切相关。而相同材料表面金属蒸气压的大小依赖于金属表面发生电击穿时的击穿位置。在相同条件下，烧蚀点容易在缺陷区域出现，其次出现在耐电压强度较低的相上。CuW 合金烧蚀点优先发生在 Cu/W 界面处，由于界面处不能连续提供电弧存在的金属蒸气，电弧在燃烧过程中易于发生较大的波动，并且在较大电流下突然熄灭。当 Fe 的添加量过大时，合金的导热能力明显降低，发生电击穿时，在合金表面形成的热量不能迅速传递出去，而在局部形成金属蒸气，并出现喷溅，合金表面的电弧也会随之发生波动。因此，只有 Fe 元素的适量添加才能保持合金较高的导热能力，使电击穿时产生的热量可以迅速地向四周传递出去，在较大范围内产生金属蒸气而持续地维持电弧燃烧，使电弧比较稳定，截流值较低。

4.2.2　Nb 对 CuW 合金组织与性能的影响

4.1 节的第一性原理计算表明，在 W 相中加入 Nb 元素可以降低其逸出功，使其与 Cu 相逸出功接近。由于 W、Nb 的熔点均很高，需要在极高的温度下才能完全固溶，而过高的温度又会使烧结 W 骨架的孔隙减少，甚至产生大量闭孔，不利于 CuW 合金的传导性能。因此，本节中采用机械合金化将 Nb 完全固溶进 W

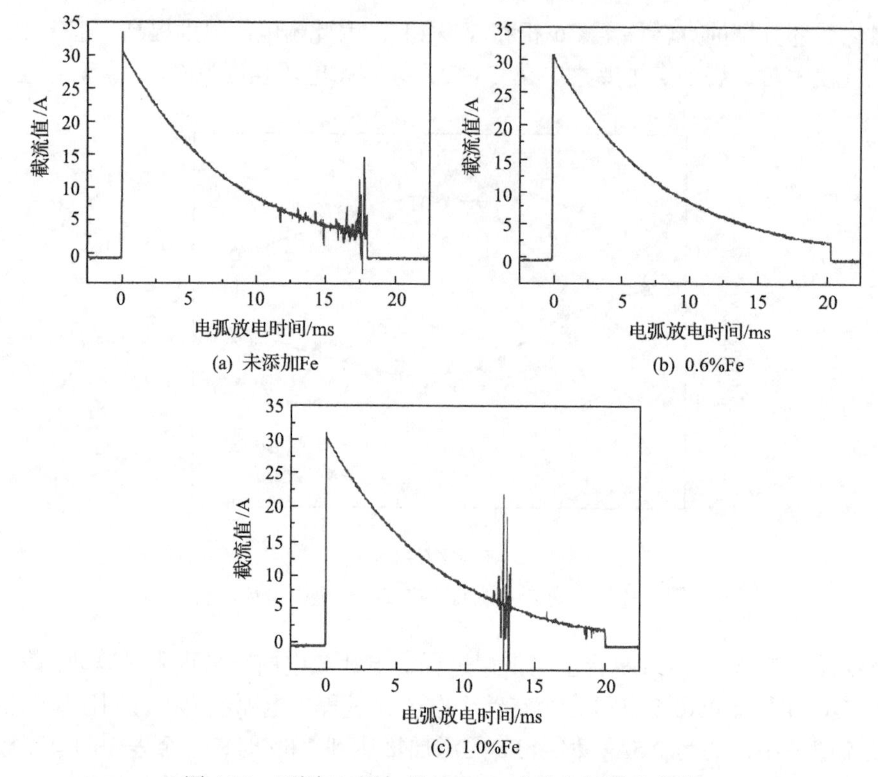

图 4.20 不同 Fe 添加量的 CuW 合金电弧放电曲线

基体中，探索其对 CuW 触头材料微观组织和耐电弧烧蚀性能的影响，为后续高性能 CuW 触头材料的研制提供借鉴思路。

首先将 W/Nb 混合粉末于球磨机内机械合金化，然后加入 Cu 粉混合，再将压坯在氢气中于 1060℃热压并保压 30min，并于 1240℃无压烧结 40min 制备得到块状试样。对 Nb 添加量不同的 CuW(Nb)合金做常规性能测试和组织分析，探究 Nb 添加量对 CuW(Nb)合金组织和性能的影响，测试合金的电击穿性能，分析合金的组织变化规律。

1. 机械合金化制备 W(Nb)/Cu 复合粉末

不同成分和球磨阶段粉末的 XRD 图谱如图 4.21 所示。球磨后所得 W-4.29%Nb 复合粉只存在单质 W 的衍射峰，且衍射峰较未球磨时显著变宽，强度降低，且衍射峰向低角度方向偏移，表明机械球磨显著细化了粉末晶粒尺寸，并将 Nb 原子固溶到 W 晶格中形成了 W(Nb)固溶体。

2. Nb 添加量对 CuW(Nb)合金组织和性能的影响

经热压烧结后 CuW(Nb)合金的致密度及致密化速率如图 4.22 所示，随 Nb

添加量的增加，合金烧结后的致密度和致密化速率均先增大后减小，这是因为 Nb 在烧结温度下会固溶到 Cu 中，改变了烧结过程中固/液界面张力，作为一种类似于烧结过程的活化元素促进了 CuW 合金的烧结，提高了合金的致密度。当 Nb 添加量继续增大时，合金的致密度小幅度降低。由图 4.22 还可以看出，合金的致密化速率与合金烧结后的致密度变化规律基本趋于一致。

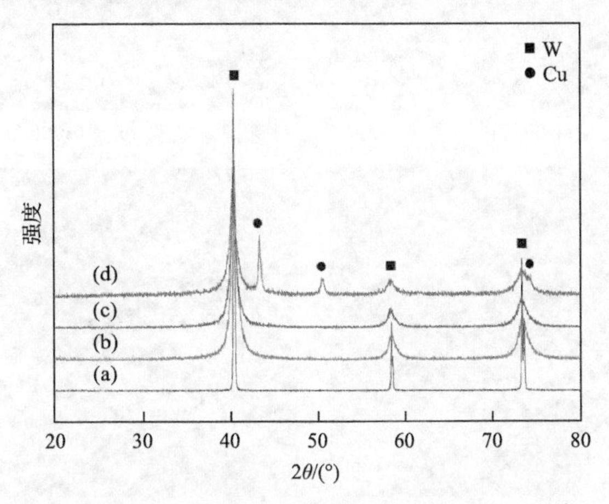

图 4.21 不同成分和球磨阶段粉末的 XRD 图谱

(a)未球磨纯 W 粉；(b)纯 W 粉球磨 20h；(c)W-4.29%Nb 粉末球磨 20h；(d)W-3%Nb-30%Cu 粉末球磨 4h

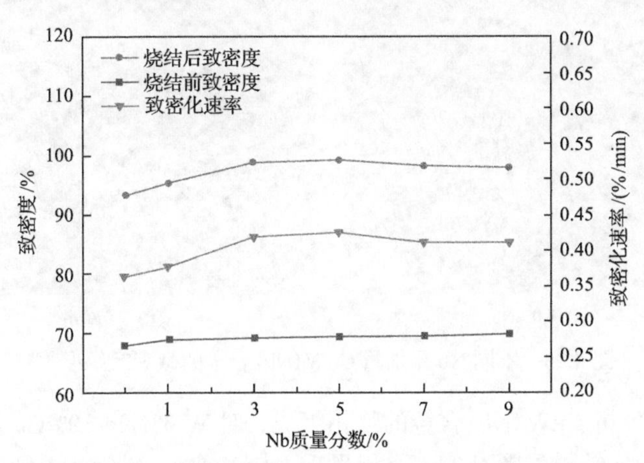

图 4.22 CuW(Nb)合金致密度和致密化速率随 Nb 添加量的变化曲线

烧结后 CuW(Nb)合金微观组织见图 4.23，CuW 合金中 W 颗粒尺寸较大，且合金的组织不均匀，W 颗粒团聚严重。在 CuW 合金中添加 Nb 元素后，W 的晶粒尺寸明显细化，但组织均匀度随着 Nb 添加量的增加先增大后降低。当 Nb 添加量为 3%时，合金组织较均匀，W 颗粒间形成良好的烧结颈，W 骨架连接度好。随着 Nb 添加量的进一步增加，单位面积的 Cu 量增加并出现了大量的富 Cu 区，组织均匀性下降，W 颗粒团聚严重。

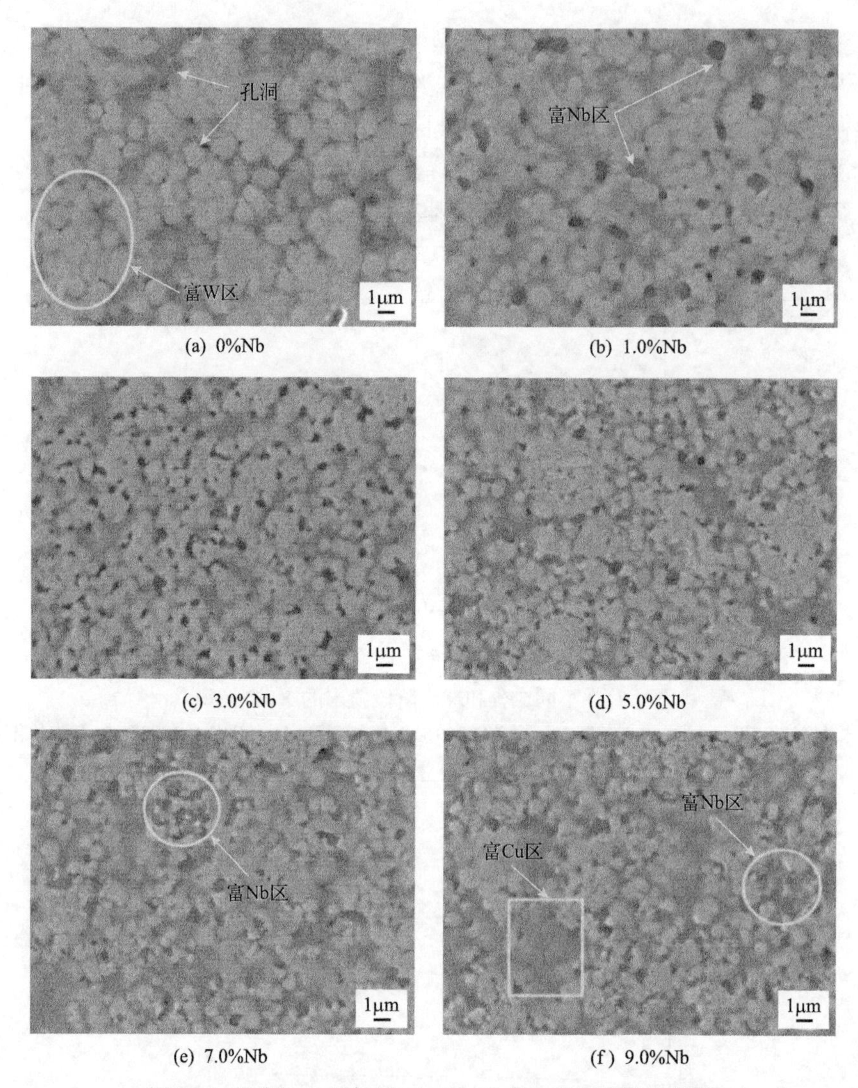

(a) 0%Nb (b) 1.0%Nb

(c) 3.0%Nb (d) 5.0%Nb

(e) 7.0%Nb (f) 9.0%Nb

图 4.23 不同 Nb 添加量 CuW(Nb)合金的微观组织形貌

为进一步分析 CuW(Nb)合金的物相组成，对 W-3%Nb-30%Cu 合金试样进行 XRD 物相分析，结果见图 4.24。可以发现，CuW(Nb)合金试样只存在 W 和 Cu 的衍射峰，未检测到含量较少的 Nb 相。从 CuW(Nb)合金试样的 SEM 形貌和元素面扫描结果(图 4.25)可以看出，黑色颗粒为 Nb(W)相，且 W 颗粒中明显有 Nb 元素的分布，这说明 CuW(Nb)合金中 Nb 部分固溶在 W 相中。

进一步对 W-3%Nb-30%Cu 合金进行 TEM 分析，如图 4.26 所示，合金中存在 W、Nb、Cu 三种相。其中，B 区域的衍射斑点有两套，经标定是体心立方 W 和 Nb，这说明 W 基体上分布着一定细化的 Nb 相，C 区域为面心立方结构的 Cu 相，

D 区域为体心立方结构的 Nb 相。

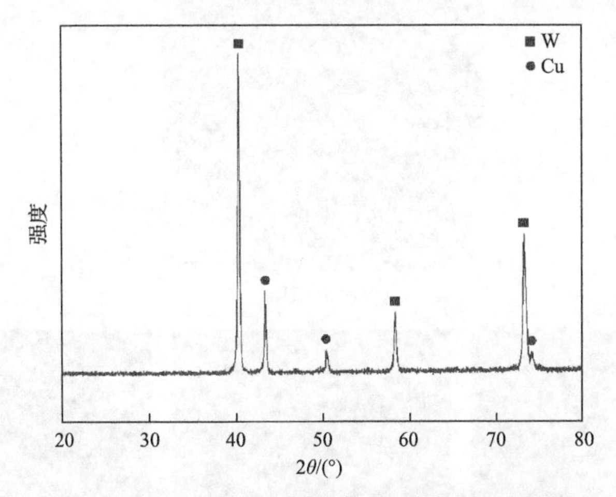

图 4.24　W-3%Nb-30%Cu 合金试样的 XRD 图谱

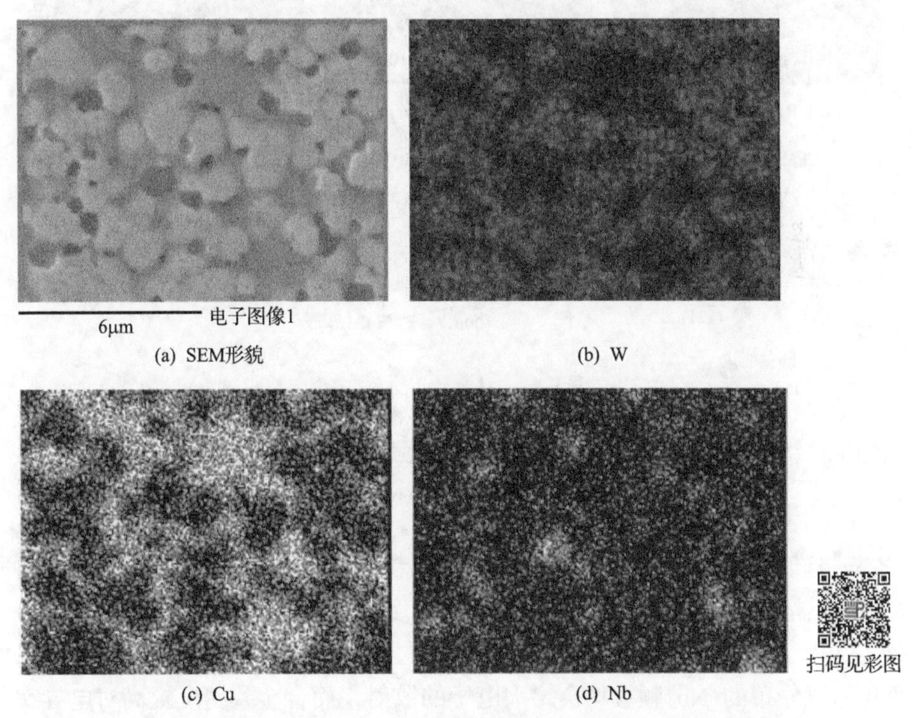

图 4.25　W-3%Nb-30%Cu 合金试样的 SEM 形貌和元素面扫描结果

进一步对 CuW(Nb)合金的性能进行测试表明，随着 Nb 添加量的增加，合金的硬度先升高后降低，而电导率呈线性递减(图 4.27)。这是由于在高能球磨和高温热压烧结的共同作用下，部分 Nb 通过原子的迁移和扩散进入 W 中形成固溶体，

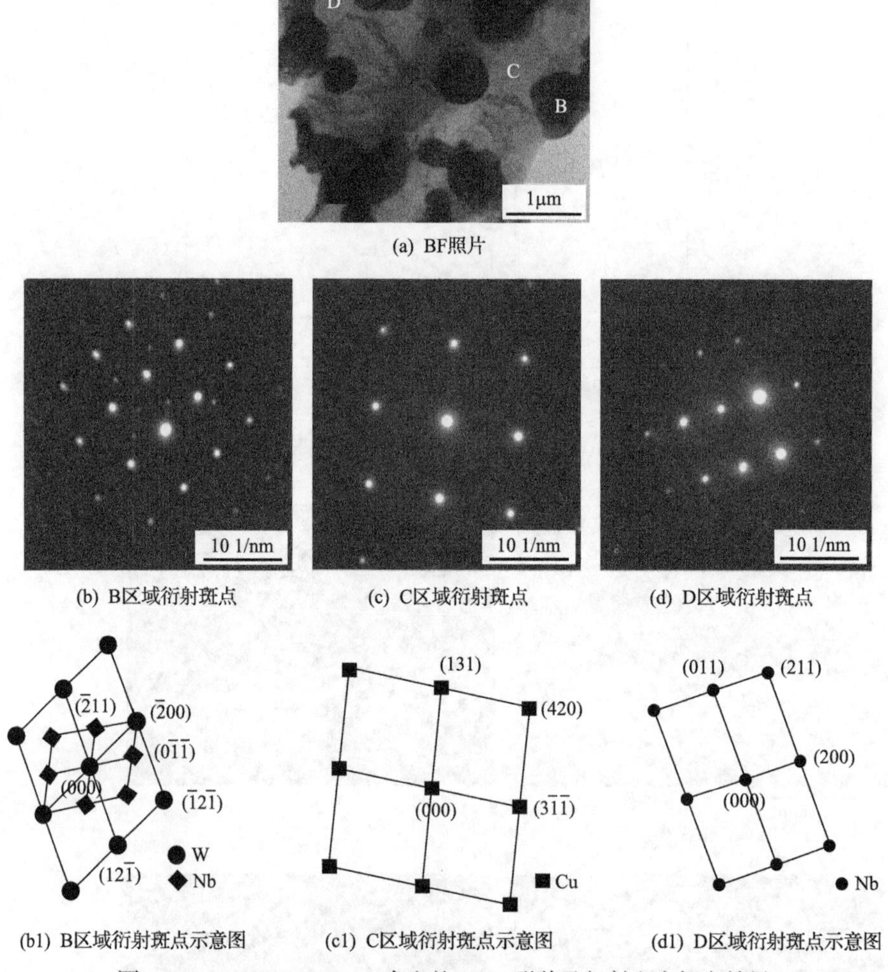

(a) BF照片

(b) B区域衍射斑点　(c) C区域衍射斑点　(d) D区域衍射斑点

(b1) B区域衍射斑点示意图　(c1) C区域衍射斑点示意图　(d1) D区域衍射斑点示意图

图 4.26　W-3%Nb-30%Cu 合金的 TEM 形貌及衍射斑点标定结果

使 W 晶格产生畸变，同时未固溶的 Nb 以颗粒形式弥散分布在 W 基体中，共同增大了位错运动的阻力，提高了 W 骨架的硬度。但是，随着 Nb 添加量的进一步增加，CuW(Nb)合金的致密度下降，合金的硬度也下降。另外，固溶产生的晶格畸变和弥散分布的 Nb 颗粒均会增大电子的散射，而合金致密度提高对电导率的提升小于因电子散射而引起的电导率下降，故合金的电导率单调降低。因此，当 CuW(Nb)合金中 Nb 添加量为 3%时，合金的组织和性能达到最优。后文中的 CuW(Nb)合金为 W-3%Nb-30%Cu 复合粉末于 1060℃热压并保压 30min，并于 1240℃烧结 40min 后制备得到。

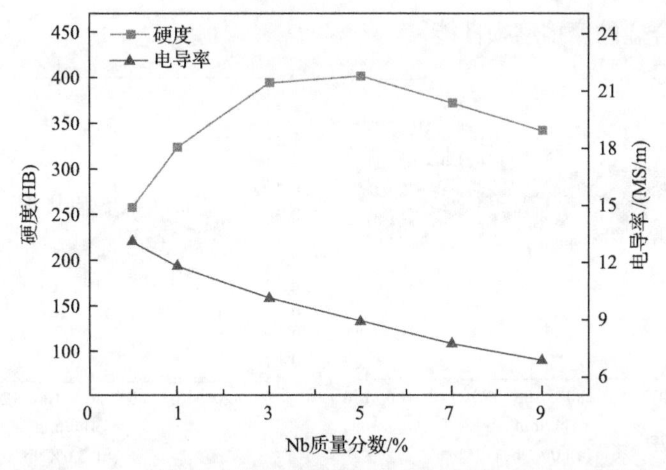

图 4.27　CuW(Nb)合金硬度和电导率随 Nb 添加量的变化曲线

在实际工况下，电容器组开关高频次的开合要求触头材料具备优异的摩擦磨损性能。为了模拟实际情况下触头开合时的磨损情况，采用材质相同的销-盘以对磨的形式在 HT-1000 高温摩擦磨损试验机上进行摩擦磨损实验。据触头的实际工作情况(开断寿命 3000 次以上，插拔线速度为 2m/s，开断时所受抱紧力为 10kgf(98N)作用于ϕ18mm×10mm 的圆柱侧面)设定实验参数如下：磨损半径为 8mm，载荷为 0.5kgf①/mm^2，转速为 80r/min，时间为 180min，实验结果见图 4.28。CuW 合金摩擦系数整体波动较大，在摩擦磨损 10min 后即进入稳定磨损期，70min 后摩擦系数随摩擦时间的延长而增大，130min 后摩擦系数多次达到 1，甚至超过 1，因而摩擦磨损实验失去了实际意义。这是因为不含 Nb 的 CuW 合金硬度相对较低，摩擦过程中由于温度升高而使合金的抗塑性变形能力降低，导致摩擦副表面磨损严重，故使摩擦系数较高。CuW(Nb)合金经过 20min 的摩擦磨损后进入稳定磨损期，在 20～180min 内摩擦系数的波动相对较小，表明该过程合金的耐磨性能较稳定；在 180min 时仍处于较稳定的状态。整个实验过程中 CuW(Nb)合金的摩擦系数整体水平波动均较小，摩擦系数随摩擦时间的延长而降低。这是由于 CuW(Nb)合金的硬度较高，合金的抗塑性变形能力较强，摩擦盘和销的相互切削、挤压更加困难，因此摩擦系数较低，具有较高且较稳定的摩擦磨损性能。经测试，整个摩擦磨损过程中，CuW 合金的平均摩擦系数为 0.769，CuW(Nb)合金的平均摩擦系数相对较小，为 0.580。相同条件下，CuW 合金的体积磨损率较大，为 2.3330×10^{-10}mm^3/(N·m)，而 CuW(Nb)合金的体积磨损率较小，仅为 1.5327×10^{-10}mm^3/(N·m)，见表 4.5。CuW(Nb)合金体积磨损率较小主要是因为合金中的 Nb 促进了 Cu、W 两相的烧结并细化了合金组织，提高了合金的硬度，

① 1kgf=9.80665N。

进而提高了合金的摩擦磨损性能。

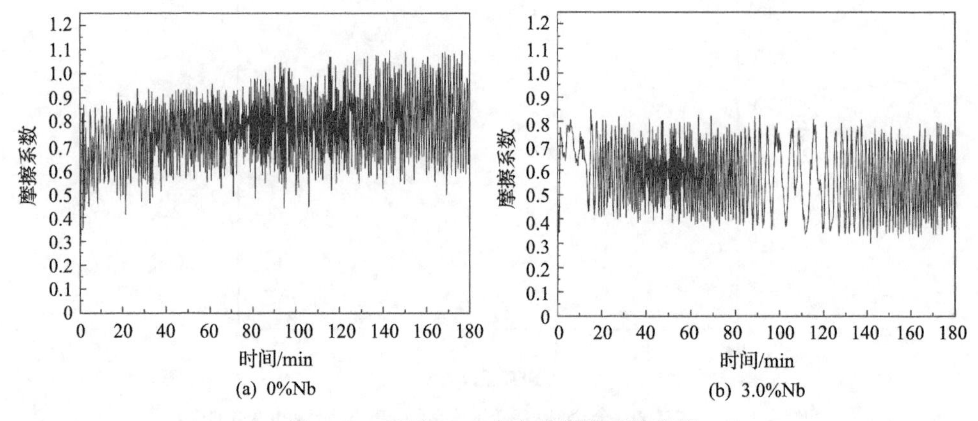

图 4.28 不同 CuW 合金的摩擦系数曲线

表 4.5 不同合金室温磨损过程质量损失和体积磨损率

试样	磨盘质量差Δm_1/g	磨销质量差Δm_2/g	系统质量差Δm/g	体积磨损率 I/(mm³/(N·m))
CuW	–0.0003	–0.0009	–0.0012	2.3330×10^{-10}
CuW(Nb)	–0.0002	–0.0007	–0.0009	1.5327×10^{-10}

摩擦磨损实验后合金的磨损区域形貌如图 4.29 所示，CuW 合金磨损区域内存在大量凹坑和明显的撕裂痕迹。这是由于摩擦磨损过程中，合金表面温度升高，进而发生塑性变形，随后微裂纹在塑性变形层中萌生、扩展，最终导致合金表层的大尺寸 W 颗粒剥离形成剥落坑。而 CuW(Nb)合金的磨损区域较平整，磨痕均匀，未发现明显的 W 颗粒剥落。这是由于合金中的 Nb 细化了合金组织，同时固溶强化和弥散强化使合金硬度升高。粗糙度测定结果表明，CuW(Nb)合金磨损区域的粗糙度较小，仅为 0.637μm，远低于 CuW 合金的 1.142μm。

3. Nb 添加量对 CuW(Nb)合金电击穿性能的影响

电击穿测试结果表明，不含 Nb 的 CuW 合金耐电压强度在电击穿 10 次后，出现明显的衰减现象，且耐电压强度波动较大，耐电压强度平均值为 5.03×10^7V/m(图 4.30)。而 CuW(Nb)合金的耐电压强度在电击穿整个过程中并未出现衰减现象，耐电压强度随电击穿次数增加逐渐增大，即出现“老炼”现象。另外，在多次电击穿过程中 CuW(Nb)合金的耐电压强度波动较小，耐电压强度平均值较 CuW 合金有所提升，达到 5.98×10^7V/m。

耐电压强度主要受合金表面特征、W 骨架强度、组织均匀性及 W 颗粒尺寸等因素的影响。由前文可知，CuW 合金的组织不均匀，大量的 W 颗粒处于独立分布的状态，W 颗粒间烧结颈较少，导致 W 骨架的烧结强度较低，在电击穿作

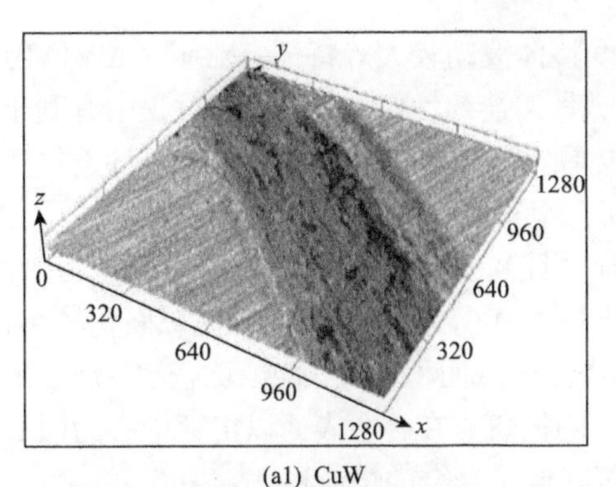

(a1) CuW

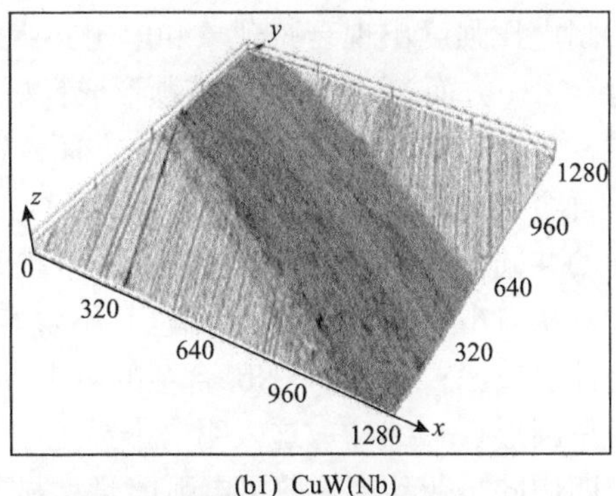

(b1) CuW(Nb)

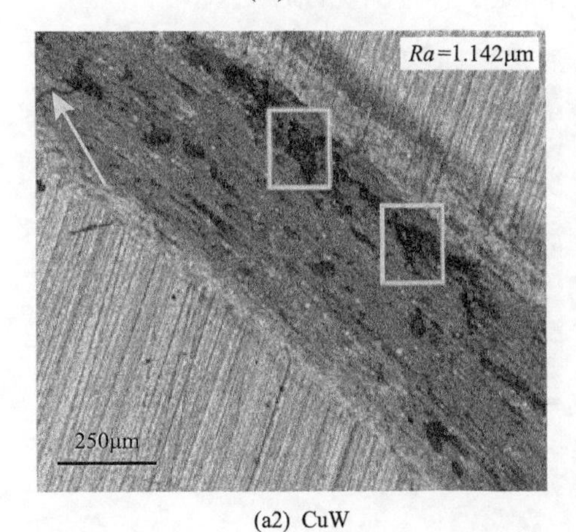

(a2) CuW

(b2) CuW(Nb)

图 4.29　不同 CuW 合金磨损区域的形貌

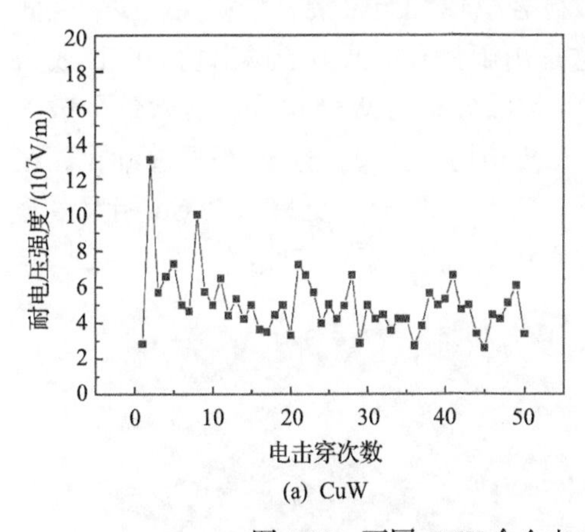

(a) CuW

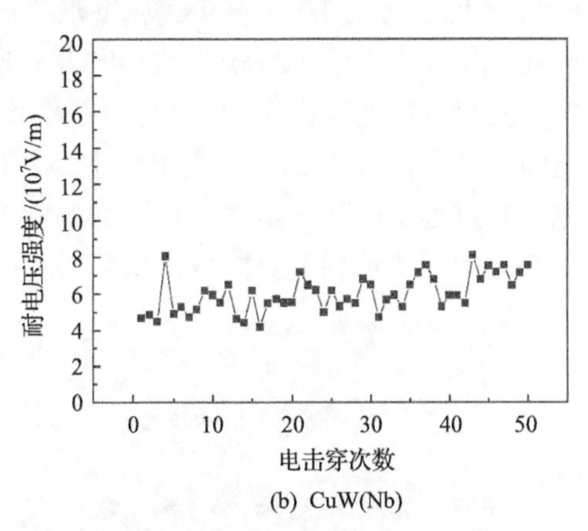

(b) CuW(Nb)

图 4.30　不同 CuW 合金电击穿 50 次的耐电压强度变化

用下，电弧选择性地在 Cu 相偏聚的区域电击穿，引起 Cu 液剧烈喷溅，导致合金中烧结强度较低或未烧结的 W 颗粒随 Cu 液喷溅而分离，使 W 骨架局部溃散，进而导致合金表面的平整度降低，表现为合金的耐电压强度较低、电击穿一定次数后耐电压强度出现衰减现象和电击穿强度整体波动较大等特征。对于 CuW(Nb)合金，一方面 W 颗粒间烧结颈形成良好，骨架连续性好，在电击穿过程中有利于维持骨架结构强度的稳定；另一方面，W 颗粒的显著细化且颗粒间较高的连接度使合金中 Cu 相分布均匀，无明显富 Cu 区，因而集中烧蚀现象较弱。在上述两方面的共同作用下，合金的耐电压强度提升，且波动较小。

从电击穿后的形貌可以看出，不含 Nb 的 CuW 合金电击穿烧蚀区域面积较小，烧蚀坑较深；而 CuW(Nb)合金的电击穿烧蚀区域面积较大，烧蚀坑较浅，烧蚀形貌呈圆形(图 4.31)。这表明电击穿过程中阴极斑点在合金表面以击穿中心为圆心向四周同步跃动，分散了电弧能量，显著降低了合金的烧蚀程度。

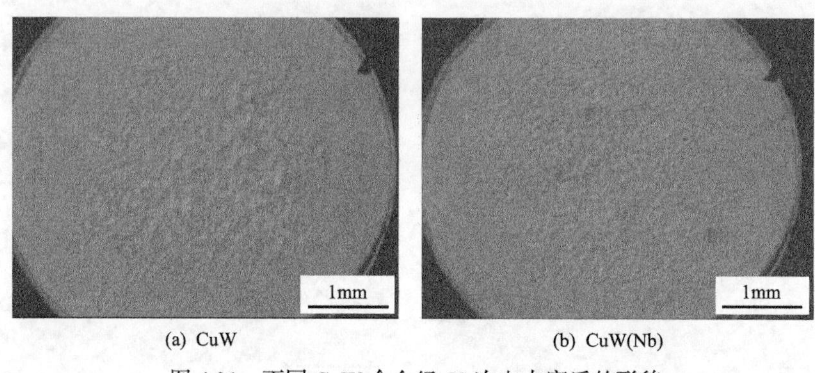

(a) CuW (b) CuW(Nb)

图 4.31 不同 CuW 合金经 50 次电击穿后的形貌

进一步地，CuW 合金的击穿中心区域内 CuW 混合堆积层较厚较多，而 CuW(Nb)合金的击穿中心区域 Cu 液飞溅显著减轻，CuW 混合堆积层较少，表面凸起起伏较小，烧蚀坑较浅(图 4.32)。这是由于具有更低电子逸出功的 Nb 成为电击穿过程中的首击穿相，合金组织中均匀弥散分布的 W(Nb)颗粒有效地分散了电弧。同时，CuW(Nb)合金组织中 W、Cu 两相均匀分布，且 W 被显著细化，在电击穿过程中电弧热量输入相同的条件下，CuW(Nb)合金更易于以 Cu 相大量蒸发气化的形式消耗电弧能量，从而避免大面积 Cu 相的熔化和喷溅。

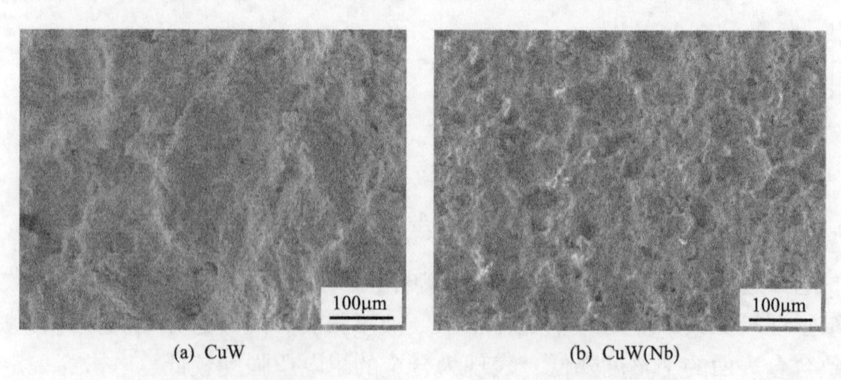

(a) CuW (b) CuW(Nb)

(a1) CuW

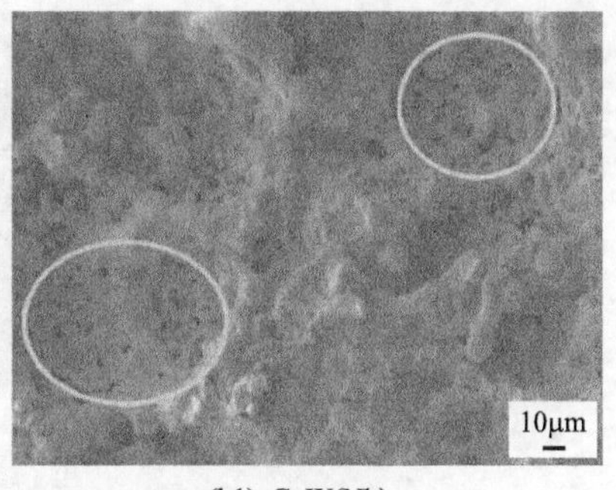

(b1) CuW(Nb)

图4.32 不同CuW合金经50次电击穿的中心区形貌

电击穿边缘区域的形貌表明，CuW合金的电弧烧蚀主要发生在富Cu区，且电弧的分布较为集中，同时W骨架坍塌，有许多零散分布的溃散W颗粒(图4.33(a))。CuW(Nb)合金的电击穿主要发生在W(Nb)颗粒上(图4.33(b)中的C、D、E区)及界面处，而没有发生在富Cu区(图4.33(b)中的F区)。这是因为Nb相对于W、Cu具有更低的电子逸出功(W：4.52eV，Cu：4.46eV，Nb：3.96eV)。在电击穿过程中，当外加电场一定时，Nb中的电子会首先克服阻碍它们的表面势垒而逸出材料表面，产生电子发射而引发电弧，成为首击穿相。又由于材料中各相界面处的

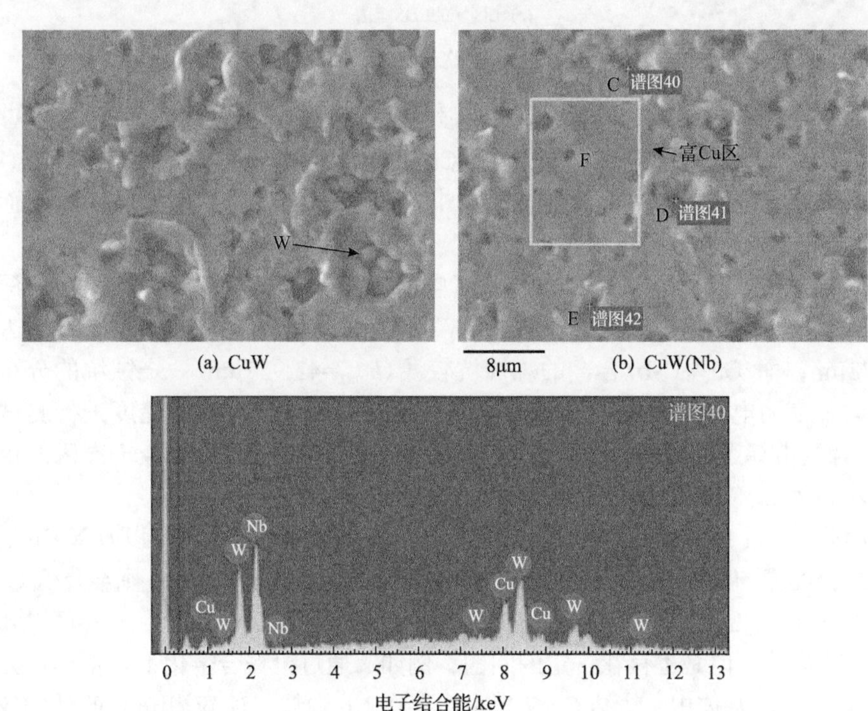

(a) CuW (b) CuW(Nb)

(c) C区域的EDS能谱

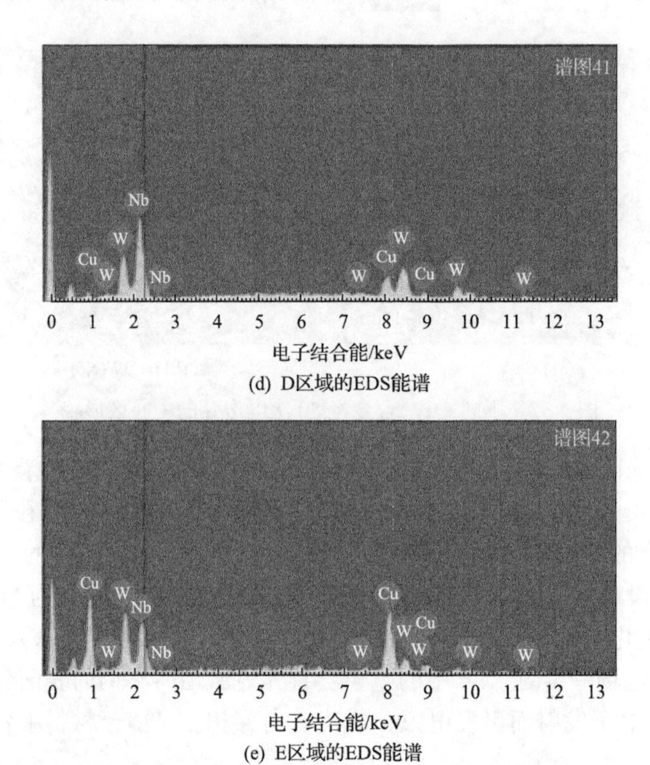

(d) D区域的EDS能谱

(e) E区域的EDS能谱

图 4.33　不同 CuW 合金电击穿 50 次击穿区边缘的形貌及 EDS 分析结果

结合力相对较弱，电子发射能力相对较强，电击穿也会发生在 Nb(W)/Cu、W/Cu 界面处，并使此处少量的 Cu 熔化，但 Cu 液的飞溅量较小。同时，由于 Nb(W) 颗粒均匀弥散地分布在 W 颗粒周围，电击穿过程中电弧的分布较为分散，从而提高了 CuW(Nb)合金的耐电弧烧蚀性能。

用激光共聚焦显微镜观察并测量真空电击穿 50 次后烧蚀区域烧蚀坑深度及表面粗糙度，结果见图 4.34。CuW 合金表面的局部烧蚀深度 h_{max} 达到 61.433μm，而 CuW(Nb)合金的烧蚀坑较浅(h_{max}=43.927μm)，烧蚀坑的分布较为均匀，表明电击穿过程中电弧的分散性较好。对合金表面粗糙度进行测试，CuW 合金击穿区的粗糙度较大，为 3.439μm，而 CuW(Nb)合金击穿区的粗糙度较小，为 2.575μm。

因此，适量 Fe 的添加不仅可以提高 W 骨架的烧结性能，还可以改善 CuW 合金的综合性能。但是，过量 Fe 的加入会生成 Fe_7W_6 金属间化合物，则会降低 CuW 合金的性能。Nb 的添加可以提升 Cu 合金的耐电压强度和稳定性，击穿区电弧的分散效果显著。但是也存在一定的问题，例如，通过机械合金化不能将 Nb 元素完全固溶进 W 基体中，烧结 CuW 合金中存在 Nb 颗粒，对 W 相进行改性的效果不显著。

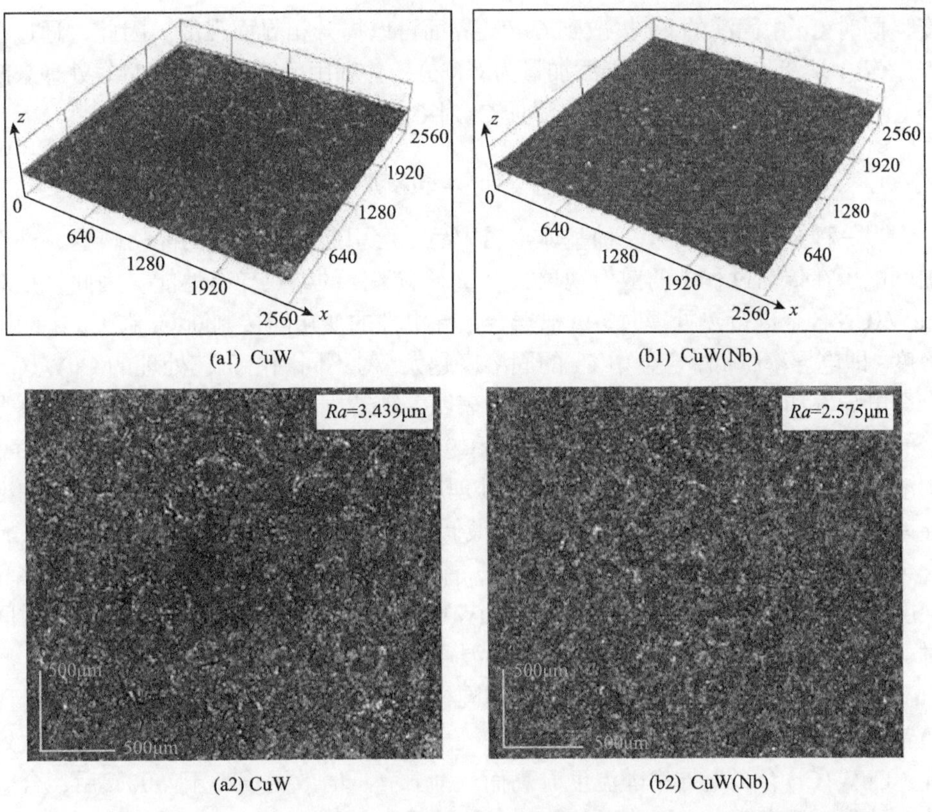

图 4.34 不同 CuW 合金经 50 次电击穿后击穿区的 3D 形貌

4.3 Cu 液中添加合金元素对 CuW 合金性能的影响

在 W 相中加入合金元素可以降低 W 的逸出功，进而提升 CuW 合金的电击穿性能。同时，计算结果也表明，在 Cu 合金加入 Ti、Zr、Cr、La 等元素会降低其逸出功。但是，添加的这些金属元素可以在高温下固溶到液相 Cu 中，降低其流动性，减轻液相的喷溅，提高高温下金属表面尖端钝化速率，使材料经多次电击穿后的形貌趋于平坦，进而降低材料的烧蚀速率。此外，通过热处理可以使 Cu 相中的元素固溶到 W 相中，进而降低 W 相的逸出功。因此，本节在 Cu 中添加 Cr、Zr、La 等元素，系统地研究添加元素对 CuW 合金物理和力学性能的影响规律，同时探索这些元素对 CuW 合金电击穿性能的增强作用。

4.3.1 Cr 对 CuW 合金组织与性能的影响

Cr 在 Cu 中的固溶度仅为 1.2%，而 Cr 与 W 几乎完全固溶。将 Cr 添加到 Cu 中，不仅可以改善 Cu 和 W 的润湿性，还可通过热处理来控制 Cr 在 Cu 中的固溶度，同时 Cu 中固溶的 Cr 扩散到 Cu/W 界面可以提升相界面强度。因此，通过在 W 骨架中熔渗 CuCr 合金(Cr 添加量为 0.8%)，并利用后续的固溶和时效处理来改变 Cr 在合金中的分布状态，研究添加 Cr 对 CuW 合金组织与性能的影响[1]。

1. 热处理工艺对 CuW(Cr)合金电导率和硬度的影响

当一种金属固溶到另一种基体金属中后，会引起基体金属的晶格畸变，进而加剧电子在传输过程中的散射现象，严重影响基体的导热导电性能。因此，在对 CuW(Cr)合金进行热处理时，可根据合金导电性的变化间接判断 Cr 在 Cu 中的固溶度，即电导率越低，合金中 Cr 的固溶度越大。对不同固溶工艺处理的 CuW(Cr)合金电导率和硬度的测试结果(图 4.35)表明，随着固溶温度的升高，CuW(Cr)合金的硬度逐渐增加。但是，合金在 900℃和 950℃固溶处理后的电导率却低于 850℃固溶处理后的电导率，经 1000℃固溶处理后的电导率高于 850℃固溶处理后的电导率，900℃处理后 CuW 合金的电导率最低。为了获得较大的固溶度，对 CuW(Cr)合金在 900℃进行不同时间的固溶处理，探讨不同时间对 CuW(Cr)合金电导率和硬度的影响。随着固溶时间的延长，CuW(Cr)合金的硬度逐渐增加。而固溶时间对 CuW(Cr)合金电导率的影响与固溶温度对其影响基本相同，在保温 1.5h 后 CuW(Cr)合金的电导率最小。时效处理同样也会改变 Cu 相中的 Cr 元素分布，而随着时效温度的升高，CuW(Cr)合金的硬度逐渐增加。在低于 500℃进行时效处理，CuW(Cr)合金电导率随温度升高而逐渐升高；时效温度高于 500℃后，合金的电导率反而降低。为了获得较佳的时效效果，对 CuW(Cr)合金在 500℃进行不同时间的时效处理。当时效时间小于 1.5h 时，CuW(Cr)合金的电导率随时效时间延长而呈现上升趋势；当时效时间大于 1.5h 后，CuW(Cr)合金的电导率反而下降。因此，CuW(Cr)合金经 900℃保温 1h 之后具有最低的电导率，说明合金在此热处理条件下 Cu、Cr 之间固溶度较高；而 CuW(Cr)合金经 500℃时效 1.5h 之后具有最高的电导率，说明合金中的 Cr 元素从 Cu 中脱溶析出较多，在此温度下时效处理效果较好。

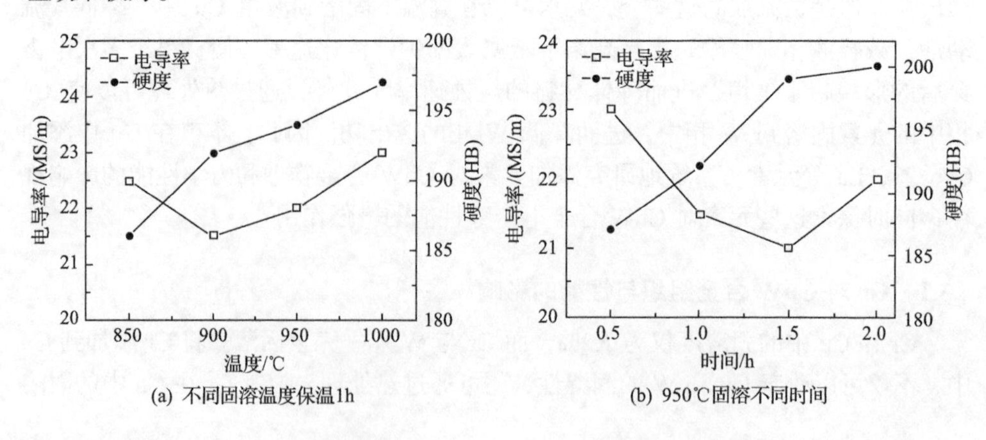

(a) 不同固溶温度保温1h (b) 950℃固溶不同时间

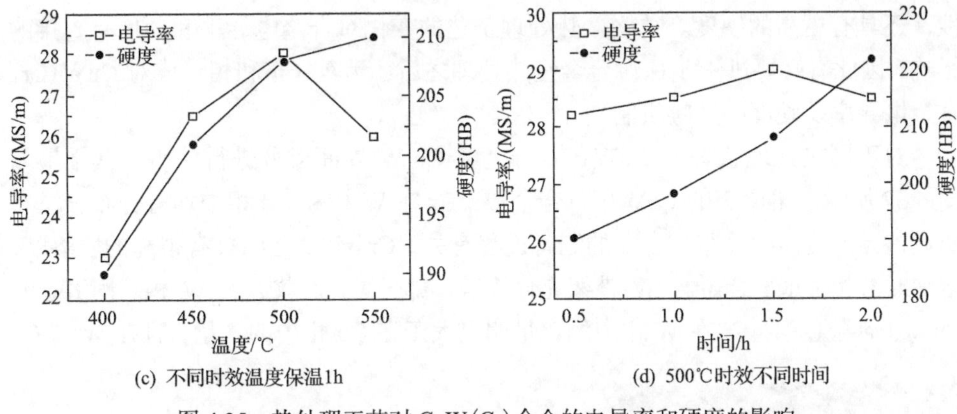

(c) 不同时效温度保温1h (d) 500℃时效不同时间

图 4.35 热处理工艺对 CuW(Cr) 合金的电导率和硬度的影响

2. 热处理工艺对 CuW(Cr) 合金微观组织的影响

为了研究不同热处理工艺对 CuW(Cr) 合金电导率影响的本质，对熔渗态、固溶态和时效态三种状态的合金微观组织进行分析，结果见图 4.36。与熔渗态合金相比，固溶处理后 CuW(Cr) 合金中 W 颗粒的连接度明显增大。由于 W 骨架直接决定了 CuW(Cr) 合金的硬度，连接度较好的 W 骨架可以显著提升 CuW 合金的硬度。同样，与熔渗态合金相比，时效处理后 CuW(Cr) 合金中 W 颗粒明显细化，Cu 相的分布更加均匀。而 Cu 相为合金中的主要导电相，Cu 相分布越均匀，CuW(Cr) 合金的电导率就越高。同时，时效后的 CuW(Cr) 合金不仅具有高的导电

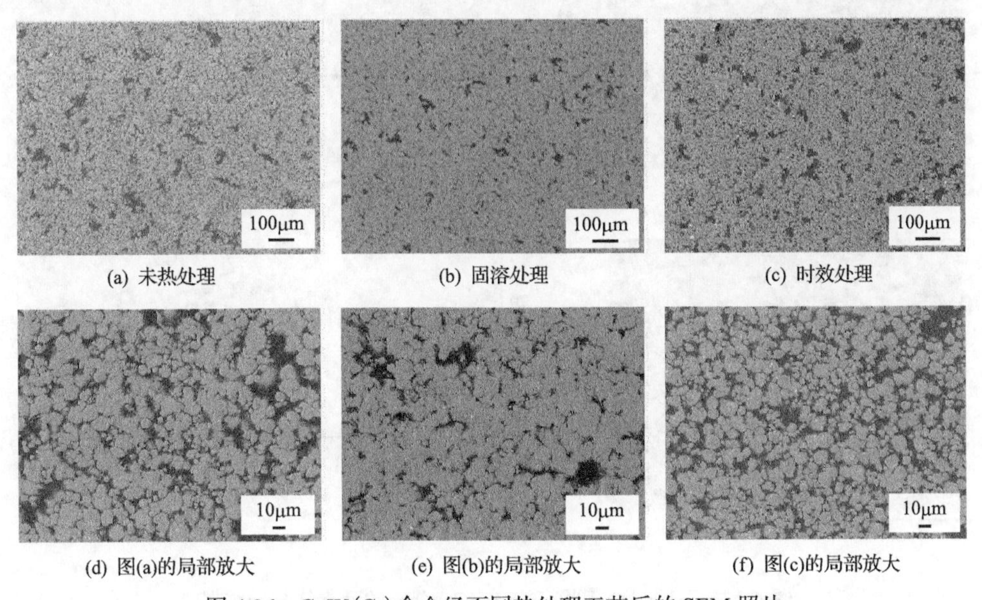

(a) 未热处理 (b) 固溶处理 (c) 时效处理

(d) 图(a)的局部放大 (e) 图(b)的局部放大 (f) 图(c)的局部放大

图 4.36 CuW(Cr) 合金经不同热处理工艺后的 SEM 照片

性，还具有更高的硬度。总之，热处理工艺的变化对合金电导率和硬度有直接的影响，因此有必要进一步探讨合金经热处理之后，元素分布和相组成对 CuW(Cr) 合金电导率及硬度的影响机制。

对不同热处理状态下 CuW(Cr)合金中 Cu/W 界面成分进行分析，其结果如图 4.37 所示。熔渗态的 CuW(Cr)合金中，Cr 在 W 相和 Cu 相中均有分布，没有明显差异。这样的分布与合金的制备过程有关，Cr 与 W 之间具有很高的固溶度，熔渗时液相 CuCr 合金与 W 骨架充分接触，部分 Cr 扩散进入 W 相。固溶态的 CuW(Cr)合金中，Cr 在 W 相中的含量明显大于在 Cu 相中的含量，且在 W 与 Cu

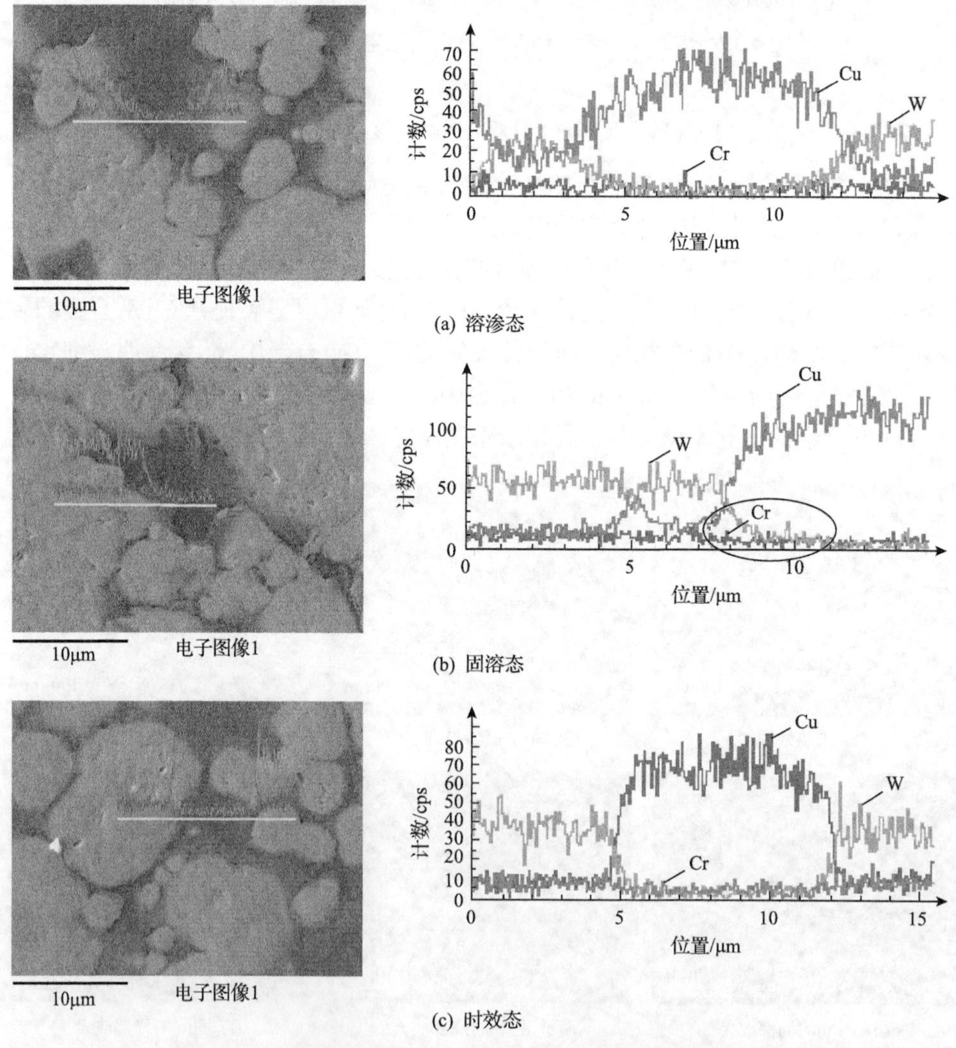

图 4.37 不同热处理状态 CuW(Cr)合金的元素线扫描结果

两相接触的界面区域，W 相的分布出现一定的梯度，如图 4.37(b)中黑色椭圆所示。经时效处理后，Cr 在 W 相中的含量仍大于在 Cu 相中的含量。这是由于时效时 Cr 从 Cu 相中析出，同时 Cr 可扩散溶解到 W 相中。

3. Cr 元素分布对 CuW(Cr)合金抗拉强度与抗压强度的影响

与熔渗态相比，经固溶处理和时效处理后 CuW(Cr)合金的抗拉强度与抗压强度均得到提高，而且时效处理对强度的提升更为明显(图 4.38)。为了进一步解释不同热处理工艺后 CuW(Cr)合金力学性能的变化，对拉伸断口形貌进行分析，如图 4.39 所示。总体上，熔渗态 CuW(Cr)合金的断裂方式主要是 Cu 相的断裂和 Cu/W 界面的剥离，而固溶态和时效态 CuW(Cr)合金中出现大量 W 颗粒断裂。其中，固溶态 CuW(Cr)合金中 Cu、W 两相分布均匀，断口中不仅 Cu 相有明显撕裂痕迹，而且 W 颗粒上也存在断裂痕迹。在固溶处理过程中，Cr 元素的重新分布不仅提高了 Cu、W 两相的冶金结合，而且使得 Cu/W 界面处出现了梯度分布，有助于提高合金的力学性能。与固溶态相比，时效处理后 CuW(Cr)合金中 W 颗粒的断裂更为明显。

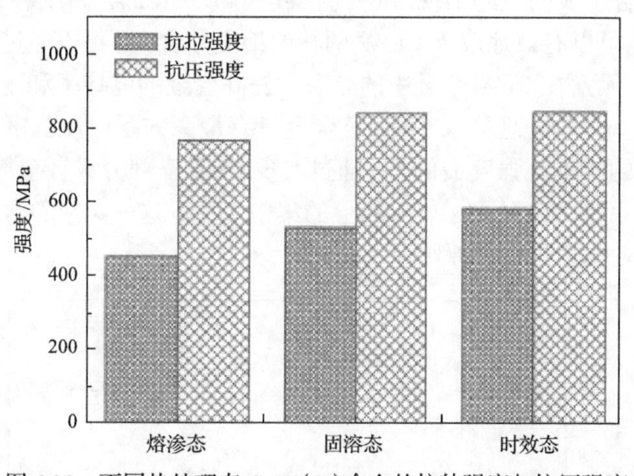

图 4.38 不同热处理态 CuW(Cr)合金的拉伸强度与抗压强度

(a) 未热处理 (b) 固溶处理 (c) 时效处理

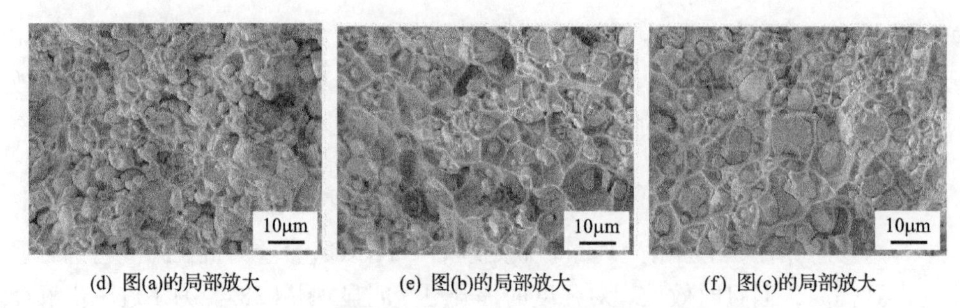

(d) 图(a)的局部放大　　(e) 图(b)的局部放大　　(f) 图(c)的局部放大

图 4.39　不同热处理态 CuW(Cr)合金的拉伸断口形貌

4. Cr 元素分布对 CuW(Cr)合金电击穿性能的影响

不同热处理态 CuW(Cr)合金电击穿性能测试结果(图 4.40)表明，时效态合金具有最大的耐电压强度，其后依次为熔渗态和固溶态。这种变化源于合金中 Cr 的分布，Cr 可以固溶到 Cu 中，弱化 Cu 相，因而固溶态 CuW(Cr)合金耐电压强度与熔渗态相比有所降低。时效态 Cr 从 Cu 相中脱溶析出，后又全部固溶进入 W 相中，由于 Cr 的逸出功最低，相当于对合金中的击穿强相(W 相)进行了弱化，使得烧蚀点在合金表面更易出现。在 W 骨架中熔渗 CuCr 合金制备 CuW(Cr)合金，少量 Cr 的存在可以有效地改善 Cu/W 两相的冶金结合，还可以通过后续的热处理工艺来改变 Cr 元素在 CuW 合金中的分布，提高合金的电导率和耐电压强度。电击穿实验表明，时效处理后 CuW(Cr)合金具有最高的耐电压强度，固溶处理后 CuW(Cr)合金的耐电压强度最低。即通过实现 Cr 元素部分或者全部从 Cu 相中析出进入 W 相，可以减轻电弧在 Cu 相上的集中烧蚀，这一结果符合弱化击穿强相来避免电弧集中烧蚀的设计原则。

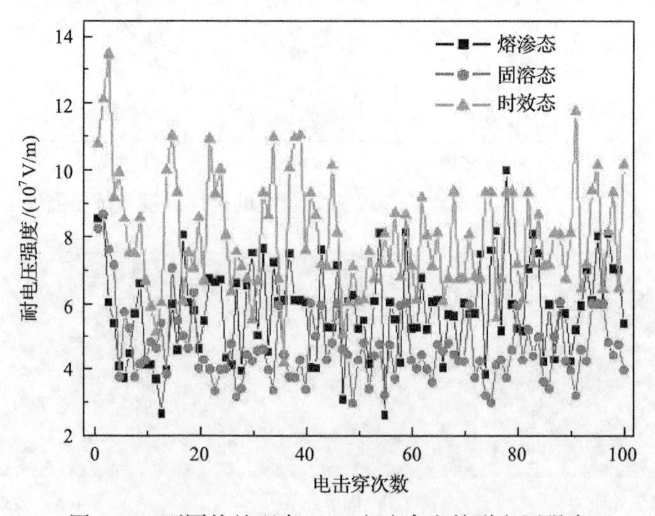

图 4.40　不同热处理态 CuW(Cr)合金的耐电压强度

电击穿实验后，不同热处理态 CuW(Cr)合金的表面形貌如图 4.41 所示。熔渗态、固溶态和时效态 CuW(Cr)合金电击穿 50 次的形貌特征差异较小，但是电击穿 1 次的形貌差别较大。其中，熔渗态 CuW(Cr)合金电击穿 1 次后的表面喷溅较为严重。相比之下，固溶态 CuW(Cr)合金表面的电击穿主要集中在 Cu 相，喷溅较少，而时效态 CuW(Cr)合金的表面喷溅程度最小。从电击穿 1 次后的边缘形貌可以看出，熔渗态和固溶态合金表面的烧蚀坑主要分布在 Cu 相，而时效态 CuW(Cr)合金表面的烧蚀坑不仅出现在 Cu 相，还出现在 W 相。这是由于熔渗态和固溶态 CuW 合金中，Cu 相固溶了大量 Cr 元素，降低了 Cu 相的逸出功，Cu 相依旧为首击穿相。虽然 Cu 相固溶了 Cr 元素可以降低其流动性，可以在一定程度上减少喷溅，但电弧会在逸出功较低的 Cu 相跳跃，导致 Cu 相反复多次烧蚀，且元素固溶降低了 Cu 相的传导性能，使电弧产生的热量无法及时传导出去，最终引起 Cu 相的严重烧蚀。而时效态中，一部分 Cr 元素扩散到 W 中，降低了 W 相的逸出功，使 W 相和 Cu 相的逸出功相近；此外，另一部分 Cu 相中的 Cr 元素

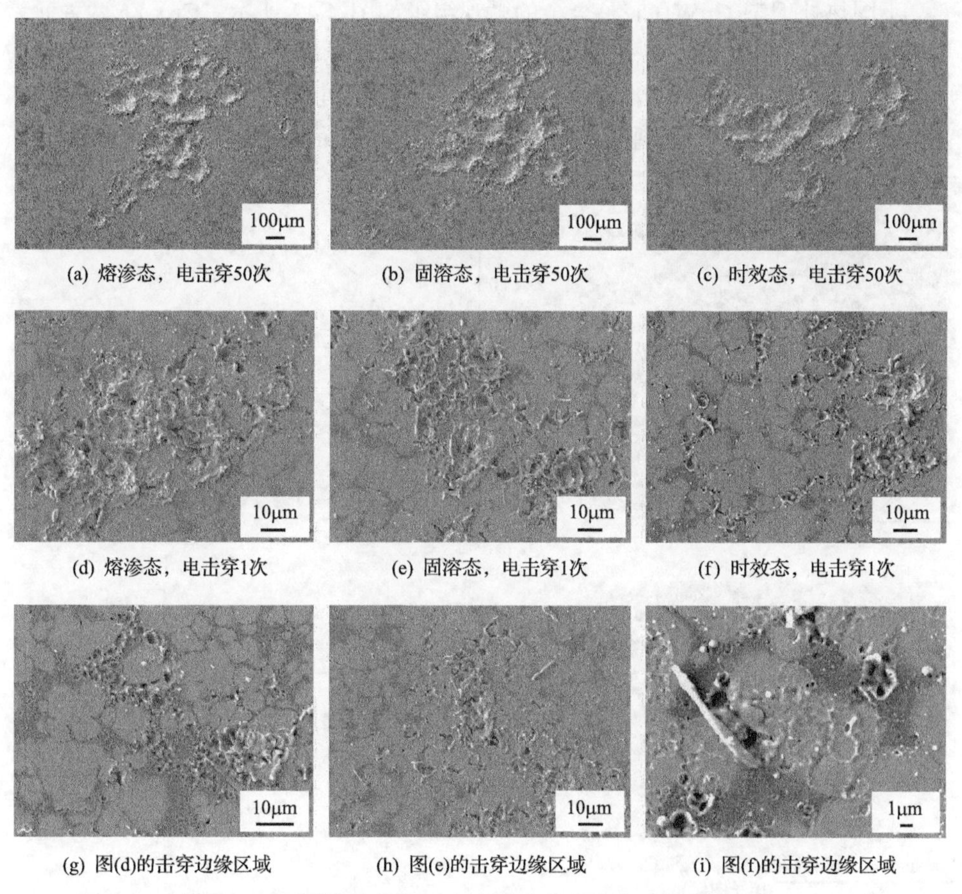

(a) 熔渗态，电击穿50次　(b) 固溶态，电击穿50次　(c) 时效态，电击穿50次

(d) 熔渗态，电击穿1次　(e) 固溶态，电击穿1次　(f) 时效态，电击穿1次

(g) 图(d)的击穿边缘区域　(h) 图(e)的击穿边缘区域　(i) 图(f)的击穿边缘区域

图 4.41　不同热处理态 CuW(Cr)合金电击穿后的表面形貌

全部转变为析出相，而随着温度的升高这些析出相会重溶到 Cu 相中，降低液相 Cu 的流动性。而 Cr 完全析出后对 Cu 相传导性能的影响也较小，能及时导出热量。因此，时效态 CuW 合金的喷溅最少。

4.3.2 Cr、Zr 共添加对 CuW 合金组织与性能的影响

CuCrZr 合金具有良好的导电性和导热性，且硬度高、耐磨抗爆、抗裂性及软化温度高，常用于高温热沉材料。使用 CuCrZr 合金替代纯 Cu 进行熔渗，不仅可以提高 CuW 合金的高温强度，还可以通过 Cr 和 Zr 元素改善 CuW 合金的电击穿性能，进而提升综合性能。本节采用 CuCrZr 合金（Cr：0.8%～1.2%，Zr：0.1%～0.2%）代替纯 Cu 进行熔渗，熔渗后 CuW（CrZr）合金在 950℃固溶处理 1.5h，随后在 500℃时效处理 3h。

1. 不同热处理态 CuW（CrZr）合金的组织结构

不同热处理态 CuW（CrZr）合金的微观组织如图 4.42 所示。Cr、Zr 两种元素与 W 的固溶度较大，而与 Cu 的固溶度较小。熔渗过程中 Cr、Zr 更趋向于与 W 形成固溶体，使得 W 相中出现 Cr 和 Zr 元素。固溶处理后合金元素继续向 Cu、W 两相中溶解。而时效处理使得 Cu 相中固溶的合金元素析出，并向 W 相扩散，Cu 相中合金元素含量逐渐减少。

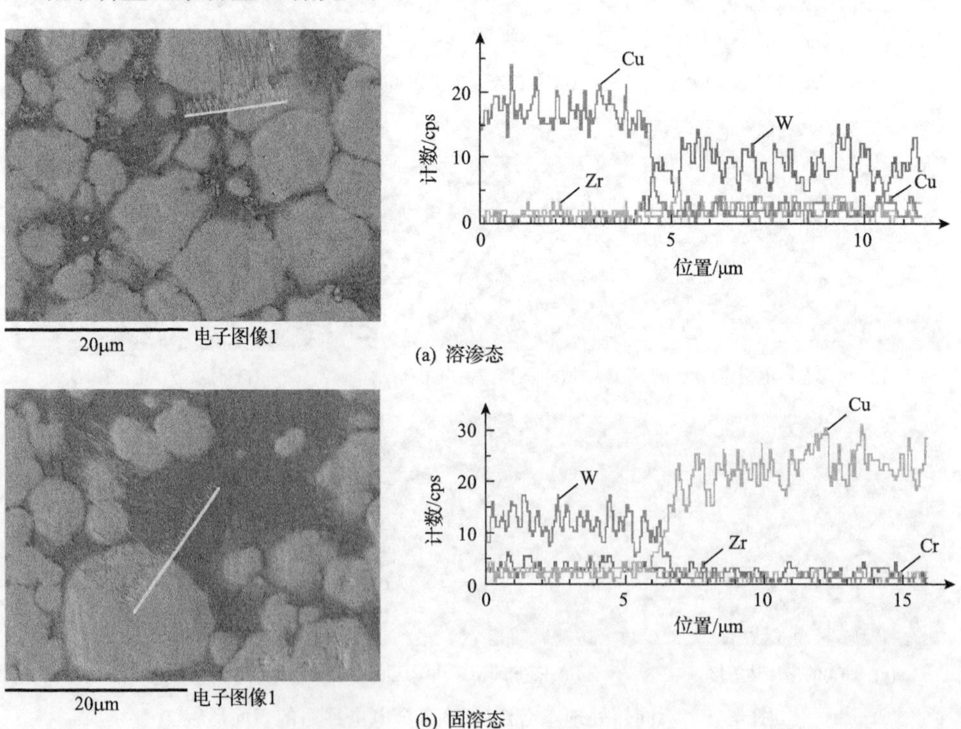

(a) 溶渗态

(b) 固溶态

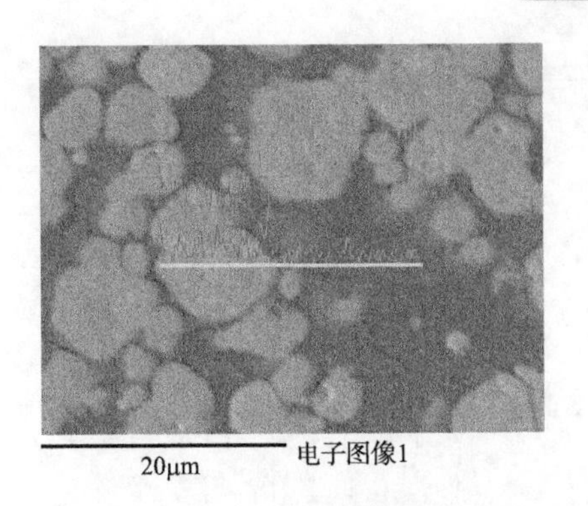

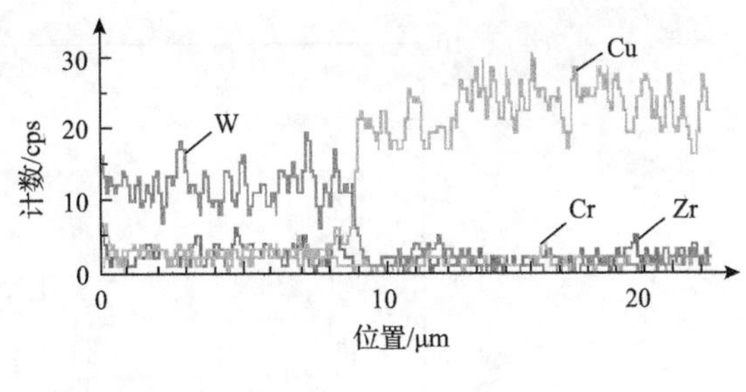

(c) 时效态

图 4.42 不同热处理态 CuW(CrZr)合金的 SEM 形貌及元素线扫描结果

2. 不同热处理态 CuW(CrZr)合金的电击穿性能

与 CuW(Cr)合金相同，时效态的 CuW(CrZr)合金耐电压强度最高，截流值最小，燃弧时间最长(表 4.6 和图 4.43)。合金的耐电压强度主要由首击穿相的电特性决定。在一定的真空放电条件下，首击穿相集中在合金中孔洞、杂质等区域或在逸出功较低的组成相上。固溶时合金元素 Cr、Zr 和 Cu 可以发生固溶形成固溶体，由于 Cr、Zr 的逸出功较低，其固溶到 Cu 中后弱化了 Cu 相，固溶态合金中 Cr、Zr 含量较大，其弱化 Cu 相作用也较大，因而耐电压强度相对于熔渗态有所降低。但是，时效后 Cr、Zr 从 Cu 中析出，而 Cr、Zr 在 W 相中的固溶度很大，合金中的 Cr、Zr 进一步固溶到击穿强相 W 相中，同时在 Cu/W 界面形成冶金结合，避免了在击穿弱相或弱结合强度的相界面选择性电击穿，从而提高了合金的平均耐电压强度。

表 4.6 CuW(CrZr)合金的电击穿实验统计数据

热处理状态	耐电压强度/(10^7V/m)	截流值/A	燃弧时间/ms
熔渗态	3.88	3.584	18.78
固溶态	3.51	3.608	18.50
时效态	4.36	3.364	18.82

3. 不同热处理态 CuW(CrZr)合金的阴极斑点运动特性

采用高速摄影仪实时记录击穿瞬间熔渗态、固溶态和时效态 CuW(CrZr)合金表面阴极斑点的运动轨迹，结果如图 4.44 所示。图中左上角第一张照片为击穿前 W 针与合金表面原始位置，击穿过程中拍摄的阴极斑点照片由上至下，由左至右按顺序排列，每张照片曝光时间 20μs。可以看出，熔渗态合金阴极斑点没有分裂现象，水平位移小，烧蚀区域比较集中。固溶态合金阴极斑点存在时间短，燃弧

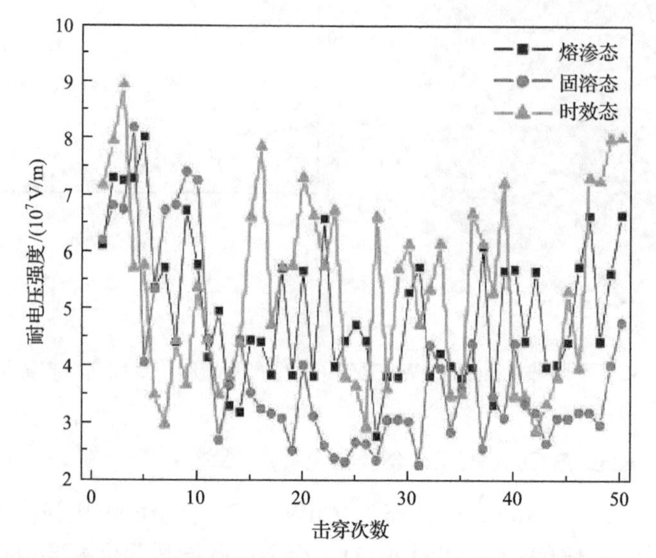

图 4.43 不同热处理态 CuW(CrZr)合金耐电压强度

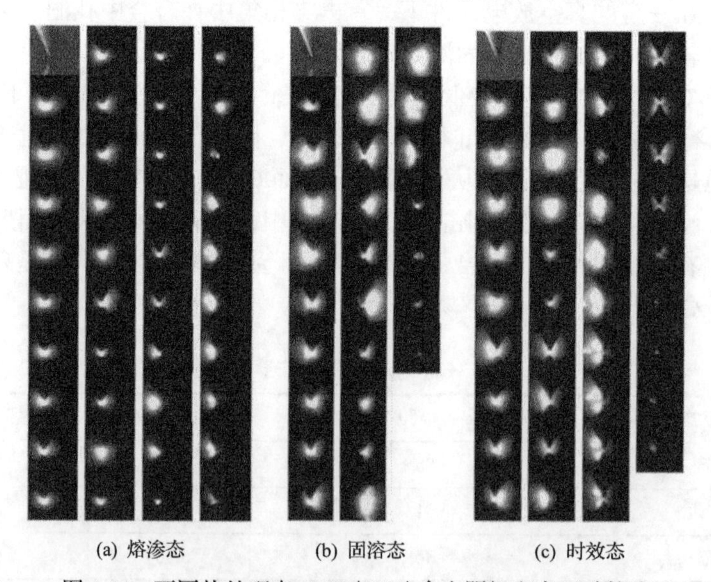

图 4.44 不同热处理态 CuW(CrZr)合金阴极斑点运动轨迹

时间短，阴极斑点分裂现象不明显，但水平方向有小的位移。这是由于 Cr 和 Zr 元素固溶到 Cu 相和 W 相时，降低了 Cu 相和 W 相的逸出功，烧蚀点集中在击穿弱相 Cu 相，所以阴极斑点分裂不明显。时效态合金阴极斑点有较明显的分裂现象，水平位移小。这是由于时效处理后，Cr 和 Zr 元素从 Cu 相中析出，且较多地固溶到 W 相中，降低了 W 相的逸出功，合金表面成为烧蚀点的位置增多，电弧分散，阴极斑点发生一定的裂化现象。

4. 不同热处理状态 CuW(CrZr)合金的烧蚀形貌

电击穿后 CuW(CrZr)合金表面形貌表明，固溶和时效处理可以很大程度上提高 CuW(CrZr)合金的耐电弧烧蚀性能，如图 4.45 所示。熔渗态合金烧蚀坑集中，击穿区表面烧蚀严重，而在边缘区域放大图中，烧蚀坑比较明显，且烧蚀区域完全集中在富 Cu 区，发生了 Cu 液的激烈喷溅，烧蚀坑较大，熔化飞溅出的 Cu 液沉积在材料表面，凝固形成凸起的颗粒。经固溶处理后，合金表面的烧蚀坑与熔渗态相比较为分散，而边缘区域的烧蚀形貌表明 Cu 相电击穿更为严重。时效处理后，合金表面的烧蚀坑更为分散，烧蚀坑在 W 和 Cu 两相上均匀分布，与熔渗态相比，W 相上烧蚀坑明显增加。从一次电击穿后的形貌则可以看出，烧蚀坑从熔渗态时主要在 Cu 相上变为时效态时分散在整个合金表面，如图 4.45(g)～(i) 所示。这是由于固溶处理后，合金元素 Cr、Zr 在 W 相中固溶度增大，降低了 Cu、W 相的逸出功，击穿相仍是 Cu 相，且固溶的元素会降低 Cu 相导热性能，进而导

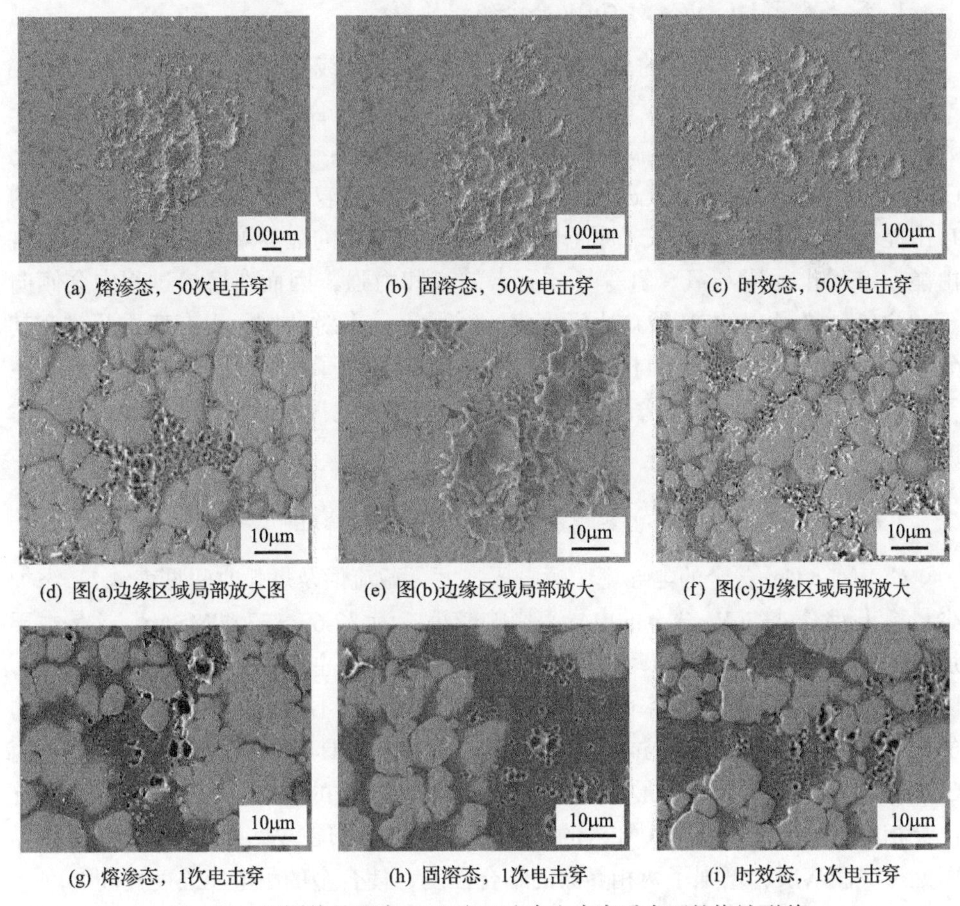

(a) 熔渗态，50次电击穿　(b) 固溶态，50次电击穿　(c) 时效态，50次电击穿

(d) 图(a)边缘区域局部放大图　(e) 图(b)边缘区域局部放大　(f) 图(c)边缘区域局部放大

(g) 熔渗态，1次电击穿　(h) 固溶态，1次电击穿　(i) 时效态，1次电击穿

图 4.45　不同热处理态 CuW(CrZr)合金击穿后表面的烧蚀形貌

致喷溅严重；时效处理后，合金元素 Cr、Zr 更多地固溶于 W 相，减小了 Cu 和 W 两相逸出功的差别，使烧蚀坑均匀分散在整个 CuW(CrZr)合金材料表面，避免因电弧集中烧蚀发生严重局部熔化，提高了合金的耐电弧烧蚀性能。

4.3.3 La 和 Ce 对 CuW 合金组织与性能的影响

稀土元素的热力学研究表明，稀土元素与多数合金元素可相互降低活度，增加固溶度，有利于合金化。另外，Cu 中添加少量稀土 Ce 时，由于稀土 Ce 与 O 等有较强的结合能力，熔渗过程中 W 骨架得到净化。在两种因素的共同作用下，Cu 液通过毛细作用顺利进入 W 骨架通道，且两相结合更为紧密。因此，本节采用高纯稀土 La(纯度大于 99.8%)和 Ce(纯度大于 99.8%)、Cu(纯度大于 99%)，在真空电弧炉中熔炼制得 Cu(La,Ce)合金。采用 Cu(La,Ce)合金代替 Cu 块进行熔渗，研究稀土元素 La 和 Ce 对 CuW 合金组织与性能的影响。

1. 稀土元素 La 和 Ce 对 CuW 合金组织的影响

对 CuW(La,Ce)合金的 Cu/W 相界面进行 EDS 线扫描分析，结果如图 4.46 所示。在 CuW(La)、CuW(Ce)和 CuW(La,Ce)三种合金中，Cu/W 界面处稀土元素 La 和 Ce 的含量明显高于其他区域。这是因为：①La 和 Ce 的原子半径比 Cu 的原子半径大得多，其进入 Cu 晶格内部会引起较大的晶格畸变，使系统的自由能增大，导致 La 和 Ce 原子向原子排列不规则的晶界聚集，以降低体系自由能；②稀土元素与氧、氮等气体元素的亲和力强，因而在熔渗过程中会倾向于向含氧、氮量高的 W 颗粒边缘聚集；③稀土元素对杂质元素有变质及改变其分布的作用，而 Cu、W 两相的界面处正好含杂质原子较多。稀土元素大量存在于 Cu、W 两相界面处，这种分布状态有利于充分发挥其活性，对 CuW 合金性能的改善起到较好的作用。

2. CuW(La,Ce)合金电击穿性能及阴极斑点运动特征

CuW(La,Ce)合金的电导率、耐电压强度、截流值及燃弧时间见表 4.7。添加少量稀土元素对 CuW 合金的电导率影响较小，为 32.67～33.00MS/m。这是由于加入的稀土元素(La 和 Ce)均偏聚在 Cu/W 界面处，在主传导相 Cu 中固溶度较小，因而加入稀土元素对电导率的影响较小。然而，加入不同稀土元素 CuW 合金的电击穿性能却有显著的差异。其中，CuW(La)合金具有较高的耐电压强度，而 CuW(LaCe)合金的截流值最低、燃弧时间最长。合金的耐电压强度主要取决于首击穿相的电气性能。合金中加入的 La 和 Ce 主要分布在 W、Cu 两相界面，在界面处形成固溶层，增强了两相界面的结合强度，使合金的耐电压强度提高。

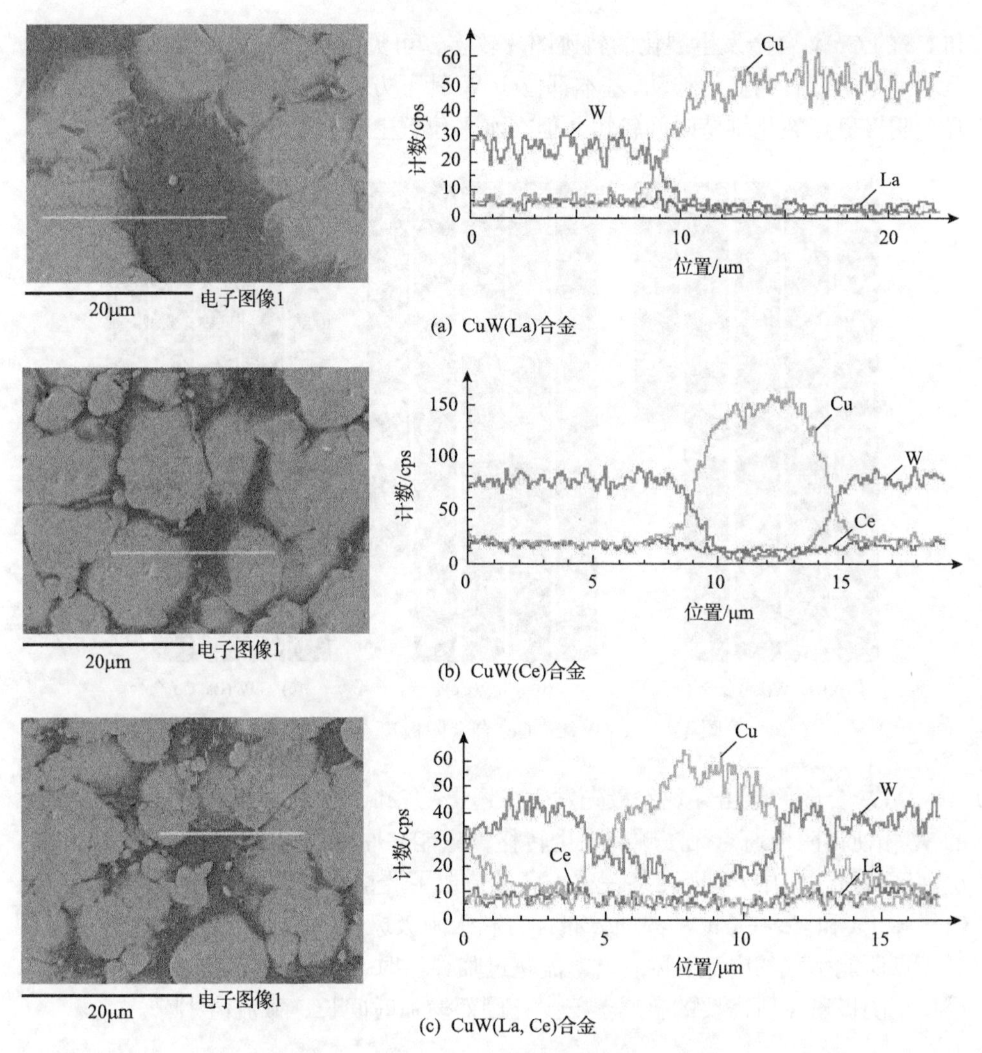

(a) CuW(La)合金

(b) CuW(Ce)合金

(c) CuW(La, Ce)合金

图 4.46　CuW(La, Ce)合金的元素线扫描结果

表 4.7　CuW(La,Ce)合金的电击穿实验数据统计

合金	电导率/(MS/m)	耐电压强度/(10^7V/m)	截流值/A	燃弧时间/ms
CuW(La)合金	32.67	5.08	3.296	19.06
CuW(Ce)合金	32.43	4.83	3.084	19.44
CuW(La, Ce)合金	33.00	4.90	2.928	19.80

采用高速摄影仪记录电击穿过程中 CuW(La,Ce)合金表面阴极斑点运动，通过对比发现，不同合金阴极斑点运动以及分散特性呈现一定程度的差异，阴极斑点在放电一段时间后均出现不同程度的裂化现象(图 4.47)。单独添加稀土元素 La

和Ce的CuW合金发生裂化的轨迹图片较多，可见阴极斑点裂化维持的时间长，但水平方向没有明显的移动，基本都位于W针下方。而同时添加La和Ce的CuW合金阴极斑点裂化维持时间较短，但在水平位置上存在明显偏移。

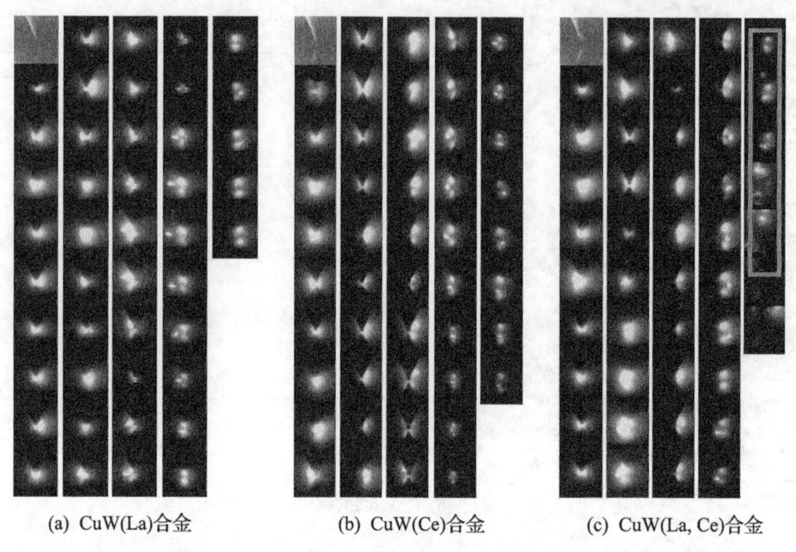

图4.47 CuW(La, Ce)合金阴极斑点运动轨迹

CuW合金的电击穿现象最先发生在逸出功较低的Cu相上，而颗粒尺寸较大的W相使得阴极斑点无法顺利发生转移，只能在原始位置上反复地产生和熄灭，烧蚀区域过于集中，从而在某一狭小区域造成了严重的烧蚀坑。添加稀土元素La、Ce后，La和Ce在Cu/W界面分布，有利于阴极斑点的转移。研究表明，真空阴极斑点所能承载的电流有限，当电流超过临界值时，阴极斑点就发生分裂、变小，维持小阴极斑点所需要的金属蒸气少，因而燃弧时间长，截流值小[16]。

3. CuW(La,Ce)合金电击穿烧蚀形貌

电击穿后CuW合金的表面形貌如图4.48所示，相同条件下添加La和Ce的CuW合金烧蚀形貌存在较大差异。经50次电击穿后，CuW(La)合金烧蚀坑比较分散而且比较浅。从烧蚀坑的边缘区域可以看出，烧蚀坑在Cu和W两相上分布均匀，表明该合金耐电压强度高。CuW(Ce)合金烧蚀坑分散，但部分烧蚀坑较深，即不同区域的耐电弧烧蚀性差异较大。而CuW(La,Ce)合金的烧蚀坑密集，边缘区域Cu相烧蚀坑较多，合金的耐电压强度较低。

因此，在W骨架中熔渗CuCr或CuCrZr合金，并通过后续的热处理工艺来调整Cr、Zr的分布状态，使Cr、Zr元素扩散到W相中，降低W相逸出功，进而提高CuW合金的耐电弧烧蚀性能。此外，在W骨架中熔渗添加稀土元素La

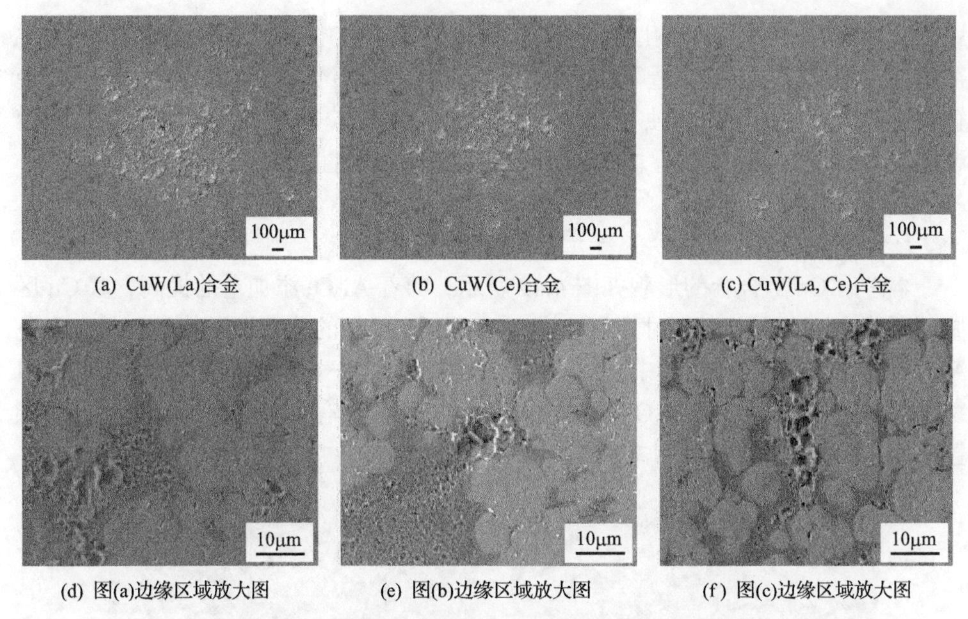

(a) CuW(La)合金 (b) CuW(Ce)合金 (c) CuW(La, Ce)合金

(d) 图(a)边缘区域放大图 (e) 图(b)边缘区域放大图 (f) 图(c)边缘区域放大图

图 4.48 CuW(La,Ce)合金经 50 次电击穿后的表面形貌

和 Ce 的 Cu 合金，La、Ce 元素在 Cu/W 界面上分布，增加了 Cu/W 界面的结合强度，显著改善 CuW 合金的电击穿性能。

4.4 陶瓷颗粒对 CuW 合金性能的影响

相较于 Cu 相和 W 相，陶瓷相的逸出功一般较低。在相同的外加电场作用下，这些陶瓷相中的电子会首先克服表面势垒逸出材料表面，产生电子发射，进而引发电击穿产生电弧。而弥散分布的陶瓷相使材料表面各微区发射电子的能力趋于平均，电弧就会均匀分布在材料表面，减少电弧集中烧蚀，使得多次电击穿后 CuW 合金表面始终保持光滑，同时微观凸起引发场致发射概率减小，耐电压强度提高。

常见的弥散强化相有金属氧化物、金属碳化物及稀土氧化物颗粒等。因此，本节通过在 CuW 合金中添加第三相陶瓷颗粒，研究陶瓷颗粒对 CuW 合金物理、力学性能及电击穿性能的影响规律[17]，进而为高性能 CuW 触头的生产提供理论指导和借鉴经验。

4.4.1 金属氧化物对 CuW 合金组织与性能的影响

金属氧化物因具有高的熔点和热稳定性，通常用来提高材料的高温性能，在 CuW 合金中添加金属氧化物还希望在电弧烧蚀过程发挥分散电弧的作用。常见的金属氧化物有 Al_2O_3、ZrO_2、HfO_2 等，其中 Al_2O_3 的逸出功远小于 Cu 和 W，是常用的金属氧化物弥散强化相。因此，向 CuW 触头材料中添加少量的 Al_2O_3。Al_2O_3 在基体中弥散分布，理论上不仅可以强化基体，而且可以有效地分散电弧，避免触头材料大面积地集中烧蚀。因此，本节将 Al_2O_3 颗粒加入 W 粉中，然后采用熔渗法制备 CuW 合金，研究 Al_2O_3 对 CuW 合金组织与性能的影响规律。

1. Al_2O_3 添加量对 CuW 合金组织的影响

熔渗后 CuW 合金的形貌如图 4.49 所示，随着 Al_2O_3 添加量的提高，富 Cu 区域逐渐缩小，W 颗粒的尺寸逐渐细化，Cu 相和 W 相的分布逐渐趋于均匀。黑色 Al_2O_3 颗粒均匀分布在基体中，与基体之间的界面整齐、清晰，没有孔洞缺陷，组织比较致密。此外，在 Al_2O_3 存在的区域，W 颗粒没有发生明显的聚集长大，颗粒尺寸比较细小而且分布比较均匀。

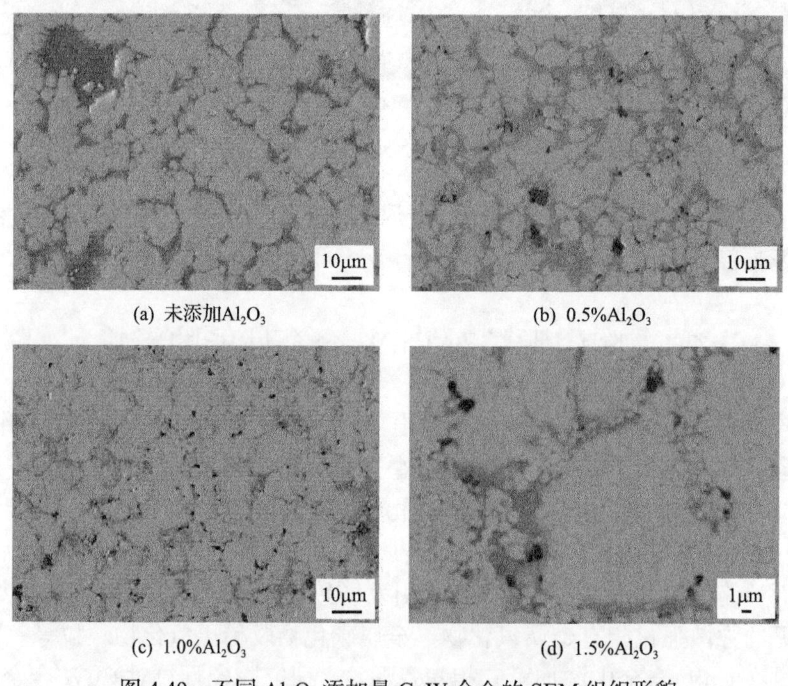

(a) 未添加Al_2O_3　(b) 0.5%Al_2O_3　(c) 1.0%Al_2O_3　(d) 1.5%Al_2O_3

图 4.49　不同 Al_2O_3 添加量 CuW 合金的 SEM 组织形貌

2. Al_2O_3 添加量对 CuW 合金导电率和硬度的影响

随着 Al_2O_3 添加量的增加，CuW 合金的导电率和硬度均呈先升高后降低的趋势，如图 4.50 所示。当 Al_2O_3 添加量为 1.5%时，CuW 合金的硬度和导电率达到较大值，分别为 207HB 和 40.7%IACS。在 CuW 合金中添加适量的 Al_2O_3，其以细小弥散的方式均匀地分散在 Cu 基体上，具有良好的弥散强化效果，可显著提高合金的硬度。但过量添加 Al_2O_3，易造成 Al_2O_3 颗粒的团聚，从而造成 W 骨架烧结颈的“坍塌”，导致 CuW 合金的硬度急剧下降。

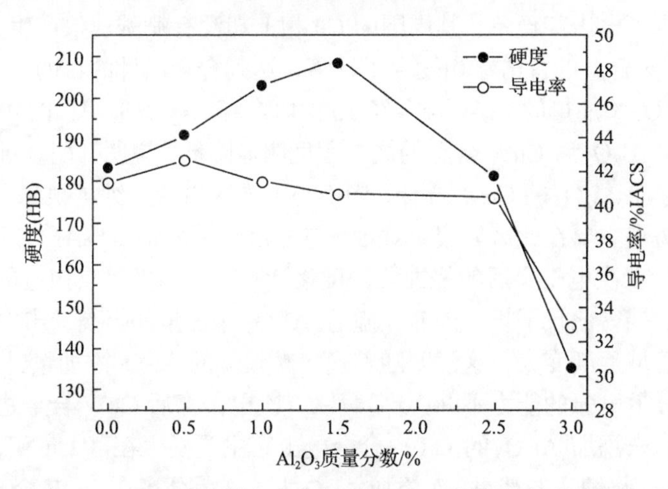

图 4.50 CuW 合金导电率和硬度随 Al_2O_3 添加量的变化规律

3. Al_2O_3 添加量对 CuW 合金烧蚀形貌的影响

添加 Al_2O_3 的 CuW 合金电击穿前后微观组织形貌如图 4.51 所示。电击穿前，含 Al_2O_3 的熔渗态 CuW 合金 EDS 线扫描元素分布结果表明，黑色颗粒为 Al_2O_3，

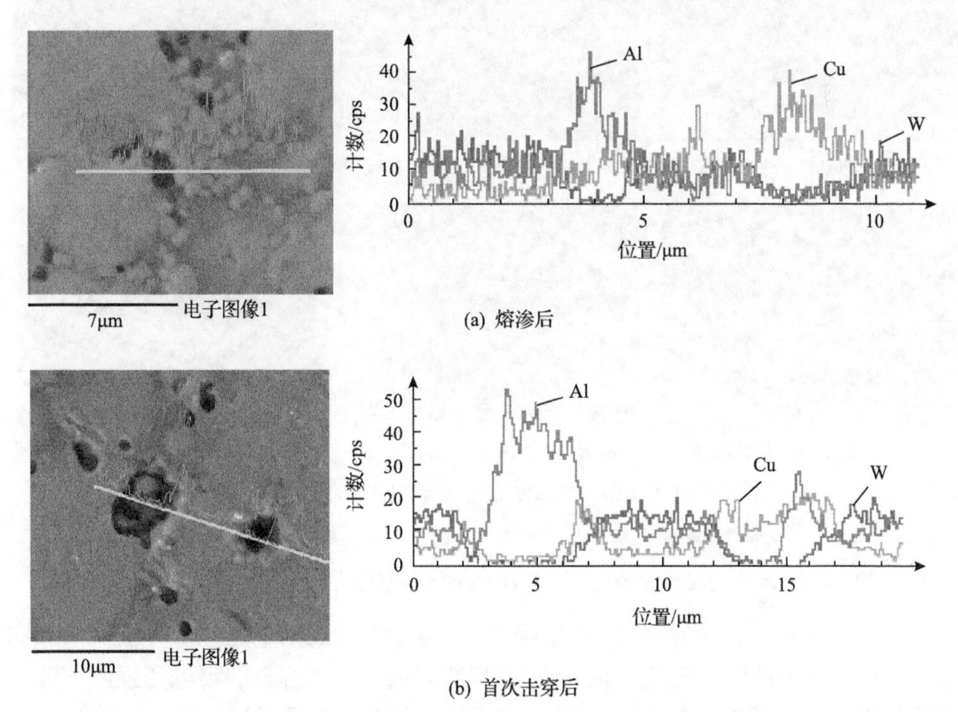

(a) 熔渗后

(b) 首次击穿后

图 4.51 含 Al_2O_3 的 CuW 合金 EDS 线扫描元素分布

主要分布在 W 颗粒的边界上，同时周围的 W 颗粒得到了细化。首次电击穿后，黑色颗粒发生了电击穿现象，其周围的 Cu 相上却没有喷溅现象产生，说明 Al_2O_3 的添加使 CuW 合金的首击穿相发生了转移，达到合金设计的目的。

不同 Al_2O_3 添加量的 CuW 合金经 50 次电击穿后微观形貌如图 4.52 所示。可以看出，添加 Al_2O_3 后 CuW 合金的烧蚀程度明显降低，说明其耐烧蚀性能显著增强。对于未添加 Al_2O_3 的 CuW 合金，阳极正下方区域的烧蚀坑很深，说明电击穿发生时阴极斑点主要在此区域集中烧蚀。与之相比，添加 1.0%Al_2O_3 和 1.5%Al_2O_3 的 CuW 合金 50 次电击穿后的烧蚀坑深度逐渐减小，阴极斑点扫过的面积逐渐增大，烧蚀表面变得比较平坦。同时，随着 Al_2O_3 添加量的提高，击穿边缘较浅烧蚀坑分布的区域逐渐变大，这说明随着逸出功较低的 Al_2O_3 添加量升高，CuW 合金触头材料分散电弧的能力不断提高。从 50 次电击穿后 CuW 合金边缘区域的形貌可以看出，未添加 Al_2O_3 的 CuW 合金电击穿主要发生在富 Cu 相，出现了 Cu 相的剧烈喷溅，烧蚀比较严重。而添加 Al_2O_3 后，弥散分布在 CuW 合金中的 Al_2O_3 导致阴极斑点跟随“氧化物的轨迹”发生不规则的快速跳跃运动，使阴极斑点扫过的区域变大，在同一区域停留的时间变短，因此避免了在同一区域集中烧蚀。

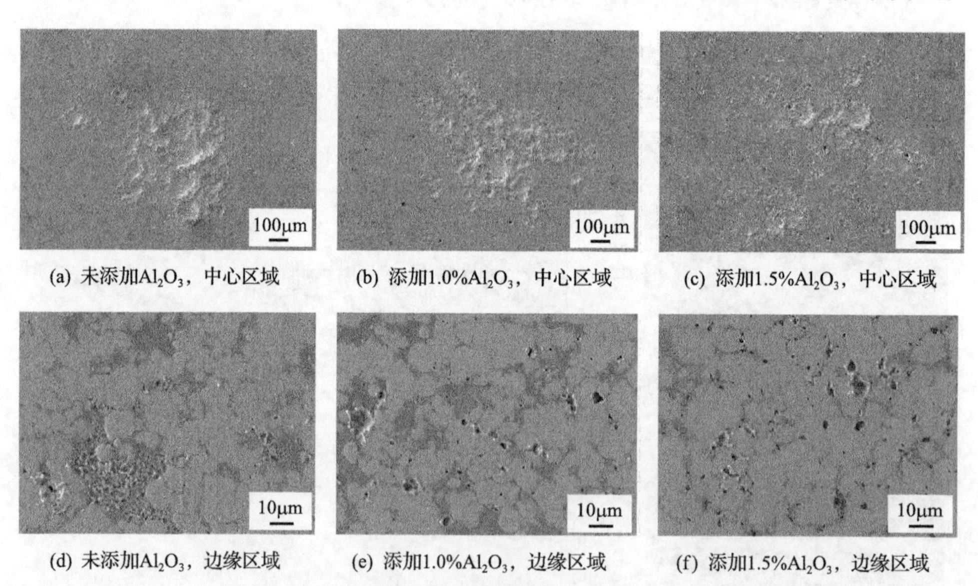

(a) 未添加Al_2O_3，中心区域　(b) 添加1.0%Al_2O_3，中心区域　(c) 添加1.5%Al_2O_3，中心区域

(d) 未添加Al_2O_3，边缘区域　(e) 添加1.0%Al_2O_3，边缘区域　(f) 添加1.5%Al_2O_3，边缘区域

图 4.52 不同 Al_2O_3 添加量的 CuW 合金真空 50 次电击穿后的表面烧蚀形貌

4. Al_2O_3 添加量对 CuW 合金耐电压强度和截流值的影响

不同 Al_2O_3 添加量的 CuW 合金经 50 次电击穿后的耐电压强度、截流值和燃弧时间如表 4.8 所示。随着 Al_2O_3 添加量的增加，CuW 合金的耐电压强度下降，截流值降低，燃弧时间延长。产生上述现象的原因主要是添加的 Al_2O_3 逸出功较

低，在组织中为击穿弱相，Al_2O_3的添加对阴极斑点有明显的“牵引”作用，使阴极斑点在整个触头表面分散相对均匀，减少了集中烧蚀的概率，有效地延长了触头材料的使用寿命。未添加和添加 1.5%Al_2O_3 的 CuW 合金 50 次电击穿过程的耐电压强度分布如图 4.53 所示。未添加 Al_2O_3 的 CuW 合金 50 次电击穿过程的耐电压强度波动较大，说明材料组织不均匀，易产生集中烧蚀。添加 1.5%Al_2O_3 的 CuW 合金 50 次电击穿过程的耐电压强度呈现平稳上升的趋势，而且电击穿过程可以明显地分为两个阶段：在第一阶段(前 30 次)，CuW 合金的耐电压强度随着电击穿次数的增多变化不大；在第二阶段(后 20 次)，随着电击穿次数的增加，CuW 合金的耐电压强度有所提高。

表 4.8 不同 Al_2O_3 添加量的 CuW 合金电击穿性能

Al_2O_3 添加量/%	耐电压强度/(10^7V/m)	截流值/A	燃弧时间/ms
0	4.68	3.3	16.9
0.2	5.78	3.4	16.1
0.5	4.53	3.2	17.2
1.0	4.31	3.1	17.8
1.5	4.12	2.9	18.5
2.0	3.93	2.7	18.8

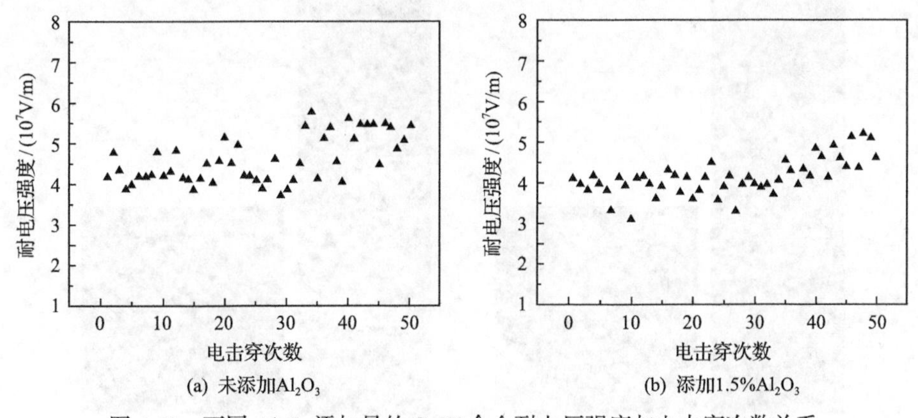

图 4.53 不同 Al_2O_3 添加量的 CuW 合金耐电压强度与电击穿次数关系

真空电弧的不稳定性和截流值的大小与触头材料的蒸气压有密切的关系。金属材料的蒸气压越高，燃弧时间就越长，而蒸气压则与材料的微观组织密切相关[18]。Al_2O_3 颗粒弥散分布在 W 颗粒之间的边界上，发生电击穿时在 Al_2O_3 与 Cu 边界上形成阴极斑点，产生的热量使周围的 Cu 相发生熔化和蒸发。由于周围的 Cu 相较少，所以熔化消耗的热量也较少，大部分用于金属的蒸发。逸出功较低的 Al_2O_3 均匀地分散在基体组织中，在电击穿过程中真空电弧产生的阴极斑点弥散分布在整个阴极表面。这种在材料表面做不规则运动的阴极斑点使 Al_2O_3 周围的 Cu 相大量蒸发，能够为真空电弧长时间稳定燃烧提供足够的金属蒸气，实现了降低 CuW 材料截流值和延长燃弧时间的目的。

5. Al_2O_3 添加量对 CuW 合金阴极斑点运动的影响

从高速摄影仪拍摄的 CuW 合金阴极斑点运动照片(图 4.54)可以发现，两种合金的阴极斑点运动方式具有很大的差异。未添加 Al_2O_3 的 CuW 合金阴极斑点始终处在阳极正下方，在水平方向上几乎没有发生移动。而添加 1.5%Al_2O_3 的 CuW 合金阴极斑点在水平方向上发生了明显的移动。同时，阴极斑点在水平方向上的移动并不是突变式的跳跃运动，而是一种渐变式的变向运动，也就是阴极斑点先向某一个方向运动，然后突然变向，朝另一个方向运动，如此反复直至阴极斑点熄灭。此外，两组照片最大的区别是含 Al_2O_3 的 CuW 合金阴极斑点发生了分裂，这说明 Al_2O_3 可以有效地分散电弧，使阴极斑点均匀地分布在整个阴极材料表面，提高材料的耐烧蚀性能，延长 CuW 合金触头材料的使用寿命。

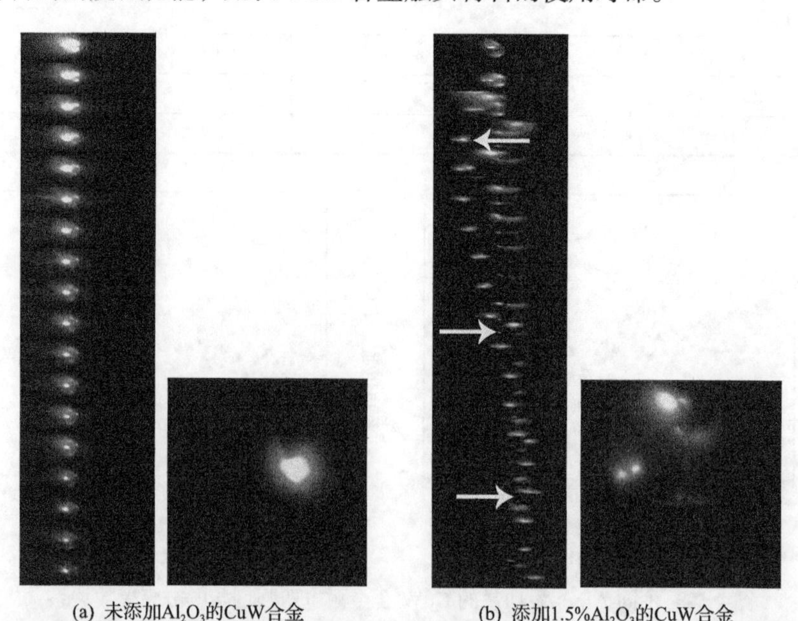

(a) 未添加Al_2O_3的CuW合金　　(b) 添加1.5%Al_2O_3的CuW合金

图 4.54 高速摄影仪拍摄的 CuW 合金阴极斑点运动连续拼接照片及单个放大照片

4.4.2 金属碳化物对 CuW 合金组织与性能的影响

大多数碳化物具有高硬度、良好的导电及导热性、强的抗氧化能力、良好的热稳定性和化学稳定性，以及很高的软化温度(3000℃以上)，因此碳化物广泛应用在硬质合金、耐磨材料和高温结构材料中。TiC 和 WC 是目前研究和应用较多的两种碳化物，表 4.9 是这两种碳化物的主要物理性能参数[19, 20]。可以看出，TiC 和 WC 的熔点很高，与 W 的熔点相近，高温强度较好，很适合弥散强化相的要求；另外，由于 TiC 和 WC 具有一定的导电性和高的稳定性，两者也通常被选作强化 Cu 合金的弥散强化相[20-24]。同时，TiC 和 WC 的热膨胀系数与 W 的热膨胀系数也十分接近，添加 TiC 和 WC 的 CuW 合金触头材料在加热和冷却过程中，在相界面产生的热应力较小，不易产生裂纹。因此，本节在 W 骨架中添加一定量的 TiC 及 WC，并采用熔渗的方法制备 CuW 合金，探讨添加 TiC 及 WC 对 CuW 触头材料组织与性能的影响。

表 4.9 TiC 和 WC 的主要物理性能参数[19, 20]

碳化物	密度 /(g/cm^3)	熔点/℃	热导率 /(W/(m·K))	电导率 /(MS/m)	硬度(HV)	弹性模量 /GPa	热膨胀系数 /$(10^{-6}K^{-1})$
TiC	4.93	3140	17.1	1.67	2850	269	7.60
WC	15.63	2720	110.0	5.26	2400	669	5.09

1. 碳化物添加量对 CuW 合金组织与性能的影响

从熔渗态 CuW 合金的微观组织(图 4.55)可以看出，与未添加 WC 的 CuW 合金相比，添加 1.5%WC 的 CuW 合金中 W 颗粒尺寸较小，而且渗入的 Cu 相也相对分散，富 Cu 聚集区较少。

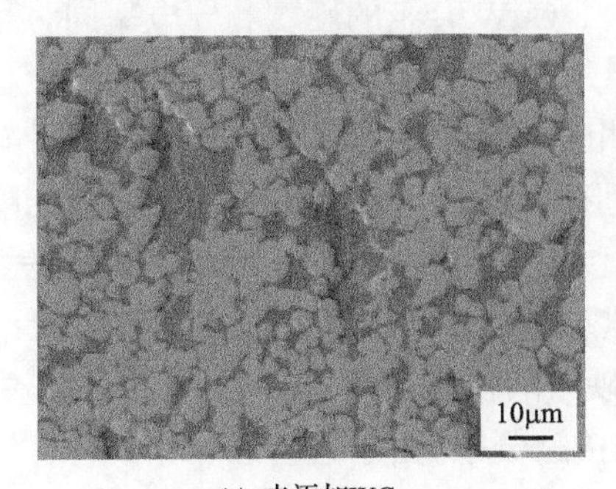

(a) 未添加WC

(b) 添加1.5%WC

图 4.55 熔渗态 CuW 合金的微观组织

与之相同，添加 TiC 的 CuW 合金中，TiC 颗粒均匀地分布于 W 颗粒的边界上，在此区域 W 颗粒分布较为均匀，尺寸较小，且没有较大的富 Cu 区，Cu 相沿 W 相边界连续且较为均匀地包裹着 W 相(图 4.56)。相反，在无 TiC 颗粒的区域，发现 W 颗粒聚集长大且富 Cu 区也相对较大。并且 W 颗粒与 TiC 颗粒间的界面比较干净、清晰，无新相产生，两者界面结合良好；Cu 相连续地分布在 W 颗粒与 TiC 颗粒的晶界上，没有孔隙出现。这是因为，一方面 TiC 和 W 之间有较好的固溶度，烧结时 W 原子向具有面心立方晶格结构的 TiC 晶格中扩散，从而提高了

W/TiC 界面的结合强度；另一方面，虽然 Cu 原子具有完全布满的 3d 轨道，这种稳定的电子结构接收 TiC 自由电子的能力有限[21]，但是部分 TiC 会溶解在熔融的 Cu 液中[22]，有利于 Cu/TiC 界面润湿性的改善。

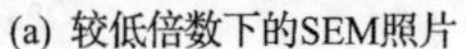
(a) 较低倍数下的SEM照片

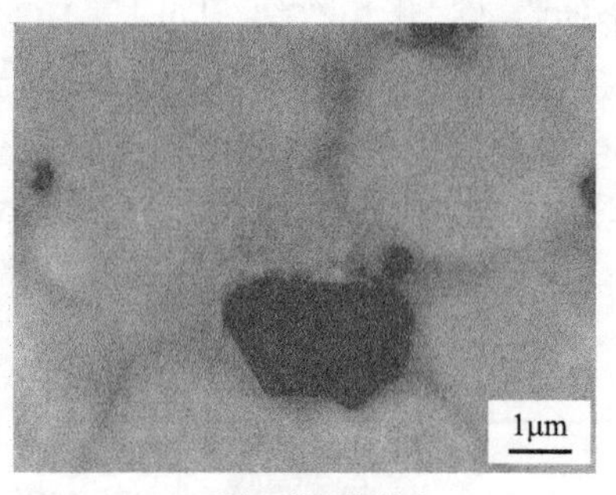

(b) 图(a)的局部放大

图 4.56 含 1.2%TiC 的 CuW 合金微观组织

当 WC 添加量在 0%～1.5%范围时，导电率变化较小，但硬度随着 WC 添加量的增加显著增加；当 WC 的添加量在 1.5%～3.0%范围时，CuW 合金硬度与导电率均明显下降(图 4.57(a))。当 WC 添加量为 1.5%时，导电率损失较小，硬度达到峰值 222HB。当 TiC 添加量小于 1.2%时，硬度随添加量的增加逐渐上升，而导电率变化幅度较小；TiC 添加量大于 1.2%后，CuW 合金的硬度与导电率急剧下降(图 4.57(b))。当 TiC 添加量为 1.2%时，CuW 合金的硬度和导电率同时达到最大，分别为 222HB 和 46.6%IACS。

CuW 合金的理想组织结构是以 W 相形成高度致密、牢固且连续的骨架，液相 Cu 填充在 W 骨架的孔隙内，凝固后形成立体的网络状结构，即 Cu 相围绕着 W 颗粒均匀连续地分布(图 4.58)。这种组织结构均匀的 CuW 合金有利于发挥 W、Cu 两相各自的性能优势，提高材料的导热及导电性、高温与室温强度以及耐电弧烧蚀性等综合性能。W 粉中添加少量的硬质陶瓷相颗粒，在压制后的生坯中，这些颗粒的弥散分布减少了 W 颗粒之间的接触概率。由于这些添加相具有良好的化学稳定性，它们在 W 颗粒边界上的钉扎作用，减少了 W 骨架在烧结过程中 W 颗粒间的聚集长大倾向，W 颗粒尺寸小且较均匀；另外，这些陶瓷相能够阻止烧结后期晶界的迁移，抑制骨架中孤立闭孔的产生，有利于形成相互贯通的 W 骨架孔隙[23]。由于这些添加相的弥散强化和细晶强化作用，烧结后 W 骨架不仅致密、强度高，而且骨架中含有相互贯通的孔道，在后续熔渗过程中有利于 Cu 液在毛细管力作用下顺利地渗入骨架孔隙，并为 Cu 液提供有效的补缩，保证 Cu 相网格的完整性和连续性，有利于 CuW 合金导电率的提高。但由于添加相 WC 和 TiC 比 Cu 和 W 的导电性差，而且 WC 和 TiC 的添加势必导致相界面增加，会增强对电子的散射作用，从而降低 CuW 合金的导电率。因此，在这两方面的综合作用

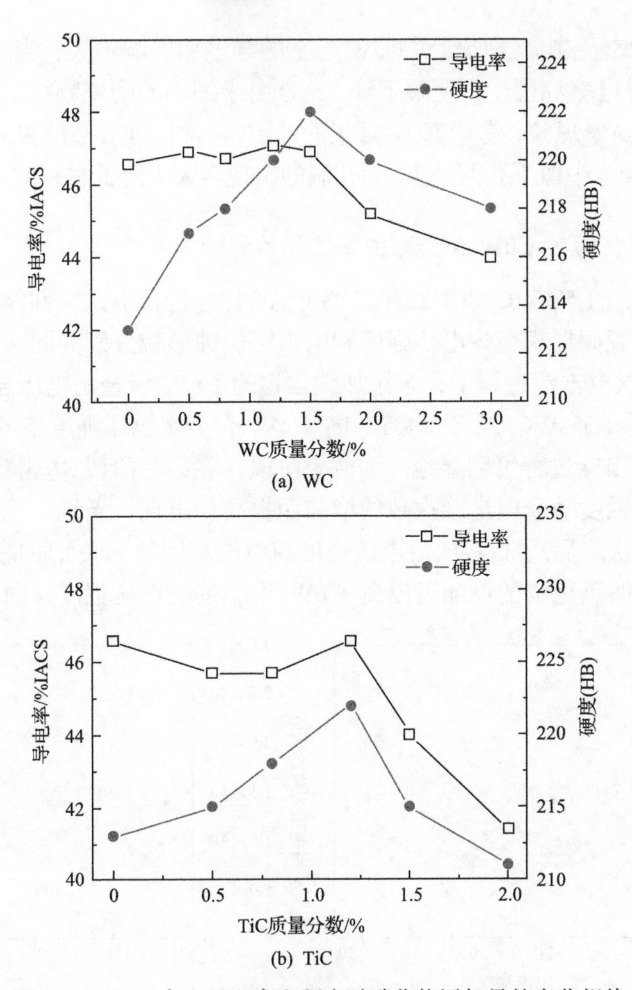

图 4.57 CuW 合金导电率和硬度随碳化物添加量的变化规律

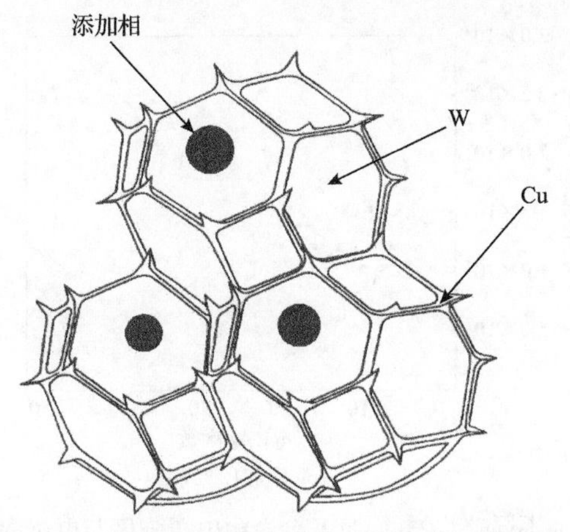

图 4.58 含添加相 CuW 合金的结构示意图[27]

下，适宜的 WC 及 TiC 添加量对 CuW 合金的导电率影响不大；当添加量过多时，CuW 合金的导电率和硬度会明显下降。这是由于细小的陶瓷颗粒之间的接触概率变大，会出现团聚现象，易堵塞 W 骨架的孔隙，不利于 Cu 液的渗入和有效补缩，从而在 CuW 合金中留下孔洞缺陷，而孔洞的出现会大大降低材料的导电率和硬度。

2. 添加碳化物对 CuW 合金电击穿性能的影响

分别将添加 1.5%WC 和 1.2%TiC 的 CuW 合金进行电击穿性能测试，并观察电击穿之后的表面形貌，耐电压强度和电击穿烧蚀形貌分别如图 4.59 和图 4.60 所示。在 50 次电击穿过程中，未添加碳化物的 CuW 合金耐电压强度低于 1.0×10^8V/m，而含 1.5%WC 或 1.2%TiC 的 CuW 合金耐电压强度基本上高于 1.0×10^8V/m。且电击穿过程可明显地分为两个阶段：在第一阶段(电击穿前 30 次)，合金的耐电压强度随着电击穿次数的增加而提高，出现“老炼”现象；在第二阶段(电击穿 30 次之后)，材料的耐电压强度与电击穿次数无关，而是在某一数值附近波动。这表明碳化物的添加可提高 CuW 合金的耐电压强度，同时在真空电击

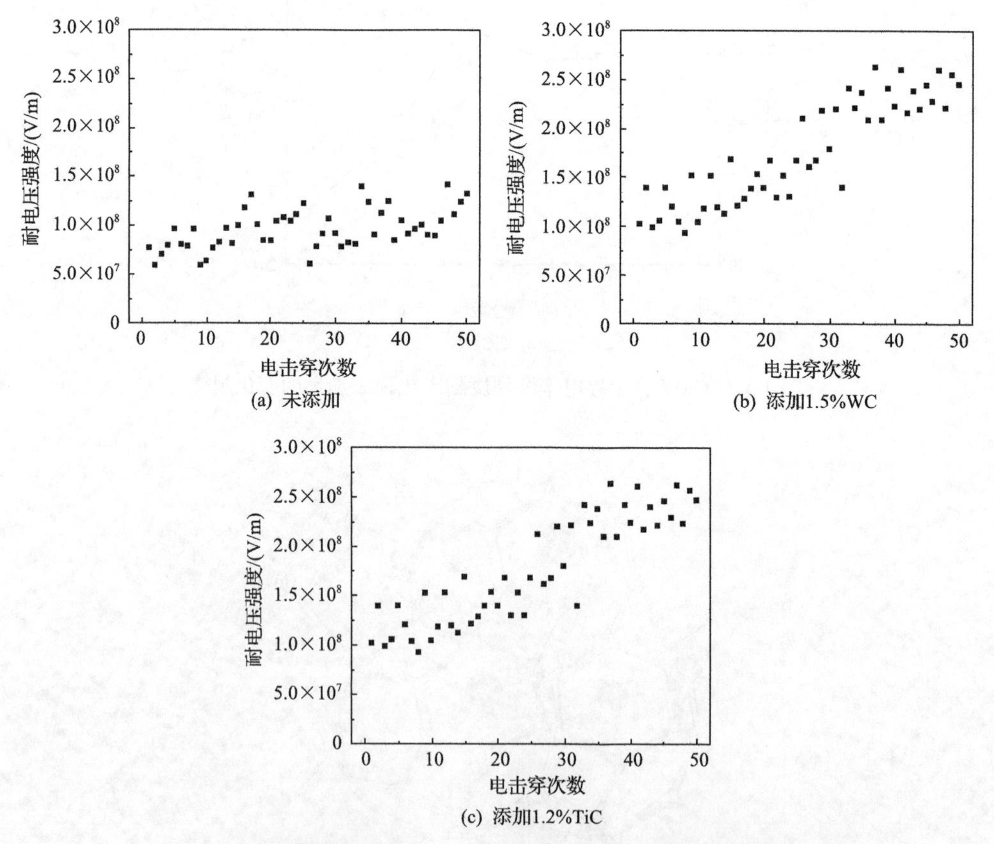

(a) 未添加

(b) 添加1.5%WC

(c) 添加1.2%TiC

图 4.59 添加不同碳化物的 CuW 合金耐电压强度与电击穿次数的关系

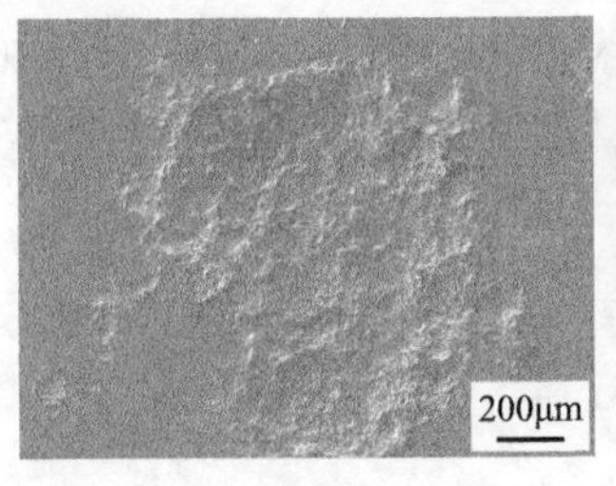

(a) 未添加

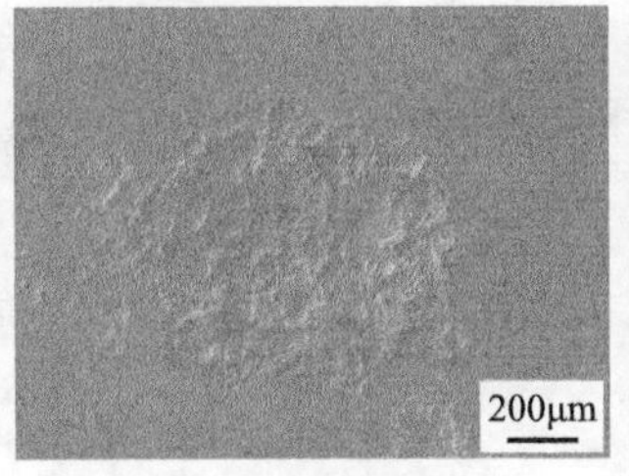

(b) 添加1.5%WC

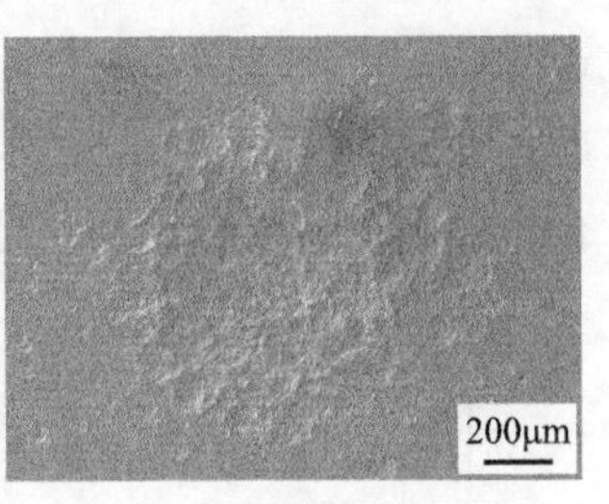

(c) 添加1.2%TiC

图 4.60 添加不同碳化物的 CuW 合金 50 次电击穿后的烧蚀形貌

穿过程中伴有明显的“老炼”现象。此外，与未添加碳化物的 CuW 合金相比，添加 WC 的 CuW 合金正对阳极 W 针处烧蚀情况较轻微，表面总体上比较平坦，且集中烧蚀面积较小。同时，含 1.2%TiC 的 CuW 合金击穿边缘烧蚀坑较浅，烧蚀坑分布的区域较大，表明电弧有向周围无规则运动的趋势。

从未添加碳化物及添加 1.2%TiC 的 CuW 合金电击穿后的边缘形貌可以看出，添加 TiC 后表面烧蚀程度显著减轻，如图 4.61 所示。未添加碳化物的 CuW 合金表面电击穿主要发生在富 Cu 区域，有大片 Cu 液的剧烈喷溅，烧蚀坑较大，熔化飞溅出的 Cu 液沉积在材料表面凝固后，形成亮白色的凸起颗粒(10μm 左右)。而添加 1.2%TiC 的 CuW 合金形貌显示，白色模糊状亮点为电弧作用下 Cu 相蒸发后凝聚在试样表面的小液滴(1μm 左右)。同时，在没有 TiC 相存在的富 Cu 区域，电击穿主要发生在富 Cu 区域或 Cu/W 相界面上，在电弧的作用下，Cu 相的喷溅比较严重；而在有 TiC 相存在的富 Cu 区域(图 4.61(b)中箭头所示区域)，电击穿首先发生在 Cu/TiC 相界面，而且该区域烧蚀坑较浅，Cu 相的飞溅较轻。这是由于材料中各相界面处的结合力相对较弱，电子发射能力较强，所以在富 Cu 区域的边界和 Cu/TiC 的相界面首先发生电击穿，形成烧蚀坑。

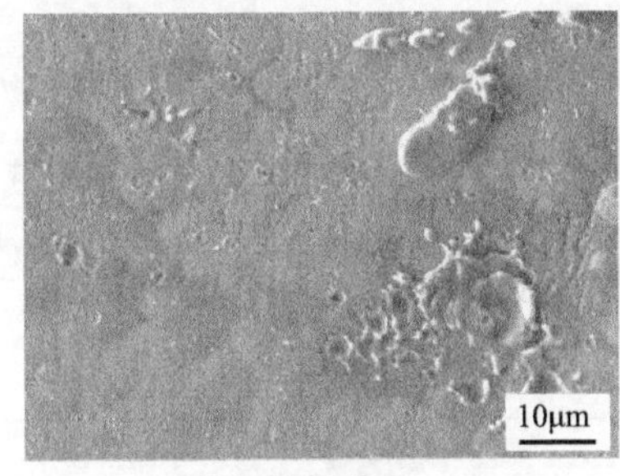

(a) 未添加

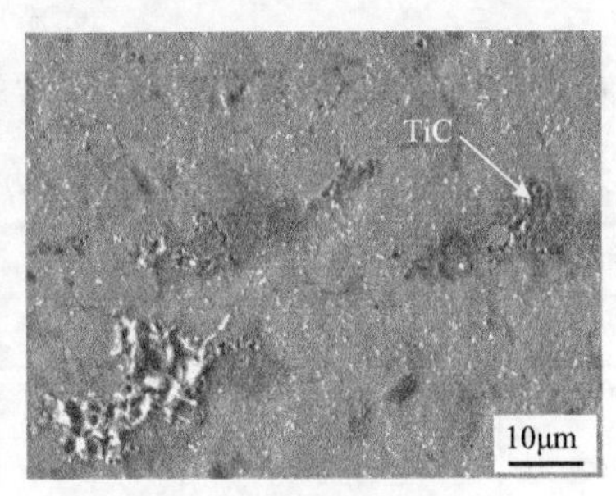

(b) 添加1.2%TiC

图 4.61 50 次电击穿后 CuW 合金边缘区域的形貌

电击穿过程中的电流-时间曲线(图 4.62)表明，添加 WC 和 TiC 的 CuW 合金截流值较低、电弧寿命较长，而且随着电流的递减，曲线比较光滑，表明添加

WC 和 TiC 的 CuW 合金在真空电击穿过程中，电弧燃烧较为稳定。从表 4.10 中所列的 50 次电击穿性能的平均值可以看出，添加一定量的 WC 和 TiC 可降低 CuW 合金的平均截流值，延长平均电弧寿命。

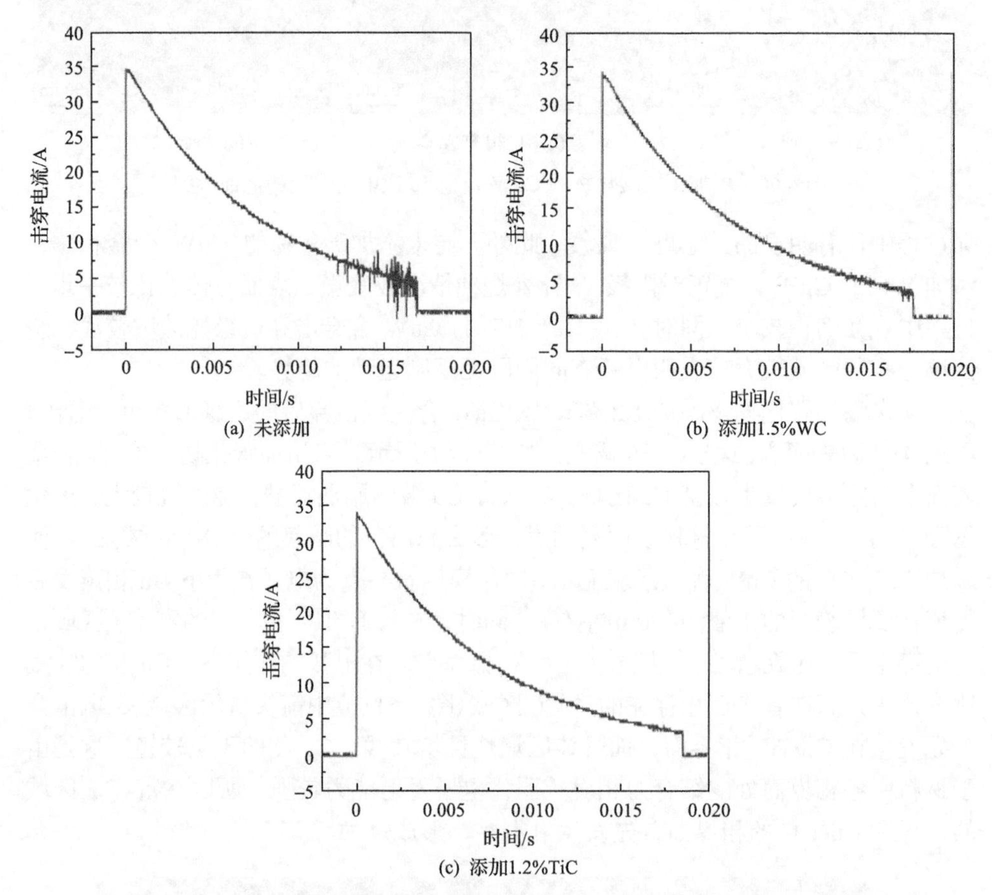

图 4.62　添加不同碳化物的 CuW 合金真空电击穿过程击穿电流-时间曲线

表 4.10　相同条件下添加不同碳化物的 CuW 合金 50 次电击穿性能统计值

CuW 合金	截流平均值 I_c/A	电弧寿命平均值 τ_c/ms	耐电压强度平均值 E_b/(V/m)
未添加碳化物	3.49	16.92	9.53×10^7
添加 1.2%TiC	2.93	17.30	1.78×10^8
添加 1.5%WC	3.02	17.16	1.25×10^8

以上结果表明，在同样的高压电弧作用下，不同材料表面烧蚀形貌存在差异。对于未添加碳化物的传统 CuW 合金，电击穿往往发生在富 Cu 区域，真空电弧在富 Cu 区域聚集，发生严重的局部熔化，引起 Cu 液的剧烈飞溅。而在 CuW 合金添加 WC 或 TiC 等碳化物后，电弧对材料的侵蚀方式发生了变化，由以喷溅侵蚀

为主的方式转化为以蒸发汽化为主的侵蚀方式。而触头表面发生液态喷溅后的表面粗糙度要比以蒸发汽化后大很多，这些高低不平的微观凸起引起局部电场的增加，很容易成为电击穿的场致发射点[24]，从而降低材料表面的击穿强度。在CuW合金中添加一定量的碳化物后，Cu和W两相分布较为均匀，富Cu区域变小。在电弧的热和力作用下，W骨架中弥散存在的高热稳定性碳化物颗粒能够起到阻止Cu液流动和汇集的作用，防止大面积Cu液的飞溅，降低了材料的损耗。同时，在液相熔池内高熔点弥散存在的碳化物颗粒能起到异质形核的作用，使得液相凝固的时间大幅度缩短，从而使材料表面形成较大微粒的概率降低，触头表面较为光滑，因此微粒诱发电击穿的概率减小[25]，材料真空间隙的耐电压强度升高。由此可见，改善CuW合金组织中Cu相的均匀性，可减少在强电弧作用下大面积Cu液的喷溅，有利于CuW合金耐电弧烧蚀性和耐电压强度的提高。

另外，真空开关触头分离时，作用在它们之间的接触压力减小，同时接触的面积也缩小，在足够高的电压下，在触头间隙中发生电击穿现象，产生真空电弧[26]。如果截流值过高，电弧熄灭后的电压仍较高，电弧重燃、复燃的概率也较高，而电弧重燃和复燃会对触头造成持续的烧蚀。已有研究表明[27]，维持电弧所需要的蒸气由为数众多的、在金属表面上随机、快速运动不止的“阴极斑点”提供，这些斑点是电击穿发生后阴极表面所形成的烧蚀坑，也是阴极真正发射电子和产生金属蒸气的地方。一般来说，真空电弧的稳定性和截流值的大小与触头材料的蒸气压有密切关系，阴极材料的蒸气压越高截流值就越低，而金属的蒸气压又与阴极材料的微观组织结构密切相关[28]。在添加碳化物的CuW合金中，由于碳化物在W骨架中弥散分布，渗Cu后Cu相分布相对较为分散和均匀，富Cu区域较小。在材料表面输入电弧热量一定的条件下，较小区域的Cu相熔化过程损耗的热量较少，则输入的能量绝大多数被Cu蒸发过程所消耗，而产生大面积Cu相熔化和飞溅的概率减小。这就为阴极区域提供了足够的金属蒸气以维持电弧的稳定燃烧，使得截流值降低，电弧燃烧时间延长。

4.4.3 稀土氧化物对CuW合金组织与性能的影响

稀土氧化物在W、Mo材料中的应用始于20世纪70年代，目的是解决钍钨电极材料的放射性污染和严重脆性等难题。以W为基，掺入一些电子逸出功低的稀土氧化物，它们弥散分布在W基体中起弥散强化作用，可提高W合金的高温强度、再结晶温度和高温蠕变性能[29]。同时，添加稀土氧化物的W合金还具有优良的耐电弧烧蚀性能及良好的电弧稳定性[30, 31]。

1. 不同掺杂方式对CuW合金组织的影响

掺杂相只有均匀分布于基体中才能起到最优强化效果，不均匀的掺杂会导致粒子的聚集，甚至会降低材料性能。因此，稀土氧化物的掺杂方式是决定稀土氧化物掺杂 W 制品性能的关键工序。为保证 W 中掺入稀土元素的均匀性，目前主要有以下几种研究相对成熟的掺杂方法。

(1) 固-固掺杂。

将固体稀土氧化物直接加入 W 或 WO_3 中混合均匀，然后直接或经还原后压制成型，最后烧结制备所需 W 材。固-固掺杂法的优点是操作简单、易于工业化，缺点是掺杂的稀土氧化物分布均匀性差，导致所制备的 W 材性能很难达到设计要求。

(2) 液-固掺杂。

液-固掺杂是在固-固掺杂法基础上发展起来的，主要是为了克服稀土氧化物分散不均匀的缺点。稀土氧化物以硝酸盐、乙酸盐等金属盐溶液的形式加入 W 或者 WO_3 中，经干燥、分解、还原制得掺杂稀土氧化物的 W 粉末，再经压制、烧结制得 W 材。这种掺杂方式较好地改善了物相的分散均匀性，目前已用于大批量制备质量较好的稀土氧化物掺杂 W 制品。

(3) 液-液掺杂。

将稀土硝酸盐和钨酸盐在溶液中混合均匀，经干燥、分解和还原制得稀土氧化物掺杂的 W 粉末，再经压制、烧结制得 W 材。液-液掺杂实现了分子级的均匀混合，解决了均匀混料的难题。但是这种方法产量小，并且在溶液结晶析出时容易引起稀土偏析，且稀土的实际加入量与设计量存在一定偏差，同时生产成本高。目前，液-液掺杂法应用于工业化大批量生产存在困难，还需进一步深入研究。

为此，采用传统固-固掺杂法和液-固掺杂法制备 CuW-La_2O_3 合金，通过微观组织表征和相关物理性能的测试，比较 La_2O_3 掺杂方式对所制备材料微观组织与性能的影响。

烧结熔渗法制备 CuW 合金、传统固-固掺杂 CuW-La_2O_3 合金及液-固掺杂 CuW-La_2O_3 合金的微观组织如图 4.63 所示。与传统 CuW 合金相比，添加 La_2O_3 可以明显细化 W 的晶粒，而液-固掺杂则可以在固-固掺杂的基础上进一步细化，并提升组织均匀性。传统 CuW 合金中，W 相均呈大块状，颗粒直径 15～25μm，Cu 相在 W 颗粒周围分布的同时还出现少量聚集现象，均匀性较差；固-固掺杂的 CuW-La_2O_3 合金，W 颗粒周围弥散分布着呈网格状的 Cu 相，颗粒粒径 10～15μm，通过 EDS 线扫描元素分布结果可以看出，La_2O_3 颗粒存在于 Cu/W 相界面处以及 Cu 相中；对于液-固掺杂 CuW-La_2O_3 合金，W 相粒径为 1～3μm，Cu 相均匀分布在 W 相之间。由于 La_2O_3 颗粒过于细小，不能很好地表征其形貌，但在前文已经证实，在 W 颗粒之间以及 W 和 Cu 相界面处存在小颗粒，即 La_2O_3 颗粒。

不同 La_2O_3 掺杂方式制备的 CuW 合金组织形貌有很大的区别，液-固掺杂法制备的合金组织细化明显。主要有两方面的原因：①液-固掺杂法采用氢气还原

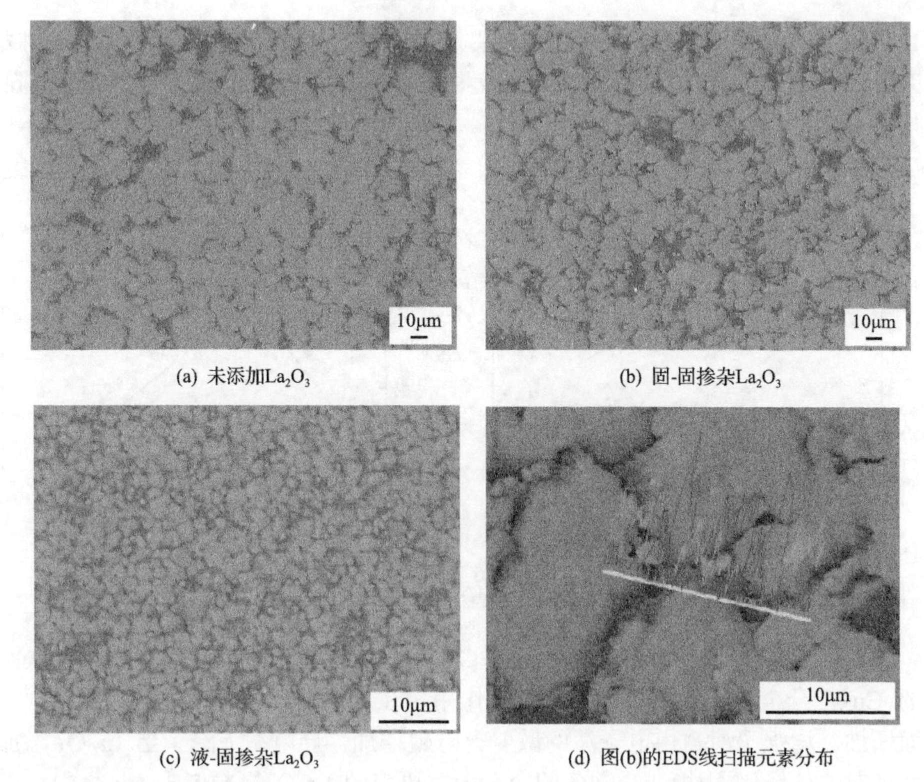

(a) 未添加La_2O_3　(b) 固-固掺杂La_2O_3

(c) 液-固掺杂La_2O_3　(d) 图(b)的EDS线扫描元素分布

图 4.63　不同 La_2O_3 掺杂方式制备的 CuW 合金微观组织及能谱分析结果

WO_3 粉末，W 颗粒在还原过程中发生细化，而且添加的 La_2O_3 在还原过程中可抑制 W 颗粒的长大，所得的 W 粉粒度得到进一步细化和均匀化。而传统的固-固掺杂法制备的 CuW 合金中，W 粉的初始粒度为 5～8μm，在烧结过程中，由于初始 W 粉粒度差异，最终合金组织有很大差别。②在液-固掺杂过程中，La_2O_3 首先与 WO_3 混合，粒度细小的 La_2O_3 颗粒在裂解过程中附着于 WO_3 表面而形成包覆粉，在还原过程中得到重新分布和均匀化，在烧结过程中，La_2O_3 牢固地附着在 W 颗粒周围，起到抑制 W 颗粒长大、均匀化 W 骨架的作用。传统固-固掺杂法混粉过程中，La_2O_3 依靠界面张力依附在 W 颗粒上，并不能达到均匀混合的效果，在压制过程中，硬度较高的 La_2O_3 颗粒易于镶嵌到诱导 Cu 粉中，导致在烧结过程中 La_2O_3 对 W 颗粒长大的抑制作用以及对 W 骨架的均匀化效果减弱。

对不同掺杂方式制备的 CuW-La_2O_3 合金的导电率和硬度进行表征，如图 4.64 所示。可以看出，传统固-固掺杂结合熔渗法制备的 CuW 合金导电率总体上要高于液-固掺杂法制备的合金，且随着 La_2O_3 添加量的增加，CuW 合金的导电率均减小，但传统固-固掺杂法制备的 CuW 合金导电率减幅更大。然而，随着 La_2O_3 添加量的增加，两种掺杂方式制备的 CuW 合金的硬度均先升高后降低，最高值均

在 La_2O_3 添加量为 0.75%时，两种掺杂方式制备的 CuW 合金硬度最高分别为 209HB 和 220HB。在所有添加量中，液-固掺杂法制备的合金硬度均高于传统固-固掺杂法制备的合金。

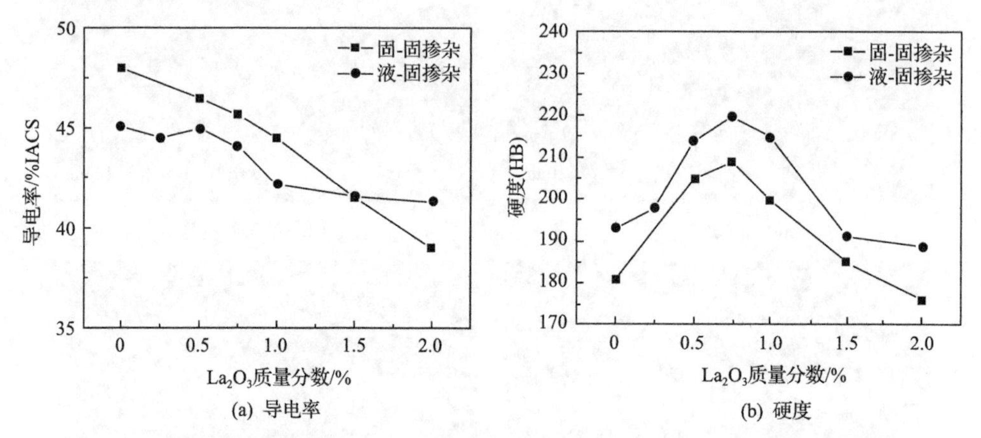

图 4.64 不同掺杂方式制备的 $CuW-La_2O_3$ 合金导电率、硬度随 La_2O_3 添加量变化规律

以上结果表明，液-固掺杂法制备的 CuW 合金硬度均高于传统固-固掺杂法制备的 CuW 合金，原因主要为细晶强化作用。在导电率方面，晶粒得到细化，相界面增加，增强了对自由电子波的散射，电阻增加，导电率下降。当 La_2O_3 添加量增加时，传统固-固掺杂法制备的合金中，更多的 La_2O_3 颗粒嵌入 Cu 相中，而 Cu 相是主要导电相，故随着 La_2O_3 添加量增加，传统粉末冶金法制备的 CuW 合金导电率下降幅度增大。

2. La_2O_3 对 CuW 合金组织与性能的影响

采用液-固掺杂法添加 La_2O_3，即将 La_2O_3 粉末溶于浓硝酸中，稀释后再将 WO_3 粉末溶于其中，经干燥、热解和还原得到 W/La_2O_3 复合粉末，然后将该复合粉末与 Cu_2O 球磨混合，再次还原后压制成型，经烧结和熔渗后得到 $CuW-La_2O_3$ 合金，并测试其力学及电击穿性能。

1) W/La_2O_3 复合粉末的制备

还原后复合粉末的 XRD 物相分析结果表明，复合氧化物前驱物已被完全还原，如图 4.65 所示。但在 XRD 检测中没有发现 La_2O_3 的峰，这是由于还原过程中的 La_2O_3 添加量小于 2%，无法检测到。

热解 WO_3/La_2O_3 复合粉末、纯 W 粉及 W/La_2O_3 复合粉末的形貌如图 4.66 所示。与纯 W 粉相比，W/La_2O_3 复合粉末的颗粒尺寸显著降低。经过热解后的 WO_3/La_2O_3 复合粉末的粒度为 20～30μm；单相 WO_3 还原后的 W 粉粒度为 0.5～4μm，颗粒大小分布不均匀；而 WO_3/La_2O_3 复合粉末还原的 W 颗粒粒度分布均匀，尺寸约为 0.5μm，复合粉末的分散性良好，没有出现大面积的团聚以及局部颗粒长大。由于 La_2O_3 颗粒的粒度细小，在复合粉末中未见其分布位置及粒度大小。根据化学气相迁移长大机理[32]，WO_3 具有挥发性，在还原过程中，水蒸气与已还原的 W 粉生成更具挥发性的水合氧化钨挥发至气相中，在氢气的作用下沉积在较粗的 W 颗粒上，从而使 W 颗粒进一步长大。当添加 La_2O_3 后，其性能稳定，在还原过程中为气相 W 粉的沉积提供核心，而且阻隔后续 W 粉继续沉积在 W 颗粒上，从而阻碍 W 颗粒的进一步长大，保证 W 粉的粒度均匀。

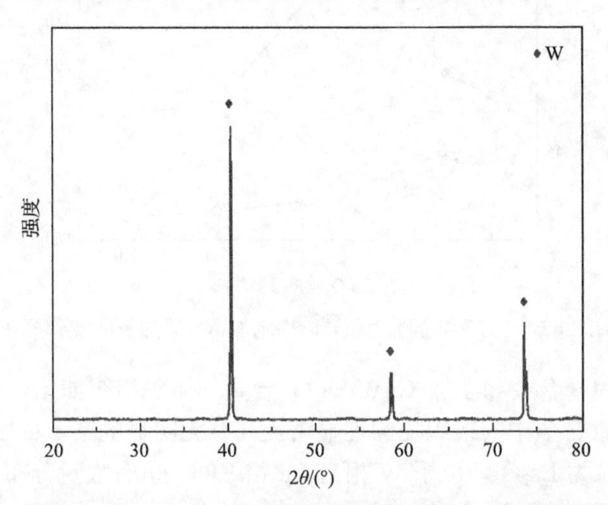

图 4.65 WO_3 与 La_2O_3 混合粉末还原后的 XRD 图谱

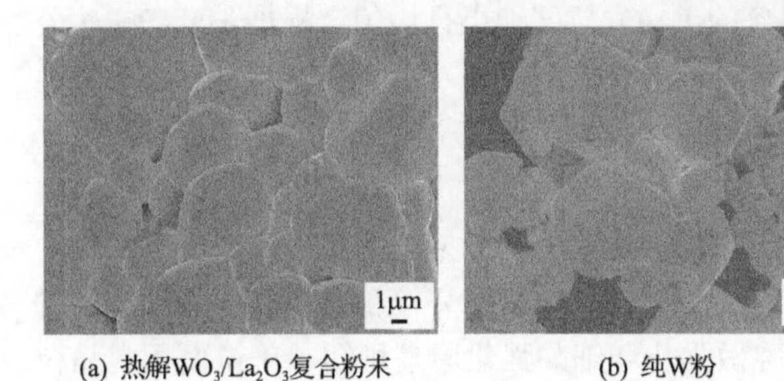

(a) 热解 WO_3/La_2O_3 复合粉末 (b) 纯W粉 (c) W/La_2O_3 复合粉末

图 4.66 WO_3 还原前后与 La_2O_3 混合粉末的 SEM 形貌

2) CuW-La_2O_3 合金的微观组织

随着 La_2O_3 添加量的增加，CuW 合金密度缓慢降低。La_2O_3 添加量为 0.75%时，CuW 合金致密度达到 98.89%；La_2O_3 添加量超过 0.5%后，密度的减幅增大(表 4.11)。然而，CuW 合金的硬度却随着 La_2O_3 添加量的增加先增加后降低，并当添加量为 0.75%时硬度达到最大值 220HB；CuW 合金的导电率则随 La_2O_3 添加量的增加而呈减小趋势，在 La_2O_3 添加量为 0%～0.5%时，导电率变化较小，约为 45%IACS(图 4.67)。

表 4.11 添加不同量 La_2O_3 的 CuW 合金密度

La_2O_3 添加量/%	0	0.25	0.5	0.75	1.0	1.5	2.0
合金的密度/(g/cm³)	14.30	14.26	14.25	14.18	14.09	14.01	13.92

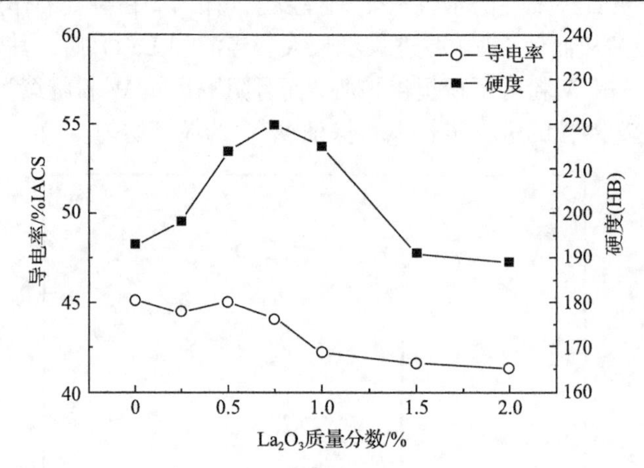

图 4.67 CuW 合金硬度和导电率随 La_2O_3 添加量的变化规律

未添加 La_2O_3 合金和添加 CuW-La_2O_3 合金的微观组织如图 4.68 所示。添加 La_2O_3 后，CuW 合金中的组织均匀性显著提高，无明显的富 Cu 区域。基体中的黑色分散小颗粒为 La_2O_3，位于 W 相与 Cu 相之间，也有大量分布于 W 颗粒之间(图 4.68(b)中箭头指示区域)。

由于采用液-固掺杂法添加制备的 La_2O_3 粒度细小且均匀，根据 Hall-Petch 公式[33]，可得

$$\sigma_s = \sigma_i + kd^{-1/2} \tag{4.4}$$

式中，σ_s 为材料的屈服强度；σ_i 为作用在位错上的摩擦力，k 为晶界阻力，两者均为与材料有关的常数；d 为晶粒尺寸。在σ_i、k 保持不变的情况下，d 越小，材料屈服强度σ_s 相应得到提高。由弥散强化和细晶强化原理可知，单位面积内晶粒增多，晶界面积增大，而晶界在位错滑移过程中的阻滞效应，以及添加相在晶界附近的分布，增大了晶界附近的滑移阻力，因此位错不易穿过晶界，会塞积在晶界处引起强度的提高，故随着添加量增加其硬度提高。弥散相添加量、粒度、粒子间距三者之间的关系为[23]

$$\lambda = \frac{2}{3}d\left(\frac{1}{f}-1\right) \tag{4.5}$$

式中，λ为粒子间距；f为弥散相体积分数；d 为晶粒尺寸。由式(4.5)可以看出，

粒子直径不变的情况下,随着弥散相体积分数的增加,粒子间距减小。即随着 La_2O_3 添加量增加,La_2O_3 聚集的概率增加,聚集的 La_2O_3 在熔渗过程中阻碍 Cu 液自由流动,减小毛细作用力,造成 Cu 液熔渗不充分,最终引起孔洞缺陷,使硬度降低。故随着 La_2O_3 添加量的增加,CuW 合金的硬度呈现先升后降的趋势。

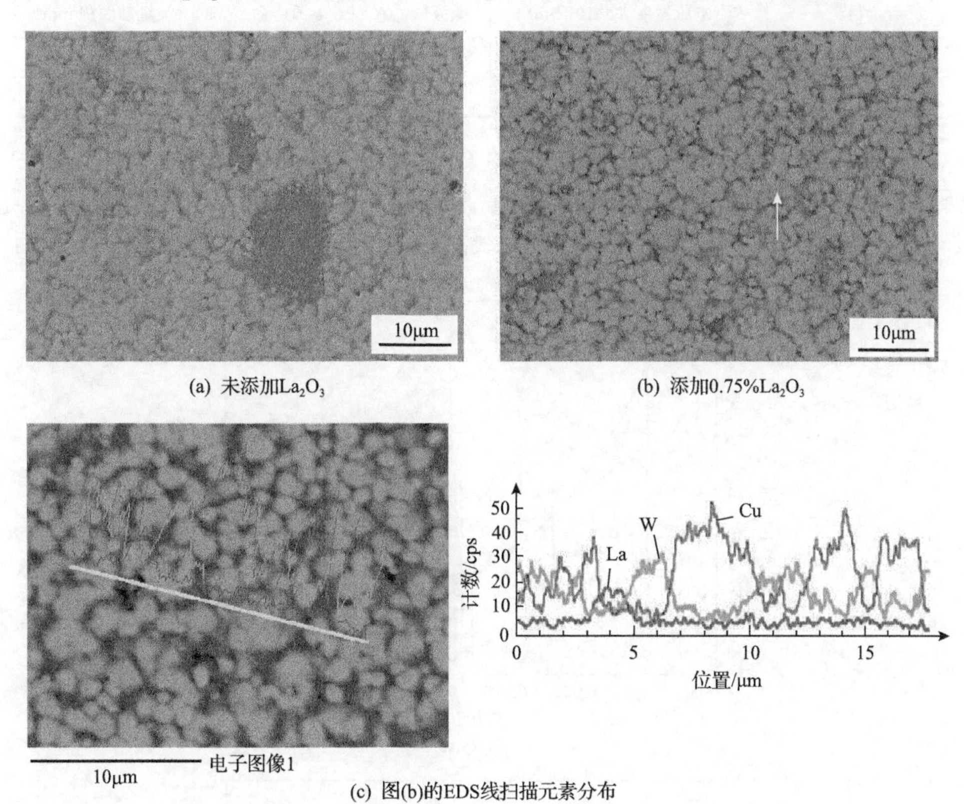

(a) 未添加La_2O_3

(b) 添加0.75%La_2O_3

(c) 图(b)的EDS线扫描元素分布

图 4.68 添加 La_2O_3 前后 CuW 合金的微观组织及能谱分析结果

添加的 La_2O_3 存在于相内和相界,引起点阵畸变,还有 La_2O_3 粒子、位错、点缺陷等,都使理想晶体点阵的周期性遭到破坏,电子波在这些地方发生散射而产生附加电阻,降低导电性。同时,与 Cu 和 W 相比,La_2O_3 导电性较差,而且 La_2O_3 的添加势必增加相界面,从而增强了对自由电子波的散射,造成 CuW 合金的电导率下降。另外,La_2O_3 的添加明显改善了 CuW 合金组织的均匀性,Cu 相均匀分布于 W 相周围并连成网格状,这对导电性有一定的提升。综上所述,电导率的变化是由组织均匀化和电子波散射产生附加电阻两个相互矛盾的因素决定的。

3) La_2O_3 对 CuW 合金电击穿性能的影响

采用真空电击穿设备对添加不同量 La_2O_3 的 CuW 合金进行真空电击穿,表 4.12 为真空电击穿 50 次的电性能平均值。与 CuW 合金相比,CuW-0.75%La_2O_3 合金的耐电压强度增幅达 36.9%，截流值降低了 15.3%，电弧寿命提高了 9.7%，烧蚀面积增加了 28.3%，综合性能得到很大的提高，烧蚀性能得到明显改善。

表 4.12 CuW 合金真空电击穿 50 次电性能平均值

合金材料	耐电压强度 E_b/(10^7V/m)	截流值 I_c/A	电弧寿命 τ_c/ms	烧蚀面积/mm^2
CuW	7.26	3.79	14.70	2.4552
CuW-0.75%La_2O_3	9.94	3.21	16.13	3.1510

未添加 La_2O_3 和添加 0.75%La_2O_3 的 CuW 合金击穿电流-时间曲线如图 4.69 所示。通过对比可以看出，添加 La_2O_3 后，CuW 合金的截流值降低，电弧寿命延长。在电弧稳定性方面，CuW 合金的曲线在燃弧后期波动较大，而添加 La_2O_3 后

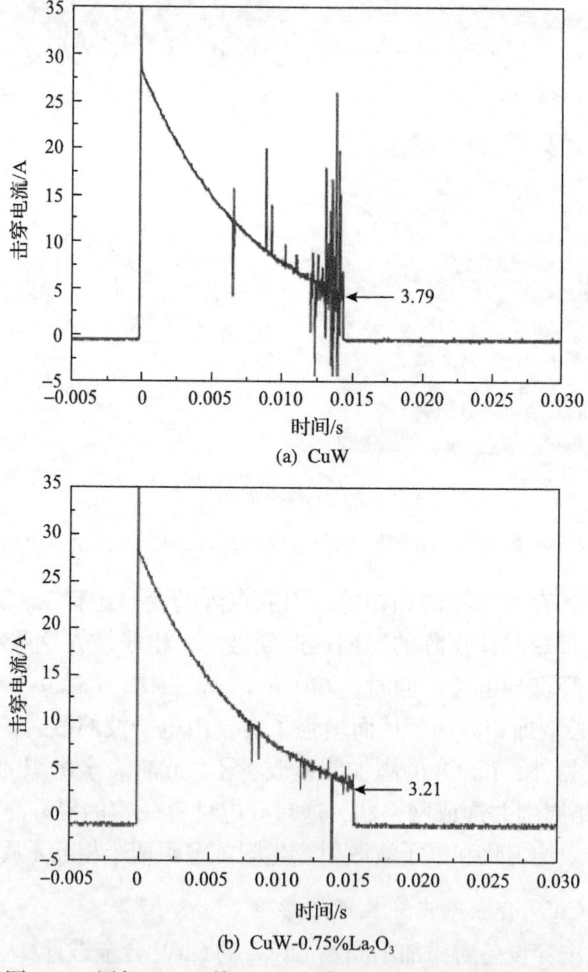

图 4.69 添加 La_2O_3 前后 CuW 合金的击穿电流-时间曲线

波动性明显减小，随着时间的延长曲线比较光滑，即 La_2O_3 的添加可有效地改善电弧稳定性。

未添加 La_2O_3 和添加 0.75%La_2O_3 的 CuW 合金真空电击穿 50 次后的表面及边缘形貌见图 4.70。添加 La_2O_3 后，在阳极正下方的烧蚀坑深度减小，面积增大，周围分布着零散的小烧蚀坑和轻度烧蚀区域。添加 La_2O_3 后烧蚀面积增大 28%，烧蚀深度也大幅降低，可见 La_2O_3 的添加明显减轻了电弧对 CuW 合金的烧蚀。对比烧蚀区域边缘形貌，纯 CuW 合金中，烧蚀坑周围分布着电击穿过程中喷溅出的 Cu 液，有平铺在 W 颗粒表面的，有聚集成颗粒的，也有与烧蚀坑组成锥形形貌的；添加 La_2O_3 后，烧蚀坑的边界呈现 W 骨架的形状，Cu 液分布在烧蚀坑里，呈圆球状或液滴状。

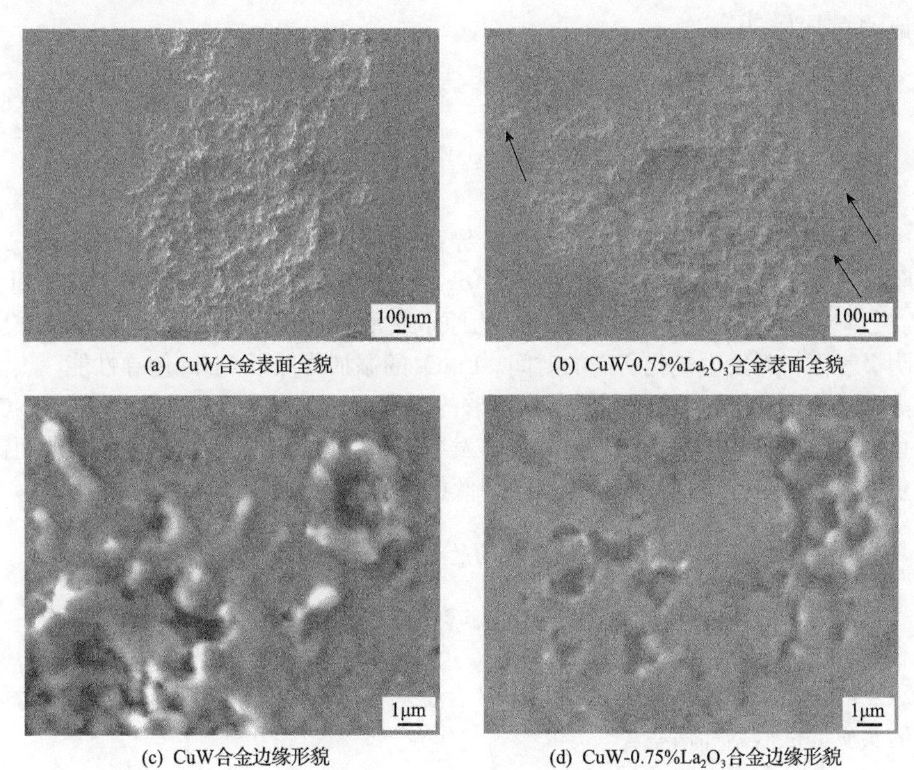

(a) CuW合金表面全貌　(b) CuW-0.75%La_2O_3合金表面全貌

(c) CuW合金边缘形貌　(d) CuW-0.75%La_2O_3合金边缘形貌

图 4.70　添加 La_2O_3 前后 CuW 合金真空电击穿 50 次后的表面及边缘形貌

从以上结果可知，添加 0.75%La_2O_3 的 CuW 合金综合性能明显提高。这可从添加相的性质、材料的组织性能以及电击穿后的形貌进行解释。首先，La_2O_3(2.1eV) 的逸出功与 Cu(4.39eV) 和 W(4.52eV) 相比更低，在电击穿过程中外电场的作用下，La_2O_3 中的电子首先克服表面势垒而逸出材料表面，产生电子发射，从而导致真空间隙被击穿。与未添加 La_2O_3 的 CuW 合金相比，La_2O_3 的添加降低了耐电压强度；其次，添加 La_2O_3 后，CuW 合金电导率和硬度有一定程度的提高，微观组织也更加均匀，因此综合性能的提高对耐电压强度的改善有一定作用；最后，真空电击穿理论模型(如电子爆裂发射模型、场致微凸体发射模型)强调微凸体在电击穿过程的负面作用，由于微凸体顶部的电场强度大于附近导体表面电场强度，并导致发射点功函数降低，故大量的微凸体降低耐电压强度。从图 4.70 烧蚀区域边缘形貌可以看出，添加 0.75%La_2O_3 的 CuW 合金表面比较干净，烧蚀坑周围的微凸体有所减少，因此其耐电压强度得到提高。综合以上各方面因素，添加 La_2O_3 后，微凸体对耐电压强度的改善作用大于逸出功变化对耐电压强度的降低作用，从而使耐电压强度有所提高。

根据截流前加热阴极的发热方程和阴极的能量平衡方程，可以推导出关于截流值的判据为[34]

$$t_c = \frac{\theta_b^2 C_p \rho_m \lambda}{\left[\frac{I^2 \rho_d}{4a_0} + (1-S)I\left(2\phi_i - \phi_e\right) - \beta S I \phi_e - C_\Delta m_\Delta \frac{(1-S)I}{e}\right]^2} \tag{4.6}$$

式中，θ_b 为温升；λ、C_p、I 分别为热传导系数、比热容、电流；ρ_d 为电阻率；a_0 为阴极斑点半径；$S=I_e/I$，I_e 为电子流；ρ_m 为密度；ϕ_i 为游离电位；ϕ_e 为逸出功；β 为隧道效应系数；e 为电子电量；m_Δ 为原子质量；C_Δ 为气化潜热；t_c 为电弧作用下阴极表面材料发生气化所需的时间。La_2O_3 的添加降低了 Cu 的传导性能，热量集中于 Cu 相的蒸发，为燃弧提供了足够的金属蒸气，当电弧电流较小时，La_2O_3 的自由电子在低的场强作用下依然能够发射电子，维持阴极斑点的延续，从而保证了电弧的稳定性，延长电弧寿命，降低材料的截流水平。

3. La_2O_3 对 CuW 合金阴极斑点运动的影响

通过对传统 CuW 合金、WO_3/CuO 经球磨—共还原—熔渗法制备的 CuW 合金(CuW 合金)以及前文所述工艺制备的 CuW-La_2O_3 合金三种材料在电击穿时阴极斑点的运动规律，解析 La_2O_3 对 CuW 合金阴极斑点运动的影响，为理解阴极斑点的实质提供依据和借鉴。

1) CuW-La_2O_3 合金阴极斑点的运动规律

通过高速摄影仪获取 CuW 合金电击穿燃弧过程阴极斑点运动照片，每张照片曝光时间为 38μs，相邻两张照片的时间间隔为 41μs，照片按时间顺序由上到下、由左到右依次排列，如图 4.71 所示。可以看出，阴极斑点均位于阳极的正下方，相对于阳极，阴极斑点从开始到熄灭基本没有发生位移变化。阴极斑点的亮度由强到弱，如图 4.71 第 2 张照片与第 21 张照片的放大照片所示，阴极斑点的形状没有变化，均为近圆形。第 2 张照片和第 21 张照片中的阴极斑点面积分别约为

$0.1543mm^2$ 和 $0.0137mm^2$，相差一个数量级。

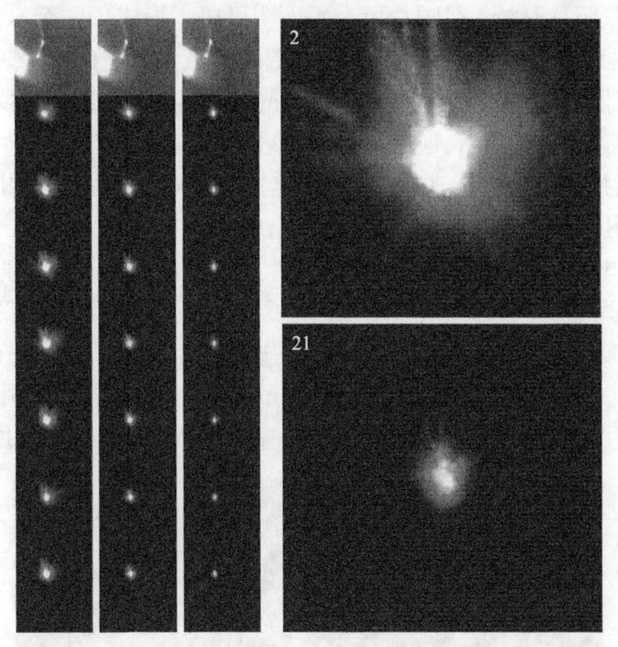

图 4.71 传统 CuW 合金燃弧过程中阴极斑点的运动轨迹

图 4.72 为 CuW 合金燃弧过程中阴极斑点的运动轨迹。可以看出，阴极斑点

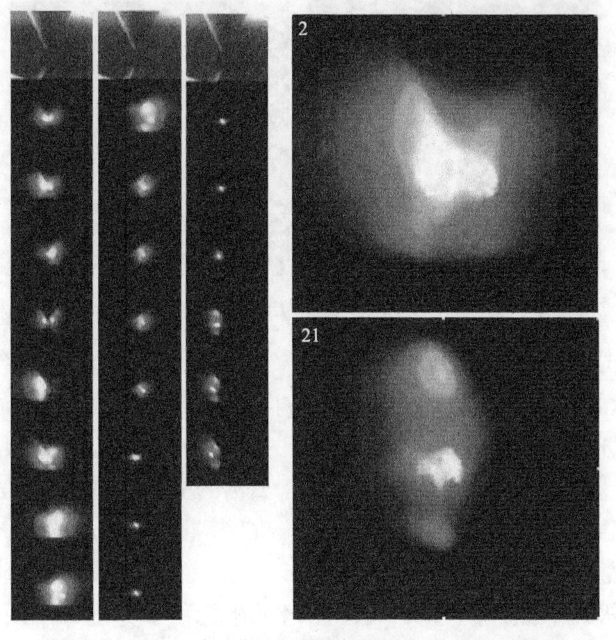

图 4.72 CuW 合金燃弧过程中阴极斑点的运动轨迹

由产生到熄灭的过程中出现了微弱的移动，前 3 张照片中阴极斑点保持在阳极正下方，从第 4 张照片开始，在图片所在平面阴极斑点形成了一个 S 形的移动轨迹。同理，如果转换到试样表面，阴极斑点是围绕阳极而形成的一个近似圆形的运动轨迹。第 2 张照片阴极斑点面积为 0.1918mm^2，第 21 张照片中阴极斑点面积为 0.0598mm^2，结合全部照片，阴极斑点的面积呈递减的趋势。

对于液-固掺杂结合熔渗法制备的 CuW-La_2O_3 合金，燃弧后期出现了阴极斑点的分裂和大范围移动(图 4.73)。结合平面坐标系，在水平方向上，从第 2 张照片开始出现阴极斑点的左移，从第 16 张照片后便开始右移；在垂直方向上，第 3 列后期和第 4 列的阴极斑点较前两列出现了上移，阴极斑点偏向照片的右上角，说明在燃弧后期，阴极斑点在向阴极材料的边缘地区移动，而且呈现分散的趋势。第 2 张照片中阴极斑点面积为 0.0692mm^2，第 15 张照片中阴极斑点面积为 0.0446mm^2。阴极斑点的面积呈递减趋势，整体上较 CuW 合金有所减小。

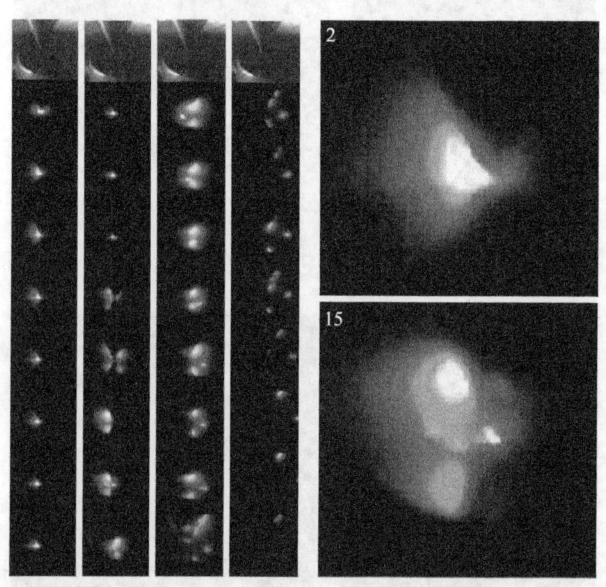

图 4.73 液-固掺杂结合熔渗法制备的 CuW-La_2O_3 合金燃弧过程中阴极斑点运动轨迹

为了便于分析高速摄影照片中的信息，使阴极斑点的相关参数更直观，建立如图 4.74 所示的坐标系，摄影仪所在的方向为与 Y 轴成 30°夹角的方向，X 轴垂直于摄影仪与 Y 轴组成的平面，因此拍摄的照片中阴极斑点与实际试样阴极斑点在 X 轴上没有角度变化，在 Y 轴上有一个 2 倍的关系，即 $BC=AB\sin30°=AB/2$，AB 为实际阴极斑点在 Y 轴方向运动距离，BC 为照片中显示的阴极斑点在 Y 轴方向运动距离，故在转换过程中，$AB=2BC$。

通过对阴极斑点照片的分析，在图 4.74 的坐标系下标出每个阴极斑点的坐标，利用坐标求出每个阴极斑点之间的空间距离，描绘出阴极斑点的运动轨迹，根据

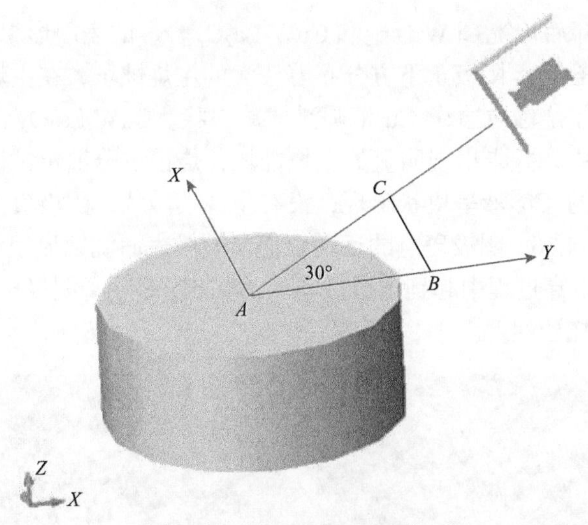

图 4.74 阴极斑点运动坐标系

速度的定义求出阴极斑点的运动速度，从而可以更加方便地研究阴极斑点的运动规律。依据图 4.74 建立的转换坐标系，将图 4.71～图 4.73 中阴极斑点的位置用坐标表示，得到阴极斑点的运动轨迹，如图 4.75 所示。传统的 CuW 合金阴极斑点运动轨迹相对集中，不能清楚地看出运动路径。而 CuW 合金在击穿中心左右出现了阴极斑点微小的移动，在 X 轴方向移动的跨距约 0.75mm，在 Y 轴方向上移动的跨距约为 0.5mm。添加 La_2O_3 后，从阴极斑点的运动轨迹可以看出，起始阶段阴极斑点未出现大范围的移动，仅向阳极正下方左移，在约 1/3 时间以后，开始出现阴极斑点的大跨度迁移，在 X 轴方向上跨距为 1.5mm，在 Y 轴方向上跨距约为 2.5mm，相比纯 CuW 合金，阴极斑点运动区域显著增加。

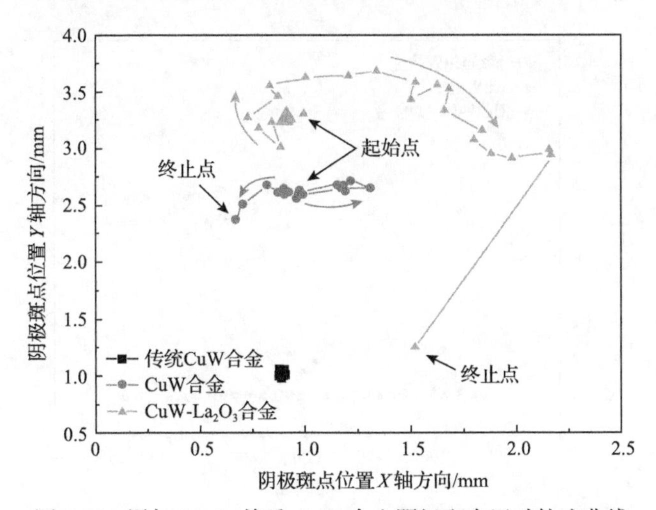

图 4.75 添加 La_2O_3 前后 CuW 合金阴极斑点运动轨迹曲线

经 3 次电击穿后传统 CuW 合金和 CuW-La_2O_3 合金的表面形貌如图 4.76 所示。对于传统 CuW 合金，阳极正下方分布着较大的主烧蚀坑，在主烧蚀坑周围有零散的小烧蚀点，主烧蚀坑边缘 Cu 液喷溅成旋涡状。CuW-La_2O_3 合金 3 次电击穿后表面烧蚀形貌中，并未出现明显的主烧蚀坑，烧蚀坑分散于试样表面，在烧蚀坑的周围有零星的 Cu 液呈块状出现，没有呈现喷溅状，阴极表面光滑、平整。对比图 4.75 和图 4.76，阴极斑点的运动轨迹与阴极表面烧蚀形貌对应较好，这是由于 La_2O_3 在电击穿过程中起到了分散电弧的作用，影响了阴极斑点的运动轨迹，减轻了阴极表面烧蚀程度。

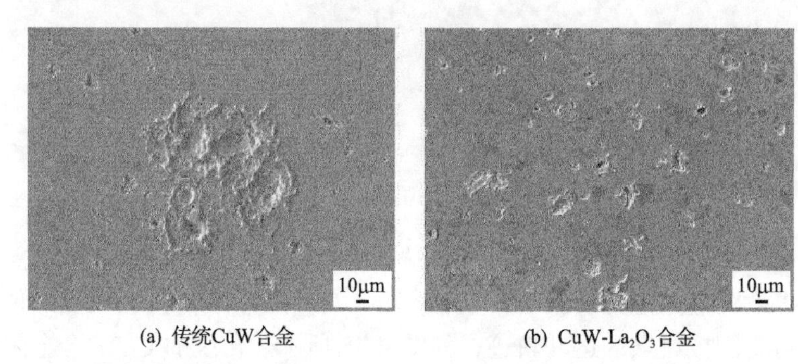

(a) 传统CuW合金　　(b) CuW-La_2O_3合金

图 4.76　CuW 合金 3 次电击穿后阴极表面烧蚀形貌

以电击穿过程中阴极斑点第一张照片中的位置为原点，通过各阴极斑点的坐标，计算得到其与初始点之间的偏移量，结果见图 4.77。传统的 CuW 合金得到近似一条直线，即各阴极斑点与起始点之间的距离没有发生变化，烧蚀集中在阳极正下方。采用液-固掺杂法制备的 CuW 合金，在 200～500μs 以及 700μs 以后出现偏移，偏移距离最大达到 0.4mm 左右。添加 La_2O_3 后，在 0～400μs 时，阴极

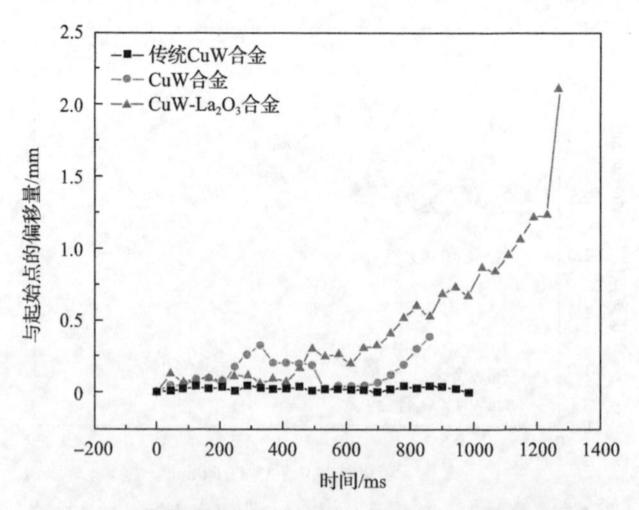

图 4.77　电击穿过程中阴极斑点与初始点之间的偏移量

斑点高出原点 0.1mm 左右，在随后的时间中，图中曲线呈现阶梯状，每次距离增大后维持 100～200μs，最终达到最大距离约 2.2mm。将曲线反映的趋势对应到试样表面，阴极斑点在以偏离距离为半径的圆周上移动，随着时间延长，圆周的半径增大，最终在试样的表面上留下相对分散的烧蚀坑。

将高速摄影图片中间隔 41μs 的各个阴极斑点看成独立的，所以每个阴极斑点之间的运动可以看成由产生到熄灭，并且假设阴极斑点的运动是匀速的，故电弧的运动速度可根据速度公式 $v=S/t$ 得到。图 4.78 为添加 La_2O_3 前后阴极斑点的运动速度-时间曲线。图中，传统 CuW 合金的运动速度随时间基本没有变化，平均值仅为 0.56m/s；液-固掺杂法制备的 CuW 合金阴极斑点运动速度出现了无规则的波动，平均速度约为 1.91m/s；添加 La_2O_3 后，在 0～400μs 运动速度保持在常规数值，随后出现有规则的波动，保持在 3～5m/s，平均速度约为 4.08m/s。

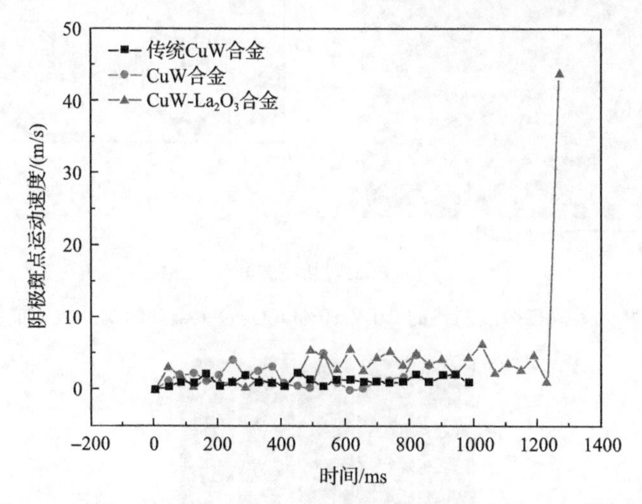

图 4.78 添加 La_2O_3 前后 CuW 合金阴极斑点的运动速度-时间曲线

2) 添加 10%La_2O_3 的 CuW 合金阴极斑点运动分析

通过对 CuW-La_2O_3 合金电击穿过程中阴极斑点运动照片及其运动参数进行分析，发现 La_2O_3 的添加明显改善了 CuW 合金的烧蚀形貌和阴极斑点运动轨迹及相关参数。为了进一步研究添加 La_2O_3 对 CuW 合金阴极斑点运动的影响，采用液-固掺杂法按相同的工艺参数制备了添加 10%La_2O_3 的 CuW 合金，图 4.79 为其微观形貌及线扫描结果。可以看出，W 骨架保持良好的形状，La_2O_3 颗粒大部分镶嵌在 W 骨架之间或位于 Cu/W 相界面处。图 4.79(c) 中的 EDS 线扫描分析也表明，La_2O_3 在合金中呈不规则的多边形状，在 Cu/W 相界面处和 W 骨架之间，都可清楚看到 La_2O_3 颗粒的存在。

图 4.80 为含 10%La_2O_3 的 CuW 合金燃弧过程中阴极斑点运动轨迹。在阴极斑点运动轨迹中，在 Y 轴方向上，从第 1 列到第 5 列，每行的阴极斑点均呈斜坡状，

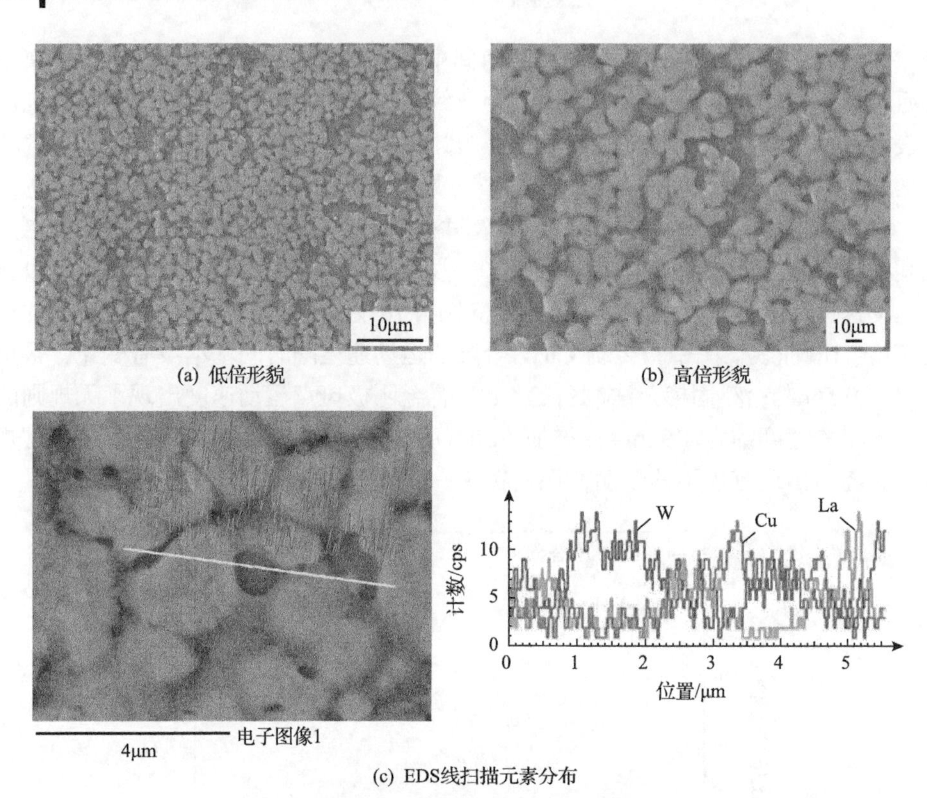

图 4.79　液-固掺杂法制备的 CuW-10%La_2O_3 合金微观组织及线扫描结果

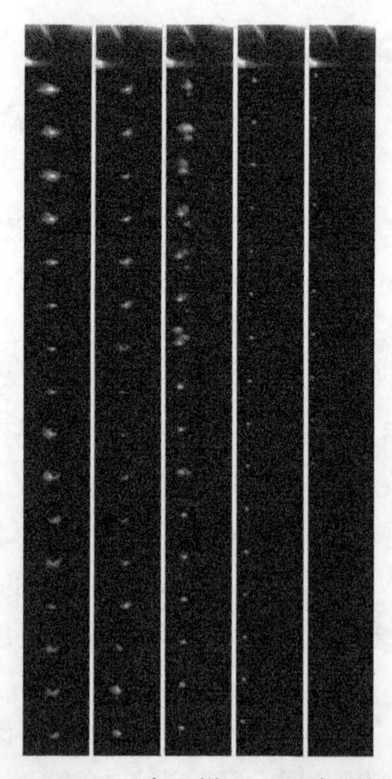

图 4.80　CuW-10%La_2O_3 合金燃弧过程中阴极斑点运动轨迹

即在 Y 轴方向上，阴极斑点随时间的延长发生很明显的位移。在 X 轴方向上，阴极斑点的位置由最初的阳极正下方，移动到照片中的左上角，最终可能移出高速摄影视野，表明阴极斑点的运动范围很广。阴极斑点的面积由第 1 张照片的 $0.0844mm^2$ 逐渐减小，第 75 张照片的面积只有 $0.0071mm^2$，后面的阴极斑点面积更加细小，阴极斑点的亮度逐渐变暗。结合图 4.81 含 10%La_2O_3 的 CuW 合金击穿电流-时间曲线，燃弧时间可达 2.98ms，电弧稳定性也比较好，截流值在 0.5A 左右，这些性能相对于前述微量添加 La_2O_3 和不添加 La_2O_3 都有很大提升。同时，对比微量添加 La_2O_3 和不添加 La_2O_3 的阴极斑点运动照片，CuW-10%La_2O_3 合金的阴极斑点能快速移动并产生裂化，从而延长电弧寿命，降低材料的截流值。

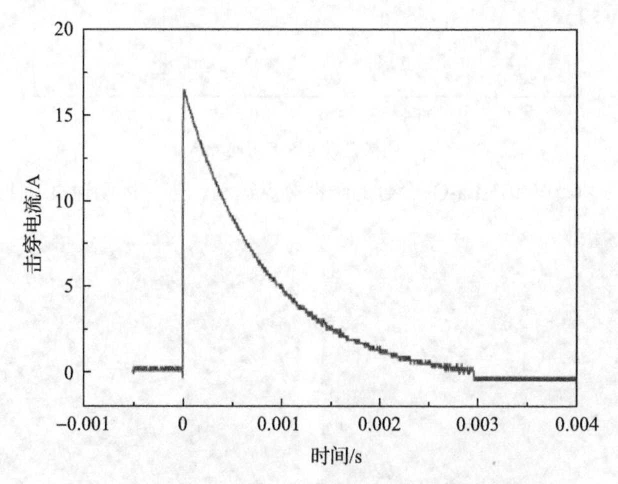

图 4.81 CuW-10%La_2O_3 合金的击穿电流-时间曲线

CuW-10%La_2O_3 合金阴极斑点运动轨迹与速度-时间的关系曲线如图 4.82 所示。从运动轨迹曲线可以看出，阴极斑点在初始点周围停留一段时间后，向图中左下角移动，最后在终点附近停留一段时间，在 X 轴方向上，阴极斑点的跨度达到 1.0mm，在 Y 轴方向，跨度接近 2.0mm。纵观速度-时间曲线，速度分布近似波浪形，无明显规律，但结合阴极斑点运动轨迹曲线，在起始和终止阶段，阴极斑点比较密集，速度比较低，而且随着阴极斑点的远离，速度也达到一个最大值，约为 5.8m/s，平均速度为 1.46m/s。相比微量添加 La_2O_3 的 CuW 合金，阴极斑点的运动范围有所减小，平均速度降低。随着 La_2O_3 含量的增加，La_2O_3 的分布更加密集，阴极斑点在“由生到灭”的过程中更容易选择新的烧蚀点，旧的烧蚀点相距新的烧蚀点之间的距离会缩短，相同时间内，阴极斑点的运动距离缩短，平均速度随之减小。

图 4.83 为 CuW-10%La_2O_3 合金真空电击穿 3 次后的微观组织及线扫描结果。可以看出，阴极斑点的运动面积比较大，几乎占 1/2 的视野区域，而且阴极斑点

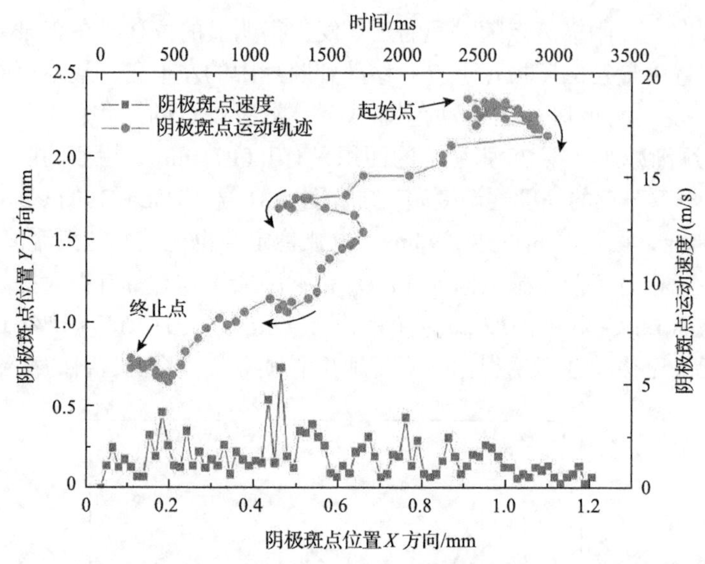

图 4.82　CuW-10%La_2O_3合金的阴极斑点运动轨迹与运动速度-时间曲线

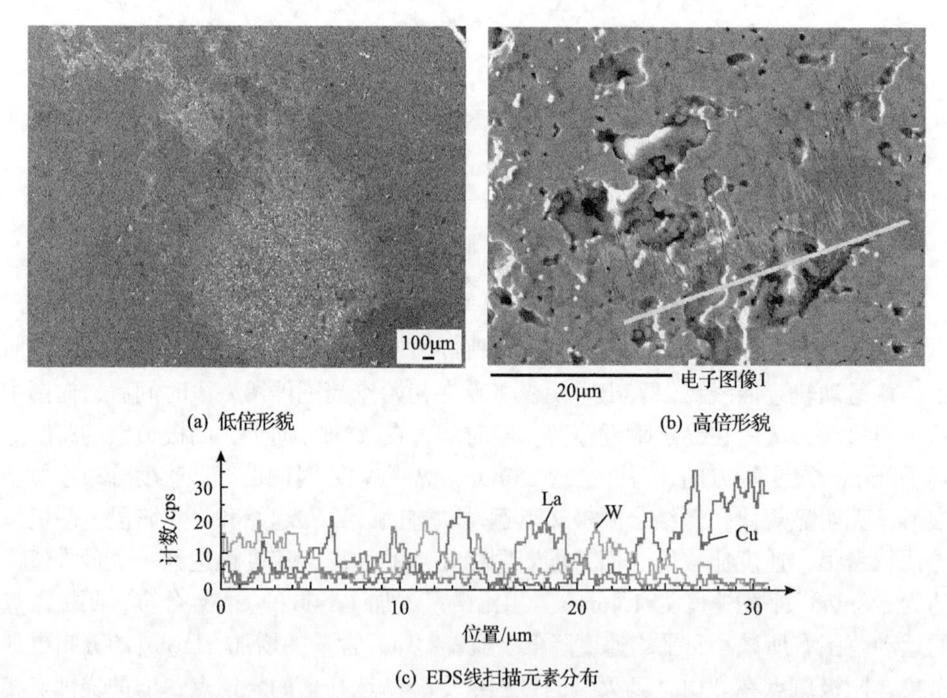

图 4.83　CuW-10%La_2O_3合金3次击穿后的微观组织及线扫描结果

有从中心向左上角迁移的趋势，从图中可以看出阴极斑点运动路径。从烧蚀中心区的放大图可以看到，烧蚀坑周围没有Cu液喷溅形成的“火山口”状Cu相，而且在众多烧蚀坑之间的 Cu 相仍保持完好，没有电弧烧蚀过的痕迹。与前文的

CuW-La_2O_3 合金(图 4.76)相比，CuW-10%La_2O_3 合金的烧蚀面积大，烧蚀程度严重，烧蚀坑弥散地分布于视野中。通过 EDS 线扫描分析(图 4.83(c))可以看出，在烧蚀坑中有残留的 La_2O_3 存在，熔化后又凝固的 Cu 相分布在 W 骨架上或者包覆在 La_2O_3 颗粒周围，烧蚀坑的形貌呈近似圆形或不规则多边形状，对比未电击穿前的微观组织形貌，与 Cu 相和 La_2O_3 颗粒的形状比较吻合，因此是在电击穿过程中 La_2O_3 颗粒承受电子轰击作用及 Cu 相的蒸发所留下的痕迹。

3) 添加 La_2O_3 的 CuW 合金阴极斑点运动影响机理

前已述及，改变制备方法，阴极材料表面组织细化、均匀，阴极斑点的面积减小，运动范围变广，运动速度产生大幅波动。晶格结构在晶界处变形，从而使处于晶界和晶粒中电子的能量分布不同，相邻的晶界和晶粒间存在接触电位差。阴极表面位于晶界处的电子在外加电场和内部电场(接触电位差导致)的作用下，相对于晶粒中的电子更容易逃逸出阴极表面[35,36]。根据苏亚凤等[37]建立的一维 Kronig-Penney 模型可知，晶粒的尺度减小，对应价电子能带间带隙(禁带宽度)越大，电子在能隙间跃迁受到的阻碍作用越大。随着 CuW 合金组织细化，带隙逐渐变宽，即电子在晶粒之间的运动困难，因此液-固掺杂法制备的 CuW 合金中，阴极斑点附近晶粒不能及时补充足够的电子来满足发射中心对电子的大量需求，从而迫使阴极斑点向邻近易发射电子处移动。故阴极材料组织细化、均匀化是影响阴极斑点运动的一个因素。

对比图 4.72 与图 4.73，添加 La_2O_3 后，阴极斑点面积有所减小并且出现分裂现象。阴极斑点的电流密度(J)为阴极斑点的承载电流(I)与阴极斑点面积(A)之比。对于同种材料，单个阴极斑点所能承载的最大、最小电流都是一个定值。电流变化时阴极斑点通过分裂或者合并而保持一定的承载电流[15]。随着燃弧过程的进行，等离子体云的密度降低[38]，弥散的细小 La_2O_3 成为阴极斑点的源头，阴极斑点同时在邻近多点产生，以降低承载电流，从而产生分裂现象。从阴极斑点运动轨迹可以看出，添加 La_2O_3 后，阴极斑点一半的时间都游离在主烧蚀坑周围，并且随着速度增加与中心距离逐渐变大。在电击穿过程中，外加电场使阴极表面势垒降低$\Delta\varphi$，其与电场强度关系为[39]

$$\Delta\varphi = \frac{1}{\sqrt{4\pi\varepsilon_0}} e^{\frac{3}{2}} E^{\frac{1}{2}} \tag{4.7}$$

式中，ε_0 为真空电导率；e 为电子电量；E 为外加电场强度。外加电场强度越大，CuW 合金发射电子的能力越强。由于 La_2O_3 的电子逸出功低于 Cu 和 W，且其与 Cu 和 W 之差均大于 Cu 与 W 之间的差值，故使合金中三相之间的相界面处内电场强度加大，从而使 La_2O_3 极易成为电子发射点。在电击穿过程中，开始阶段由于外加电场强度的强大作用力，击穿位置在阳极的正下方，即阴极斑点的活动范围在阳极正下方；随着外加电场强度的减小，初始阶段烧蚀产生的微凸体成为主导阴极斑点运动轨迹的主要因素；当外加电场强度不能够维持 CuW 合金阴极斑点继续运动时，逸出功低的 La_2O_3 的自由电子克服表面势垒逸出阴极表面，从而继续引导阴极斑点运动，以维持电弧稳定。

触头材料的电弧侵蚀方式包括蒸发气化侵蚀和喷溅侵蚀。在大电流情况下，喷溅是电弧侵蚀的主要方式，即喷溅侵蚀远大于蒸发侵蚀，阴极材料在真空电弧下的微观差异是由喷溅侵蚀所引起的。喷溅是触头材料在电弧热、力作用下发生的严重烧蚀行为。热作用是指电弧对触头输入能量使触头温度升高，发生熔化并形成熔池；力作用是指作用于熔池的力(包括电子轰击力、电场力、电磁力、物质的蒸发反力等)驱使液态金属流动，形成熔池流速场。当液态金属的流速超过一定值时，便以小液滴的形式从触头间飞散出去，即发生喷溅现象[40]。

产生液态喷溅的主要原因是电弧对液态金属力的作用，电弧对电极力的作用有多种，主要有斑点压力、静电力、电磁力、物质运动的反作用力、等离子流力等[41, 42]。

(1)斑点对阴极的压力。

设阴极压降为 u_c，阳离子质量为 m_i，电荷质量为 m_e、电荷为 e。在电弧稳定燃烧时，阴极单位面积所受阳离子的冲击力(斑点压力)为

$$P_{1C} = f \times J\sqrt{\frac{2m_i u_c}{e}} \tag{4.8}$$

式中，f 为阴极表面总电流离子所占的比例；J 为电流密度，A/m^2。

(2)静电力。

忽略电子的初始能量和离子进入阴极区的初始速度，则阴极表面电场强度对阴极表面单位面积的引力为

$$P_{2C} = f \times J\sqrt{\frac{2m_i u_c}{e}} - (1-f) \times J\sqrt{\frac{2m_e u_c}{e}} \tag{4.9}$$

式(4.9)右边第一项正好与阴极单位面积所受离子冲击力(斑点压力)相等，而后一项比前一项小约两个数量级，由于静电力与离子冲击力的作用方向相反，静电力抵消了大部分离子冲击力。

(3)电磁力。

可分为电磁压力和洛伦兹力旋转分量。电磁压力是由传导电流和自身磁场产生的径向磁收缩力和轴向电磁力构成的。

(4)物质运动的反作用力。

当电极物质高速蒸发时，按动量守恒定律，将对电极产生反作用力，这种力随着电流的增大而加强，并且在弧根区域的中心最为强烈。

熔池的形成有四个阶段[43, 44]：①在外加电场作用下阴极斑点中心温度升高到 Cu 相熔点，发生固-液相变；②随着温度继续升高，达到沸点，发生液-气相变，同时电弧的电磁搅拌作用增强，导致材料大量蒸发与喷溅，形成金属蒸气，达到温度极大值；③Cu 相蒸发降低阴极表面温度，当温度降至沸点以下时，发生气-液相变；④温度继续降低至熔点以下，发生液-固相变，熔池凝固，随后冷却至室温。从开始降温到凝固过程中，温度变化速率达到 1×10^7K/s。微凸体形成的关键时段处于液-气相变阶段与凝固阶段，在液-气相变阶段，La_2O_3 颗粒是电子发射的中心，减小了各种作用力直接作用在熔化的 Cu 相上，减轻 Cu 液的喷溅；在凝固阶段，击穿过程中残留以及合金内部的 La_2O_3 颗粒成为 Cu 液的形核核心，并且 Cu 在凝固过程中体积收缩 3.96%，促使熔池周边的 Cu 液集中在烧蚀坑内，降低微凸体高度，保证阴极表面光滑、平整。

4. CeO_2 对 CuW 合金组织和性能的影响

稀土氧化物 CeO_2 的主要物理性质见表 4.13[45, 46]。可以看出，CeO_2 具有高熔点、较高生成热、良好热稳定性和化学稳定性及较低的电子逸出功等特点，很适合用作 W 基体强化相。本节选用液-固掺杂法制备掺杂稀土氧化物的 W 粉，然后采用熔渗法制备掺杂稀土氧化物的新型 CuW 合金触头材料。

表 4.13 稀土氧化物 CeO_2 的主要物理参数[45, 46]

物理参数	密度/(g/cm³)	熔点/℃	沸点/℃	电阻率/(Ω·m)	生成热/(kJ/mol)	电子逸出功/eV
CeO_2	7.13	2397	3457	1.0×10^4	978	3.2

1) W/CeO_2 复合粉末的形貌和元素分布

将 $Ce(NO_3)_4$ 溶液倒入 WO_3 粉末中，经搅拌、干燥、热分解后对 WO_3 粉末进行还原，获得 W/CeO_2 复合粉末，其形貌如图 4.84(a)所示。可以看到，W/CeO_2 复合粉末颗粒细小，没有明显的团聚现象。EDS 面扫描元素分布表明，有 W 的区域就有 Ce 的存在，说明液-固掺杂法制备的 W/CeO_2 粉末性能良好，CeO_2 均匀地分布在 W 颗粒周围(图 4.84(b)和(c))。这是由于采用液-固掺杂法混料时有液体加入，使得 CeO_2 可以均匀地附着到每个 W 颗粒上。在还原的第一阶段，由一个 WO_3 晶体生成多个晶核的低价氧化物，而 CeO_2 沉积于晶核周围。在第二阶段，CeO_2 可抑制晶粒长大，获得颗粒细小均匀的 W/CeO_2 复合粉末。同时，由于液-固掺杂可以使 W 和 CeO_2 均匀混合，虽然在蒸发结晶过程中可能造成 CeO_2 的聚集，但 CeO_2 仍存在于 W 颗粒的表面和内部。所以液-固掺杂制备的粉末不但可以

使 CeO_2 在 W 颗粒表面分布更加均匀，而且由于在颗粒内部有 CeO_2，从而使 CeO_2 的分布更加均匀。

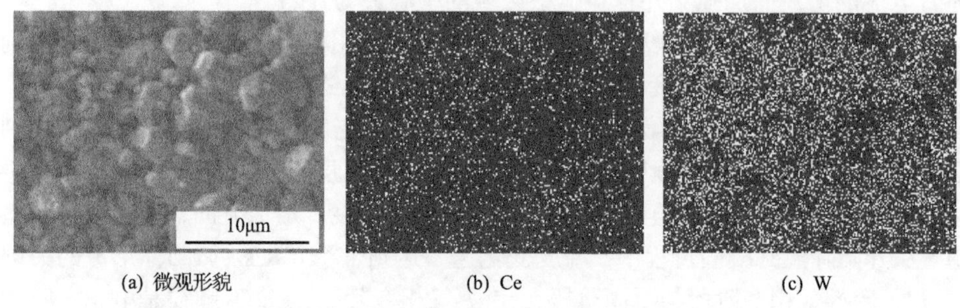

(a) 微观形貌　　(b) Ce　　(c) W

图 4.84　W/CeO_2 复合粉末的微观形貌及 EDS 面扫描元素分布结果

2）CeO_2 添加量对 CuW 合金组织的影响

将 W 与 CeO_2 的混合粉末与诱导 Cu 粉混合，经成型、烧结和熔渗工艺制备成 CuW 合金。随着 CeO_2 添加量的增大，CuW 合金组织中 Cu 相的分布趋于均匀和分散，富 Cu 区逐渐减少，W 颗粒的粒径也不断减小(图 4.85 中灰色相为 W，亮色相为 Cu，深色颗粒为 CeO_2)。当 CeO_2 添加量为 0.2%和 0.5%时，W 颗粒粒径大于 10μm；当 CeO_2 添加量增加到 0.8%时，W 颗粒粒径明显减小，大约为 5μm；当 CeO_2 添加量增加到 1%时，W 颗粒粒径减小到 1μm 左右。

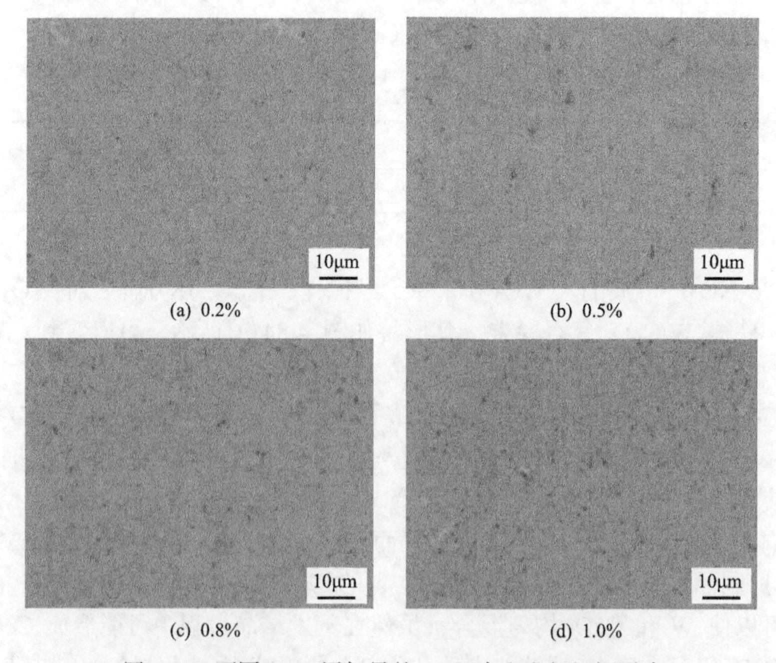

(a) 0.2%　　(b) 0.5%

(c) 0.8%　　(d) 1.0%

图 4.85　不同 CeO_2 添加量的 CuW 合金金相组织照片

添加的 CeO_2 颗粒弥散分布于 W 颗粒边界上，Cu 相沿 W 颗粒边界连续且较为均匀地包裹着 W 相，而且存在 CeO_2 颗粒的区域 W 颗粒几乎没有发生聚集长大，颗粒尺寸比较细小和均匀。在液-固混合条件下第三相的尺寸极小，烧结过程中第三相可钉扎晶界，抑制晶粒长大。与此同时，还能有效抑制因 W 颗粒烧结颈过度长大并减少晶界迁移而产生的通道封闭，保证了 W 骨架通道的相互贯通，有利于后续熔渗过程中液相 Cu 的顺利渗入。对液-固掺杂法来说，实质上是利用第三相来控制 W 晶粒的生长，使 W 晶尺寸稳定在某一范围。另外，稀土氧化物由于其独特的原子结构和性能上的特殊性，是良好的表面活性物质[47, 48]。因此，液相 Cu 在毛细管力作用下能够迅速在 CeO_2 和 W 颗粒表面铺展开，形成 Cu 连续包覆 W 的网络状结构，这种 Cu 和 W 两相均匀分布且晶粒得到细化的显微组织，有利于 CuW 合金各种性能的改善。

3) CeO_2 添加量对 CuW 合金性能的影响

随着 CeO_2 添加量的增加，CuW 合金的密度不断减小，如表 4.14 所示。CeO_2 的微量添加对 CuW 合金烧结体的密度影响不大，材料的密度相对稳定。然而，随着 CeO_2 添加量的增加，CuW 合金的硬度不断增加，导电率基本保持不变(图 4.86)。

表 4.14 不同 CeO_2 添加量的 CuW 合金密度

CeO_2 添加量/%	0.2	0.4	0.5	0.6	1.0
密度/(g/cm^3)	14.68	14.66	14.64	14.49	14.42

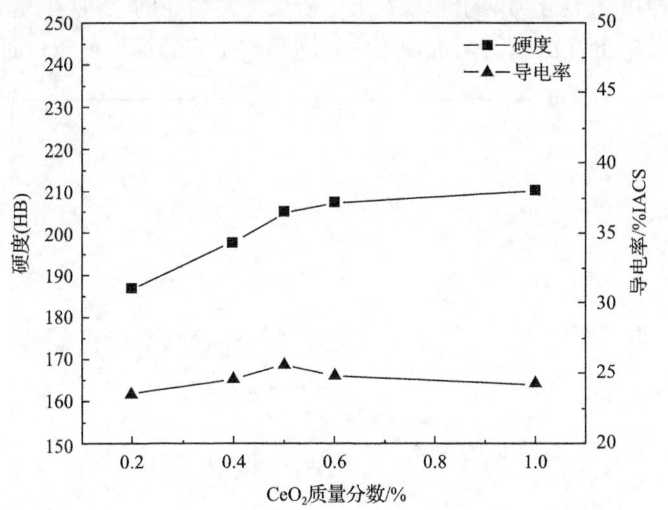

图 4.86 CuW 合金导电率和硬度随 CeO_2 添加量的变化规律

一般来说，采用粉末冶金法制备材料，影响其性能的因素主要是孔隙度和晶粒尺寸。采用液-固掺杂法向 W 骨架中添加 CeO_2，弥散强化和细晶强化 Cu、W

两相的效果显著，所以 CuW 合金硬度明显提高。导电率变化不大的原因可从以下两方面来解释：一是 CeO_2 颗粒的添加使得烧结 W 骨架的空间架构更为合理，保证了 Cu 网格的连续性和完整性，提高了 CuW 合金的导电率；二是添加的 CeO_2 导电性较差，而且晶粒的细化加大了晶界对运动电子的散射作用，降低了 CuW 合金的导电率。对于基体型多相系统，其传导性可表示为[23]

$$\lambda = \lambda_1 \left(1 + \frac{\theta_2}{\frac{1-\theta_2}{3} + \frac{\lambda_1}{\lambda_2 - \lambda_1}} \right) \tag{4.10}$$

式中，λ_1 为连续基体(第一相)的传导性；λ_2 为孤立第二相的传导性；θ_2 为第二相的体积分数。根据式(4.10)，认为 CuW 合金中 Cu 相为连续相，W 为孤立相。由于 CeO_2 的导电性较 Cu 相和 W 相差，而且 CeO_2 的添加势必增加相界面，从而又增强对自由电子波的散射，造成合金的导电率下降。因此，在以上两方面的共同作用下，CuW 合金的导电率没有发生明显变化。

4) CeO_2 添加量对 CuW 合金电击穿性能的影响

图 4.87 为添加 0.5%CeO_2 的 CuW 合金耐电压强度与电击穿次数的关系。与图 4.60(a)所示 CuW 合金的耐电压强度相比，添加少量 CeO_2 的 CuW 合金耐电压强度略有提高。同时可以看出，在其真空电击穿过程中，耐电压强度随电击穿次数的变化规律可明显分为两个阶段：第一阶段，大约在前 25 次电击穿过程中，耐电压强度随着电击穿次数的增加而增大，即出现了“老炼”现象；而在第二阶段，

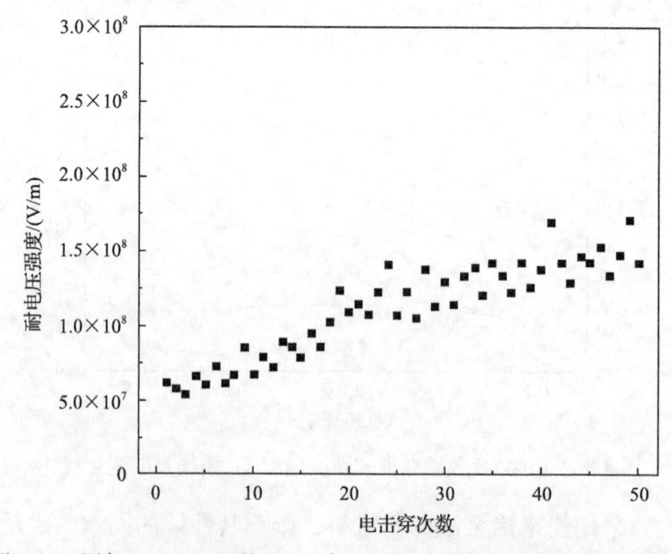

图 4.87 添加 0.5%CeO_2 的 CuW 合金耐电压强度与电击穿次数的关系

后25次击穿过程中，耐电压强度则维持在某一值附近波动。

添加0.5%CeO_2的CuW合金经50次电击穿后微观形貌如图4.88所示。与CuW合金相比(图4.61(a))，添加CeO_2的CuW合金电击穿烧蚀表面上由大片Cu液喷溅所形成的微观凸起较少，表面总体较为平坦，烧蚀面积较小。而其边缘区域的形貌表明，电击穿的位置不再是富Cu区域，而是CeO_2颗粒与Cu相的相界面。

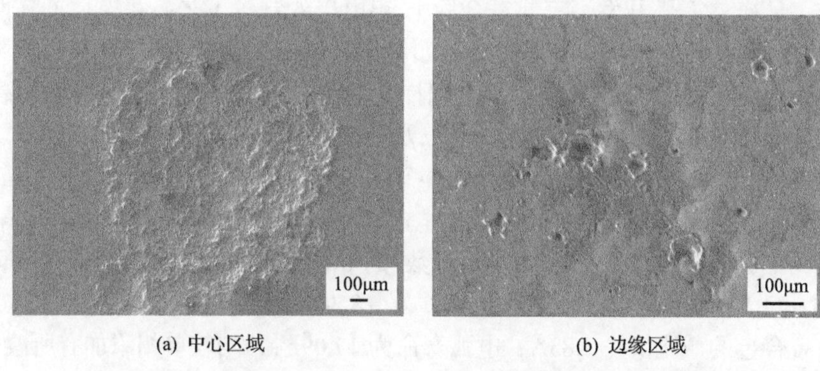

(a) 中心区域　　(b) 边缘区域

图4.88　添加0.5%CeO_2的CuW合金经50次电击穿后微观形貌

添加0.5%CeO_2的CuW合金第50次电击穿瞬间的击穿电流-时间曲线如图4.89所示。与CuW合金(图4.62(a))相比，添加0.5%CeO_2的CuW合金截流值相对较低，电弧寿命较长，电流波动较小。

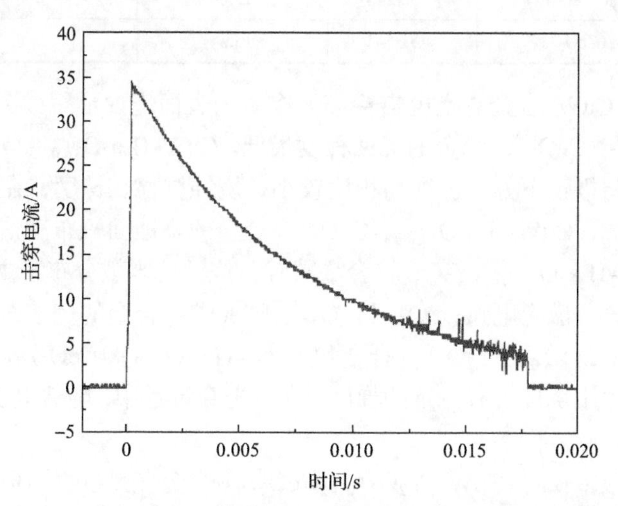

图4.89　添加0.5%CeO_2的CuW合金击穿电流-时间曲线

5. 稀土氧化物复合添加对CuW合金电击穿性能的影响

前文对单独添加CeO_2和La_2O_3的CuW合金电性能以及阴极斑点运动特性进

行了系统研究，发现 CeO_2 和 La_2O_3 对 CuW 触头材料的综合性能有明显改善。由于稀土氧化物的特殊性质，国内外在有关添加稀土元素改善材料性能方面取得了众多研究成果。20 世纪 80 年代后期，日本在研制新型电极材料方面取得一些进展，Matsuda 等学者开发了一系列稀土-钨电极材料，对电极成分设计、性能和机理进行了大量研究[49]。国内中南大学、北京工业大学等均在这方面开展了深入研究工作，聂祚仁等[50]开发了三元复合稀土-钨电极的制备工艺，并提高了其性能。考虑到三种稀土元素的物理化学性质，如熔点、沸点、晶格常数等均有较大差异，将三种稀土氧化物两两组合，采用液-固掺杂法添加到 CuW 合金中，观测稀土氧化物复合添加对 CuW 合金电击穿性能以及阴极斑点运动规律的影响。

通过稀土氧化物 La_2O_3、Y_2O_3 和 CeO_2 两两复合添加来制备复合掺杂的 CuW 合金。表 4.15 为复合掺杂 CuW 合金真空电击穿 50 次的电性能平均值、电弧寿命和截流值，相对于添加 0.75%La_2O_3（质量分数）的 CuW 合金，耐电压强度均略有降低，CuW-$(La_2O_3)_{0.75}(CeO_2)_{0.5}$ 合金达到最高值 8.30×10^7V/m。而 CuW-$(La_2O_3)_{0.75}(Y_2O_3)_{0.4}$ 合金的截流值为 2.83A，电弧寿命为 17.09ms，均较单相添加有所改善。

表 4.15 复合掺杂 CuW 合金真空电击穿 50 次的电性能平均值

合金材料	截流值 I_c/A	电弧寿命 τ_c/ms	耐电压强度 E_b/(10^7V/m)
CuW-$(La_2O_3)_{0.75}(Y_2O_3)_{0.4}$	2.83	17.09	7.94
CuW-$(La_2O_3)_{0.75}(CeO_2)_{0.5}$	3.72	15.00	8.30
CuW-$(Y_2O_3)_{0.4}(CeO_2)_{0.5}$	3.35	15.64	7.55

复合掺杂 CuW 合金真空电击穿 50 次后的表面烧蚀形貌如图 4.90 所示，CuW-$(La_2O_3)_{0.75}(CeO_2)_{0.5}$ 合金的烧蚀程度最低。CuW-$(La_2O_3)_{0.75}(Y_2O_3)_{0.4}$ 合金的烧蚀坑集中在阳极正下方，烧蚀面积比较小，烧蚀坑存在梯度，在其周围有离散的小面积烧蚀坑；CuW-$(La_2O_3)_{0.75}(CeO_2)_{0.5}$ 合金的烧蚀面积布满整个视野，烧蚀的程度较 CuW-$(La_2O_3)_{0.75}(Y_2O_3)_{0.4}$ 合金减轻，烧蚀坑零散分布于主烧蚀坑周围，电击穿过程有效分散了电弧；CuW-$(Y_2O_3)_{0.4}(CeO_2)_{0.5}$ 合金的烧蚀面积和烧蚀深度均介于 CuW-$(La_2O_3)_{0.75}(Y_2O_3)_{0.4}$ 合金和 CuW-$(La_2O_3)_{0.75}(CeO_2)_{0.5}$ 合金之间，从主烧蚀坑到周边小烧蚀坑有一定的梯度，在电击穿过程中，随着电击穿次数增加，烧蚀坑向四周蔓延。

采用高速摄影仪对 CuW-$(Y_2O_3)_{0.4}(CeO_2)_{0.5}$ 合金燃弧过程阴极斑点的运动规律进行观测，结果如图 4.91 所示。可以看出，阴极斑点仍保持单相添加时的运动规律，在平面上呈现 S 形运动轨迹，初始阶段位于阳极正下方，从第 2 张照片开始出现偏移，在第 17 张照片中可明显看见阴极斑点的形状，呈现长条状，从放大图中可以看见长条状中间出现缩颈，说明此时阴极斑点发生分裂，而且后续的照片中也都出现了这一现象。在 X 轴方向上，阴极斑点的偏移量很明显；在 Y 轴方

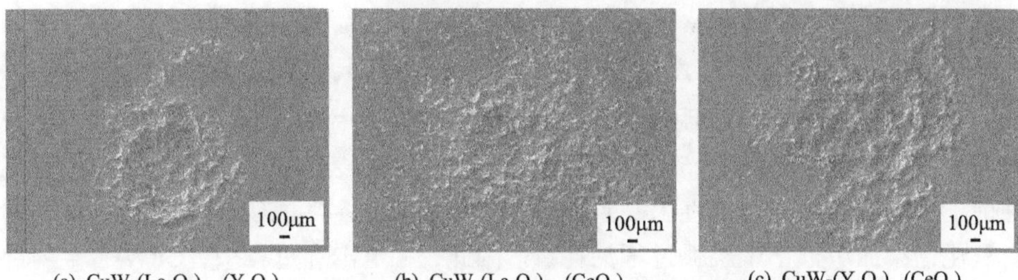

(a) CuW-$(La_2O_3)_{0.75}(Y_2O_3)_{0.4}$　(b) CuW-$(La_2O_3)_{0.75}(CeO_2)_{0.5}$　(c) CuW-$(Y_2O_3)_{0.4}(CeO_2)_{0.5}$

图 4.90　不同复合掺杂 CuW 合金 50 次电击穿后的表面形貌

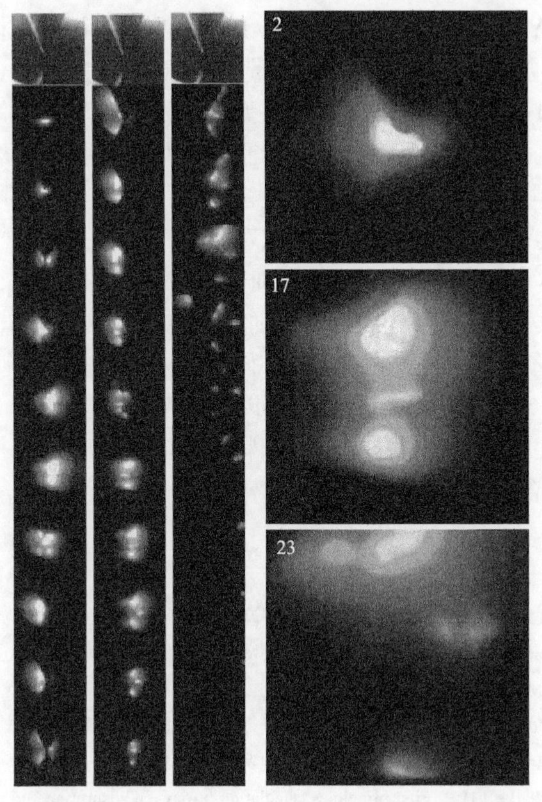

图 4.91　CuW-$(Y_2O_3)_{0.4}(CeO_2)_{0.5}$ 合金燃弧过程中阴极斑点运动轨迹

向上，将三列对比，每行之间有一定的梯度，说明随时间的延长，阴极斑点向照片的上方偏移，最终阴极斑点运动到照片的右上角。在整个过程中，阴、阳极之间的电弧亮度很高，说明阴极斑点运动过程中产生的金属蒸气能维持电弧的稳定燃烧，在阴、阳极之间存在的等离子云浓度较高。第 2 张照片中阴极斑点的面积为 0.0421mm^2，第 17 张照片中阴极斑点的面积为 0.0465mm^2，第 23 张照片中阴极斑点的面积为 0.0411mm^2。对比图 4.73，阴极斑点的运动轨迹、面积等没有明显变化，阴极斑点的形状多呈长条状，并逐渐分裂，而在图 4.73 中多呈点状，这可能与稀土氧化物的分布位置和形状有关系。

尽管实验结果表明，复合掺杂并没有提高 CuW 合金的耐电压强度，但 CuW-$(La_2O_3)_{0.75}(Y_2O_3)_{0.4}$ 明显改善了单相稀土氧化物添加 CuW 合金的截流值及电弧寿命，截流值降低 16.5%，电弧寿命延长 6.3%。聂祚仁等的研究表明[50]，三种稀土氧化物的高温稳定性由高到低依次为 Y_2O_3、La_2O_3、CeO_2，阴极表面的稀土氧化物添加量远小于燃弧过程消耗量。因此，在电击穿过程中，CuW 合金内部的稀土氧化物会在熔化、凝固过程中向表面移动，稳定性越高，迁移的效果越差。故在合金内部，Y_2O_3 的分布受高温影响最小，CeO_2 最易移向表面而消耗殆尽。CuW-$(La_2O_3)_{0.75}(Y_2O_3)_{0.4}$ 合金中，Y_2O_3、La_2O_3 两相的稳定性相对较高，两相分布在 CuW 相间，会降低传导性，保证热量集中于 Cu 液的蒸发，可提供足够的金属蒸气以维持电弧稳定燃烧，从而延长电弧寿命，降低截流值[51-53]。

因此，金属氧化物、金属碳化物和稀土氧化物陶瓷颗粒的加入不仅可以细化 CuW 合金中 W 颗粒的尺寸，提高力学性能；还能分散电弧、增大电弧的移动速度，使电弧能量均匀分散在材料表面，减轻 CuW 合金的烧蚀。

综上所述，本章针对 CuW 合金烧蚀时选择电击穿的问题，提出增大 Cu 相逸出功或减小 W 相逸出功的改进措施，分别在 W 或熔渗 Cu 中添加元素及陶瓷相，减小 W 和 Cu 的逸出功差异或分散电弧。研究结果表明，在 W 中添加 Fe、Nb 或在 W 骨架中熔渗 CuCr 或 CuCrZr 合金可以降低 W 的逸出功，进而提高 CuW 合金的耐电弧烧蚀性能。此外，添加陶瓷相颗粒可以分散电弧，并加速电弧的移动速度，减轻 CuW 合金的烧蚀。

参考文献

[1] 曹伟产. 熔渗法制备 CuW、CuCr 合金击穿特性研究及设计[D]. 西安: 西安理工大学, 2011.

[2] 陈秋羽. 纳米 WMo 固溶体增强 Cu-W 复合材料的制备及性能研究[D]. 西安: 西安理工大学, 2022.

[3] 荣命哲. 电接触理论[M]. 北京: 机械工业出版社, 2004.

[4] 拉弗蒂. 真空电弧理论和应用[M]. 程积高, 喻立贵, 译. 北京: 机械工业出版社, 1985.

[5] 承欢, 江剑平. 阴极电子学[M]. 西安: 西北电讯工程学院出版社, 1986.

[6] Liem S Y, Kresse G, Clarke J H R. First principles calculation of oxygen adsorption and reconstruction of Cu (110) surface[J]. Surface Science, 1998, 415(1-2): 194-211.

[7] Wan J, Fan Y L, Gong D M, et al. Surface relaxation and stress of fcc metals: Cu, Ag, Au, Ni, Pd, Pt, Al and Pb[J]. Modelling and Simulation in Materials Science and Engineering, 1999, 7(2): 189-206.

[8] Lee B J, Shim J H, Baskes M I. Semiempirical atomic potentials for the fcc metals Cu, Ag, Au, Ni, Pd, Pt, Al, and Pb based on first and second nearest-neighbor modified embedded atom method[J]. Physical Review B, 2003, 68(14): 144112.

[9] 蔡建秋, 陶向明, 谭明秋. 氢原子吸附的 Cu(100)表面原子结构和电子态[J]. 物理化学学报, 2007, 23(3): 355-360.

[10] 陈文斌, 陶向明, 赵新新, 等. 吸附 O 的 Cu(110) $c(2\times1)$表面原子结构和电子态[J]. 物理化学学报, 2005, 21(10):

1086-1090.

[11] 赵新新, 宓一鸣. Cu(001)表面 CO 吸附单层结构和电子态的第一性原理研究[J]. 物理化学学报, 2008, 24(1): 127-132.

[12] Ouyang X F, Lei M L, Shi S Q, et al. First-principles studies on surface electronic structure and stability of $LiFePO_4$[J]. Journal of Alloys and Compounds, 2009, 476(1-2): 462-465.

[13] 曹立礼. 材料表面科学[M]. 北京: 清华大学出版社, 2007.

[14] 秦智聪. W(Nb)Cu 合金的制备及组织性能研究[D]. 西安: 西安理工大学, 2016.

[15] 张程煜, 乔生儒, 刘懿文, 等. 真空电弧阴极斑点的研究进展[J]. 中国科技论文, 2009, (4): 62-67.

[16] 段文新, 郭聪慧, 杨志懋, 等. CuCr 触头材料小电流下阴极斑点与截流值研究[J]. 稀有金属材料与工程, 2005, (6): 998-1001.

[17] 杨晓红. 超高压 CuW/CuCr 整体电触头材料的研究[D]. 西安: 西安理工大学, 2009.

[18] 冯宇, 张程煜, 丁秉钧. 纳米晶 CuCr 合金的制备及其截流值研究[J]. 稀有金属材料与工程, 2005, 34(9): 1439-1442.

[19] Groza J R, Gibeling J C. Principles of particle selection for dispersion-strengthened copper[J]. Materials Science and Engineering: A, 1993, 171(1-2): 115-125.

[20] 李恒德. 现代材料科学与工程辞典[M]. 济南: 山东科学技术出版社, 2001.

[21] Li L, Wong Y S, Fuh J Y H, et al. EDM performance of TiC/copper-based sintered electrodes[J]. Materials & Design, 2001, 22(8): 669-678.

[22] Frage N, Froumin N, Dariel M P. Wetting of TiC by non-reactive liquid metals[J]. Acta Materialia, 2002, 50(2): 237-245.

[23] 阮建明, 黄培云. 粉末冶金原理[M]. 北京: 机械工业出版社, 2012.

[24] Hao F, Hu W. Electrical breakdown of vacuum insulation at cryogenic temperature[J]. IEEE Transactions on Electrical Insulation, 1990, 25(3): 557-562.

[25] Wang J , Zhang C Y, Zhang H, et al. CuCr25W1Ni2 contact material of vacuum interrupter[J]. Transactions of Nonferrous Metals Society of China, 2001, 11(2): 226-230.

[26] 王其平. 电器电弧理论[M]. 北京: 机械工业出版社, 1991.

[27] 王发展. 旋锻法制备纳米复合 W-ThO_2 电极材料的研究[D]. 西安: 西安交通大学, 2003.

[28] Kang S, Brecher C. Cracking mechanisms in Ag-SnO_2 contact materials and their role in the erosion process[J]. IEEE Transactions on Components, Hybrids, and Manufacturing Technology, 1989, 12(1): 32-38.

[29] 李辛庚, 傅敏. 真空电触头材料技术开发现状及展望[J]. 中国电力, 2001, 34(8): 39-42.

[30] 聂祚仁, 周美玲, 陈颖, 等. 二元复合稀土钨电极材料的性能[J]. 金属学报, 1999, 35(3): 334-336.

[31] 李淑霞, 魏光明, 朱瑞. 镧钨电极材料[J]. 中国钨业, 1998, (6): 42-47.

[32] 郭峰. 氧化钨氢气还原制备超细钨粉的研究现状[J]. 粉末冶金材料科学与工程, 2007, 12(4): 205-210.

[33] 毛卫民, 朱景川, 郦剑, 等. 金属材料结构与性能[M]. 北京: 清华大学出版社, 2008.

[34] 李震彪, 邹积岩, 程礼椿. 真空触头材料截流能力判据研究[J]. 中国电机工程学报, 1995, 15(5): 5.

[35] Batrakov A, Vogel N, Popov S, et al. Interferograms of a cathode spot plasma obtained with a picosecond laser[J]. IEEE Transactions on Plasma Science, 2002, 30(1): 106-107.

[36] 苏亚凤, 陈文革, 张孝林, 等. W-Cu 材料的显微结构对电弧阴极斑点的影响[J]. 稀有金属, 2005, 29(4): 458-460.

[37] 苏亚凤, 胡明亮, 张孝林, 等. 纳米阴极材料电弧分散特性的理论分析[J]. 中国有色金属学报, 2007, 17(5): 683-687.

[38] Kristya V I. Analytical calculation of cathode spot parameters on the electrode surface in arc discharge[J]. Journal of Surface Investigation X-ray, Synchrotron and Neutron Techniques, 2009, 3(2): 289-291.

[39] Fultz B, Frase H. Grain boundaries of nanocrystalline materials-their widths, compositions, and internal structures[J]. Hyperfine Interactions, 2000, 130(1-4): 81-108.

[40] 吴细秀, 李震彪. 电极材料喷溅侵蚀模型评述[J]. 高压电器, 2002, 38(5): 38-41, 45.

[41] Fu Y H. The influence of cathode surface microstructure on DC vacuum arcs[J]. Journal of Physics D: Applied Physics, 1989, 22(1): 94-102.

[42] Jüttner B. Cathode spots of electric arcs [J]. Journal of Physics D: Applied Physics, 2001, 34(17): R103-R123.

[43] Swingler J, Mcbride J W. Modeling of energy transport in arcing electrical contacts to determine mass loss[J]. IEEE Transactions on Components, Packaging, and Manufacturing Technology: Part A, 1998, 21(1): 54-60.

[44] 徐坚, 熊惟皓, 傅江华, 等. 电触头材料的熔池演化过程[J]. 机械工程材料, 2008, 32(5): 7-10.

[45] 刘光华. 稀土材料与应用技术[M]. 北京: 化学工业出版社, 2005.

[46] 席晓丽, 聂祚仁, 杨建参, 等. 掺杂方式对钨电子发射材料性能和结构的影响[J]. 稀有金属, 2004, 28(2): 293-296.

[47] 贾佐诚, 康庆华, 齐燕波, 等. 新型稀土电极材料[J]. 粉末冶金技术, 1993, (3): 196-201.

[48] 张晖, 陈献峰, 杨志懋, 等. 显微组织细化对 W-ThO_2 阴极性能的影响[J]. 材料研究学报, 2000, 14(1): 19-24.

[49] Matsuda F, Ushio M, Sadek A A. Temperature and work function measurements with different GTA electrodes[J]. Transactions of the Japan Welding Society, 1991, 22(1): 3-9.

[50] 聂祚仁, 周美玲, 张久兴, 等. 稀土钨电极材料及稀土氧化物的作用[J]. 稀有金属材料与工程, 1997, 26(6): 1-6.

[51] 韩增军. 三元复合稀土钨电极的加工工艺研究[D]. 北京: 北京工业大学, 2004.

[52] Hara M, Yamakawa S, Saito M, et al. Bonding adhesive strength for plasma spray with cathode spots of low-pressure arc after grit blasting and removal of oxide layer on metal surface[J]. Progress in Organic Coatings, 2008, 61(2-4): 205-210.

[53] Kajita S, Ohno N, Takamura S, et al. Direct observation of cathode spot grouping using nanostructured electrode[J]. Physics Letters A, 2009, 373(46): 4273-4277.

第5章　CuW触头材料组织结构设计

前述章节研究表明，W骨架烧结和Cu液熔渗等制备工艺优化可以提升CuW合金的W骨架强度和致密度，进而提升CuW合金的力学性能，而添加合金元素(相)可以改善CuW合金的耐电弧烧蚀性能。但是，断路器触头的服役条件复杂多变，如对于开断频次高的断路器，触头的机械磨损成为影响其寿命的主要因素[1]。为了满足严苛的磨损性能要求，可在CuW合金中添加大量的陶瓷颗粒，但过多的陶瓷颗粒不仅会降低合金电导率，还会阻碍W颗粒烧结，影响合金整体强度[2-6]。针对高压断路器超大容量、超小型化、超长寿命等发展需求，本章将通过组织结构设计，研究超细结构、纤维增强结构和梯度增强结构对CuW合金综合性能的影响，有望为新型CuW触头材料的制备提出有效解决方案。

5.1　超细结构CuW合金

电弧烧蚀过程中CuW合金存在选择电击穿现象，首次电击穿总是发生在击穿弱相Cu相上。而对于传统CuW合金，Cu相连续区域的尺寸超过或接近电击穿时阴极斑点的大小，仅特定区域内的Cu相会被电击穿和烧蚀，即在该区域的集中烧蚀。而当Cu相连续区域尺寸小于阴极斑点时，阴极斑点会发生裂化，电弧烧蚀轨迹由集中在电极中心的极小区域转变为分散在触头的整个表面，从而减轻触头表面的烧蚀程度。而细化W粉粒径，W骨架的孔隙尺寸变小，毛细管力作用增大，电弧作用下熔化的Cu相不容易发生喷溅，从而起到良好的蒸发散热作用，减少CuW合金的烧蚀；同时，细化W粉粒径可以提升W骨架烧结程度，增大W骨架的强度和硬度。因此，制备组织更加细小、均匀的细晶或超细晶材料，不仅可以减小Cu相连续区域的尺寸，分散电弧，减少Cu相的喷溅，还可以提升W骨架的烧结强度，对提高CuW触头材料的综合性能具有重要的意义。而材料特性的改变、新制备方法的引入，需要制备工艺的系统研究。本节探索几种制备超细结构CuW合金的工艺，并对这些合金进行模拟实际工况条件下的实验室性能测试，用以评估其在新型电网环境下替换原有商用CuW合金的可靠性。

5.1.1　超细W粉/微米Cu粉烧制骨架熔渗法

细化晶粒可以提高材料的强度、硬度等综合力学性能[7]，因此选择细化W粉粒度，以提高W骨架强度及CuW合金的综合性能。常规CuW触头材料采用粒度较大的微米级粉末制备，由于粉末堆垛的压坯经烧结后仍可保证颗粒间孔隙的连通，利于熔渗过程毛细管作用力的顺利发挥，因此通常采用熔渗法制备微米级 CuW 触头材料[8]。对于纳米级粉末，由于自身过高的表面能，纳米粉末自身极不稳定，颗粒间易发生团聚，而且在烧结过程中，颗粒粗化较为明显，发生局部致密化的程度加重，易出现闭孔和 Cu、W 两相分布不均的现象。而介于微米与纳米之间的亚微米级粉末，则兼具细化粉末粒度和较为稳定的粉末特性双重优势。因此，在新型高压 CuW 触头材料的设计中，选择了亚微米级 W 粉。虽然亚微米级粉末较纳米级粉末稳定，但与微米级粉末相比，粒度仍减小到原有尺寸的 1/10，其烧结和熔渗过程与传统工艺有较大区别。因此，本节探索熔渗法制备亚微米级 CuW 合金的可行性。

1. 显微组织

粉末粒径越小，越有利于颗粒之间形成烧结颈，但容易发生颗粒团聚长大。实验中，为了避免颗粒团聚长大并且保证熔渗 Cu 液的顺利渗入，需添加一定量的诱导 Cu 粉，保证烧结后 W 骨架孔隙的连通性。采用平均粒径为 300nm 的亚微米级 W 粉和一定量的诱导 Cu 粉，经压制、熔渗烧结制备的超细结构 CuW 合金微观组织(图 5.1)显示，超细结构 CuW 合金中 W 颗粒尺寸细小，且分布较为均匀，合金中 W 颗粒的平均粒径尺寸小于 1μm，Cu 相分布也比较均匀。为了保证熔渗过程 Cu 液的顺利渗入，添加的诱导 Cu 含量相比常规熔渗法大，导致合金 W 颗粒之间烧结性较差，这将会影响超细结构 CuW 合金的力学性能。因此，为了获得细小、均匀且颗粒之间形成良好烧结颈的超细结构 CuW 合金，诱导 Cu 粉的含量需严格控制。

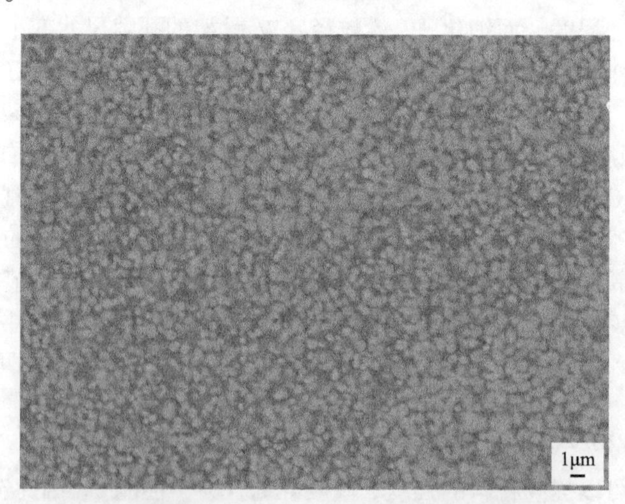

图 5.1 熔渗法制备的超细结构 CuW 合金微观组织

2. 电弧烧蚀形貌

传统的CuW合金电击穿时，烧蚀点主要发生在Cu相，阴极斑点在原阴极表面Cu相反复生成和熄灭，从而在富Cu区造成严重的电弧烧蚀，直到新斑点的产生变得困难，不能再衍生新的斑点而整体熄灭。再次电击穿时的击穿位置选择依然遵循场致发射原理，在整个阴极表面择优选取下一个击穿位置。由于每次击穿位置的选择依然是CuW合金中的Cu相，多次重复的结果将是在Cu相上形成严重的烧蚀坑，并且呈现跳跃的形貌，因此常规粉末制备的CuW合金烧蚀坑主要集中在Cu相。而采用亚微米级粉末制备的CuW合金，Cu相连续分布于细小的W骨架中，由于原始的W颗粒尺寸细小，烧结制备的骨架预留熔渗Cu的孔隙尺寸相应变小，因而熔渗Cu液后形成的CuW合金中W和Cu两相均具有亚微米级尺度，放电时阴极斑点尺寸大于Cu相的尺寸，电弧可以均匀地覆盖在Cu相和W相上，阴极斑点呈连续运动方式。另外，由于W颗粒细小，间距非常近的Cu相表面阴极斑点所提供的等离子体可以向四周均匀催生新的发射点，有利于合金表面电弧发生移动和裂化。

熔渗法制备的超细结构CuW合金经1次电击穿后的烧蚀坑形貌(图5.2)显示，超细结构 CuW 合金表面的烧蚀为面烧蚀，烧蚀坑较浅，且烧蚀坑在合金表面分布较为分散，形成的烧蚀坑在Cu相和W相表面均匀分布，说明阴极斑点运动时可在合金表面大范围内铺展，几乎不存在选择电击穿的现象。

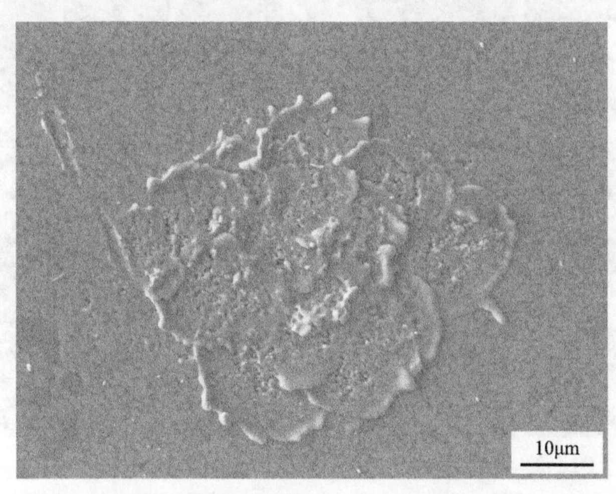

图5.2 熔渗法制备的超细结构CuW合金经1次电击穿后表面形貌

3. 电弧运动特性

电击穿后合金表面形貌主要取决于放电过程电弧的运动轨迹，因此研究不同粒径 W 粉制备的 CuW 合金电击穿过程电弧运动轨迹尤为重要。高速摄影拍摄的阴极斑点运动轨迹表明，传统 CuW 合金和超细结构 CuW 合金的阴极斑点运动轨迹有很大差异(图 5.3)。传统 CuW 合金表面阴极斑点运动表现为原点的反复烧蚀，始终是一个小圆点。而超细结构 CuW 合金阴极斑点在水平方向存在分裂和移动现象，阴极斑点在运动过程中裂化成许多小的次生斑点，而且斑点更加分散，移动距离也加大，这种阴极斑点的裂化和移动始终伴随一次放电过程。在电击穿时，首先会出现以主阴极斑点为中心的烧蚀形貌，紧接着在主阴极斑点周围产生的次级阴极斑点将重新诱发烧蚀点。然而，当阴极斑点出现随机移动时，会在不同的方向出现烧蚀坑，同时，合金表面的电弧移动距离较大，而大的移动距离对避免电弧在合金表面集中烧蚀创造了有利条件。

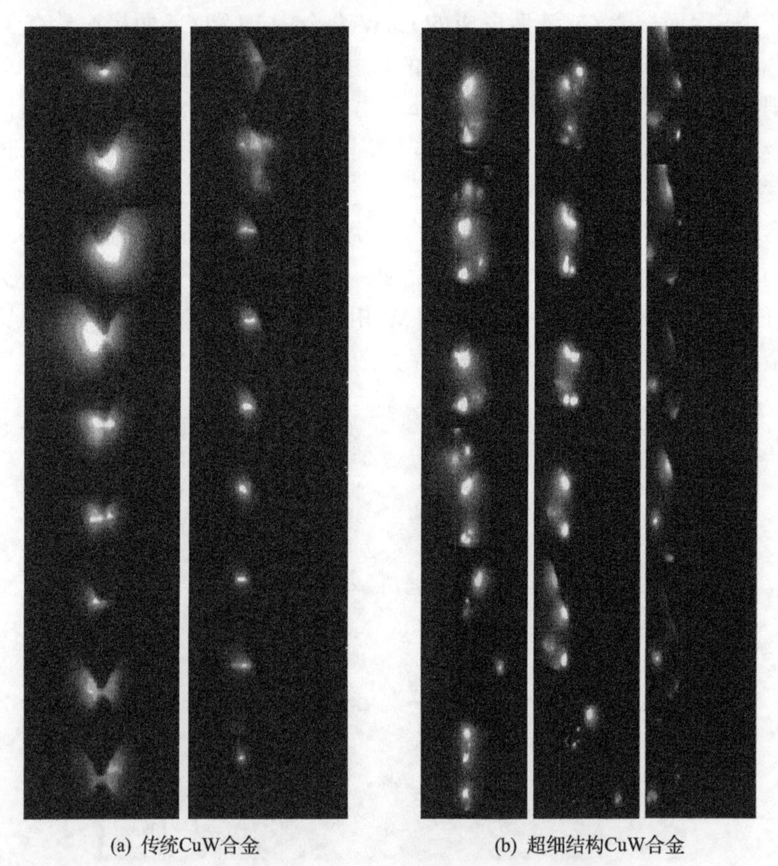

(a) 传统CuW合金　　(b) 超细结构CuW合金

图 5.3　CuW 合金表面阴极斑点的运动轨迹

4. 耐电压强度及击穿电流-时间曲线

放电过程中，电弧运动轨迹的差异必然引起合金耐电压强度的不同，对两种

CuW 合金多次放电过程中耐电压强度的计算显示，传统 CuW 合金平均耐电压强度为 4.28×10^7V/m；而亚微米级 W 粉熔渗法制备的超细结构 CuW 合金的平均耐电压强度为 5.47×10^7V/m，并且电击穿 30 次后耐电压强度呈现上升趋势(图 5.4)。通过上述分析可知，超细结构 CuW 合金和传统 CuW 合金耐电压强度存在明显差异的原因在于两种合金表面阴极斑点运动轨迹不同，超细结构 CuW 合金烧蚀过程阴极斑点在材料表面快速移动，烧蚀分布在材料表面较为分散的区域[9]，而传统 CuW 合金烧蚀主要集中在阳极 W 针下方，超细结构 CuW 合金的耐电压强度升高与 Cu 和 W 两相同时发生电击穿有关，因而合金的耐电压强度得到提高。另外，合金组织中颗粒的细化，提升了合金材料中晶界数量[10]，进而改变了合金表面电子逸出的阻力，这是超细结构 CuW 合金耐电压强度提升的另一个原因。

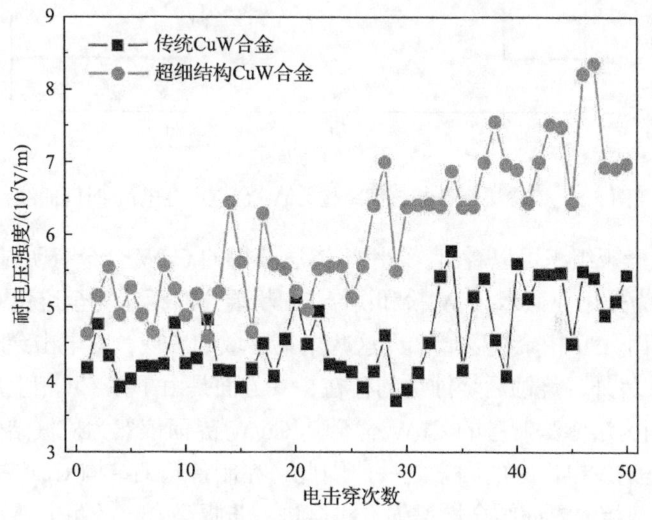

图 5.4 CuW 合金耐电压强度与电击穿次数的关系

截流现象是指在较小电弧电流下，阴极斑点提供的金属蒸气量低于维持电弧所需要的粒子密度时，电弧发生振荡不稳定，最后导致电流突然变为零。相关研究表明[11]，阴极斑点的不同运动特征完全取决于阴极材料本身，即在低电流的情况下，电弧的稳定性和截流值取决于电极材料被电离的金属蒸气[12]。蒸气压与材料的微观组织有密切关系。在 CuW 合金中，细化 W 颗粒的同时，Cu 相也得到了细化，而细化 W 相可提高 Cu 的饱和蒸气压，相对较高的蒸气压可以长时间地提供维持电弧燃烧所必需的金属蒸气，金属蒸气又为电弧的存在提供了条件。熔渗法制备的超细结构 CuW 合金击穿电流-时间曲线(图 5.5)显示，超细结构 CuW 合金的击穿电流-时间曲线比较光滑，并且在整个电击穿过程中比较稳定，波动较小。与微米级 W 粉制备的传统 CuW 合金相比，超细结构 CuW 合金的截流值低，燃弧时间长，电弧更加稳定。因此，晶粒细小的超细结构 CuW 合金具有较小的截流值和较长的燃弧时间。

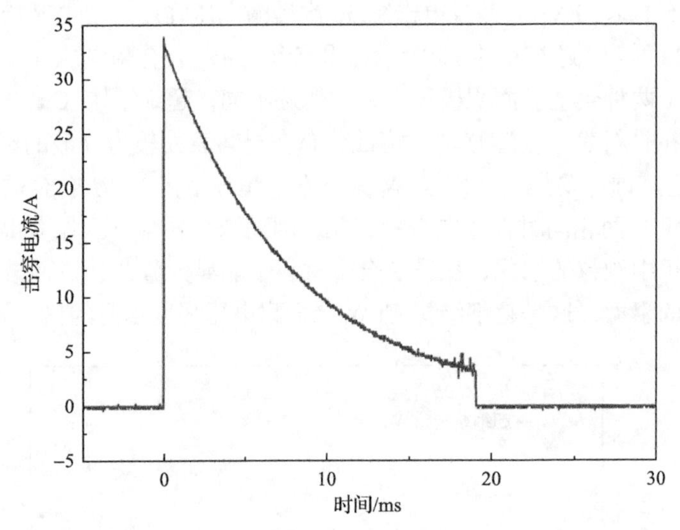

图 5.5 熔渗法制备的超细结构 CuW 合金击穿电流-时间曲线

但是，从微观组织可以看出，采用熔渗法获得的 CuW 合金有明显的 Cu 相富集现象。这是因为采用亚微米级 W 粉和诱导 Cu 粉混合时无法完全避免 Cu 相的聚集，在熔渗时会留下 Cu 相聚集区域。而这些聚集区域的出现，对电击穿时的集中烧蚀提供了条件。另外，烧蚀后烧蚀坑的存在，一方面是由于在 Cu 相上反复电击穿，另一方面是因为熔渗法制备的 CuW 合金其 Cu/W 界面依然为机械结合，而这种界面的存在也是诱发电击穿的因素之一。因此，在制备超细结构 CuW 合金时，如果能使 Cu、W 两相的界面结合性增强，将会进一步提高合金的耐电弧烧蚀性能。

本节选用亚微米级 W 粉，通过压制、烧结和熔渗工艺制备超细结构 CuW 合金，制备得到的超细结构 CuW 合金组织得到明显细化，相比于传统 CuW 合金，超细结构 CuW 合金耐电弧烧蚀性能有所提升。

5.1.2 超细 W 粉/球磨 CuO 粉烧制骨架熔渗法

在 5.1.1 节采用亚微米级 W 粉制备超细结构 CuW 合金的基础上，为了保证烧结后的孔隙仍为亚微米级，以 CuO 粉替代诱导 Cu 粉，研究确定与之相匹配的烧结工艺和还原工艺。以脆性 CuO 粉替代诱导 Cu 粉，一是解决了超细 Cu 粉制备的困难；二是 CuO 的存在，可以阻碍 W 颗粒的长大，使其中的孔隙为亚微米级。

1. 球磨时间对 CuO 粉粒度的影响

球磨后的 CuO 粉可以形成纳米级的球形颗粒，颗粒的球形度越高，流动性越好，可以像小球一样充填于 W 颗粒的孔隙中，而片状 Cu 粉颗粒无法达到这一要求。另外，纳米级 Cu 粉颗粒外形不规则，球形度不高，而且很容易被氧化成 CuO 粉，所以选用 CuO 粉替代诱导 Cu 粉。随着 CuO 粉粒度减小至纳米级，颗粒的比表面积成倍增大，必然大大增加体系总的表面自由能，导致粒子团聚。从热力学的角度来讲，粉末越细，就越容易聚结成团，导致分散性变差。为了克服纳米级 CuO 粉易于团聚的缺点，需要采用高能球磨的方式将纳米 CuO 粉末引入 W 粉中。

将商用的 CuO 粉(平均粒度为 6μm)进行高能球磨处理，通过控制球磨参数获得合适粒度的纳米级 CuO 粉。不同球磨时间下 CuO 粉形貌(图 5.6)显示，未球磨 CuO 粉颗粒粗大，平均粒径在 6μm 左右；当球磨 60h 时，CuO 粉已经达到纳米级，而且颗粒比较分散，团聚较少，颗粒主要呈现球形；当球磨时间延长至 80h 时，粉末团聚现象非常明显。Cu 粉经 60h 的球磨后颗粒变成片状，这是因为纯 Cu 有很好的延展性，在球磨过程中不像 CuO 粉会被磨球细化，而是被磨球碾压成片状。这种细长的片状 Cu 粉在 W 基体中会导致 Cu 相在单方向上的富集。

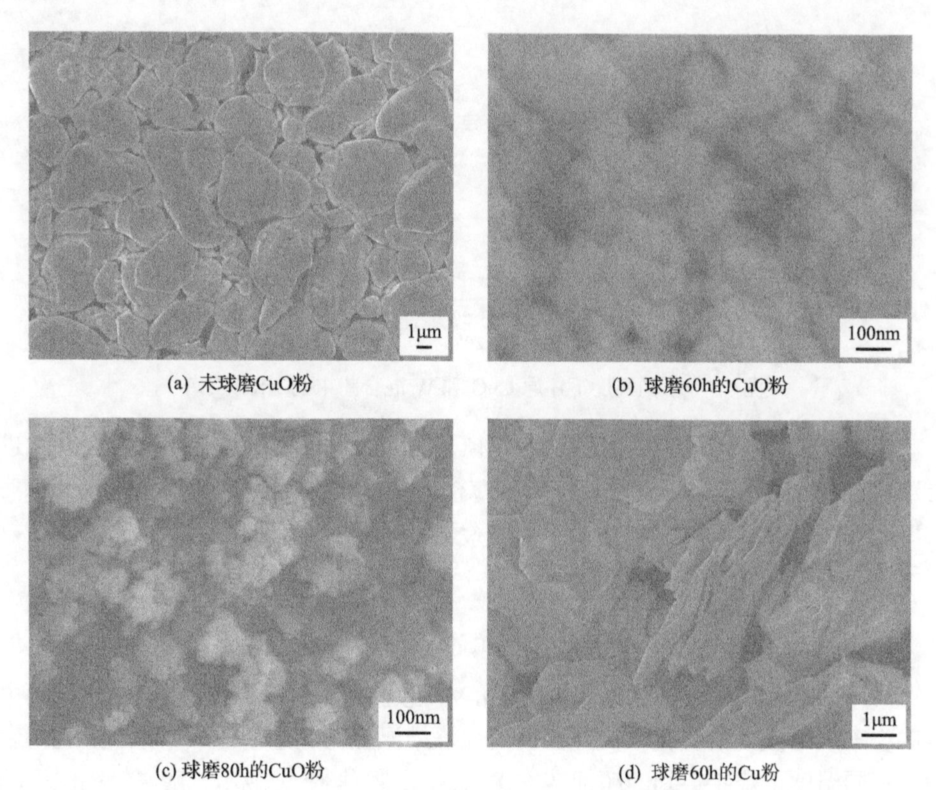

(a) 未球磨CuO粉　(b) 球磨60h的CuO粉

(c) 球磨80h的CuO粉　(d) 球磨60h的Cu粉

图 5.6　球磨不同时间后 CuO 粉和 Cu 粉的 SEM 形貌

2. 还原温度的确定

引入 CuO 粉后，为了得到烧结需要的 Cu、W 混合粉末，需要首先确定 CuO 和 W 混合粉末的还原温度。不同温度下还原 CuO 和 W 混合粉末的 XRD 图谱(图 5.7)表明，在 600℃时，CuO 被还原为 Cu_2O，但混合粉末中出现了 WO_2 和 WO_3 的衍射峰，说明在这一还原温度下，CuO 被还原为 Cu_2O，同时原始 W 颗粒又与 CuO 反应生成 WO_2 和 WO_3。当温度升高到 700℃时，XRD 物相检测结果只有 W 的衍射峰，混合粉末中的 CuO 和 Cu_2O 的衍射峰全部消失。说明 CuO 粉已被完全还原，且 WO_2 和 WO_3 也被完全还原为 W 相，混合粉末中仅有 W 相和 Cu 相的衍射峰存在。

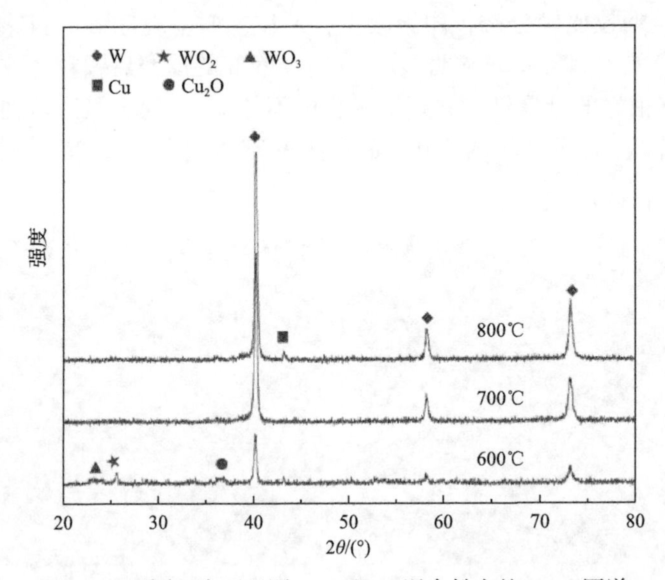

图 5.7 不同温度下还原 CuO 和 W 混合粉末的 XRD 图谱

为了继续保持球磨后粉末的超细粒径，需对还原前后的混合粉末粒径变化进行观察，明确还原处理是否使混合粉末粒径发生粗化。CuO 和 W 混合粉末还原前后的 SEM 形貌(图 5.8)显示，还原前后粉末粒径并没有发生明显的长大，大多数粉末颗粒依旧保持在纳米尺度。

3. 烧结温度对超细结构 W 骨架形貌的影响

通过球磨和还原获得超细粒径的 Cu-W 混合粉末，能否形成良好的烧结颈主要取决于烧结温度的变化，因此需要研究烧结温度对超细结构 W 骨架形貌的影响。不同温度下烧结得到的超细结构 W 骨架形貌(图 5.9)显示，随着烧结温度的不断升高，骨架 W 颗粒之间的烧结性逐步得到改善，形成连续的 W 骨架。当温

(a) 还原前　(b) 还原后

图 5.8 CuO 和 W 混合粉末还原前后的 SEM 形貌

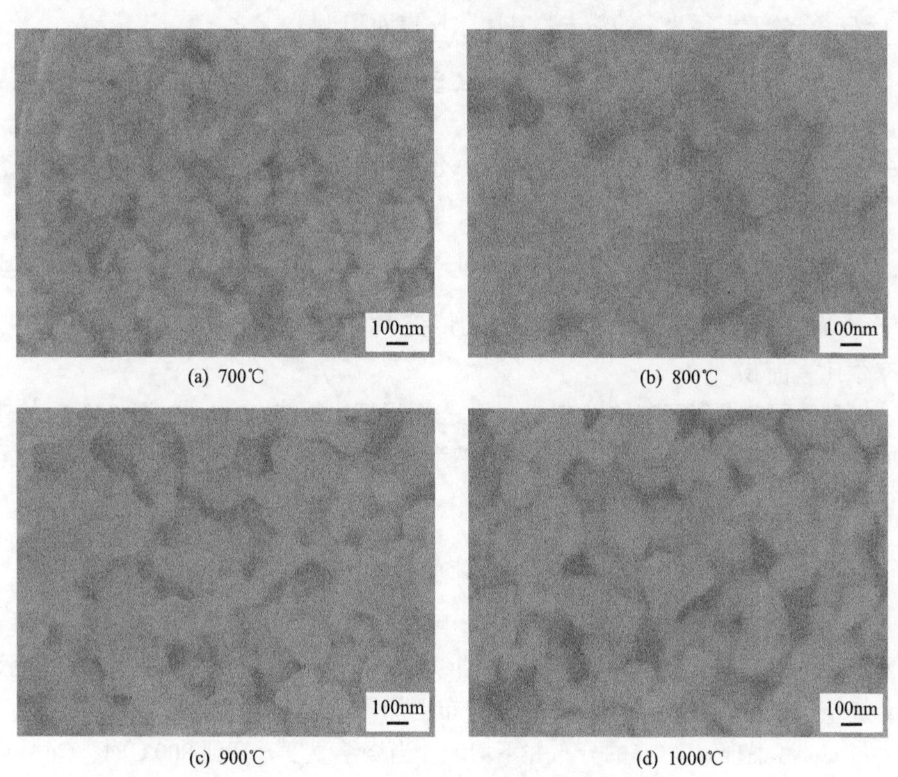

(a) 700℃　(b) 800℃

(c) 900℃　(d) 1000℃

图 5.9 不同温度烧结的超细结构 W 骨架形貌

度为 700℃时，颗粒之间基本上没有形成骨架，只是粉末的堆积及部分颗粒之间形成烧结颈，颗粒呈不规则状。当温度升高到 800℃时，W 骨架开始逐步形成，但仍有大量的粉末堆积。900℃烧结时，W 颗粒已经基本形成骨架，且颗粒边缘发生了球化。当温度进一步升高到 1000℃时，W 颗粒进一步长大，大部分颗粒尺寸超过 100nm。

1949 年，Mackenzie 和 Shuttleworth[13]提出了塑性流动烧结理论，给出了无外力作用下的烧结速率方程：

$$\left(\frac{\mathrm{d}\rho_{\mathrm{r}}}{\mathrm{d}t}\right)_{P=0}=\frac{3}{2}\frac{\gamma}{\eta r_1}(1-\rho_{\mathrm{r}})\left(1-\frac{\sqrt{2}\tau_{\mathrm{c}}r_1}{2\gamma}\ln\frac{1}{1-\rho_{\mathrm{r}}}\right) \tag{5.1}$$

式中，τ_c 为材料的屈服极限；η 为材料的黏性系数；ρ_r 为致密度；γ 为材料的表面张力；r_1 为粉末粒径。式(5.1)说明粉末粒度越细，材料的表面张力越大，材料的烧结速率就越快，因此纳米颗粒的烧结温度较低。

根据图 5.8 还原后 CuO 和 W 混合粉末的形貌，预估本实验球磨还原后 W 粉粒度约为 8×10^{-8}m，而传统的 W 粉末粒度约为 4×10^{-6}m。若 W 粉密度为 19.3×10^{3}kg/m^3，对于半径为 r 的粉末，其摩尔比表面积为

$$A_n=\frac{3M}{\rho r} \tag{5.2}$$

式中，A_n 为摩尔比表面积；M 为粉末摩尔质量；ρ 为粉末密度；r 为粉末半径。

本实验球磨还原后的纳米级 W 粉与传统 W 粉摩尔比表面积之差可表示为

$$\Delta A=A_{m_2}-A_{m_1} \tag{5.3}$$

式中，ΔA 为摩尔比表面积之差；A_{m_1} 为传统 W 粉摩尔比表面积；A_{m_2} 为纳米 W 粉摩尔比表面积。

经计算可知，每摩尔纳米 W 粉的比表面积相比传统 W 粉增加了 700.7m^2，其表面能也将随之成倍增加。因此，对于纳米级 W 粉的烧结不需要加入活化剂就可获得理想的烧结效果。

4. 烧结温度对 CuW 合金组织与性能的影响

合金的性能除了受烧结 W 骨架的影响，熔渗 Cu 后合金的微观组织也发挥着重要作用。不同温度烧结 W 骨架熔渗 Cu 后的 CuW 合金金相组织(图 5.10)显示，随着烧结温度升高，Cu 在 W 骨架中分布更加均匀。当烧结温度为 700℃时，存在大量 Cu 富集现象，Cu 的分布并不均匀。当烧结温度升高到 800℃时，Cu 富集现象明显消失。当烧结温度为 900℃时，Cu 在 W 骨架中呈均匀细小分布。不同温度烧结 W 骨架结果表明，700℃烧结的骨架，由于烧结温度较低，处于烧结初期阶段，骨架没有形成，导致随后熔渗时 Cu 相富集。900℃烧结时骨架已经形成，在随后熔渗过程中，液相 Cu 在毛细管力作用下均匀分布在 W 相周围。

不同温度烧结 W 骨架熔渗 Cu 后制备的超细结构 CuW 合金性能测试结果(表 5.1)表明，在混料、压制、烧结、熔渗工艺参数相同的条件下，随着烧结温度的升高，材料的硬度也增加。与之相反，CuW 合金的导电率随着烧结温度的升高

(a) 700℃ (b) 800℃ (c) 900℃

图5.10 不同温度烧结W骨架熔渗Cu后的CuW合金相组织

表5.1 不同烧结温度制备的CuW合金试样性能测试结果

烧结温度/℃	700	800	900
硬度(HB)	95	169	197
导电率/%IACS	51.72	43.10	39.66

逐渐降低。700℃烧结时，W骨架收缩较小，孔隙率较高，使得熔渗后CuW合金中Cu含量较高，从而提高了合金导电率。烧结温度过低使W骨架没有形成，且Cu的硬度低，从而导致CuW合金硬度较低。当烧结温度达到900℃时，W骨架比较致密，CuW合金中W颗粒被Cu相包围，富Cu区域消失，因此，高温烧结制备的CuW材料具有较高的综合性能。

5. CuO含量对CuW合金组织的影响

前面提到，诱导Cu粉含量的变化直接影响制备得到CuW合金的组织，因此，用CuO代替Cu粉后，CuO粉末的含量也将直接影响CuW合金的组织。W骨架中添加不同质量分数的CuO粉末后，采用熔渗法制备的CuW合金微观组织(图5.11)表明，随着CuO含量的增加，Cu的熔渗更加充分。但是，添加过多的

CuO 易引起熔渗过程中 Cu 相的富集。添加 3%CuO 的 CuW 合金，出现了 W 相的黏结，而且存在闭孔，说明诱导 Cu 含量即 CuO 粉末含量不足。添加 7%CuO 的 CuW 合金，闭孔消失。随着 CuO 含量增加到 11%，Cu 的熔渗更为充分，而且分布更加均匀。但 CuO 过量添加会导致 CuW 合金组织中出现 Cu 相富集，不利于合金性能提升。

(a) 3% CuO　(b) 7% CuO

(c) 11% CuO　(d) 15% CuO

图 5.11　不同 CuO 添加量的 CuW 合金组织形貌

因为实验采用的亚微米级 W 粉具有极高的表面能和吸附能力，同时第二相加入量较少，不能充分地将亚微米级 W 粉隔离开，所以烧结过程相当于单相烧结。单相烧结的主要机制是扩散和流动。粉末烧结时三维颗粒接触面和孔隙的变化可用图 5.12 所示模型来描述。

粉末压坯过程中，颗粒间形成原始的点接触。烧结过程中，在颗粒表面原子扩散和表面张力所产生的应力作用下，物质向接触点流动，颗粒之间逐渐扩大为面接触，孔隙相应缩小。粉末中加入少量 CuO 粉后，颗粒间呈现原始点接触，烧结开始后还原 Cu 粉将 W 颗粒部分分隔开，当加入足够多的 CuO 粉时，还原 Cu 粉充分地将 W 颗粒隔离开，颗粒间仍然呈现原始点接触。粉末压坯烧结后，由于还原 Cu 粉较好地隔离开 W 颗粒，避免了烧结过程中 W 颗粒黏结长大。由于添加

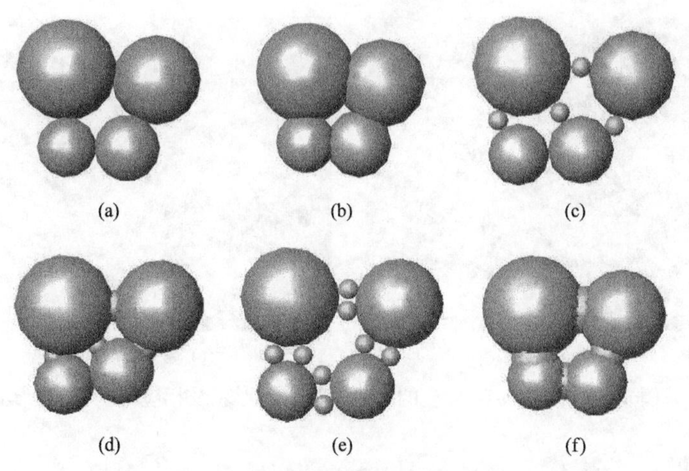

图 5.12 粉末烧结过程示意图

的 CuO 粉还原后发挥诱导 Cu 粉的作用，诱导 Cu 粉还可调整预烧后 W 骨架中的孔隙数量及分布。在高温熔渗条件下，多孔骨架中的诱导 Cu 粉先熔化，在骨架内部形成连通孔隙，将待熔渗的金属液"诱"进骨架，这种内外金属液熔合为一体的驱动力，有利于熔渗过程的进行。同时，诱导 Cu 粉的加入还有助于降低 W/Cu 界面润湿角，从而使 Cu 液更容易渗入。

CuO 含量为 3%时，由于加入量较少，未能很好地将 W 颗粒分隔开，会导致在随后熔渗过程中产生 W 颗粒黏结以及形成闭孔。当 CuO 含量为 15%时，由于加入量过大，最终导致 Cu 相大量富集。因此，当 CuO 含量为 7%～11%时，制备的 CuW 合金具有良好的组织结构。

6. 电弧烧蚀形貌

传统熔渗法制备的 CuW 合金，电弧烧蚀主要发生在富 Cu 区域，此区域 Cu 液飞溅较大且烧蚀坑较深。表明电击穿过程中，在富 Cu 区域发生了电弧集中烧蚀，引起富 Cu 区大面积熔化和 Cu 液飞溅。对于超细结构的 CuW 合金，电弧烧蚀程度较轻且烧蚀坑较浅，烧蚀坑弥散分布于 Cu 相或 Cu/W 界面，电击穿过程材料表面产生的阴极斑点发生了裂化，烧蚀面积增大，电弧能量得到分散，减轻了材料烧蚀程度。传统 CuW 合金和超细结构 CuW 合金电弧烧蚀表面形貌及电击穿时阴极斑点运动轨迹如图 5.13 所示。

本节用 CuO 粉末代替诱导 Cu 粉，首先通过球磨使 CuO 粉达到纳米级，随后将其引入 W 粉中，还原得到 Cu-W 混合粉末，对其进行压制、烧结与熔渗处理得到超细结构 CuW 合金。超细结构可裂化阴极斑点，分散电弧能量，提高 CuW 合金耐电弧烧蚀性能。

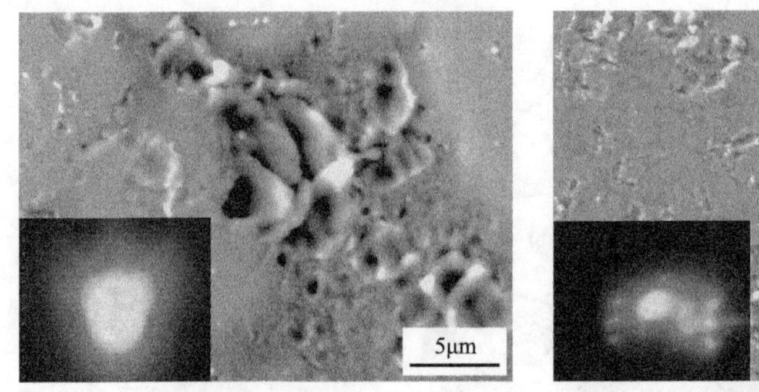

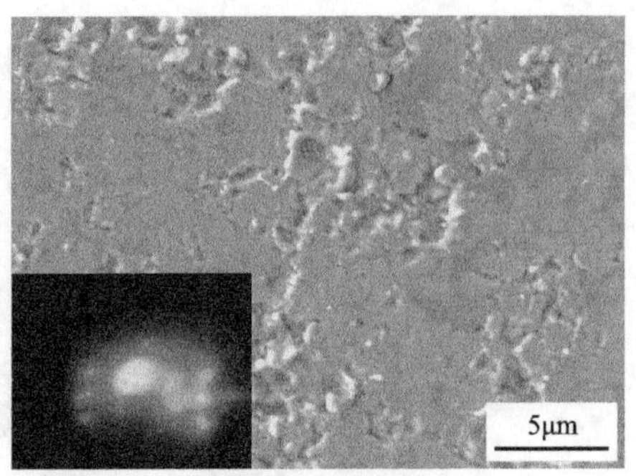

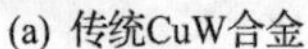
(a) 传统CuW合金　　(b) 超细结构CuW合金

图 5.13　不同制备工艺 CuW 合金的电弧烧蚀表面形貌及相应的阴极斑点运动轨迹

5.1.3　球磨 W-CuO 复合粉末液相烧结法

由于 Cu、W 两相互不相溶，而且熔点差异很大，传统的烧结熔渗制备工艺无法促使两相在界面处产生冶金结合。已有研究表明[14]，对 Cu、W 粉进行高能球磨，可使得两相之间形成过饱和固溶体，通过后续的烧结获得致密度很高的 CuW 合金。但是，Cu 有很好的延展性，因此需要很长的球磨时间，并且容易发生氧化。因此，直接采用 Cu 和 W 粉机械合金化，很难获得均匀和纯度较高的 CuW 合金。采用前述脆性较大的 CuO 粉替代延展性好的纯 Cu 粉进行球磨，再将球磨后的 CuO 粉进行还原得到纯 Cu，能够获得良好的均匀性。同时，对于超细 W 粉的使用，还可以通过改变球磨时间来获得不同晶粒尺寸的 W 与 CuO 粉。为此，本节以 W-CuO 混合粉末为原料，采用机械合金化的方法，通过改变球磨时间获得不同粒径的 W-CuO 粉末，再采用 H_2 气氛还原法获得 W-Cu 复合粉末，然后压制成坯，置于气氛烧结炉内烧结，最终得到超细结构 CuW 合金。

1. 球磨时间对 W-CuO 混合粉末形貌的影响

W 和 CuO 粉都属于硬脆颗粒，因此球磨时间对颗粒的细化具有显著的影响。经不同时间球磨后的 W-CuO 混合粉末形貌(图 5.14)显示，随着球磨时间的延长，W-CuO 粉末的粒径不断减小，而且两种粉末的均匀性得到改善。这是因为硬脆材料在研磨过程中，机械剪切力使粉末颗粒发生了较大的塑性变形，直至碎断成小颗粒，颗粒内部晶粒之间同时产生极大的应力和应变，使晶粒发生畸变。但随着球磨时间的进一步延长，混合粉末容易出现团聚长大趋势。当球磨时间延长到 40h 时，粉末呈现为絮状形貌，这种形貌与粉末中的微应变有关。球磨过程中大量微观应变的产生，促使亚晶界的形成，从而引起晶粒的细化；随着球磨时间的继续延长，晶粒的塑性变形和内部应变基本达到平衡，粉末尺寸不再发生变化。对 40h 球磨后的粉末进行 TEM 观察发现，絮状粉末的颗粒尺寸在 0.5μm 左右，相邻颗粒处于相互镶嵌的状态。

(a) 球磨5h的SEM形貌 (b) 球磨10h的SEM形貌

(c) 球磨20h的SEM形貌 (d) 球磨30h的SEM形貌

(e) 球磨40h的SEM形貌 (f) 球磨40h的TEM形貌

图 5.14 不同球磨时间的 W-CuO 混合粉末形貌

2. 还原温度对 W-CuO 混合粉末相组成的影响

目前关于 W-CuO 球磨混合粉末还原温度的研究很多[15-19]，但报道的还原温度很不一致，主要有 300℃和 800℃两种。分析认为这可能和各研究者所采用的还原气体流量及设备有关。为了获得充分还原的 W-Cu 混合粉末，对球磨获得的 W-CuO

混合粉末分别在 300℃和 800℃进行 0.5h 的还原。球磨 W-CuO 混合粉末经不同温度还原后的 XRD 图谱(图 5.15)表明,未还原的混合粉末衍射峰中只存在 W 和 CuO 的衍射峰，没有其他相存在，说明球磨 40h 后的混合粉末中 W 粉和 CuO 粉没有发生反应。300℃下还原粉末的 XRD 图谱表明，CuO 的衍射峰完全消失，粉末中出现了 Cu 的衍射峰，说明 CuO 可在 300℃彻底还原成 Cu。虽然 W 的衍射峰位置没有发生变化，但是混合粉末中 W 的衍射峰强度明显降低，而且同时出现了 WO_2 和 WO_3 的衍射峰，说明在 CuO 还原过程中将 W 颗粒氧化为氧化钨相。为了确保被氧化的 WO_2 和 WO_3 充分还原，将还原温度升高到 800℃，还原后粉末的 XRD 图谱显示，混合粉末中仅存在 W 和 Cu 两相，而且 W 的衍射峰强度与混合粉末中 W 的衍射强度一致,说明在 800℃时混合粉末的还原反应进行得比较彻底，这与文献[15]～[19]的报道一致。

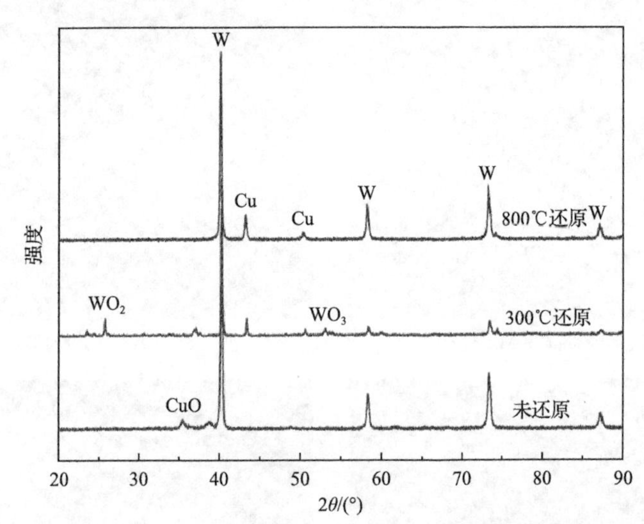

图 5.15 W-CuO 球磨混合粉末及不同温度还原后 XRD 物相分析结果

对不同温度的还原粉末进行背散射成像，根据 Cu 和 W 的原子序数可知，图 5.16 中的浅色相为 W 颗粒，深色相为 Cu 相。浅色的 W 颗粒逐渐被深色的 Cu 相包覆，而且 800℃还原后此现象更为明显，大多数浅色 W 颗粒都被 Cu 相包覆，且 W 颗粒在 Cu 相中均匀分布。根据前面分析可知，球磨过程中 W 和 CuO 处于一种相互镶嵌的状态，在还原时 CuO 和氢气反应放出水蒸气，此时与 CuO 颗粒紧密接触的 W 颗粒将发生氧化。另外，球磨时粉末颗粒发生明显的变形，进而出现大量微观缺陷，为 W 的氧化提供了条件。因此，W 发生氧化与球磨后两者之间的镶嵌状态直接相关。结合 XRD 分析结果可见，W-CuO 粉末的还原过程可分为以下两步：第一步为 $CuO + H_2 \longrightarrow Cu$，$CuO + W \longrightarrow WO_x$；第二步为 $WO_x + H_2 \longrightarrow W$。

(a) 300℃还原

(b) 800℃还原

图 5.16 不同温度下还原 W-CuO 混合粉末背散射 SEM 形貌

不同温度还原粉末的 TEM 形貌(图 5.17)显示，300℃还原的粉末颗粒有一定衬度，尤其在图中圆形区域内部看到一些絮状物，说明有新的物相生成，结合前期 XRD 分析结果可推断，圆形标记处应该为 W 的氧化物[17]。800℃还原的粉末中絮状组织已经消失，结合 XRD 分析结果可知，合金中的氧化物已被完全还原，且很难从中分辨出单独的 Cu 和 W，图中颗粒应是 Cu-W 复合颗粒，其粒径为 100～200nm。经 800℃还原后的粉末中单个颗粒能谱分析表明，W 的质量分数为 73%，Cu 的质量分数为 27%。但是其形貌图中没有发现两相明显的界面，因此可以认为 Cu 相与 W 相在高能球磨混粉作用时发生了一定程度的固溶。根据 Cu-W 二元相图可知，Cu 与 W 之间为典型的假合金，采用常规的粉末冶金法无法获得固溶的 CuW 合金。但是，文献[20]采用机械合金化的方法制备出了 CuW 固溶体，即采用非平衡技术，可以使不发生固溶的 Cu 与 W 之间形成固溶体。而 CuW 固溶体粉末的形成对制备较高致密度的 CuW 合金有利。也就是说，在球磨的过程中外界

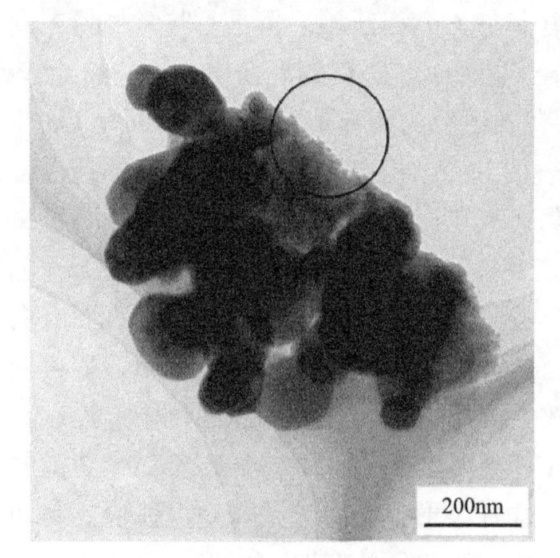

(a) 300℃还原后的TEM明场像

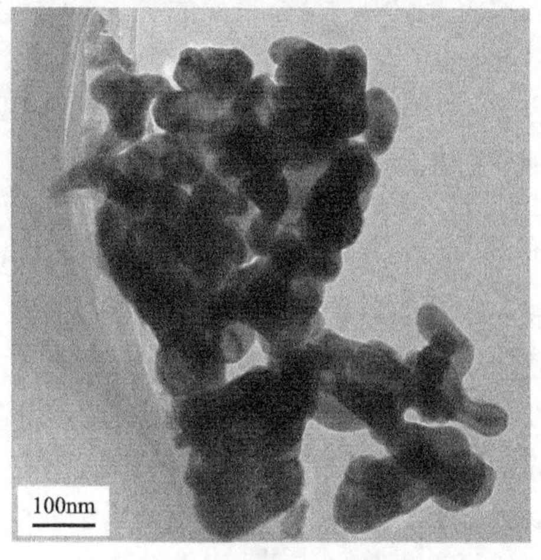

(b) 800℃还原后的TEM明场像

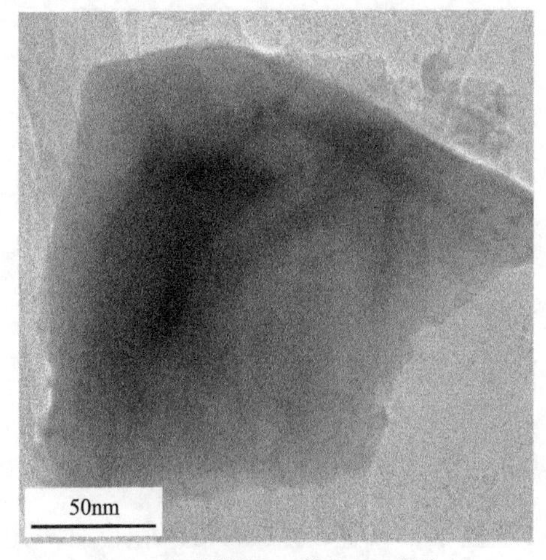

(c) 800℃还原W-Cu粉末TEM照片

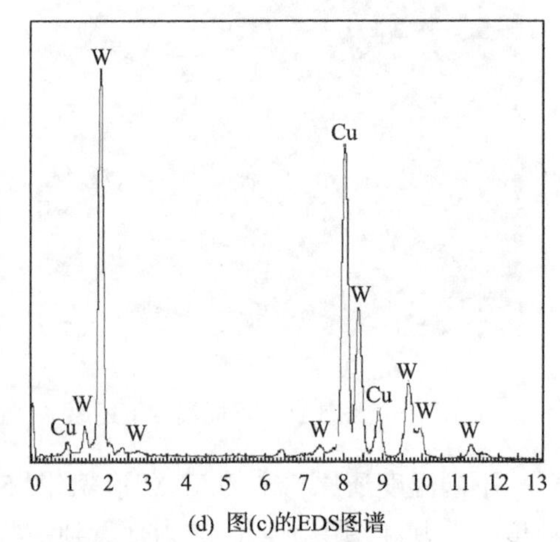

(d) 图(c)的EDS图谱

图 5.17 W-CuO 混合粉末经 300℃和 800℃还原后的 TEM 照片及能谱分析结果

大量的剪切力作用使两种颗粒达到了纳米尺寸的结合，同时还原过程中的界面反应促使 Cu 和 W 之间发生固溶。另外，混合粉末在 300℃和 800℃还原后，W 颗粒并没有明显地长大，依然保持纳米尺寸。这是因为两个还原温度都低于 W 的再结晶温度，因而没有发生明显的晶粒长大现象。

3. 电击穿后的烧蚀形貌

球磨时间对粉末粒径的细化程度直接影响烧结后合金电击穿后的烧蚀形貌，不同球磨时间混合粉末制备的 CuW 合金烧蚀形貌(图 5.18)显示，球磨 20h 获得的混合粉末制备的 CuW 合金经 1 次电击穿后，合金表面没有集中的烧蚀坑，在局部放大图中，合金表面的烧蚀坑依然集中在 Cu 相区域。但是，与常规粉末制备的 CuW 合金相比，电击穿烧蚀明显减轻。球磨 30h 获得的混合粉末制备的 CuW 合金经 1 次电击穿后，合金表面 Cu 相没有发生较为明显的集中烧蚀，而是 Cu 相铺展在合金表面。在局部放大图中，W 表面的 Cu 相也有电击穿后喷溅的痕迹。由于在 1 次电击穿过程中伴随着多次的阴极斑点产生和熄灭，产生的次级阴极斑点选择在附近 W 表面喷溅的 Cu 相上电击穿，因而最终在合金表面出现 Cu 液铺展。球磨 40h 获得的混合粉末制备的 CuW 合金经 1 次电击穿后，合金表面有白色的痕迹，却没有直观的烧蚀坑。同时，这种白色痕迹运动轨迹没有明显的方向性，但是其有较长的运动位移。在局部放大图中，合金表面的烧蚀坑依然没有在 W 相上出现，并且合金表面出现条形的 Cu 液喷溅痕迹，不同于球磨 20h 获得的混合粉末制备的 CuW 合金圆形烧蚀坑，这种条形痕迹应该是真空电弧快速移动并裂化时产生的[21-23]。以上结果表明，球磨时间的延长有助于 CuW 合金表面烧蚀形貌的改善。

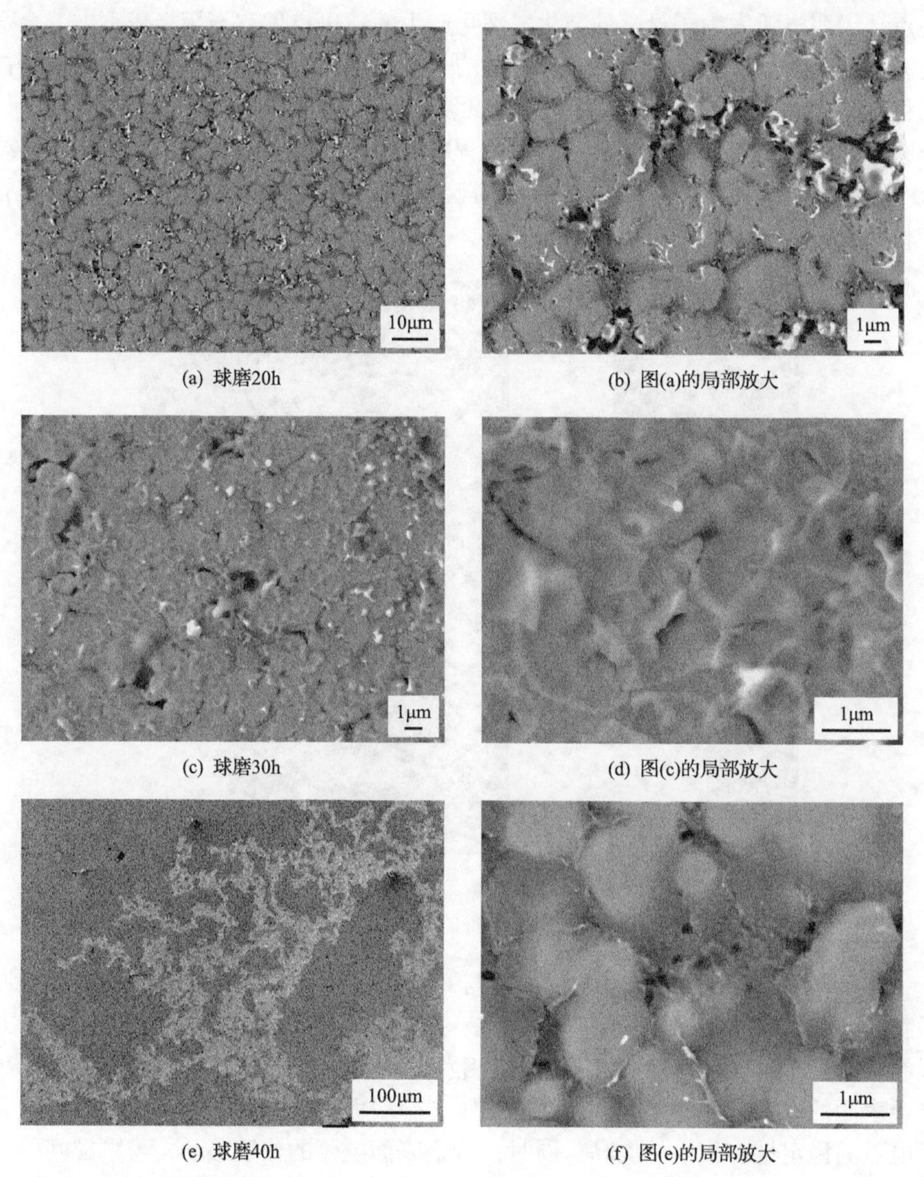

(a) 球磨20h (b) 图(a)的局部放大

(c) 球磨30h (d) 图(c)的局部放大

(e) 球磨40h (f) 图(e)的局部放大

图 5.18 不同球磨时间混合粉末制备的 CuW 合金经 1 次电击穿后的烧蚀形貌

4. 表面电弧运动特性

合金电击穿形貌的变化取决于放电过程电弧的运动轨迹，未经球磨和球磨 40h 后混合粉末制备的 CuW 合金电击穿过程中阴极斑点的运动轨迹(图 5.19)显示，未经球磨的粉末制备的合金，阴极斑点存在于阳极正下方，是一个明亮的中心斑点。而球磨 40h 后的混合粉末制备的 CuW 合金，则出现了多个复杂形状的亮点，说明电弧发生了显著的裂化，裂化产生的新斑点偏移至阳极正下方。合金表面阴极斑点的移动速度决定合金表面的烧蚀程度，阴极斑点移动速度越快烧蚀的程度越小[22]。同样，合金表面阴极斑点裂化得越多也可避免集中烧蚀[23]。同时，球磨时间对 CuW 合金在整个电击穿过程中电弧持续的时间产生显著影响。传统 CuW 合金的截流值较高，燃弧持续时间较短；而经球磨细化后的 CuW 合金具有较长的放电时间。

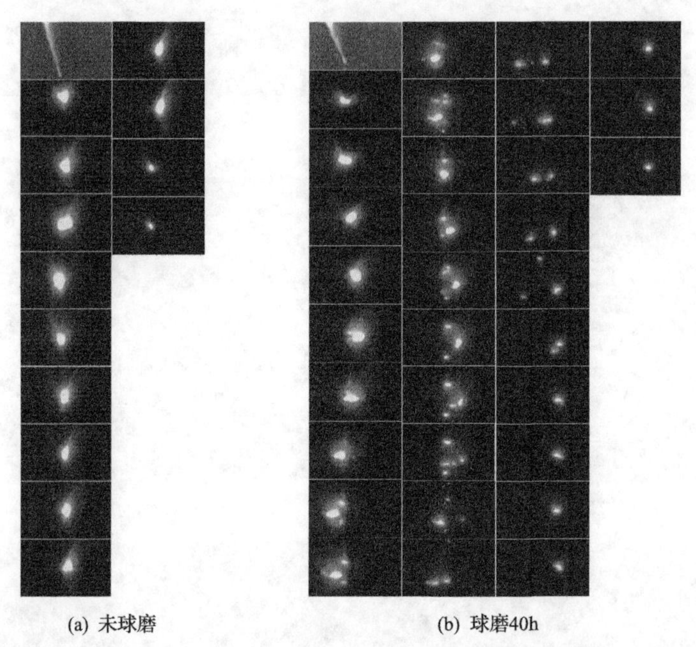

图 5.19 不同球磨时间混合粉末制备的 CuW 合金表面阴极斑点运动轨迹

球磨 W-CuO 混合粉末 40h 后，W 与 CuO 粉处于一种相互镶嵌的状态；还原后在 50nm 范围内 Cu、W 两相共同存在，并且没有明显的界面，说明通过这种方式制备的纳米粉末可能促使 Cu、W 两相发生固溶。球磨时间越长，获得的 CuW 合金表面的电弧分散趋势越明显，减少了合金表面的电弧烧蚀程度，而且合金表面电弧的稳定性有很大的提高。同时，合金表面电弧的快速移动，与颗粒间的接触电势也有关，细小颗粒促进了颗粒间界面电势的相互补偿，使合金表面具有相近的逸出电子的能力，所以烧蚀点表现为随机运动状态。

本节以 W-CuO 混合粉末为原料，采用机械合金化获得不同粒径的 W-CuO 粉末，再通过还原获得 W-Cu 复合粉末，经压制、烧结得到超细结构 CuW 合金。组织细化后 CuW 合金分散电弧的能力得到明显提高，进而改善了合金的耐电弧烧蚀性能。

5.1.4 共还原 WO_3-CuO 复合粉末液相烧结法

上述研究表明，采用氧化粉末进行球磨可显著细化粉末粒径，故采用 WO_3 粉和 CuO 粉机械合金化处理，然后对其进行共还原处理获得 W-Cu 复合粉末，将还原后的复合粉末压制成形、烧结，制备超细结构 CuW 合金。

1. 球磨时间对 WO_3-CuO 混合粉末粒度的影响

为了获得更加细小的粉末，对 WO_3-CuO 混合粉末进行机械合金化球磨处理，球磨不同时间后的混合粉末形貌(图 5.20)显示，WO_3-CuO 混合粉末经一定时间的高能球磨后，颗粒呈近球形，并随着球磨时间的延长，颗粒尺寸逐渐减小。球磨 40h 后，WO_3 和 CuO 粉末颗粒达到超细甚至纳米级，且两种粉末均匀分布。当球磨时间延长至 50h 时，WO_3-CuO 混合粉末颗粒间团聚形成“二次颗粒”。这种“二次颗粒”在形貌上比一般的超细颗粒有更大的尺寸，在机械力或外力作用下，该颗粒就会破碎成较小尺寸。但这种“二次颗粒”极不稳定，颗粒之间的团聚和吸附具有随机性，从而造成 WO_3 和 CuO 粉末分布不均匀，将对随后制备 CuW 合金的组织和性能产生不利影响。

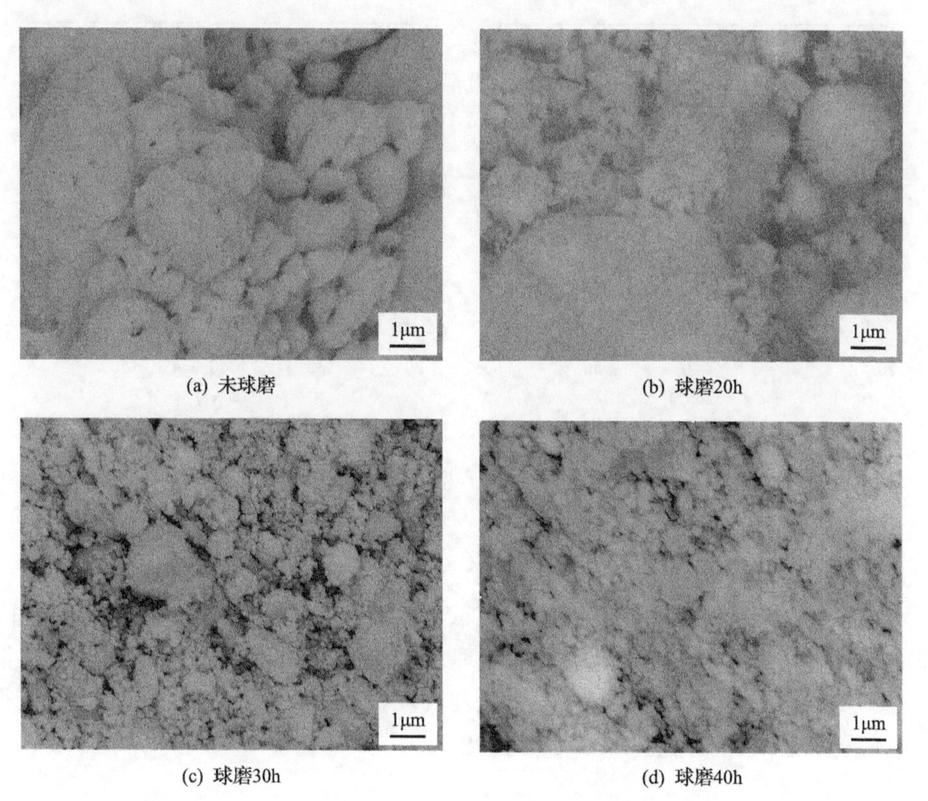

(a) 未球磨 (b) 球磨20h

(c) 球磨30h (d) 球磨40h

(e) 球磨50h

图 5.20　WO_3-CuO 混合粉末经不同时间球磨后 SEM 形貌

对球磨前后 WO_3-CuO 混合粉末进行 XRD 物相表征(图 5.21)发现，与高能球磨前的 WO_3 和 CuO 衍射峰相比，球磨 40h 后的 WO_3-CuO 混合粉末衍射峰明显变宽，同时衍射峰强度变弱或消失。这是由于粉末颗粒尺寸在高能球磨作用下已经细化至纳米级，导致衍射峰宽化及其衍射强度下降，同时某些颗粒结构发生变化，导致衍射峰消失。

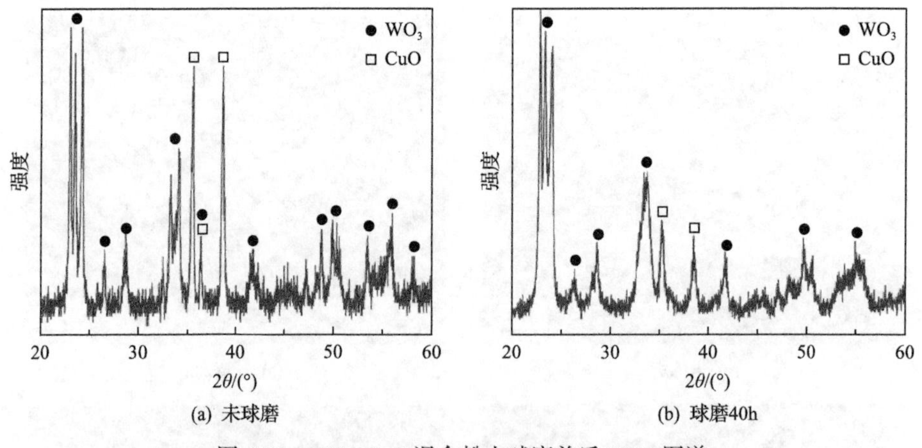

(a) 未球磨　　(b) 球磨40h

图 5.21　WO_3-CuO 混合粉末球磨前后 XRD 图谱

2. WO_3-CuO 混合粉末球磨后共还原

球磨后混合粉末成分依旧为 WO_3-CuO 混合粉末，要想得到 W-Cu 混合粉末，还需对球磨后的混合粉末进行共还原处理。未球磨和经 40h 球磨的 WO_3-CuO 混合粉末共还原后的 XRD 物相表征(图 5.22)显示，WO_3 和 CuO 粉的还原都进行得比较充分，还原后仅存在 W 和 Cu 的衍射峰。

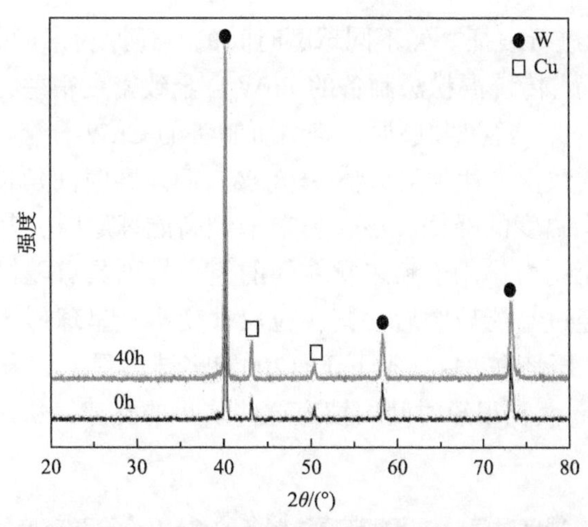

图 5.22 未球磨和经 40h 球磨的 WO_3-CuO 混合粉末共还原后 XRD 图谱

H_2 还原后粉末颗粒仅发生了成分的变化，但仍然保持还原前的形状，不会因还原过程发生颗粒形状的改变。未球磨和经 40h 球磨 WO_3-CuO 混合粉末还原得到的 W-Cu 复合粉末微观形貌(图 5.23)显示，未球磨 WO_3-CuO 混合粉末还原后得到的 W-Cu 复合粉末仍呈不规则形貌；而经 40h 球磨 WO_3-CuO 混合粉末还原后得到的 W-Cu 复合粉末仍保持还原前的近球形特征，且颗粒尺寸没有发生明显变化。同时发现，黑色的 Cu 相镶嵌在灰色的 W 颗粒表面，这是由于在球磨过程中，CuO 粉末颗粒在 WC 磨球不断地冲击、剪切和磨削等作用下嵌入 WO_3 颗粒内部，在高温(1000℃)H_2 气氛下与 WO_3 颗粒充分还原，形成了 W 包裹 Cu 的球状颗粒，这种现象改善了 W 与 Cu 本身互不相溶的特性。

(a) 未球磨　　(b) 球磨40h

图 5.23 未球磨和经 40h 球磨的 WO_3-CuO 混合粉末还原后的 W-Cu 复合粉末的 SEM 形貌

3. 球磨共还原法制备的 CuW 合金组织和性能

WO_3-CuO 混合粉末球磨和共还原处理能否发挥有利的作用，还需对烧结制备的 CuW 合金性能进行表征。经不同球磨时间的共还原粉末所制备的 CuW 合金致密度(表 5.2)显示,传统混粉法制备的 CuW 合金致密度很差,致密度低于 90%。随着球磨时间的延长，经过共还原、烧结所制备的 CuW 合金，致密度升高，球磨 40h 时，合金的致密度达到最大值 96.82%。而球磨时间延长到 50h 后，其合金的致密度却有小幅度的降低。混合粉末未经高能球磨时，其颗粒尺寸大且呈不规则形状，在压制力作用下粉末颗粒间的组合排列具有随机性，压坯中孔隙较大且不均匀。经过高能球磨后，其颗粒尺寸变小且呈球形，压坯中颗粒间孔隙变小且较均匀。压坯在 H_2 气氛下于 1200℃烧结过程中，未被 W 包裹的 Cu 颗粒首先熔化，Cu 液在很短时间内填充这些狭小的孔隙，从而提高了烧结合金的致密化程度。

表 5.2 球磨时间对球磨共还原法制备的 CuW 合金致密度的影响

试样编号	球磨时间/h	实际密度/(g/cm^3)	致密度/%
1	0	12.8564	89.82
2	20	13.4862	94.22
3	30	13.6436	95.32
4	40	13.8583	96.82
5	50	13.8483	96.75

经过 40h 球磨后的 WO_3-CuO 混合粉末通过共还原制备的 CuW 合金微观组织形貌和 EDS 线扫描分析(图 5.24)表明，CuW 合金组织均匀而且致密，颗粒间紧密排列，Cu 液充填在每个颗粒的间隙内，组成致密的 Cu 网络。可见，原始粉末颗粒经球磨细化后，可显著提高 CuW 合金的烧结致密度。

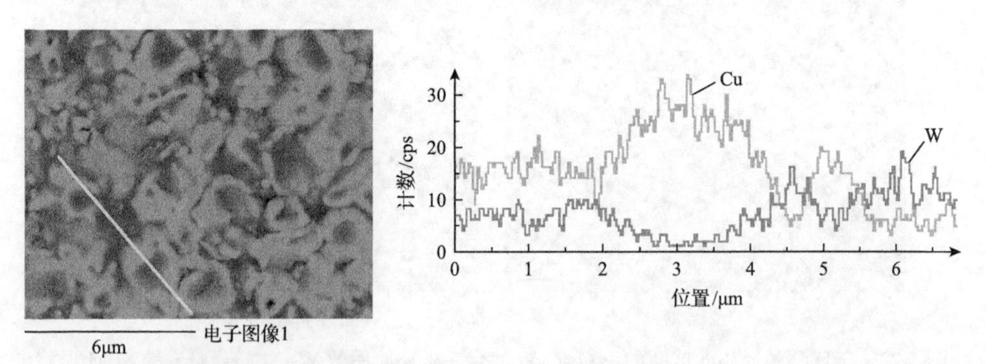

图 5.24 球磨 40h 的混合粉末制得的 CuW 合金 SEM 形貌和 EDS 线扫描元素分布

原始粉末颗粒的细化大幅度提升了烧结体的致密度,使 CuW 合金的孔隙率减小，促使硬度大幅度提高。而颗粒细化到一定尺寸时，颗粒间容易产生团聚，形成不规则、尺寸较大的“二次颗粒”，影响了烧结体的致密化，使得 CuW 合金的硬度有所降低。另外，烧结体中的晶粒细小导致晶界面积增大，而晶界对位错的运动具有很强的阻碍作用，从而使得 CuW 合金获得很高的硬度[24]。不同球磨时间的混合粉末制得的 CuW 合金硬度测试结果(图 5.25)表明，随着粉末球磨时间延长，CuW 合金的硬度先增大后下降。当球磨 40h 时，CuW 合金的硬度达到最大，约为 235HB。影响 CuW 合金导电率的因素有很多，如化学成分、杂质、孔隙度、微结构(微结构包括组织结构中的晶粒度、晶界结合强度、高导热 Cu 相的分布连续性、W-W 连接度)等[25]。而晶粒细化很大程度上影响了合金孔隙率与微结构，进而影响其导电率。采用原始粉末或者长时间(50h)高能球磨粉末制备的 CuW 合金组织中会出现 Cu 相富集和少量孔隙，Cu 相的存在使得合金表现出较高的导电率。而孔隙的存在又降低了合金导电率，即表现出不稳定的导电性能。不同球磨时间混合粉末制得的 CuW 合金导电率测试结果(图 5.25)表明，导电率随着球磨时间的延长先降低后升高，但其整体波动幅度很小，基本保持稳定，仅在 1.0%IACS 范围内。

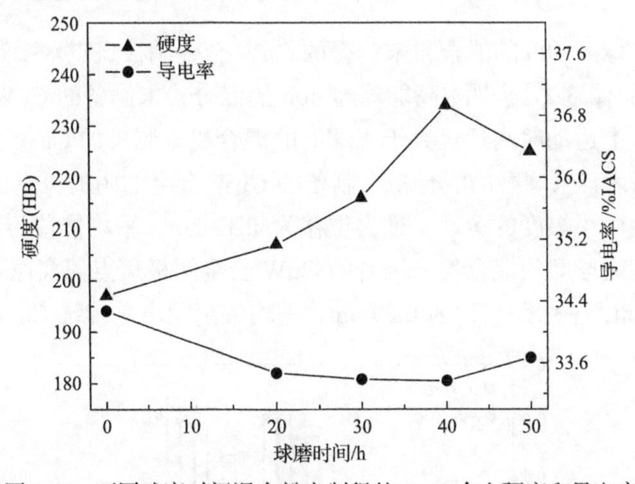

图 5.25 不同球磨时间混合粉末制得的 CuW 合金硬度和导电率

前期研究结果表明，晶粒细化后有利于电击穿过程中电弧的分解和裂化，降低电弧对合金的烧蚀。高速摄影仪拍摄的不同球磨时间混合粉末制得的 CuW 合金阴极斑点运动轨迹(图 5.26)显示，传统 CuW 合金阴极斑点的位置始终处于阳极正下方，在水平方向上几乎没有明显的移动，且放电持续时间极短。而经 40h 球磨的混合粉末通过共还原制得的 CuW 合金，阴极斑点在水平方向上发生了较大范围的运动，经过一段时间的真空放电后，阴极斑点发生分解和裂化，且持续的时间很长，同时还伴随着新斑点的产生和旧斑点的熄灭。

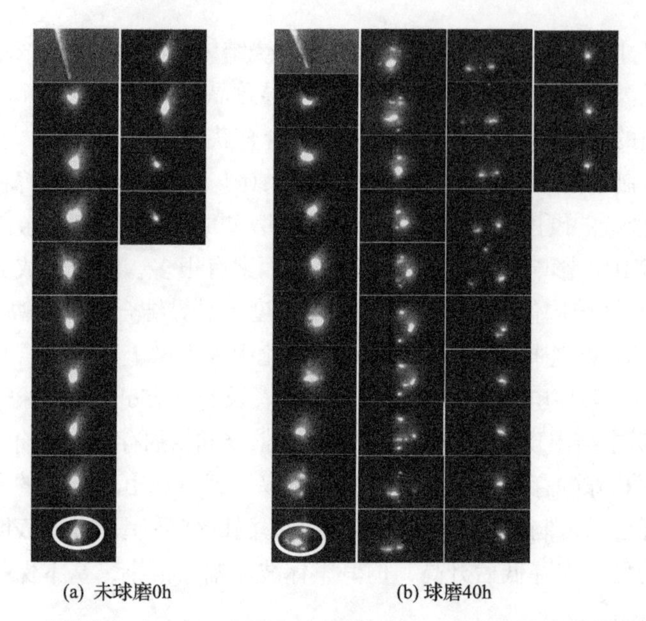

图 5.26 未球磨与球磨 40h 的混合粉末制得的 CuW 合金阴极斑点运动轨迹

未球磨与球磨 40h 的混合粉末制得的 CuW 合金阴极斑点水平运动位移随时间的变化关系(图 5.27)表明，高能球磨 40h 的混合粉末制备的 CuW 合金阴极斑点在水平方向上运动时间远远大于未球磨的混合粉末制备的 CuW 合金，其位移也明显大于后者。未球磨的混合粉末制备的 CuW 合金的阴极斑点仅在正对阳极的原点位置做微小幅度的运动，最大位移为 0.12mm，平均位移约为 0.02mm。而经过 40h 高能球磨的混合粉末制备的 CuW 合金阴极斑点偏离原点较远，最大距离为 0.65mm，平均距离约为 0.29mm，平均偏离距离是传统 CuW 合金的 14.5

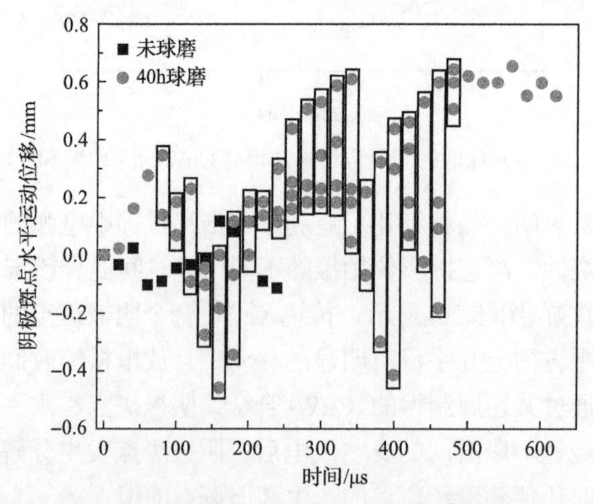

图 5.27 未球磨与球磨 40h 的混合粉末制得的 CuW 合金阴极斑点水平运动位移与时间的关系

倍。图中线框围成的区域象征性地代表在同一水平位置上阴极斑点裂化的个数。

电弧的分解和裂化必然引起合金烧蚀后表面形貌的差异，未球磨与球磨 40h 的混合粉末制得的 CuW 合金经 50 次电击穿后表面烧蚀形貌(图 5.28)显示，经过 50 次电击穿后，两种合金的表面均产生不同程度的烧蚀。其中，未球磨的混合粉末制得的 CuW 合金在正对阳极下方产生电弧集中烧蚀留下的烧蚀坑，说明未球磨粉末制备的 CuW 合金放电过程阴极斑点在一个很小的区域内做往复运动，在材料阴极表面形成一处集中且明显的烧蚀坑。而采用球磨 40h 的混合粉末制得的 CuW 合金，由于其阴极斑点裂化分散在合金表面，从击穿中心向外，电弧轨迹无规则扩散，阴极斑点运动的区域面积较大，没有产生明显的集中烧蚀，阴极斑点在整个材料表面留下轻微的烧蚀痕迹。

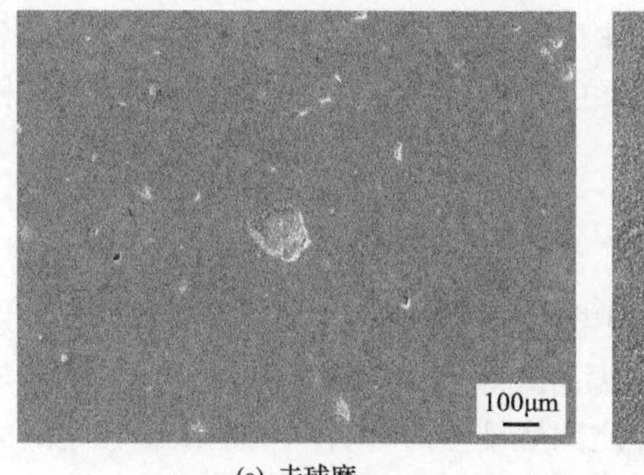

(a) 未球磨

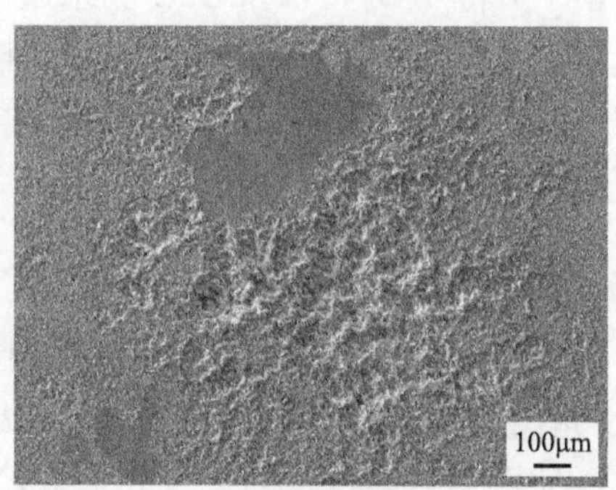

(b) 球磨40h

图 5.28 未球磨与球磨 40h 的混合粉末制得的 CuW 合金 50 次电击穿后表面烧蚀形貌

由于未球磨的混合粉末制得的 CuW 合金颗粒比较粗大，表面凹凸不平，平整度较差，而触头表面发生液态喷溅后的表面状态要比以蒸发气化为主的表面更为粗糙，这些高低不平的微观凸起引起局部电场增加，很容易在此处集中成为电击穿的场致发射点[26]。另外，未球磨的混合粉末制得的 CuW 合金首击穿相为 Cu 相，阴极斑点的扩散受到表面结构的严重影响而运动受阻，致使新阴极斑点在原阴极斑点位置及其附近反复生成和熄灭，最终导致电弧集中烧蚀，所以合金的烧蚀坑较深。而粉末球磨后制备的 CuW 合金晶粒细化，且存在大量的晶界，烧蚀均匀分布在整个阴极材料表面。同时，超细结构 CuW 合金的 W 骨架比较致密且孔隙小，微小的 Cu 液滴可以嵌在致密的 W 骨架中，使得首击穿相由 Cu 相转移到微合金相(图 5.29)，烧蚀区域得到分散，从而在阴极材料表面留下大面积的轻微烧蚀痕迹。另外，晶粒细化的 CuW 合金具有粒径小、比表面积大、活性高等特点，电子逸出功和熔点更低，使得维持电弧所必需的金属蒸气量增加，从而使阴极表面的电弧更稳定，截流值更低，燃弧时间更长。

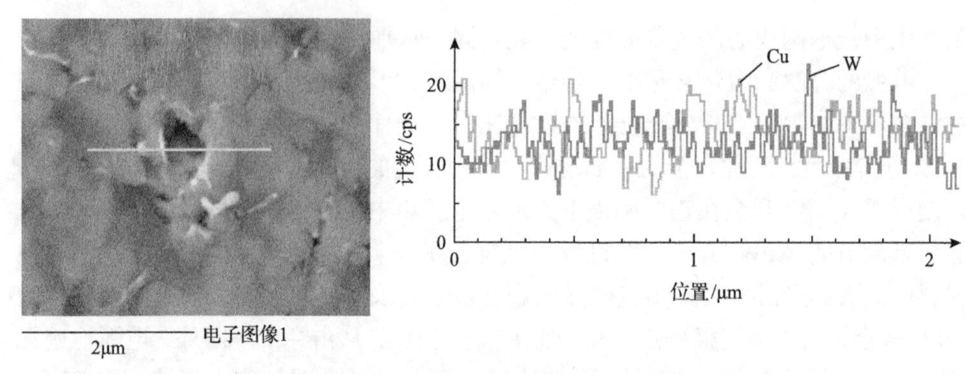

图 5.29 球磨 40h 的混合粉末共还原制备的 CuW 合金烧蚀坑线扫描元素分析

本小节将 WO_3 粉末和 CuO 粉末通过机械合金化以及共还原获得 W-Cu 复合粉末，再经压制、液相烧结获得超细结构 CuW 合金。通过对机械合金化后和共还原后粉末对比分析发现，球磨后粉末更有利于烧结，且烧结后合金的常规性能和耐电弧烧蚀性能得到显著改善。

5.1.5 超细 W-Cu 复合粉末液相烧结法

CuW 合金作为一种假合金，在高温电弧作用下，由于 Cu 相的熔化及挥发，合金的耐电弧烧蚀性能、高温强度及高温耐磨性主要依赖于其主体结构 W 骨架的强度，而 W 骨架的强度主要受 W 颗粒之间烧结性的影响，因而 W 颗粒之间的烧结性将直接影响 CuW 触头材料的使用寿命。已有研究表明[27-30]，原始粉末粒径对于粉末冶金制品烧结性能具有较大的影响。因此，本节主要通过细化初始 W 粉粒径来提高 W 颗粒之间的烧结性，进而强化合金的高温性能[31]。

1. W 粉粒径对 CuW 合金组织与性能的影响

传统触头用 CuW 合金采用粒径较大的微米级粉末制备，也有一些研究者采用纳米级粉末来制备 CuW 合金，但由于纳米粉末自身具有过高的表面能，粉末自身极不稳定，颗粒间易发生团聚，且在烧结过程中颗粒粗化较为明显，局部致密化程度加剧，易出现闭孔和 Cu、W 两相分布不均匀的现象。而介于微米与纳米之间的亚微米级粉末则兼具细化粉末粒径和较为稳定的粉末特性双重优势，因此选用不同粒径的亚微米级 W 粉与常用的微米级 W 粉制备 CuW 合金。由于亚微米级 W 粉尺寸依旧较小，若采用熔渗法容易形成闭孔等缺陷，故采用液相烧结工艺制备 CuW 合金。

1) W 粉粒径对 CuW 合金微观组织的影响

对于粉末冶金制品，粉末粒径的变化将直接影响粉末颗粒之间的烧结性。采用亚微米级 W 粉进行烧结，可显著改善 W 颗粒之间的烧结性，从而提高 W 骨架的强度。如图 5.30 所示，微米级 W 粉制备的 CuW 合金 W 颗粒呈不规则多边形，且颗粒分布相对松散、稀疏，颗粒间形成的烧结颈较少，部分颗粒间存在明显的晶界，这将直接影响 CuW 合金的强度和高温稳定性；同时，颗粒间填充的 Cu 相分布不均匀，存在富 Cu 区域，且部分富 Cu 区域尺寸较大，将直接影响 CuW 合金的耐电弧烧蚀性能。作为触头材料，有限的烧结颈和富 Cu 相是不利的。相比微米级 W 粉制备的 CuW 合金，亚微米级 W 粉制备的 CuW 合金 W 颗粒呈类圆形，颗粒尺寸较为均匀，W 颗粒之间形成了良好的烧结颈；且其 Cu 相分布较为均匀，亚微米级 W 粉制备的 CuW 合金形成了 Cu 相和 W 相双连续结构的微观组织，有利于进一步提高 CuW 合金强度、高温性能和耐电弧烧蚀性能。

(a) 8μm (b) 400nm

图 5.30 不同粒径 W 粉制备的 CuW 合金微观组织

W 颗粒之间的烧结性(即烧结颈形成情况)直接影响 W 骨架的强度，粉末冶金中评价颗粒烧结性通常采用颗粒之间的连接度进行表征。为了评价合金中 W 颗粒的烧结性，通过式(5.4)[32-34]对 W 颗粒之间的连接度进行计算：

$$C_{\text{W-W}} = 2N_{\text{W/W}} / \left(2N_{\text{W/W}} + N_{\text{W/Cu}}\right) \tag{5.4}$$

式中，$C_{\text{W-W}}$ 为 W 颗粒之间的连接度；$N_{\text{W/W}}$ 为 W/W 晶界个数；$N_{\text{W/Cu}}$ 为 W/Cu 晶界个数。根据式(5.4)计算出 W 颗粒之间的连接度 $C_{\text{W-W}}$，结果见表 5.3。可以发现，随着 W 粉粒径的减小，W 颗粒之间的连接度逐渐增大。这是因为 W 粉越细，W 颗粒间接触面积越大，曲率半径减小，熔点降低，因而烧结驱动力就越大，更容易形成烧结颈。W 颗粒之间的连接度越高，颗粒之间的冶金结合越好，W 骨架的强度将会越高，从而显著改善 CuW 合金的性能。

表 5.3 不同粒径 W 粉制备的 CuW 合金 W 颗粒之间的连接度

W 粉粒径	8μm	800nm	600nm	400nm
$C_{\text{W-W}}$	0.23	0.36	0.39	0.46

2) W 粉粒径对 CuW 合金致密度的影响

W 粉粒径的变化影响 W 颗粒之间的烧结性，进而会改变 CuW 合金的致密度。由图 5.31 可知，随着 W 粉粒径的减小，烧结后 CuW 合金的致密度逐渐增大。其中，微米级 W 粉制备的 CuW 合金在较低紧实率(50%)下烧结后的致密度仅有 85%左右，而亚微米级 W 粉制备的 CuW 合金致密度均在 95%以上，选用平均粒径 400nm 的 W 粉制备的 CuW 合金几乎达到全致密化。对比微米和亚微米级 W 粉制备的 CuW 合金烧结特性可以看到，亚微米级 W 粉制备的 CuW 合金烧结过程中致密化收缩显著，这也是因为较细的粉末粒径提供了较大的烧结驱动力，从而使得 CuW 合金烧结后更加致密。

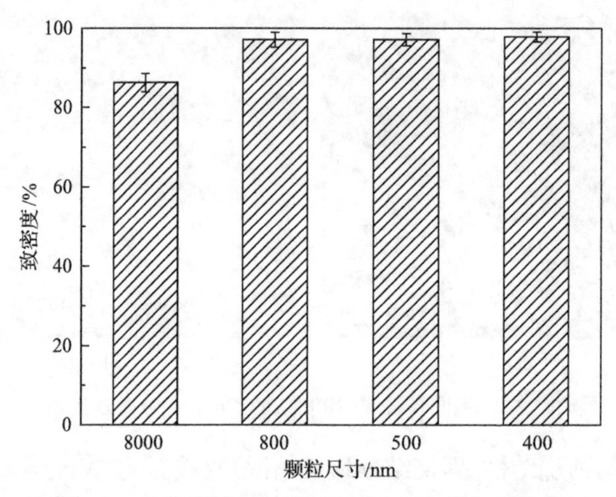

图 5.31 不同粒径 W 粉制备的 CuW 合金致密度

根据粉末烧结理论可知，压坯致密化烧结过程实质为孔洞收缩过程，孔洞的收缩主要依靠颗粒接触颈部曲率所产生的 Laplace 应力，其具体表达式如式(5.5)[35]所示：

$$\sigma=\gamma(1/x-1/\rho) \tag{5.5}$$

式中，σ 为本征 Laplace 应力；γ 为表面张力；x 为接触面积半径；ρ 为颈部曲率半径。烧结过程中表面张力的变化不大，Laplace 应力大小主要受接触面积半径和颈部曲率半径影响，而这两个参数主要与烧结粉末粒径相关，当粉末粒径从微米级减小到亚微米级时，Laplace 应力水平将提高约三个数量级。在简单立方堆垛的球形模型中，由几何关系易得颗粒间堆垛的孔洞近似于颗粒自身尺寸大小。即当粉末粒径减小时，颗粒间堆垛产生的孔洞尺寸将减小，作用于孔洞收缩的 Laplace 应力将增大，有利于粉末系统致密化烧结[36]。

此外，颗粒颈部曲率产生 Laplace 应力的同时，在颗粒接触面上亦将产生对心应力，其宏观表现为压坯烧结收缩过程中的静压力。对心压应力在颗粒烧结接触初期趋于无穷大，使得接触区发生屈服塑变。对心压应力的表达式为[34]

$$P = 2\gamma / \alpha \tag{5.6}$$

式中，P 为颗粒对心压应力；γ 为表面张力；α 为颗粒尺寸半径。从式(5.6)可以看到，当颗粒尺寸从微米级减小到亚微米级时，颗粒间的对心压应力将至少提高一个数量级。

因此，颗粒尺寸减小到亚微米级时，表面能增加，颗粒表层原子自由性增大，原子自扩散激活能减小，表面扩散系数增大，扩散性提高，烧结性改善；另外，颗粒尺寸减小引起粉末过剩表面能驱动力、孔洞收缩 Laplace 应力及颗粒对心压应力均增大，烧结驱动力增大。也就是说，细化粒径对改善粉末烧结性、提高烧结驱动力及复合材料致密化均有促进作用。

3) W 粉粒径对 CuW 合金硬度及导电率的影响

CuW 合金微观组织和致密度的变化必将引起合金硬度及导电率的改变。随着原始 W 粉粒径的减小，制备的 CuW 合金硬度逐渐升高，而导电率有所下降(图 5.32)。微米级 W 粉制备的 CuW 合金硬度约为 125HB，而亚微米级 W 粉制备的 CuW 合金硬度均较高(200HB 以上)，高出微米级 W 粉制备的 CuW 合金超过 60%。微米级 W 粉制备的 CuW 合金导电率为 55.6%IACS，亚微米级 W 粉制备的 CuW 合金导电率均超过 48.3%IACS，相比微米级 W 粉制备的 CuW 合金降低了约 13%。

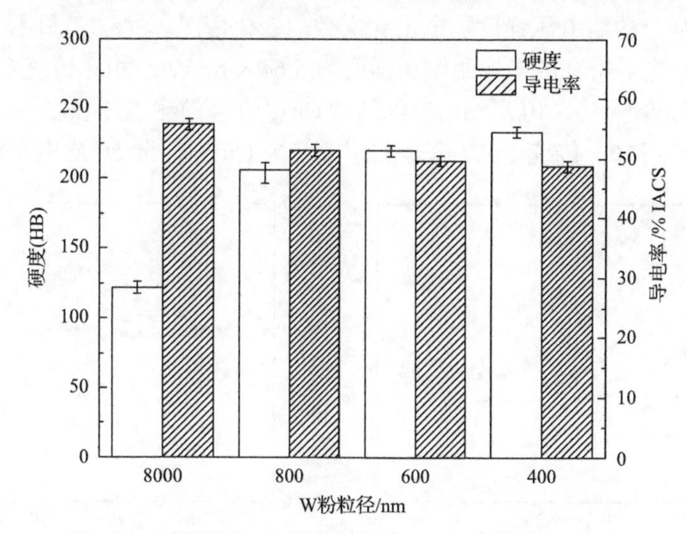

图 5.32 不同粒径 W 粉制备的 CuW 合金硬度及导电率

亚微米级 W 粉制备的 CuW 合金硬度较高，归功于烧结过程致密化收缩显著，组织内孔洞缺陷减少，同时 W 颗粒之间的连接度有所提升，W 骨架的强度得到改善，因而材料硬度得到提高[15]。CuW 合金导电率随 W 粉粒径的减小而减小，这主要是因为随着 W 粉粒径的减小，CuW 合金致密化收缩显著，颗粒合并、孔洞收缩的同时颗粒间液相 Cu 的外排量将增加，Cu 相含量相对有所减少；同时，随着合金中 W 颗粒之间连接度增大，Cu 相的连接度有所降低，两个方面共同作用使得最终 CuW 合金的导电率下降。

上述结论和分析表明，随着 W 粉粒径的细化，CuW 合金中 W 颗粒的分布更加细小、均匀，颗粒间的连接度逐渐增大，且形成了 Cu 相和 W 相双连续结构的微观组织；合金的致密度及硬度均随 W 粉粒径的减小而提高，但导电率稍有降低。因此，综合微观组织、致密度、导电率和硬度等方面分析，最终选择平均粒径 400nm 的 W 粉来制备超细结构 CuW 合金。

2. 超细结构 CuW 合金的性能

根据前面有关 W 粉粒径对 CuW 合金组织与性能影响的研究，选择 400nm 的 W 粉通过高能球磨和液相烧结工艺制备 Cu 含量为 25%的超细结构 CuW 合金，重点研究其耐电弧烧蚀性能、高温抗压性能、室温及高温摩擦磨损性能等特性，并对比分析其与传统 CuW 合金的差别。

1) 耐电弧烧蚀性能

作为导电材料，尤其是高压、超高压、特高压断路器用弧触头，CuW 合金的耐电弧烧蚀性能直接决定其是否满足电网的使用需求。传统 CuW 合金以及超细结构 CuW 合金的耐电压强度随电击穿次数的变化情况(图 5.33)显示，超细结构 CuW 合金 50 次电击穿的平均耐电压强度为 5.64×10^7V/m，相比传统 CuW 合金的平均耐电压强度(4.50×10^7V/m)，超细结构 CuW 合金的耐电压强度提高了 25.3%。通过统计分析可知，传统 CuW 合金和超细结构 CuW 合金 50 次电击穿的耐电压

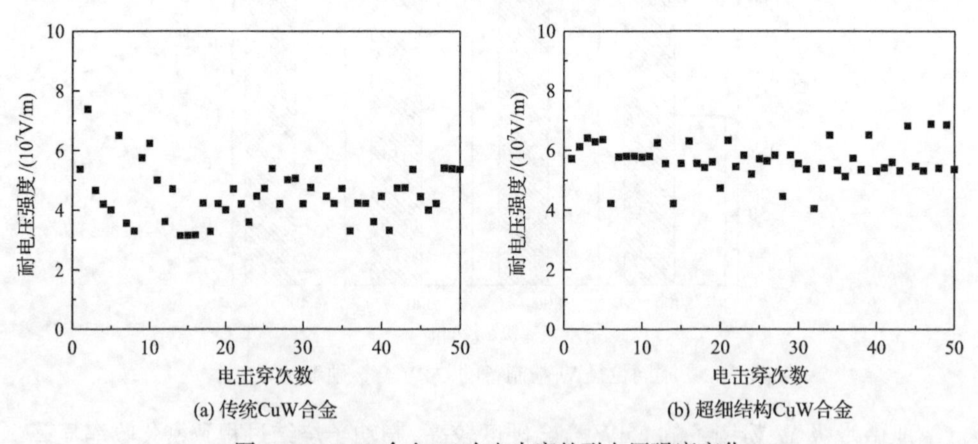

图 5.33 CuW 合金 50 次电击穿的耐电压强度变化

强度标准偏差分别为 0.90 和 0.63，与图中所示相同，超细结构 CuW 合金 50 次电击穿的耐电压强度波动较小，说明超细结构 CuW 合金的耐电弧烧蚀稳定性及可靠性更高，耐电弧烧蚀性能更优。这是由于超细结构 CuW 合金组织中颗粒的细化改变了 W 颗粒之间的烧结性，提高了骨架的烧结强度，从而改善了合金表面电子逸出的阻力，因而耐电压强度发生了变化[37]。

传统 CuW 合金以及超细结构 CuW 合金 50 次电击穿后的表面形貌(图 5.34)显示，在阳极钨针下方，两种合金均发生了严重的电弧烧蚀；烧蚀后合金表面的微观组织模糊不清，且其粗糙度较高。与传统 CuW 合金电击穿后的表面形貌相比，超细结构 CuW 合金的烧蚀坑较浅，且其烧蚀面积较大，烧蚀更加分散。CuW 合金在发生电击穿时电弧优先选择在逸出功低的 Cu/W 界面及 Cu 相进行电击穿，传统 CuW 合金由于 W 颗粒之间的连接度较低，电击穿过程中部分连接度较差的 W 颗粒会随着 Cu 液的喷溅位置发生变化，故其耐电压强度不稳定，且容易在其烧蚀表面形成较深的烧蚀坑；而超细结构 CuW 合金 W 颗粒之间的连接度较高，在电击穿过程中仅颗粒之间的 Cu 液发生喷溅，W 骨架基本不会发生明显变化，因此其耐电压强度较为稳定，且电击穿后表面粗糙度较低[38]。

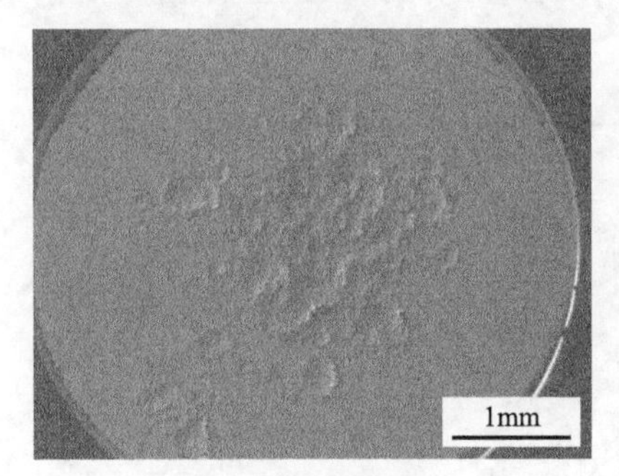

(a) 传统CuW合金

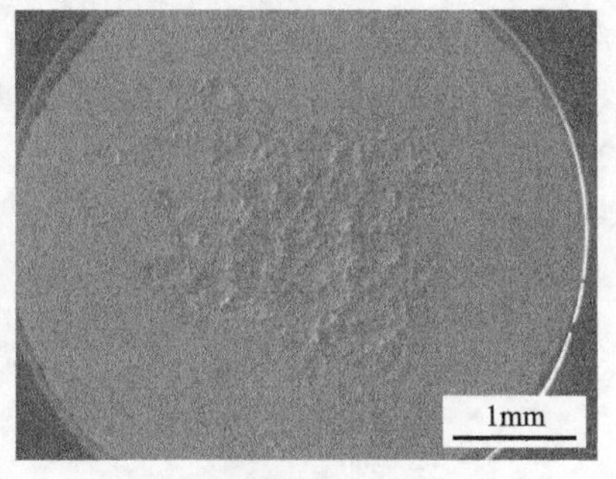

(b) 超细结构CuW合金

图 5.34 CuW 合金 50 次电击穿后表面形貌

动、静弧触头在接触前的一瞬间，随着弧触头之间距离的不断减小，较高的电压将会在弧触头之间形成较高的电场，而弧触头的微观表面会不可避免地存在一些凹凸不平的起伏，其凸起的存在会使弧触头表面局部区域产生很强的电场，从而弧触头表面电子逸出功较低的材料电子逸出，产生显著的场致电子发射，形成发射电流。发射电流通过微凸起时对其加热，使其温度上升，从而引起热场致发射，温度的升高不断促进其发射能力的增强。如此反复，弧触头材料表面发生熔化、蒸发并被发射电子电离，形成电弧。因此，在弧触头材料表面发生物质的损失，形成烧蚀坑[39]。由于超细结构 CuW 合金 Cu 相和 W 相分布较为均匀，电弧优先选择 Cu 相和 W 相的界面进行电击穿，因而其电击穿较为分散；同时，超细结构 CuW 合金较高的 W 骨架连接度相比传统 CuW 合金能够快速削弱电弧能量，使得电弧能量迅速降低，从而使得超细结构 CuW 合金的耐电压强度有所提升，烧蚀程度更小。因此，超细结构 CuW 合金表现出较优的耐电弧烧蚀性能。

2)高温抗压性能

作为结构功能一体件使用的导热导电 CuW 触头材料，在服役环境下除了承受高温电弧烧蚀作用的影响，同时要承受工作过程中交变载荷的作用。高温抗压实验用以模拟 CuW 弧触头材料伴随瞬态温升，在动、静弧触头插拔过程中挤压力作用下的强度变化，用以评估 CuW 合金在高温交变载荷作用下的可靠性。

传统 CuW 合金和超细结构 CuW 合金抗压强度随温度的变化曲线(图 5.35)表明，两种合金的抗压强度随温度的变化趋势相同，随着温度的升高，合金的抗压强度均呈明显的下降趋势。900℃时，合金的抗压强度大幅度降低，仅为室温时的15%～30%。当温度超过 500℃时，CuW 合金软化程度加快，其抗压强度急剧下降。这是因为 CuW 合金是由 W 骨架和熔渗 Cu 相组合而成的一种假合金，随着温度的升高，Cu 相发生软化，强度急剧下降，从而合金的强度降低。与传统 CuW 合金相比，相同温度时，超细结构 CuW 合金的抗压强度较高，尤其在 900℃，超细结构 CuW 合金的抗压强度为传统 CuW 合金的两倍，这主要依赖于超细结构 CuW 合金 W 颗粒之间较高的连接度。

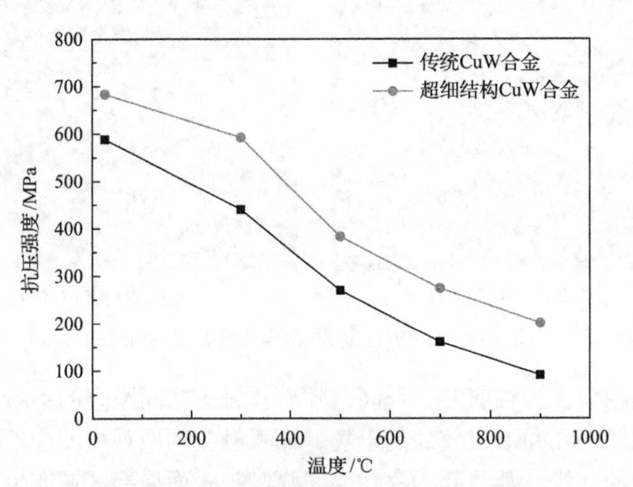

图 5.35 CuW 合金在不同温度的抗压强度变化曲线

CuW 合金不同温度压缩时的应力-应变曲线(图 5.36)显示，CuW 合金的应力随温度的升高而减小。当压缩环境温度不高于 500℃时，CuW 合金的应变量随温度的升高而减小；当温度高于 500℃时，合金试样压缩过程经历屈服后仍具有稳定的抗压强度，在 50%的应变范围内未出现应变极限。这是由于在 500～700℃存在 Cu 相软化温度点，当温度不高于 500℃时，合金的强度依靠 W 骨架的强度来维持，随着温度的升高，W 颗粒发生重排，颗粒间的烧结性降低，当达到骨架的最大承受强度时，合金发生剪切断裂，应力值瞬间降低；当温度高于 500℃时，合金中的 Cu 相开始软化，随着温度的升高，连续的 W 骨架遭到破坏，但软化的 Cu 相具有一定的塑性，维持着合金的强度，因此随着应变量的持续增加，合金应力变化不大，当应变量达到一定程度时，合金发生剪切断裂，应力瞬间降低。

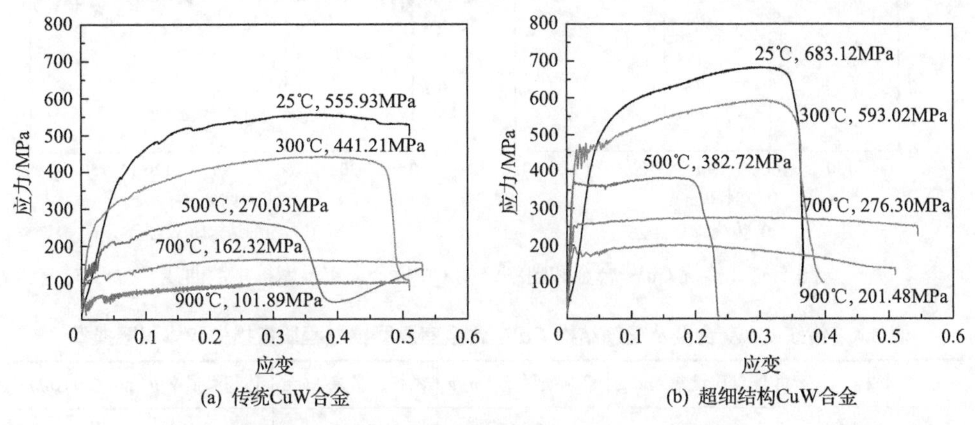

图 5.36 CuW 合金不同温度压缩时的应力-应变曲线

通过不同温度压缩后试样断裂情况及断口形貌可以确定，CuW 合金在不同温度压缩过程中发生了剪切断裂。传统 CuW 合金由于 W 颗粒之间的连接度较低，在压缩过程中裂纹可以沿 W 颗粒之间的 Cu 相进行扩展。而超细结构 CuW 合金 W 颗粒之间的连接度较高，在压应力作用下裂纹的扩展总是受到烧结 W 骨架的阻碍，裂纹需要穿过 W 颗粒进行扩展，裂纹扩展需要更高的能量，因此其抗压强度更高。

3) 摩擦磨损性能

新型电网环境要求触头具有较高的开断寿命。高频次插拔，则需要触头具有良好的耐磨损性能。传统 CuW 合金与超细结构 CuW 合金的室温摩擦磨损曲线(图 5.37)表明，传统 CuW 合金在 20min 后快速进入稳定磨损期，稳定磨损持续到 60min 时，摩擦系数开始不断增大，至 110min 时摩擦系数达到 1，而理论动摩擦系数不大于 1。即传统 CuW 合金稳定磨损期较短，在经过 110min 稳定磨损后，动摩擦系数达到 1，失去实际意义。超细结构 CuW 合金经过 60min 后进入稳定磨损期，磨损进行到 180min 时仍然处于较为稳定的状态。整个磨损过程中传统 CuW 合金的平均摩擦系数为 0.78，而超细结构 CuW 合金的平均摩擦系数较小，为 0.56。

传统 CuW 合金和超细结构 CuW 合金室温磨损过程中质量损失和体积磨损率(表 5.4)表明，质量磨损主要集中在磨削上，这主要与磨削受到持续磨损有关。此外，传统 CuW 合金在较短时间内的体积磨损率较大，为 $4.5280\times10^{-11}mm^3/(N\cdot m)$，

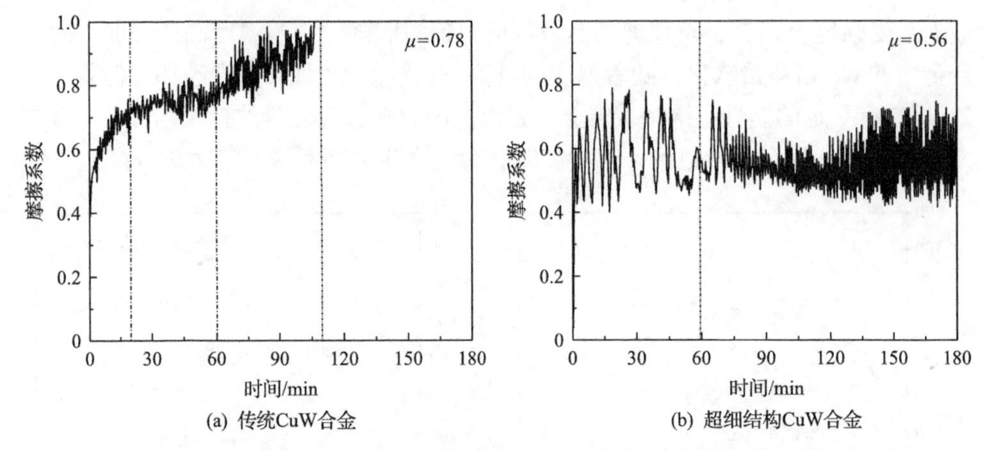

(a) 传统CuW合金　　(b) 超细结构CuW合金

图 5.37　传统 CuW 合金和超细结构 CuW 合金室温摩擦系数曲线

表 5.4　传统 CuW 合金及超细结构 CuW 合金室温磨损过程质量损失和体积磨损率

试样	磨盘质量差 Δm_1/g	磨削质量差 Δm_2/g	系统质量差 Δm/g	体积磨损率 I/(mm^3/(N·m))
传统 CuW 合金	−0.0002	−0.0011	−0.0013	4.5280×10^{-11}
超细结构 CuW 合金	−0.0002	−0.0009	−0.0011	2.0371×10^{-11}

而超细结构 CuW 合金在较长时间内的体积磨损率约为传统 CuW 合金的一半，为 2.0371×10^{-11}mm^3/(N·m)。超细结构 CuW 合金体积磨损率较小的原因主要与 W 颗粒烧结强度高和磨损过程中细小 W 颗粒引起的磨粒磨损作用较小有关。

传统 CuW 合金和超细结构 CuW 合金磨损区形貌及磨损区粗糙度测试结果(图 5.38)表明，传统 CuW 合金磨损区内存在很多数量的凹凸点，峰谷形貌明显，且磨痕较深。超细结构 CuW 合金磨损区内，磨痕细且均匀，没有明显的凹凸点。传统 CuW 合金磨损区内 W 颗粒存在一定程度的剥落，使得磨损过程伴随大尺寸

(a) 传统CuW合金

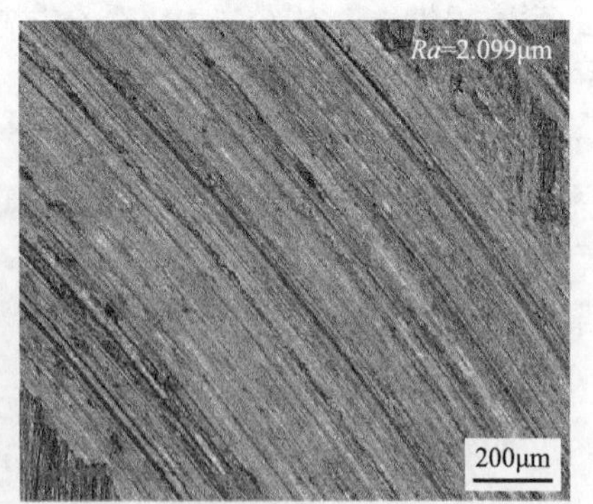

(b) 超细结构CuW合金

图 5.38　传统 CuW 合金和超细结构 CuW 合金磨损区形貌

W 颗粒的磨粒磨损，因此在 60min 后的摩擦磨损过程中摩擦阻力不断增大，导致动摩擦系数逐渐接近 1。超细结构 CuW 合金磨损区内磨痕均匀，W 颗粒尺寸的减小，直接降低了磨粒磨损对磨损面的损伤程度，减小了磨损阻力，使得摩擦系数较为稳定。粗糙度测量结果表明，实验前试样摩擦面粗糙度为 3.052μm，实验后传统 CuW 合金磨损区内粗糙度较大，为 2.547μm，而超细结构 CuW 合金磨损区粗糙度较小，为 2.099μm。

CuW 合金的耐磨性是评价特高压电容器组开关用弧触头使用寿命的一个重要指标。前期研究了室温下超细结构 CuW 合金与传统 CuW 合金的耐磨性能，结果表明，室温下，超细结构 CuW 合金的平均摩擦系数、磨损后表面粗糙度以及体积磨损率等均低于传统 CuW 合金，说明超细结构 CuW 合金的室温耐磨性能更优[40]。考虑到弧触头在实际插拔过程中，除了动、静弧触头过盈配合引起的摩擦磨损，弧触头也因电弧烧蚀作用处于较高的温度，材料在高温时的摩擦磨损与室温时也会有显著的差异，因此对传统 CuW 合金和超细结构 CuW 合金在高温时的摩擦磨损行为进行了测试，用于评价其高温环境下的耐磨性能。

传统 CuW 合金和超细结构 CuW 合金在 500℃下的摩擦系数变化曲线(图 5.39)显示，超细结构 CuW 合金在磨损开始后立即进入稳定磨损期，而传统 CuW 合金在跑合磨损 60s 后才进入稳定磨损期。随着磨损时间的延长，两种合金的摩擦系数均呈现下降的趋势，超细结构 CuW 合金的摩擦系数降低更为显著。在整个摩擦磨损期间，传统 CuW 合金和超细结构 CuW 合金的平均摩擦系数分别为 0.427 和 0.407。

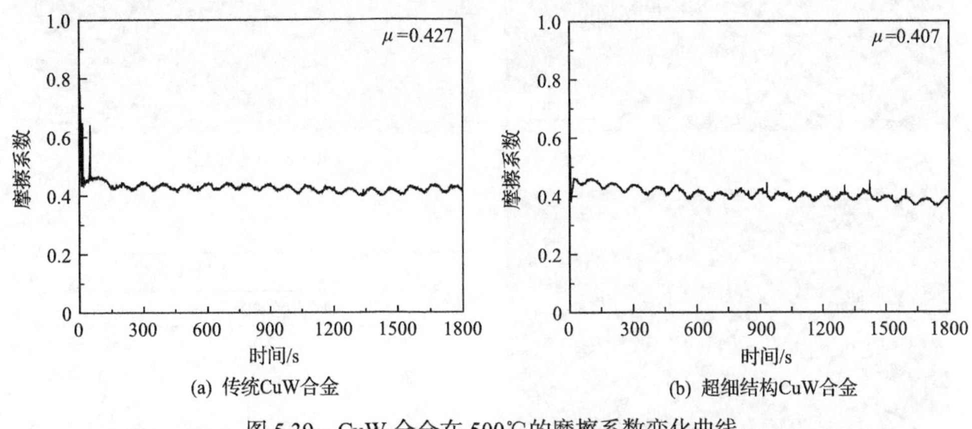

(a) 传统CuW合金　(b) 超细结构CuW合金

图 5.39　CuW 合金在 500℃的摩擦系数变化曲线

传统 CuW 合金和超细结构 CuW 合金在 500℃磨损 30min 后的表面形貌(图 5.40)显示，两种 CuW 合金的磨损表面均出现了深色的黏着层，根据经验判断，推测这层附着的黏着层为 Cu；同时，在两种合金的表面均出现了一定程度的犁沟，且传统 CuW 合金磨损表面的犁沟较为明显。为了进一步了解其磨损机理，对 CuW 合金的磨损表面进行观察。由于两种合金磨损表面形貌基本类似，仅对传统 CuW 合金磨损表面不同区域放大并进行能谱分析(图 5.41)。可以看出，磨损后 CuW 合金的磨损表面存在较深的磨损凹槽以及裸露的 W 颗粒，这些裸露的 W 颗

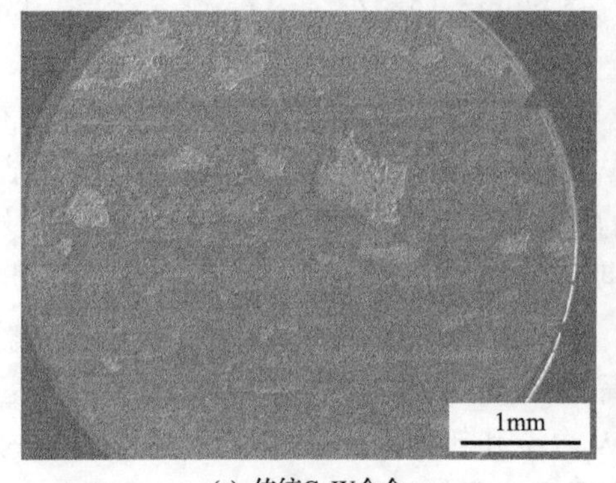

(a) 传统CuW合金

1mm

(b) 超细结构CuW合金

图 5.40　CuW 合金在 500℃磨损 30min 后的表面形貌

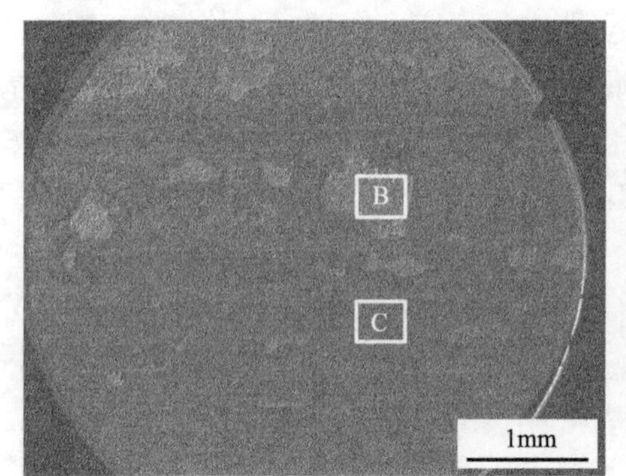

(a) 表面形貌

(b) 区域B的放大图

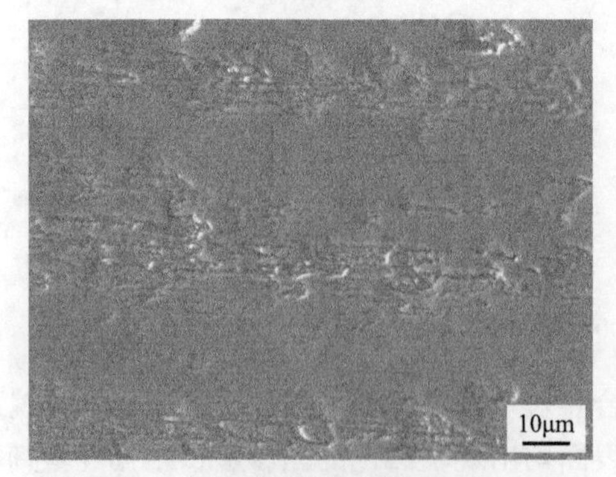

(c) 区域C的放大图

元素	质量分数/%	
	区域B	区域C
W	72.04	4.91
Cu	6.65	71.94
O	21.31	23.15
总计	100	100

(d) 能谱分析结果

图 5.41　传统 CuW 合金在 500℃磨损后表面形貌及能谱分析结果

粒是因为传统 CuW 合金较低的 W 颗粒连接度，在磨损过程中 W 颗粒容易发生脱落，从而引起磨粒磨损；而超细结构 CuW 合金由于 W 颗粒之间烧结性更好，在磨损过程中摩擦力的作用下 W 颗粒难以脱落，从而抑制了磨粒磨损的发生。CuW 合金中的 Cu 相在摩擦过程中由于受热和摩擦力的共同作用，会发生塑性变形及焊合，即发生黏着磨损。在磨粒磨损和黏着磨损的共同作用下，在合金表面出现犁沟及附着在磨损表面的铜相。

传统 CuW 合金和超细结构 CuW 合金在 500℃磨损后的表面三维形貌和表面粗糙度测试结果(图 5.42)表明，磨损后超细结构 CuW 合金的表面波动相对传统 CuW 合金较小；同时对两种合金的线粗糙度(*Sa*)进行多次测量取平均值，其测试结果表明，磨损后传统 CuW 合金和超细结构 CuW 合金的表面平均线粗糙度分别为 6.954μm 和 5.630μm，超细结构 CuW 合金磨损后表面粗糙度明显低于传统 CuW 合金，其表面粗糙度测试结果完全符合磨损后表面三维形貌观察结果。同时，利用白光对磨损后两种合金的磨痕深度进行测量，超细结构 CuW 合金磨损后的磨痕深度(11.4μm)低于传统 CuW 合金(12.9μm)。上述测试结果表明，超细结构 CuW 合金相对于传统 CuW 合金表现出较优的高温耐磨性。结合前期对超细结构 CuW 合金和传统 CuW 合金室温磨损后表面粗糙度和摩擦系数变化的统计分析表明，室温下平均摩擦系数和磨损后表面粗糙度较低的超细结构 CuW 合金高温下依旧表现出较好的高温耐磨性。

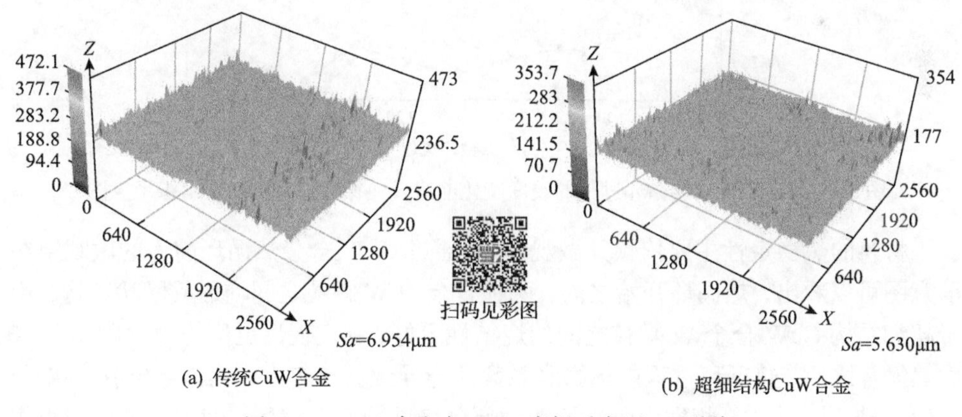

(a) 传统CuW合金　　(b) 超细结构CuW合金

图 5.42　CuW 合金在 500℃磨损后表面 3D 形貌

4) 热循环稳定性

由于 Cu、W 自身热物性存在较大差异，W 在较宽的温度范围内热膨胀系数为 $4.6\times10^{-6}K^{-1}$，热导率为 174W/(m·K)，而室温下 Cu 的热膨胀系数为 $17.5\times10^{-6}K^{-1}$，热导率为 386.4W/(m·K)。热物性的巨大差异使得 CuW 合金在高频次瞬态温升、温降环境下 Cu/W 界面极易出现疲劳现象，从而影响其使用性能。高温疲劳实验是模拟 CuW 合金反复经历瞬间温升及快速降温的过程，旨在测试 CuW 合金试样反复由常温快速升温以及由高温快速冷却时对合金组织及强度的影响。此次实验在于评估超细结构 CuW 合金的热疲劳寿命，分析热疲劳条件下 CuW 合金组织的变化规律。

超细结构 CuW 合金与传统 CuW 合金热循环过程的硬度变化曲线及热循环前后微观组织示意图(图 5.43)显示，热循环过程中两种合金的硬度均发生一定程度的波动，200 次热循环之后，传统 CuW 合金的硬度明显降低，而超细结构 CuW 合金热循环前后硬度变化不明显，200 次热循环之后硬度仍稳定在 220～230HB。根据《铜钨及银钨电触头》(GB/T 8320—2017)的规定，触头材料用 CuW70 合金的硬度要求不低于 175HB，而传统 CuW 合金经过 20 次热循环之后，其硬度即低于 175HB，无法满足其使用要求。

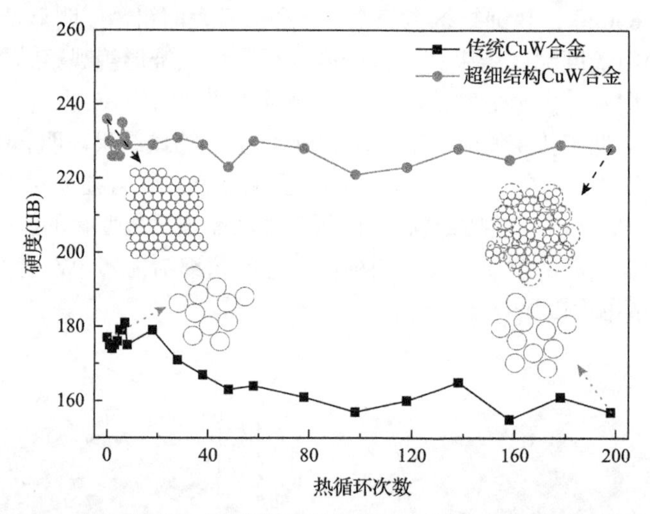

图 5.43 CuW 合金热循环过程的硬度变化曲线及热循环前后的微观组织示意图

材料的热稳定性主要依赖其微观组织，通过 CuW 合金热循环前后的微观组织示意图可以看出，热循环开始之前，两种合金的 W 颗粒之间均形成网状结构，由于超细结构 CuW 合金 W 颗粒之间的烧结性更好，其表现出更优的力学性能。200 次热循环之后，热循环过程中热膨胀系数差异导致其热应力作用，合金中 W 颗粒发生重排，同时 Cu 相发生塑性流动，部分烧结颈遭到破坏，使得合金微观组织发生变化，其热稳定性降低。而超细结构 CuW 合金由于 W 颗粒较为细小，相同质量合金中 W 颗粒数量较多，虽有部分烧结颈被破坏，但还有大量 W 颗粒之间保持着良好的连接度，从而保证了 W 骨架的强度，使得合金经过 200 次热循环之后力学性能变化不明显，热稳定性较好。

通过对传统 CuW 合金和超细结构 CuW 合金耐电弧烧蚀性能、高温抗压性能、室温和高温摩擦磨损性能以及热循环稳定性等方面的测试表明，超细结构 CuW 合金各方面的性能均优于传统 CuW 合金。

3. 超细结构 CuW 合金的微观组织分析

材料的性能主要取决于其微观组织，为了进一步了解两种材料微观组织对其性能的影响，电子背散射衍射(electron backscattering diffraction, EBSD)对其欧拉角取向以及晶粒尺寸分布的研究(图 5.44)表明，两种合金的 Cu 相呈现出近似的晶粒尺寸分布趋势。然而，超细结构 CuW 合金的 W 相分布较为均匀，且其晶粒尺寸小于等于 1.9μm[41]；与之相比，传统 CuW 合金的 W 相尺度较大且分布不均匀，其晶粒尺寸小于等于 6μm。这一结果表明，超细结构 CuW 合金的晶粒尺寸明显小于传统 CuW 合金，且其晶粒大小较为均匀。

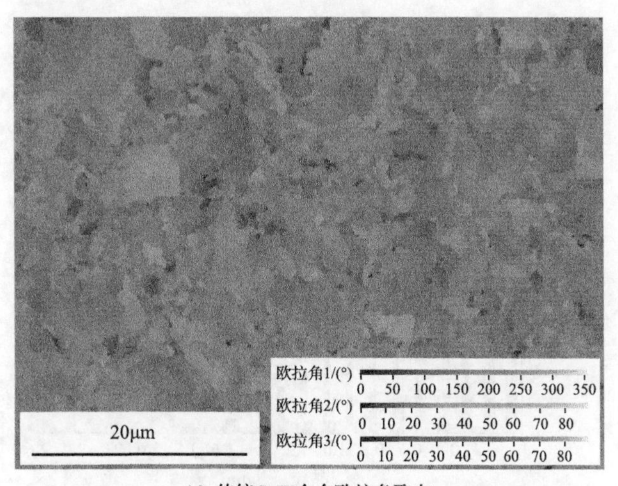

(a) 传统CuW合金欧拉角取向

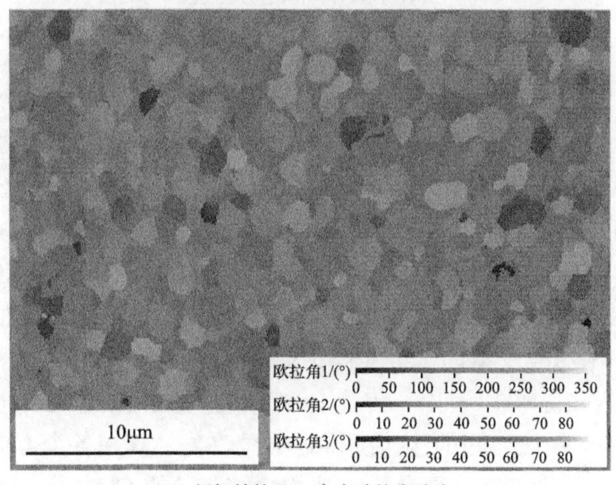

(b) 超细结构CuW合金欧拉角取向

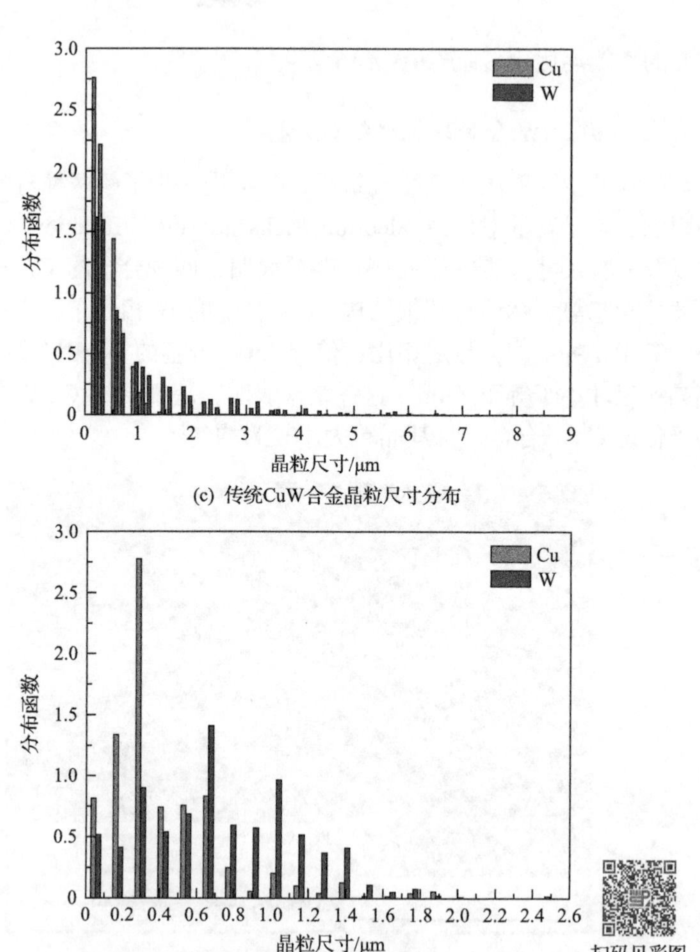

(c) 传统CuW合金晶粒尺寸分布

(d) 超细结构CuW合金晶粒尺寸分布

图 5.44 CuW 合金的 EBSD 欧拉角取向以及晶粒尺寸分布

作为金属材料，其性能的变化很大程度上依赖于材料微观组织的改变。CuW 合金的硬度、耐电弧烧蚀性能、高温强度、室温及高温摩擦磨损性能、热循环稳定性等主要取决于 W 骨架的强度，而 W 骨架的强度主要取决于烧结得到的 W 骨架中 W 颗粒之间的烧结性(即 W 颗粒之间的连接度)。为了明确 W 骨架的烧结性以及 W 颗粒之间连接度对 CuW 合金性能的影响，采用 HF 和 HNO_3 按照 2∶1 的体积比配比腐蚀液，用该溶液腐蚀掉 CuW 合金中的 Cu 相，腐蚀之后，Cu 相溶解在溶液中，并用乙醇及蒸馏水等对腐蚀后的 W 骨架进行超声波清洗，仅留下如图 5.45 所示的 W 相。可以看出，传统 CuW 合金形成的烧结颈数量有限，而超细结构 CuW 合金 W 颗粒之间的连接度得到明显改善，其在各个方向均形成了完整的烧结颈。因此，超细 W-Cu 复合粉末液相烧结制备的 CuW 合金表现出较优的力学性能、耐烧蚀性能及高温性能主要归因于烧结 W 骨架较高的连接度。

(a) 传统CuW合金

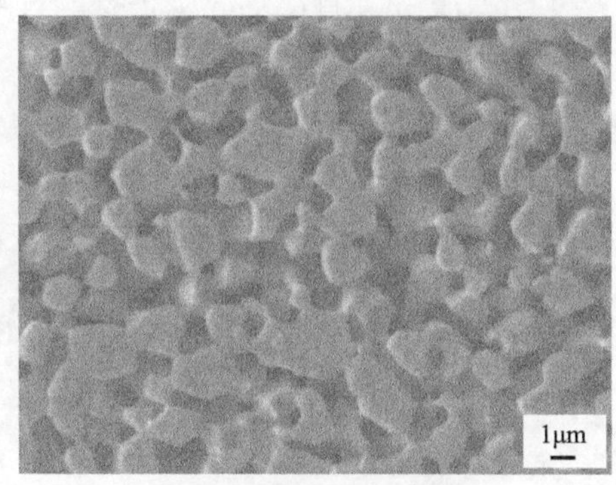

(b) 超细结构CuW合金

图 5.45 CuW 合金被侵蚀后的 W 骨架形貌

细化 W 粉粒径可以增大粉末的比表面积、增加烧结驱动力且缩短扩散路径，所以烧结活化能相对更低，骨架 W 颗粒在较低的温度下即可形成良好的烧结颈，使得通过熔渗或液相烧结制备的 CuW 合金具有超细结构，表现出更加优异的耐电弧烧蚀性能、高温强度及耐磨性等。比较而言，超细 W-Cu 复合粉末液相烧结法制备的 CuW 合金综合性能最佳。

5.2 纤维增强结构 CuW 合金

随着电网用高压断路器开断容量及使用寿命的不断提高，对 CuW 触头材料提出更加苛刻的要求，仅通过改变触头材料成分配比或添加其他合金元素，已很难满足高压断路器对其性能的需求[42]。研究表明[43-45]，采用纤维增强的各种复合材料使用性能均得到有效增强，包括极高强度的块状金属玻璃通过添加钨纤维使其强度也得到进一步提升[46, 47]。常用作增强相的 W 纤维(W fiber，W_f)具有高的强度和模量，将其编制为纤维网，并与 CuW 粉末混合，烧结为一体，一方面可以通过“钢筋水泥”结构提高 CuW 合金的整体强度，另一方面使得 CuW 合金具有 W_f 耐磨损、抗烧蚀、低膨胀等优良的特性，即 W_f 网的加入不仅能够较大改善 CuW 合金的强度，还能进一步提高其耐磨性以及耐电弧烧蚀性能。

5.2.1 W_f 网增强 CuW 合金的结构设计

W_f 网增强 CuW 合金时，纤维直径、纤维网的目数以及纤维与载荷的方向角等均会影响 W_f 增强 CuW 合金的效果。因此，根据不同的纤维网铺设策略预测了纤维直径、纤维网目数和旋转角对复合材料拉伸力学性能的影响。通过跟踪基体与纤维上两个节点的等效塑性应变，研究基体与纤维之间的变形协调关系。

模拟中首先将纤维直径从 40μm 逐步增加到 200μm，步长为 40μm。纤维网的目数为固定值 30，具体的纤维直径和目数见表 5.5，对应模型如图 5.46 所示。所有模型的 W_f 网都平行于 *XOY* 平面，考虑到 W_f 网的周期性和对称性，选择合适的模型反映 W_f 网的实际结构并考虑计算成本。

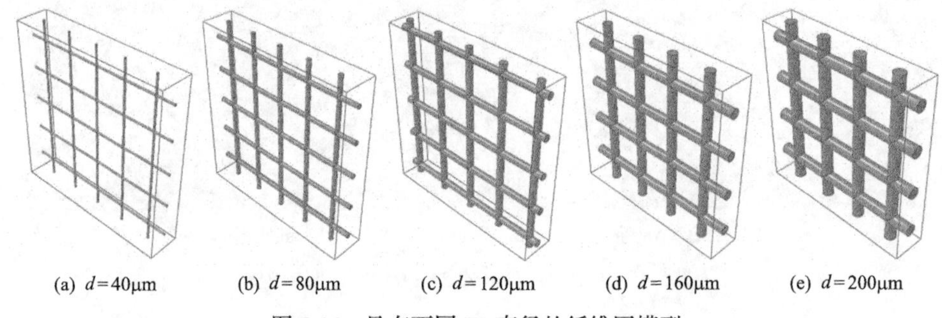

(a) d=40μm　(b) d=80μm　(c) d=120μm　(d) d=160μm　(e) d=200μm

图 5.46　具有不同 W_f 直径的纤维网模型

表 5.5　纤维网目数为固定值时模型中 W_f 直径和目数

模型	图 5.46(a)	图 5.46(b)	图 5.46(c)	图 5.46(d)	图 5.46(e)
直径/μm	40	80	120	160	200
目数	30	30	30	30	30

紧接着，固定纤维直径 120μm，将纤维网的目数由 100 目变为 30 目，表 5.6 列出了纤维直径和纤维网目数，对应模型如图 5.47 所示。

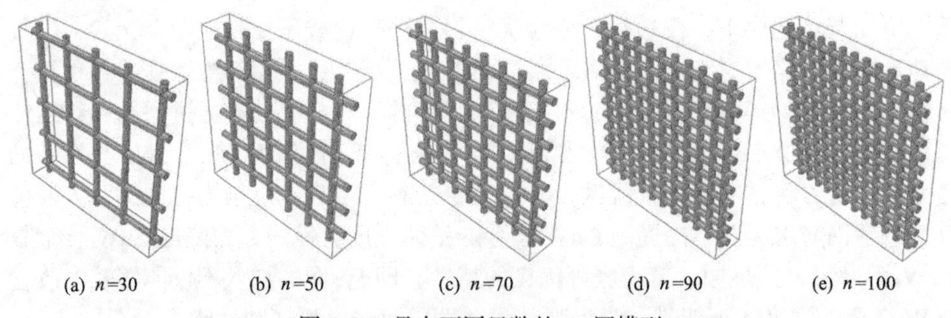

(a) n=30　(b) n=50　(c) n=70　(d) n=90　(e) n=100

图 5.47　具有不同目数的 W_f 网模型

表 5.6　纤维直径为固定值时模型中 W_f 直径和目数

模型	图 5.47(a)	图 5.47(b)	图 5.47(c)	图 5.47(d)	图 5.47(e)
目数	30	50	70	90	100
直径/μm	120	120	120	120	120

模拟中将动态算法用于有限元分析，分析步骤的时间为 10s，线性体积黏度

参数和时间比例因子设置为 0.06 和 1，并将纤维网表面设置为主表面，将 CuW 基体内表面用作从表面。使用联系约束，假定该界面为完美接触。所有有限元模型的载荷条件是沿 X 轴的正方向施加速度载荷，加载速率设置为 0.0336mm/s。同时，所有有限元模型的边界条件是在垂直于 X 轴且与底面相对的表面上施加一个约束。对三维基体和 W_f 网的网格划分采用显式线性三维实体元素 C3D4。

模拟发现，当 5 个模型具有相同的位移时，纤维的应力越大，纤维越容易断裂，复合材料的力学性能也越差。相反，基体上的应力越小，复合材料的力学性能越好。随着纤维直径的增大，纤维网的应力和等效塑性应变逐渐减小（图 5.48）。CuW 基体的 Mises 应力和等效塑性应变分布图（图 5.49）表明，随着纤维直径的增

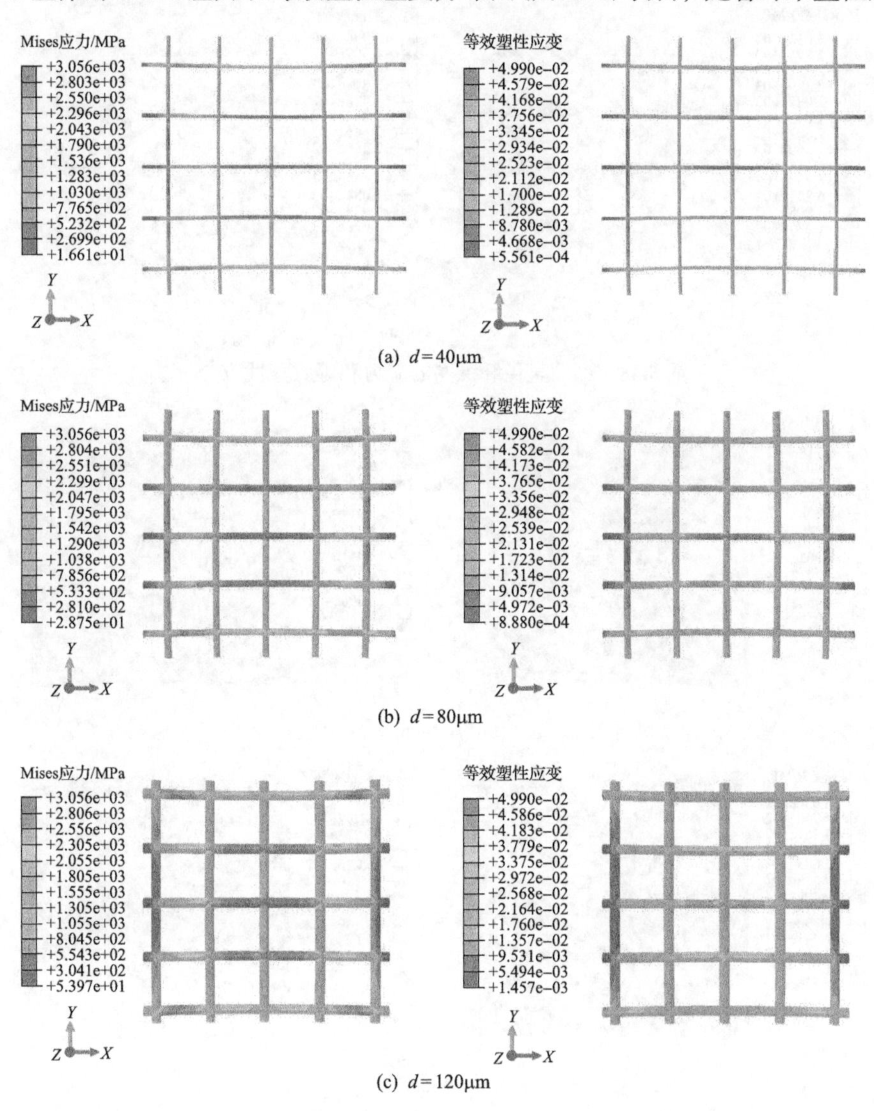

(a) $d=40\mu m$

(b) $d=80\mu m$

(c) $d=120\mu m$

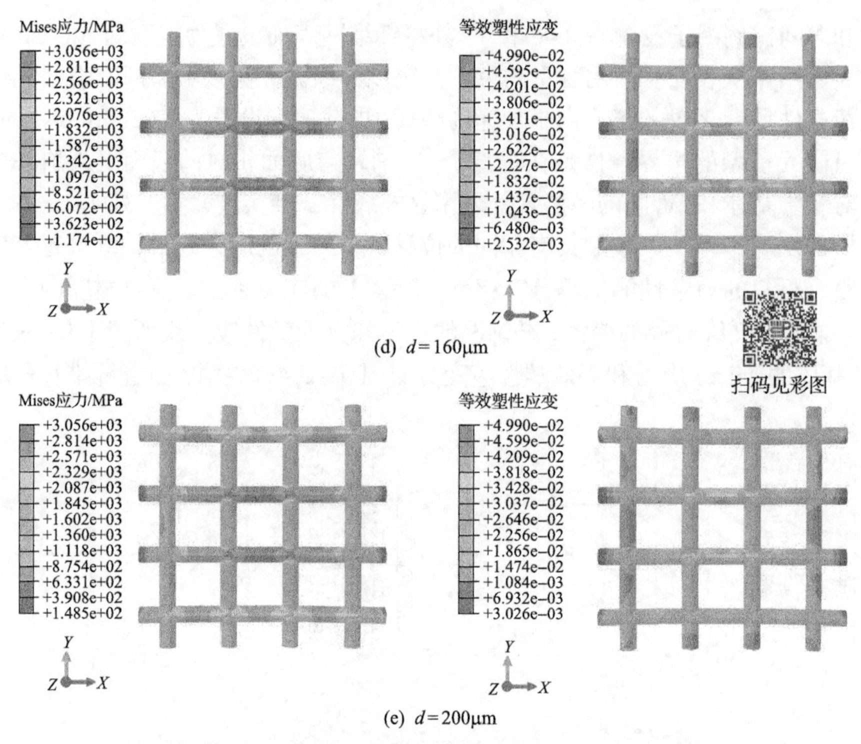

(d) $d=160\mu m$

(e) $d=200\mu m$

图 5.48 不同直径纤维网的应力和等效塑性应变

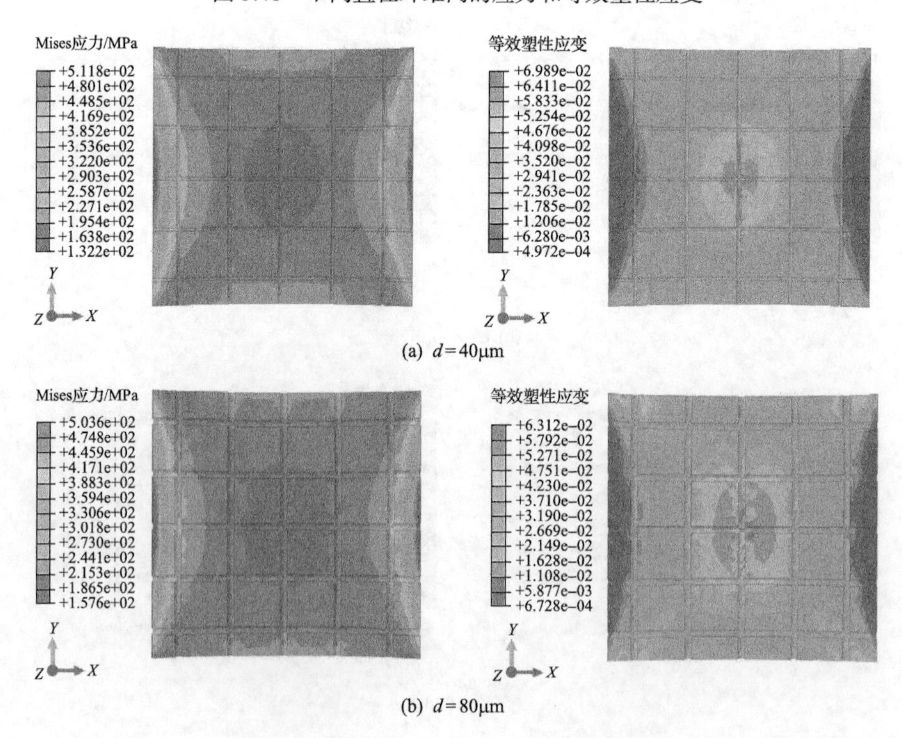

(a) $d=40\mu m$

(b) $d=80\mu m$

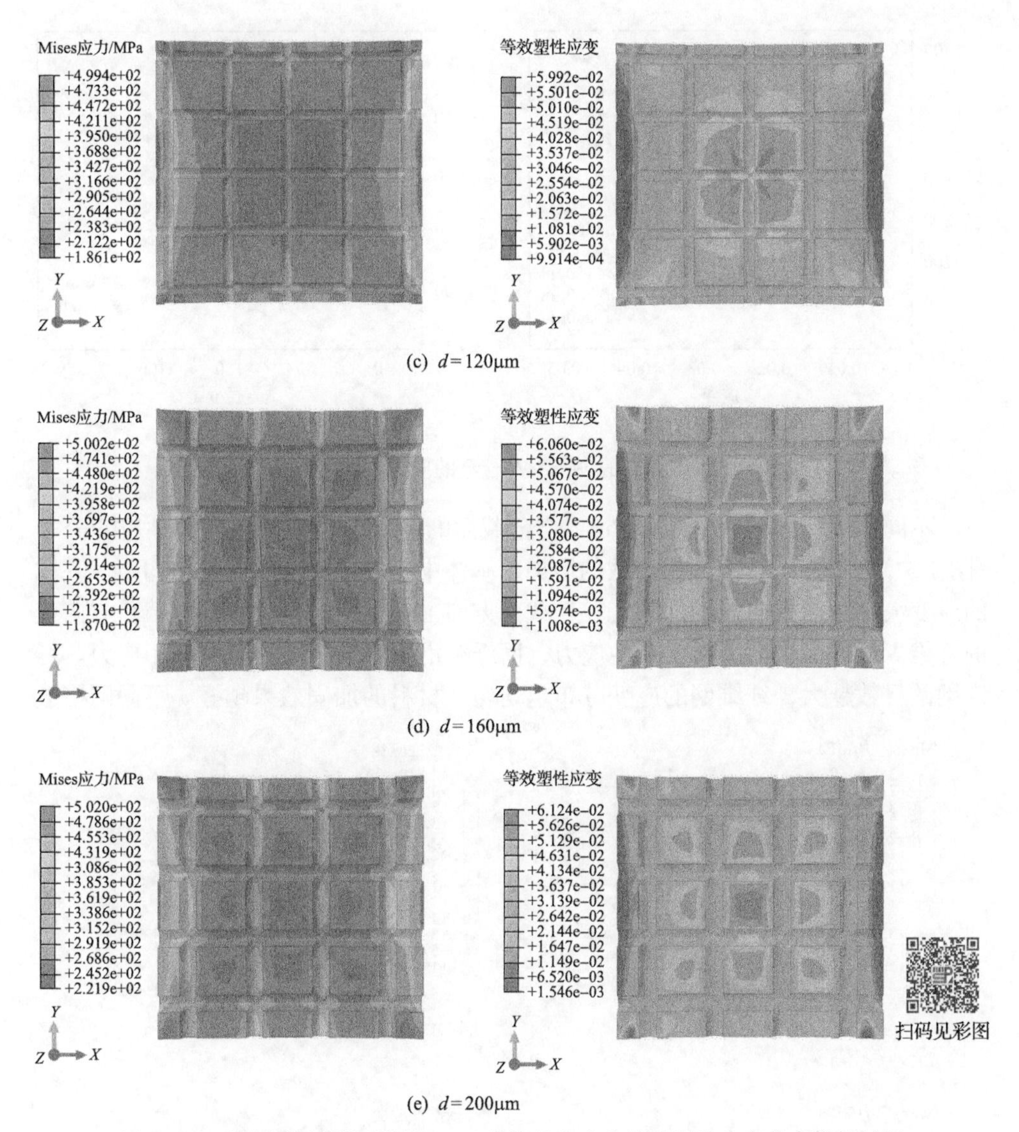

(c) $d=120\mu m$

(d) $d=160\mu m$

(e) $d=200\mu m$

图 5.49　不同直径纤维网增强 CuW 基体的应力和等效塑性应变分布模拟结果

大，基体中的应力减小并变得越来越均匀。纤维直径 40μm 的材料等效塑性应变集中在垂直纤维的界面处，且随着纤维直径的增大，基体中的应变逐渐均匀分布。纤维直径 200μm 的材料中，纤维界面处的应变非常小，并且应变主要在基体中心。基体承受的应变越均匀，对材料力学性能的影响就越好。不同直径 W_f增强 CuW 合金的应力-应变曲线模拟结果(图 5.50)表明，在界面完美结合的假设下，纤维直径越大，复合材料的强度越高。

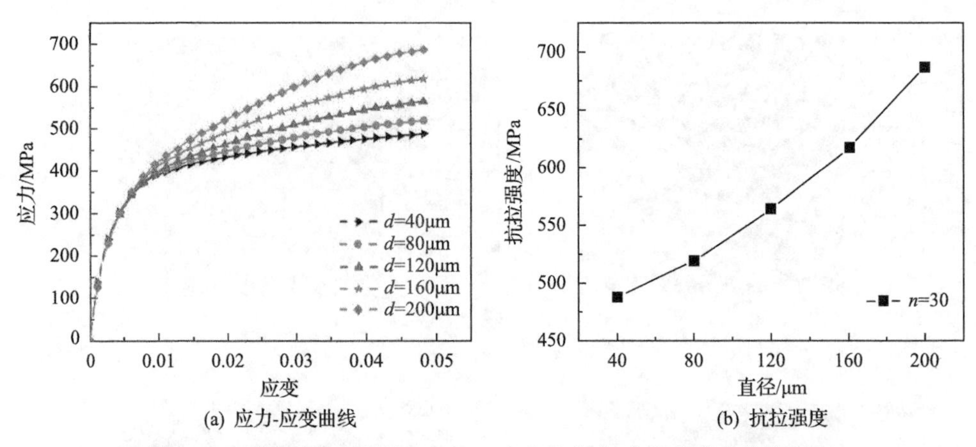

(a) 应力-应变曲线　(b) 抗拉强度

图 5.50　不同纤维直径的 W_f/CuW 合金的应力-应变曲线和抗拉强度

不同纤维目数的 W_f 增强 CuW 合金截面的 Mises 应力和等效塑性应变分布(图 5.51)表明，随着纤维网格数的增加，基体中的等效塑性应变更加均匀。基体的应变大于载荷方向上的纤维，并且载荷方向上纤维的应变大于垂直载荷方向上的纤维。纤维沿载荷方向承受主应力，而纤维沿垂直载荷方向承受较小应力。纤维网的目数越大，纤维网的应变分布越均匀，材料的加固效果越好。不同网格数

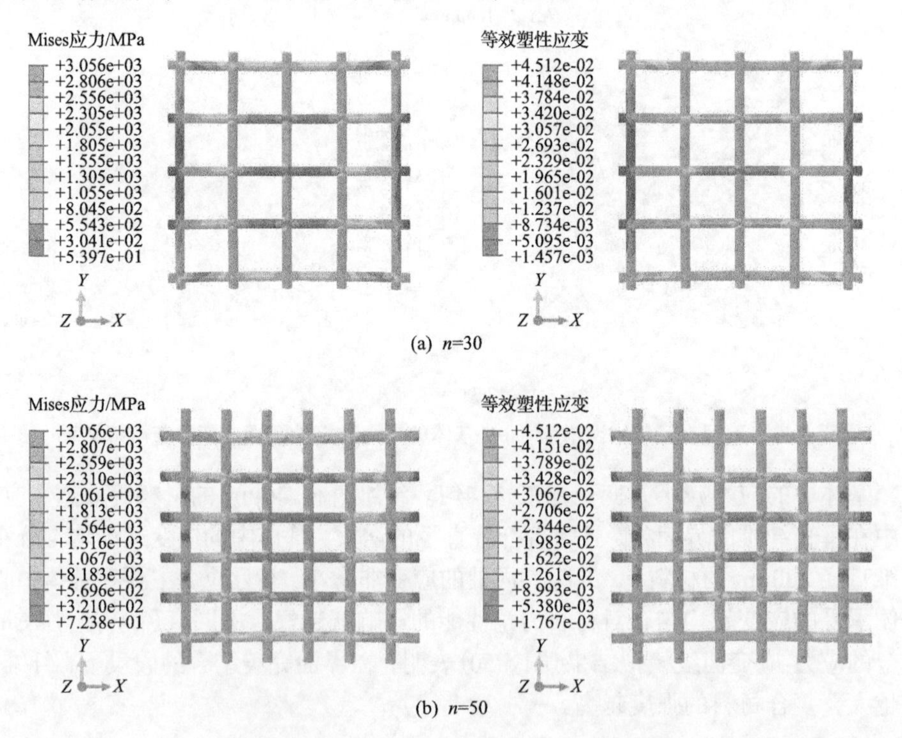

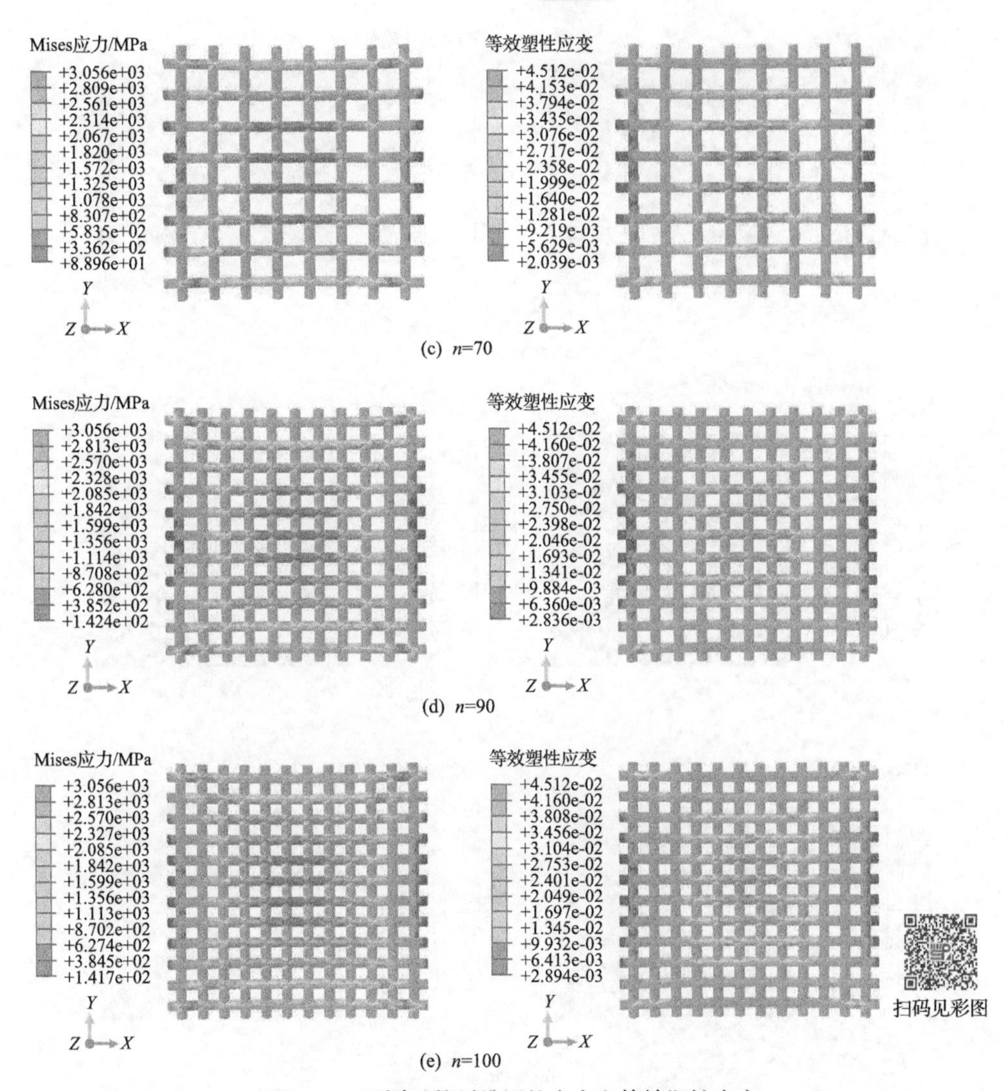

图 5.51 不同目数纤维网的应力和等效塑性应变

模型中基体的 Mises 应力等效塑性应变分布(图 5.52)表明，随着网格数量的增加，基体中的应力应变分布更加均匀。给定的纤维直径为 120μm，不同目数的 W_f/CuW 合金的拉伸应力-应变曲线(图 5.53)表明，当纤维直径固定时，纤维网的目数越高，材料的抗拉强度就越高。

纤维在载荷方向上被视为 0°，纤维网按顺时针方向旋转，每 15°为一个间隔，并且不同模型的旋转角度分别为 0°、15°、30°、45°、60°、75°和 90°(图 5.54)。由于 0°和 90°模型、15°和 75°模型、30°和 60°模型具有 180°对称性，它们彼此等效。因此，在数值模拟中仅需各计算一个结果。

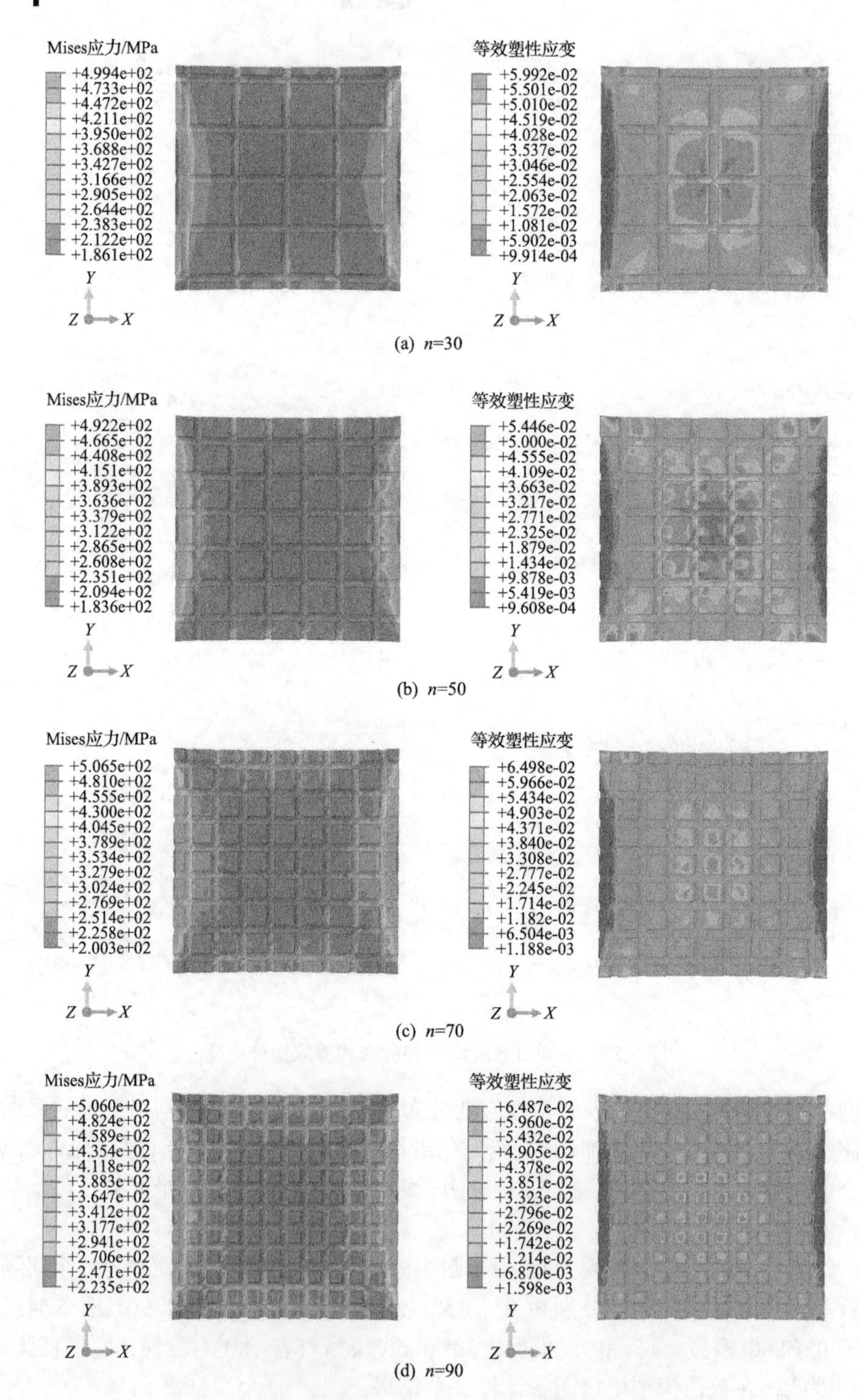

(a) n=30

(b) n=50

(c) n=70

(d) n=90

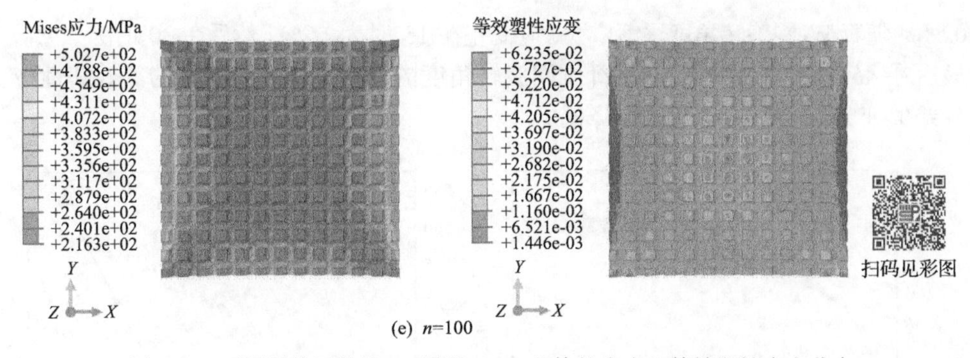

(e) n=100

图 5.52 不同纤维目数的 W_f 增强 CuW 基体的应力和等效塑性应变分布

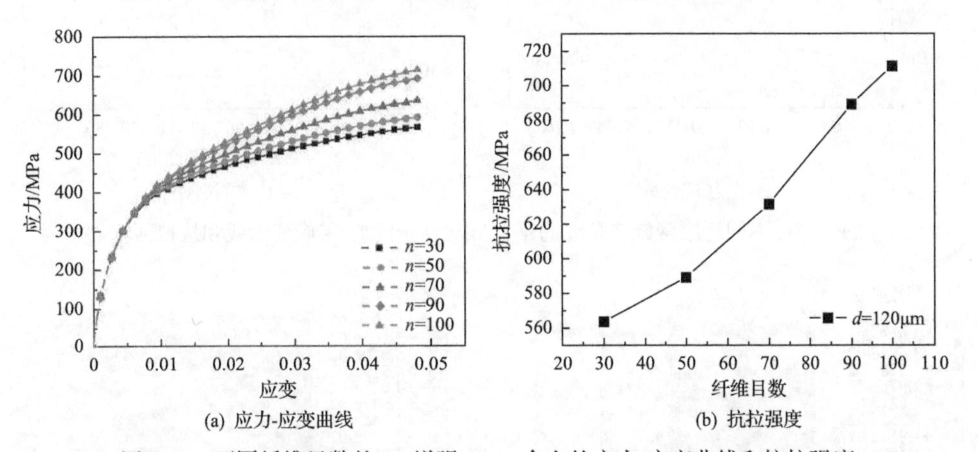

图 5.53 不同纤维目数的 W_f 增强 CuW 合金的应力-应变曲线和抗拉强度

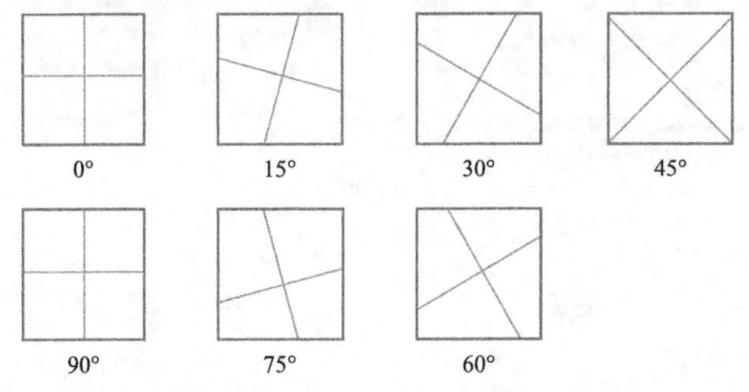

图 5.54 W_f 网旋转角度示意图

纤维网旋转不同角度获得 W_f/CuW 合金的应力-应变曲线(图 5.55)表明，当旋转角为 45°时，材料的拉伸性能最差，而 0°时合金的拉伸性能最好。纤维网和基体的等效塑性应变分布(图 5.56)表明，与纤维网的加载方向成较小角度的纤维变形较大，并且与之接触的基体界面也是应变较大的区域，这是材料容易发生损伤或失效的地方。W_f 网和基体跟踪图中所示的两个节点 p1 和 p2(图 5.57)的等效塑性应变变化过程(图 5.58)表明，当旋转角度为 0°时，纤维与基体之间的应变差为

0.5%。随着 W_f网旋转角度逐渐增大，应变差在 15°时为 1.2%，然后在 30°时为 2.9%，最后在 45°时达到 4.6%。随着纤维网旋转角度的增加，基体与纤维的等效塑性应变差值变大，变形协调性逐渐降低。

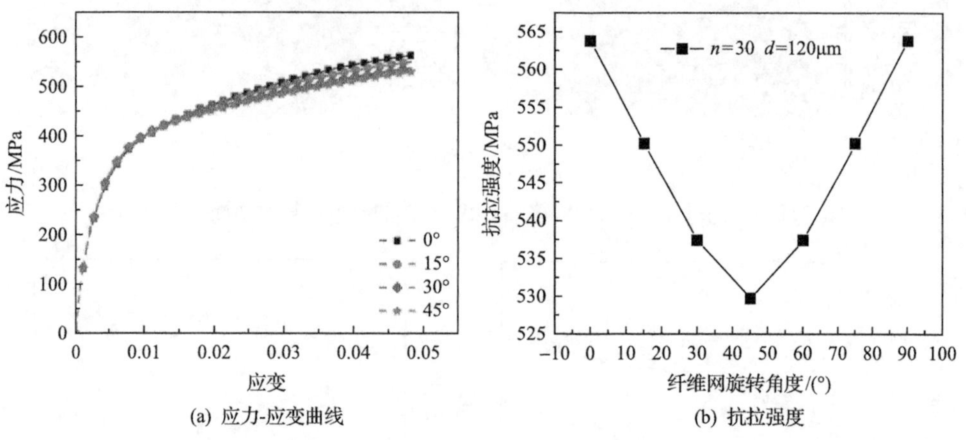

(a) 应力-应变曲线　(b) 抗拉强度

图 5.55　不同纤维网旋转角度的 W_f/CuW 合金的应力-应变曲线和抗拉强度

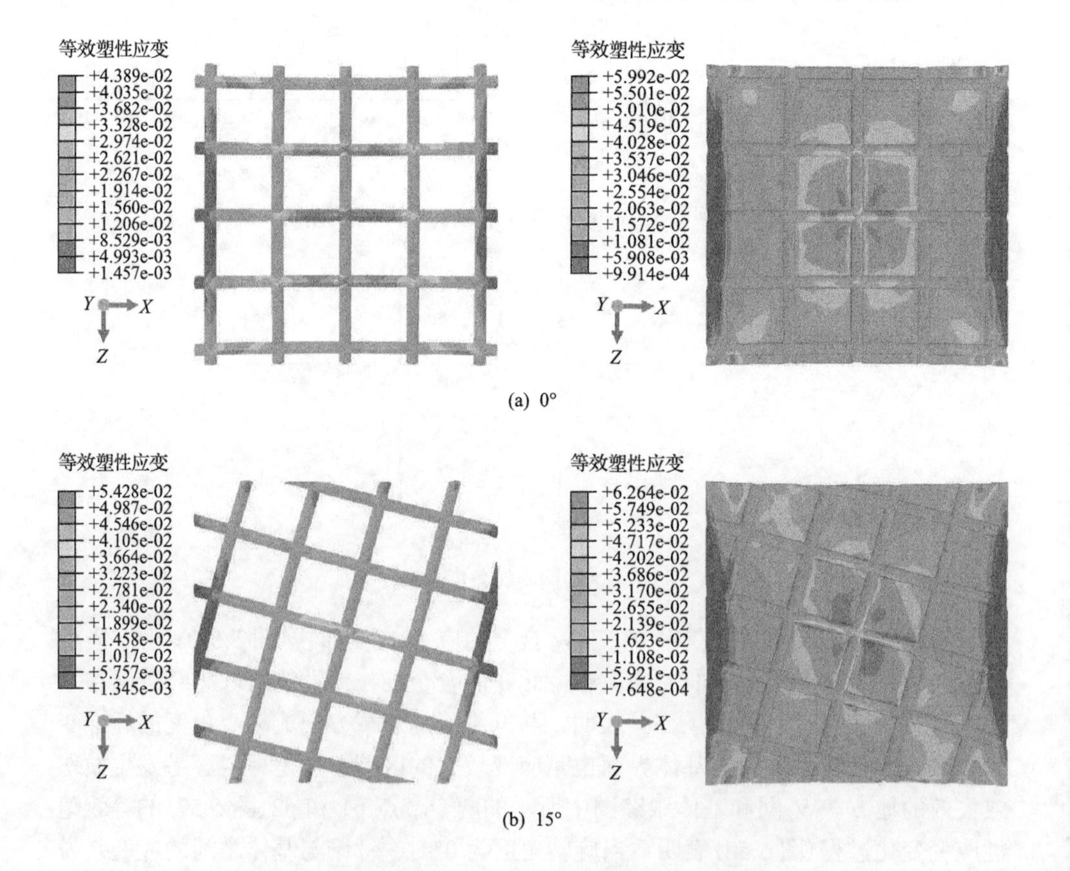

(a) 0°

(b) 15°

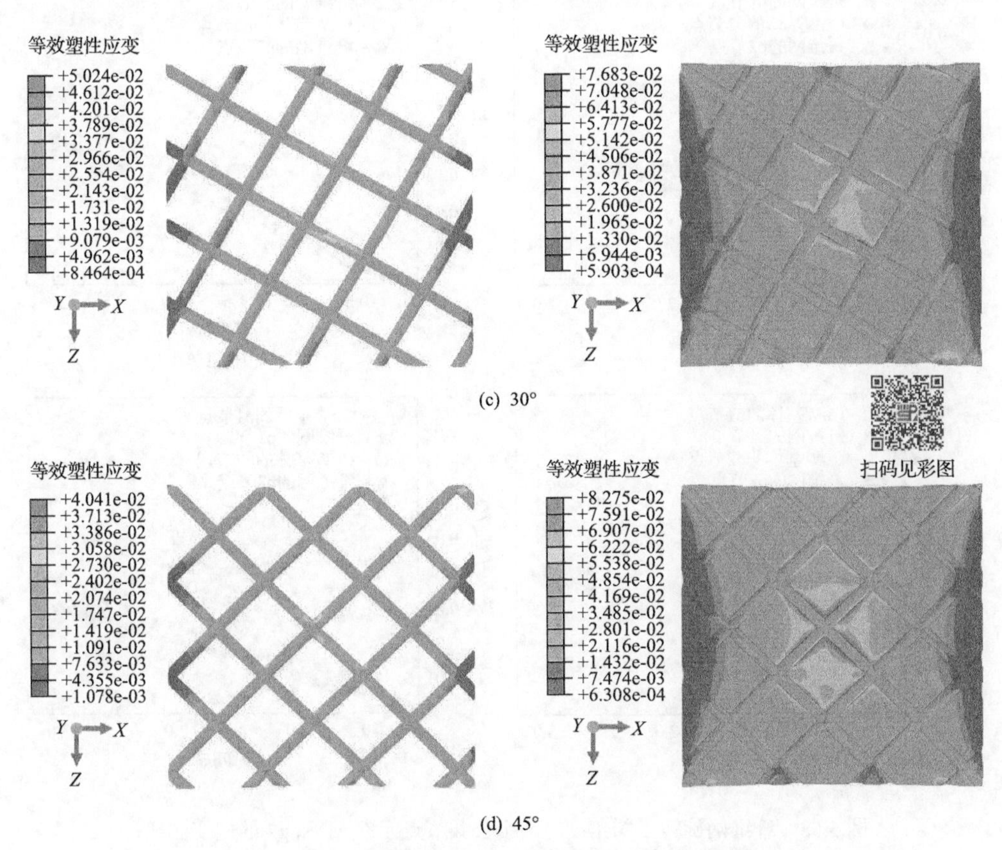

(c) 30°

(d) 45°

图 5.56 具有不同旋转角度的纤维网和基体的等效塑性应变

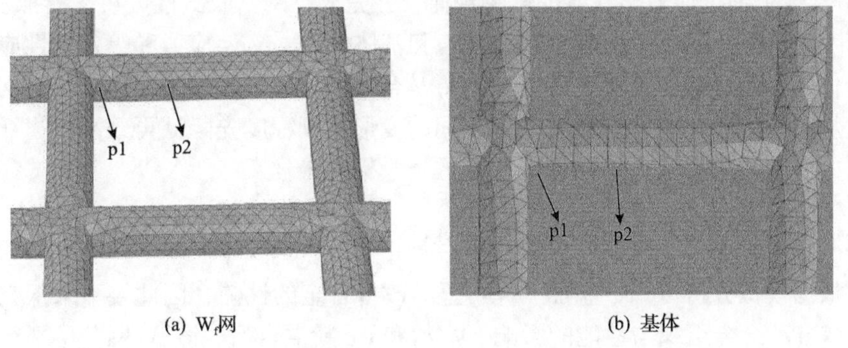

(a) W_f网 (b) 基体

图 5.57 W_f网和基体中的两个公共节点元素 p1 和 p2

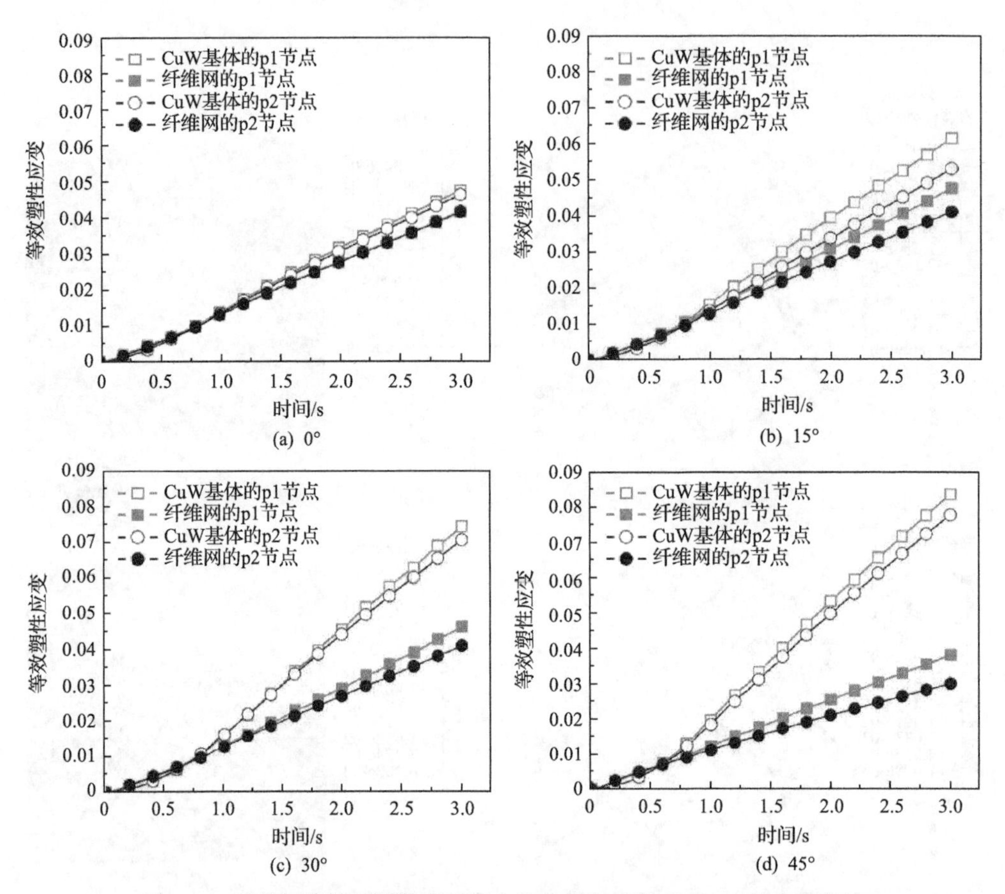

图 5.58 纤维网旋转不同角度时两个公共节点元素 p1 和 p2 的应变曲线

本节基于 W_f/CuW 合金模拟分析了 W_f 直径、纤维网目数和旋转角度对 W_f/CuW 合金单轴拉伸力学性能的影响规律，并完成了网格收敛性分析。模拟发现，随着 W_f 直径和纤维网目数的增加，W_f 和基体中的 Mises 应力和等效塑性应变逐渐降低并均匀分布，显著改善了 W_f/CuW 合金的拉伸力学性能；随着纤维网旋转角度从 0°增加到 90°，纤维与基体之间的变形协调程度先降低再升高。当纤维与加载方向之间角度设定为 0°时，合金的力学性能最佳。

5.2.2 W_f 网增强 CuW 合金的组织与性能

根据模拟分析可知，添加 W_f 可显著改善合金的性能，因此接下来探究添加 W_f 对 CuW 合金组织与性能的影响。W 粉和 Cu 粉混合后，将 W_f 网分层平行铺装于混合粉中，分别添加不同层数的 W_f 网，添加 W_f 网的层数、W_f 网间距和质量分数的关系见表 5.7。经压制、热压烧结、熔渗等工艺，获得如图 5.59 所示的 W_f 增强 CuW 合金。

表 5.7 W_f的添加量和质量分数之间的关系

W_f网层数	2	3	5	10	20
W_f网间距/mm	3	2	1	0.5	0.25
质量分数/%	0.2	0.3	0.5	1	2

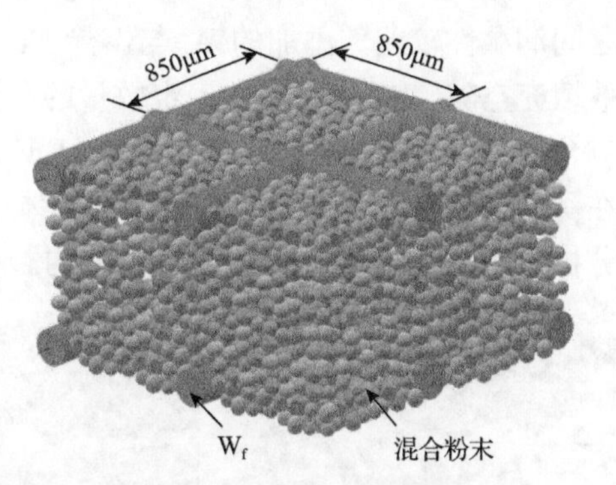

图 5.59 W_f网的 SEM 照片和 W_f网增强 CuW 合金的结构模型示意图

CuW 合金添加 W_f后的电导率和硬度测试结果(图 5.60)表明，随着添加 W_f网层数的增加，CuW 合金的电导率逐渐下降，而硬度则呈现出先增大后减小的趋势。CuW 合金的电导率取决于合金中 Cu 和 W 的成分和分布，基体中添加 W_f后，W 含量升高，并且大直径的 W_f对电子有散射作用，电导率下降，但从整体对比来看，电导率下降不明显。同时，W_f自身的高强度对基体起到强化作用，抵抗由承受载荷引起的变形，硬度相应得到提升，在添加 10 层 W_f网时硬度达到最大值，布氏硬度为 191HB。但是随着 W_f层数的增加硬度又开始下降，可能是由于 W_f网的引入对基体组织产生一定的影响，因而需进一步分析其组织结构。

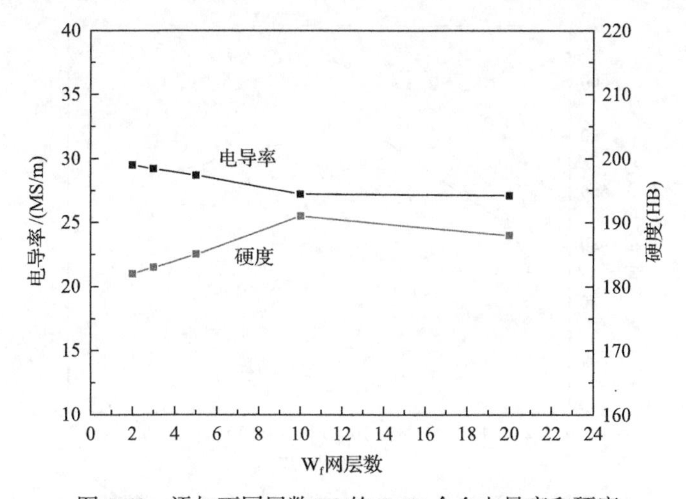

图 5.60 添加不同层数 W_f的 CuW 合金电导率和硬度

添加不同层数 W_f后的 CuW 合金微观组织中，浅灰色颗粒为 W 颗粒，圆形为 W_f的断面，圆形和椭圆形为 W_f斜的横断面，W 颗粒之间深灰色为 Cu 相(图 5.61)。可以看出，W_f周围存在一定数量的孔洞，孔洞既出现在 W_f与周围 W 颗粒之间的界面上，也出现在 W_f与周围 Cu 相界面上。在 CuW 合金中添加 W_f后，增加了 W_f/W 颗粒和 W_f/Cu 相两种界面。同时，由于 W 和 Cu 之间的固有属性，W 与 Cu 之间润湿性较差。添加的 W_f与熔渗 Cu 相之间润湿性同样较差，熔渗 Cu 不能有效填充空隙，W_f周围存在一定数量的孔洞。孔洞一方面对电子产生散射作用，影响合金的电导率；另外，W_f与周围基体之间形成的孔洞可能成为合金薄弱区域，在受载时首先成为裂纹源并传递至基体中。对 W_f增强的 CuW 合金做拉伸测试，分析添加 W_f对 CuW 合金力学性能的影响。

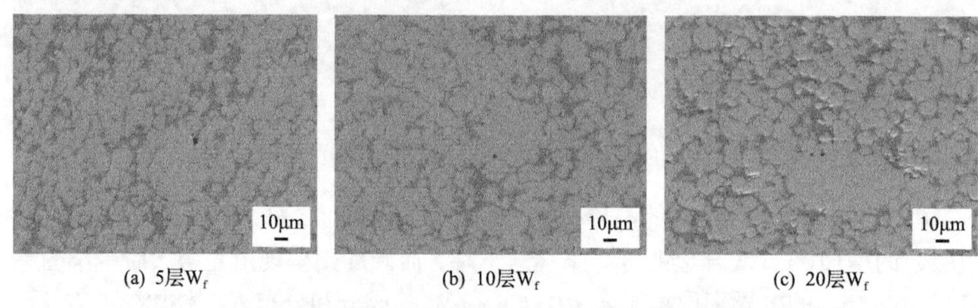

(a) 5层W_f　(b) 10层W_f　(c) 20层W_f

图 5.61　添加不同层数 W_f的 CuW 合金微观组织

为了保证 W_f对 CuW 合金强度的改善效果，力学性能测试的加载方向与合金中添加的 W_f轴向相同，添加不同层数 W_f的 CuW 合金拉伸实验结果(图 5.62)表明，CuW 合金的抗拉强度随着添加 W_f层数的增加，呈现先增大再减小的过程。当添加 10 层 W_f时，CuW 合金的抗拉强度最高，达到 584.72MPa。

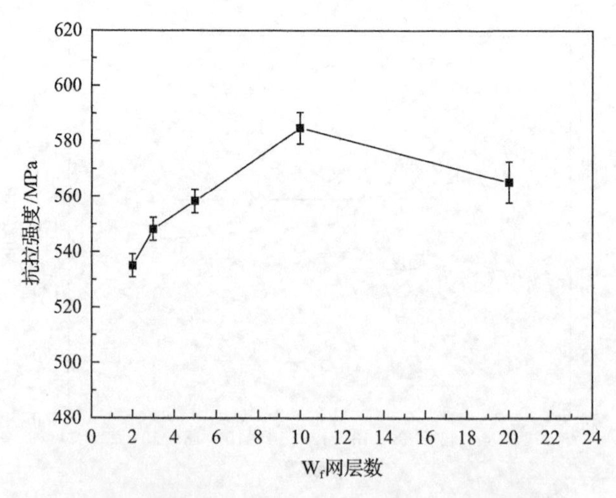

图 5.62　添加不同层数 W_f的 CuW 合金抗拉强度

添加 W_f后，CuW 合金沿 W_f轴向的抗拉强度得到显著改善。当基体将载荷传递到 W_f上时，W_f承受各个方向上力的作用，最终在横向和纵向上均出现断裂。添加不同层数(2、3、5、10、20) W_f的 CuW 合金拉伸断口中，W_f断口呈现出圆形和长条状，分别为 W_f的横断面和纵断面(图 5.63)。拉伸断口微观组织中，基体骨架中 W 颗粒的断裂形式有两种：一种是沿晶断裂，即沿着 W 颗粒之间烧结形成的烧结颈晶界处断裂；另一种断裂形式是穿晶解理断裂，W 颗粒承受了较大的载荷，导致在晶粒内部发生穿晶解理，晶粒的断裂面呈现出河流状纹理。可以看出，W 颗粒发生沿晶断裂要多于穿晶解理断裂，这是因为在烧结的过程中，互相

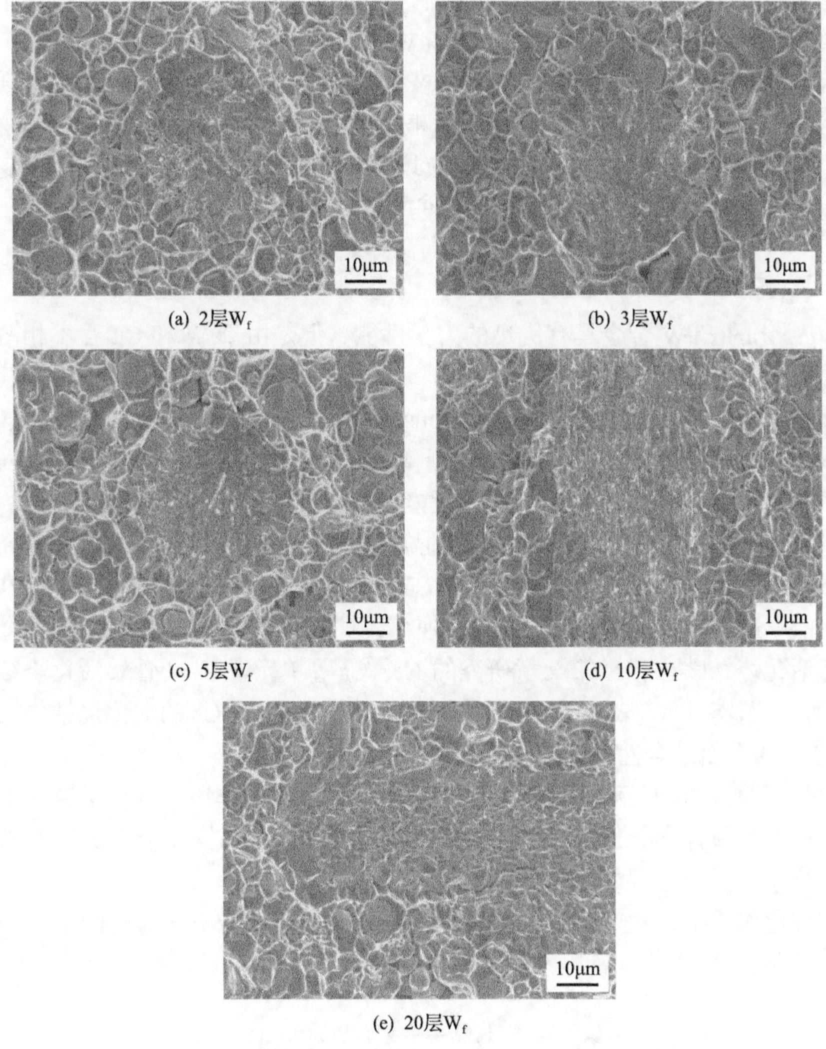

(a) 2层W_f　(b) 3层W_f　(c) 5层W_f　(d) 10层W_f　(e) 20层W_f

图 5.63　添加不同层数 W_f的 CuW 合金断口形貌

接触的 W 颗粒由于扩散逐渐产生烧结颈，烧结颈处晶界强度不及 W 颗粒本身的强度高，因而在承受载荷时烧结颈首先断裂，而只有极少数的 W 颗粒由于承受了较大的载荷而从晶粒内部穿晶解理断裂。同时，由于 Cu 具有良好的塑性，断口处的 Cu 相发生塑性变形，形成明显的韧性撕裂痕迹。

添加 W_f 的 CuW 合金，由于 W_f 与周围基体弱的结合性，在 W_f 与基体界面上存在一定数量的孔洞，这些孔洞为合金中的薄弱区域，在合金受到拉伸作用时，孔洞将首先成为裂纹源并延伸至基体中。同时，随着 W_f 层数的增加，W_f 对粉体的流动产生阻碍作用，W_f 周围粉体分布呈现密集区和稀疏区，粉体的密集分布导致熔渗过程中 Cu 液不能渗入而形成孔洞；W 颗粒的稀疏分布在熔渗过程中形成 Cu 的富集区。孔洞和 Cu 富集区都对 CuW 合金的整体强度产生不利影响。

因此，在 CuW 合金中添加 W_f 后，产生了 W_f/W 颗粒和 W_f/Cu 相两种新的界面，W_f 与基体界面处存在一定数量的孔洞缺陷；在添加 10 层 W_f 时硬度和抗拉强度达到最大值，但是随着 W_f 层数的继续增加，W_f 周围出现孔洞和 Cu 富集区，导致硬度下降，并对 CuW 合金的整体强度产生不利影响。

5.2.3 W_f 表面改性处理

W_f 强化的 CuW 合金具有优良的力学性能，但是由于 W 和 Cu 互不相溶，且润湿性较差，W_f 与基体之间结合性较弱，W_f 与基体界面处存在孔洞容易引起裂纹萌生和扩展，影响合金的综合性能。Johnson[48]研究表明，添加过渡金属元素（Ni、Fe、Co）可以提高 W 粉的烧结驱动力，制备的 CuW 合金硬度和强度较高。Yang（杨晓红）等[49]研究发现添加 Cr 作为活化元素可以在 W 颗粒之间的边界上形成 W-Cr 固溶扩散层，这种扩散层提高了 W 粉的烧结性。通过 CuW/Ni 扩散偶来研究界面的扩散行为时，结果表明，扩散层包括 Cu 基固溶体和 W 基固溶体，且 W 在扩散层中扩散率远远大于 W 在 Ni 中的扩散速率，扩散速率的差异促进 CuW 合金的烧结，即活化烧结[50]。借助第 2 章研究的 Ni、Cr 等单元素对 W 骨架活化烧结的影响机理，本节将在 W_f 表面镀 Ni 层或 Cr 层，通过 Ni 或 Cr 的活化烧结作用改善 W_f 与基体的界面结合性，以利于 W_f 的增强作用。

化学镀镍的原理是利用还原剂次亚磷酸钠的强还原作用，将化学镀液中的镍离子还原为金属镍，同时次亚磷酸钠分解，生成的磷原子与镍原子共沉积形成 Ni-P 镀层。化学镀反应过程如下。

在催化作用下，次亚磷酸根在水溶液中发生脱氢反应形成亚磷酸根离子，同时生成原子态氢：

$$H_2PO_2^- + H_2O \longrightarrow H_2PO_3^- + 2[H] \tag{5.7}$$

原子态氢吸附在催化金属表面，将其活化，进而还原溶液中的镍阳离子。

$$Ni^{2+} + 2[H] \longrightarrow Ni^0 + 2H^+ \tag{5.8}$$

与此同时，吸附在催化金属表面上的原子态氢可将溶液中的次亚磷酸根还原成磷单质：

$$H_2PO_2^- + [H] \longrightarrow H_2O + OH^- + P^0 \tag{5.9}$$

镍磷原子共沉积，形成含磷 Ni 层，其总反应方程如下：

$$2H_2PO_2^- + Ni^{2+} + 2H_2O \longrightarrow 2H_2PO_3^- + H_2\uparrow + 2H^+ + Ni \tag{5.10}$$

化学镀镍的过程是用还原剂将溶液中的 Ni^{2+}还原至具有催化活性的金属表面[51, 52]。实验采用镍片诱导 W_f 表面发生化学反应生成活性镍，为化学镀镍的持续进行提供催化活性中心。

化学镀液以主盐和还原剂为主，除此之外，影响 Ni 层形貌特征与性能的主要化学物质还有络合剂(表 5.8)。通常情况下，在化学镀液中，镍离子以六水合镍离子($[Ni(H_2O)_6]^{2+}$)的形式存在[53, 54]，如果溶液中不存在络合剂，溶液 pH>6 时，溶液中的 OH^-可取代六水合镍离子中的水配位体，析出氢氧化镍杂质微粒悬浮于溶液中，其反应方程如下：

$$\left[Ni(H_2O)_6\right]^{2+} \rightarrow \left[Ni(H_2O)_5 OH\right]^+ + H^+ \rightarrow \left[Ni(H_2O)_4(OH)_2\right] + 2H^+ \tag{5.11}$$

这时即析出了氢氧化物杂质微粒，如果向溶液中加入络合剂，部分络合剂分子或离子替代六水合镍离子水分子，从而显著增加碱性环境下镍离子在溶液中的溶解能力。

表 5.8 化学镀液成分及反应条件

试剂	参数	备注
硫酸镍	15g/L	W_f在 20%HF 中超声清洗 15min，清除表面氧化层和杂质，利用蒸馏水洗涤至中性，并用乙醇清洗后吹干备用
次亚磷酸钠	35g/L	
氯化铵	5g/L	
柠檬酸	1g/L	
温度	90℃	
pH	9	

在 W_f表面化学镀前，对 W_f表面进行清洗处理。首先将 W_f网于 20%HF 中超声清洗 30min，再置于蒸馏水中超声清洗 30min，最后用无水乙醇清洗。直径为

100μm 的 W_f化学镀前后的表面形貌(图 5.64)显示，化学镀后，W_f表面镀了一层孢状的 Ni 层[55]。

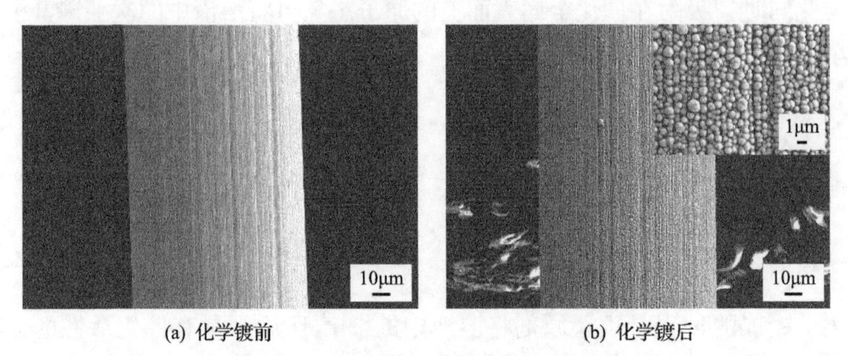

(a) 化学镀前　　(b) 化学镀后

图 5.64　W_f化学镀前后的表面形貌变化

W_f表面化学镀镍层的表面成分分析(表 5.9)表明，由化学镀方法获得的沉积层主要由 Ni、P 两种元素组成，沉积层中含有少量还原形成的 P 元素。Amirjan 等[56]采用化学镀的方法，在 W 粉表面分别镀上 Ni、Ni-P 和 Ni-Cu-P 层，用热压烧结再熔渗 Cu 制备 CuW 合金。结果表明，制备的 CuW 合金组织均匀，W-W 颗粒之间具有较好的结合性。此外，镀 Ni 层 W 粉制备的 CuW 合金 W 颗粒结合性最高，镀 Ni-Cu-P 层 W 粉制备的 CuW 合金 W 颗粒结合性最差，镀 Ni-P 层 W 粉制备的 CuW 合金介于两者之间。本实验工艺制备的镀层为 Ni-P 层，以期在烧结和熔渗的过程中，Ni-P 层对 W_f与 W 颗粒起活化烧结作用。

表 5.9　W_f表面化学镀镍层 EDS 分析

元素	质量分数/%	体积分数/%
W	51.16	29.23
Ni	46.52	57.70
P	2.32	13.07

用 NaOH 调节化学镀液 pH 为 9，将清洗后的 W_f置于沉积液中，化学镀不同时间后取出清洗。可以看出，镀层与 W_f表面的结合较差，在剪取 W_f横断面的过程中，镀层与纤维表面发生分离，可以清晰地看见镀层的横断面。由镀层的形貌可看出 Ni 的生长呈现出凹凸不平的孢状颗粒，且随着化学镀时间的延长，Ni 镀层的厚度逐渐增加，镀层厚度由 200nm 增加到 1.5μm 左右(图 5.65)。

在 W_f表面镀上 Ni 层，目的是在烧结过程中，利用 Ni 的活化烧结作用促使 W_f与 W 颗粒烧结为一体，提高 W_f与基体的结合性。而 Ghaderi Hamidi 等[57]研究了添加 Ni 活化烧结和熔渗制备 CuW 合金。结果表明，少量添加的 Ni 元素可起

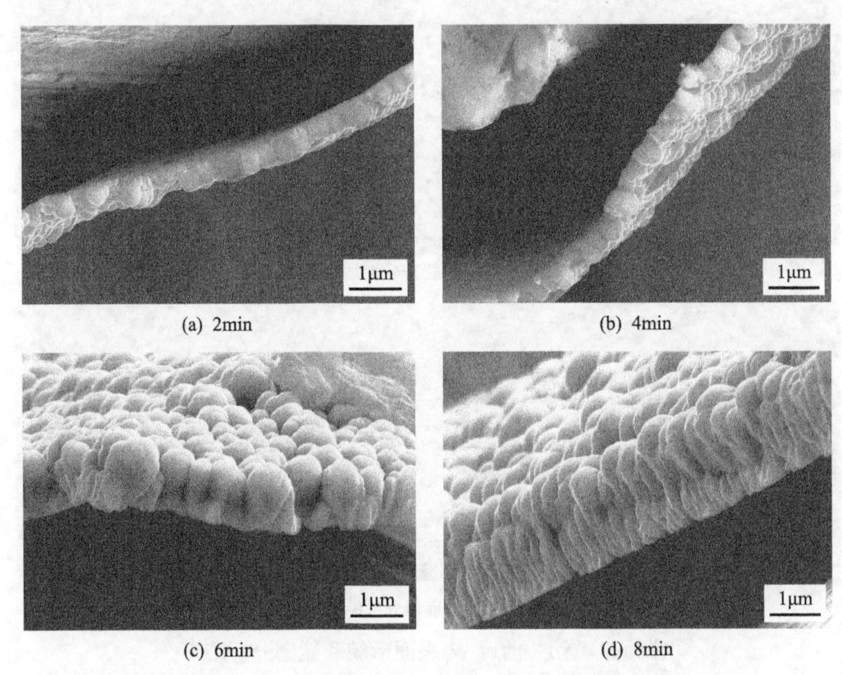

(a) 2min (b) 4min

(c) 6min (d) 8min

图 5.65 经不同时间化学镀后的 W_f 表面镀层形貌

活化烧结作用，过多含量的 Ni 对烧结和熔渗不利。因此，选择化学镀时间为 2min、镀层厚度约为 200nm 的 W_f，制备镀 Ni 的 W_f 增强 CuW 合金。

前期实验结果表明，添加活化元素 Cr 可改善 W 和 Cu 的结合性能。本实验通过磁控溅射技术在 W_f 网表面沉积 Cr 层。首先将直径为 40μm 的 W_f 网在 20%HF 中超声清洗 30min，再置于蒸馏水中超声清洗 30min，然后用无水乙醇清洗，用纯金属 Cr 作为溅射靶材(99.9%)，通过磁控溅射设备在 W_f 网表面沉积 Cr 层。对比 W_f 镀 Cr 前后的微观形貌可以看出，镀 Cr 后 W_f 表面有粗糙的镀层；同时，能谱分析也表明溅射后表面存在 Cr 层(图 5.66)。

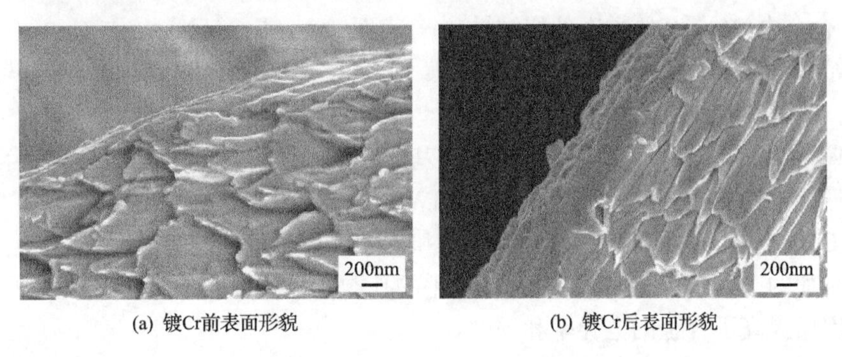

(a) 镀Cr前表面形貌 (b) 镀Cr后表面形貌

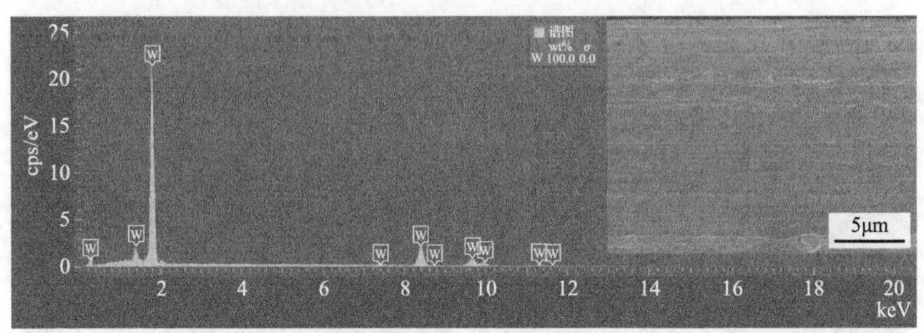

(c) 镀Cr前能谱分析结果

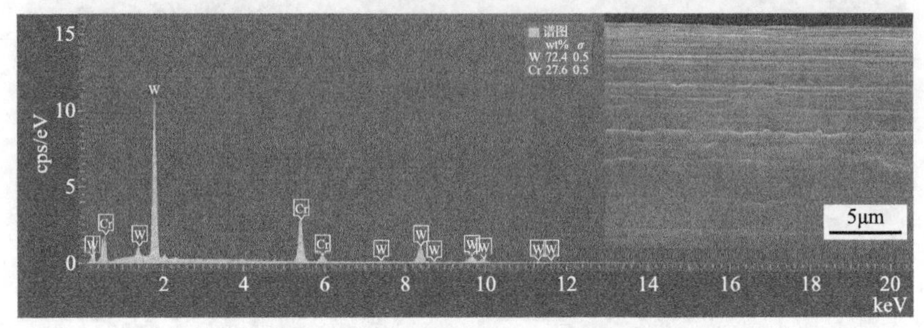

(d) 镀Cr后能谱分析结果

图 5.66 镀 Cr 前后 W_f 表面形貌和能谱分析结果

为解决 W_f 与 CuW 合金基体结合较差的问题，本节采用化学镀和磁控溅射技术分别获得表面镀 Ni 和镀 Cr 的 W_f，镀层在 W_f 表面分布均匀，为后续 W_f 增强 CuW 合金中 W_f 与基体的良好结合提供保障。

5.2.4 表面改性 W_f 网增强 CuW 合金的组织与性能

W_f 表面改性后，可改善 W_f 与 CuW 合金基体的烧结性。直接添加 W_f 制备的 CuW 合金，W_f 周围出现较多的孔洞，这些孔洞缺陷的存在影响 CuW 合金的性能。添加镀 Ni 和镀 Cr 的 W_f 制备的 CuW 合金，在 W_f 附近未出现孔洞富集现象(图 5.67)，由于镀层的存在，W_f 与周围的 W 颗粒烧结为一体，改善了 W_f 增强 CuW 合金中 W_f 与基体之间的烧结性。W_f 表面镀 Ni 或 Cr 后，W_f 与 CuW 合金基体烧结性改善的主要原因是 W_f 表面的镀 Ni 或镀 Cr 层与基体中的 Cu 或 W 出现固溶，从而改善了两者的烧结性。

W_f 表面是否改性直接影响了 W_f 与基体之间的结合界面，进而会影响合金的综合性能。添加表面改性 W_f 制备的 CuW 合金硬度和电导率均高于未改性的 W_f 增强 CuW 合金(表 5.10)，这是因为表面改性的 W_f 与基体具有良好的结合性，消除了添加的 W_f 与基体界面结合差而产生的孔洞，也促进了 W_f 与 Cu 之间的润湿性，因而提高了合金的电导率和硬度。

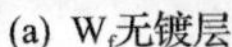

(a) W_f无镀层

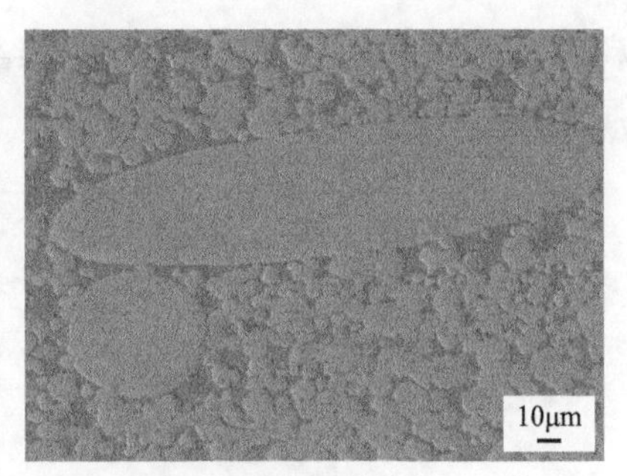

(b) W_f表面镀Ni

(c) W_f表面镀Cr

图 5.67 添加 W_f 增强的 CuW 合金微观组织

表 5.10 W_f 增强 CuW 合金的密度、电导率、硬度

W_f/CuW 合金	密度/(g/cm^3)	电导率/(MS/m)	硬度(HB)
未改性 W_f	14.32	27.2	191
表面镀 Ni 的 W_f	14.34	27.9	193
表面镀 Cr 的 W_f	14.35	28.0	194

为了分析表面改性 W_f 对 CuW 合金力学性能的影响，分别对镀 Ni 和镀 Cr 的 W_f 增强 CuW 合金做拉伸实验，同时与未进行表面改性的 W_f 增强 CuW 合金进行对比。可以看出，镀 Ni 和镀 Cr 的 W_f 增强 CuW 合金抗拉强度高于未进行表面改性的 W_f 增强 CuW 合金，并且镀 Cr 的 W_f 增强 CuW 合金抗拉强度稍高于镀 Ni 的 W_f 增强 CuW 合金(图 5.68)。

合金抗拉强度的变化取决于合金的微观组织，因此对合金拉伸断口进行分析，进一步确定微观组织对合金拉伸性能的影响机理。W_f 增强 CuW 合金拉伸断口形貌(图 5.69)显示，未进行表面改性处理的 W_f 增强 CuW 合金，W_f 与周围 W 颗粒结合较差，存在较多的孔洞，在载荷作用下，孔洞成为裂纹源并扩展至基体中，为合金中强度较弱的区域，降低了合金的强度。镀 Ni 和镀 Cr 处理的 W_f 与周围 W 颗粒界面结合较好，未出现明显的孔洞等缺陷，W_f 与 W 颗粒良好的界面结合有利于载荷的传递，W_f与 W 颗粒烧结为一体，有利于发挥 W_f和 W 颗粒整体的增强效果。

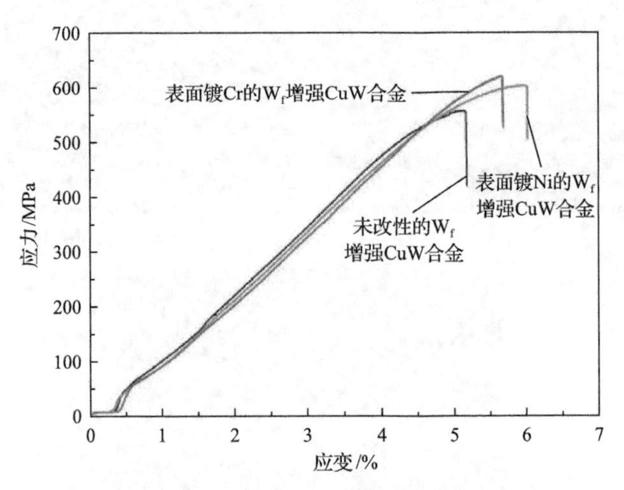

图 5.68　W_f增强 CuW 合金的应力-应变曲线

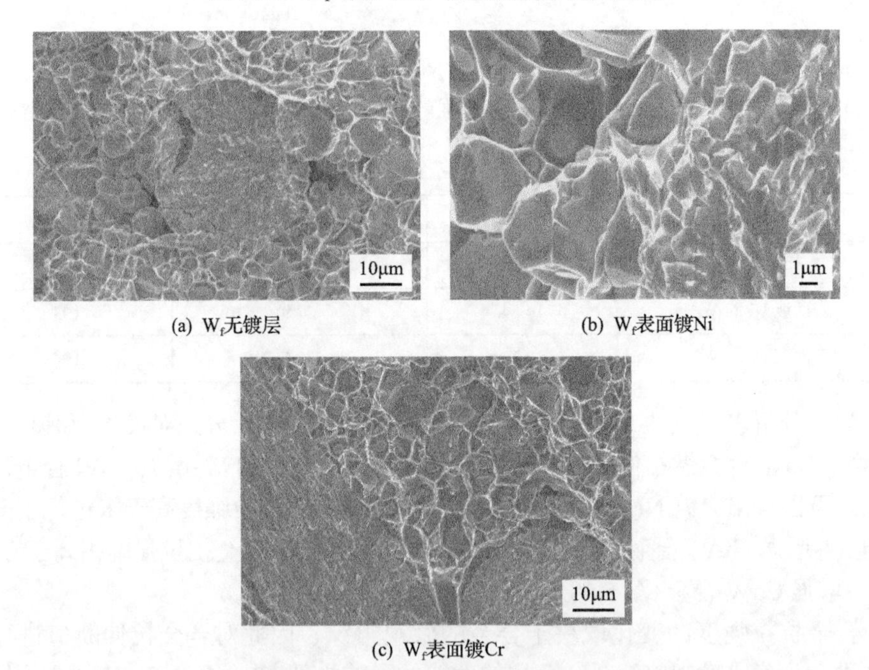

(a) W_f无镀层　(b) W_f表面镀Ni　(c) W_f表面镀Cr

图 5.69　W_f增强 CuW 合金的拉伸断口形貌

表面改性后，W_f与基体结合界面的改善同样会影响 CuW 合金的耐电弧烧蚀性能。不同 W_f增强 CuW 合金的电弧烧蚀实验结果(图 5.70)表明，表面改性的 W_f增强 CuW 合金的平均耐电压强度较未表面改性的 W_f增强 CuW 合金高。未表面改

性的 W_f 增强 CuW 合金的耐电压强度分布在 $3.08\times10^7\sim1.35\times10^8$V/m，平均耐电压强度为 6.61×10^7V/m；镀 Ni 的 W_f 增强 CuW 合金的平均耐电压强度为 7.44×10^7V/m；添加镀 Cr 的 W_f 增强 CuW 合金的平均耐电压强度为 7.50×10^7V/m。

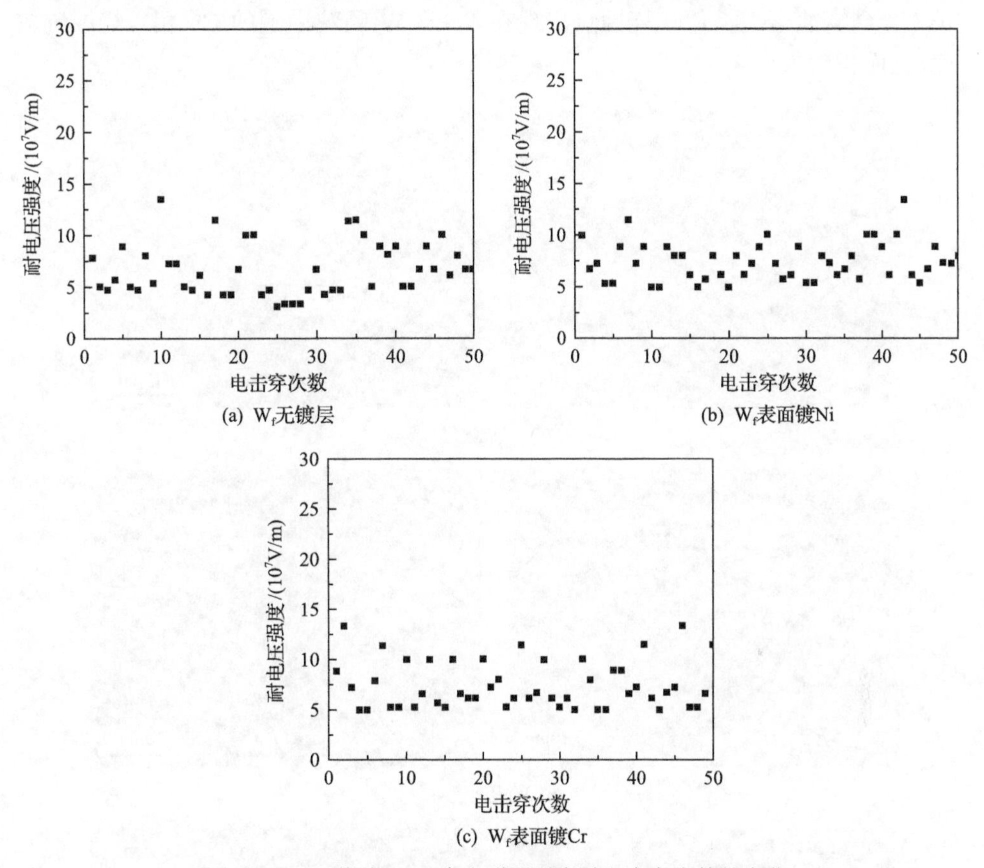

图 5.70　W_f 增强 CuW 合金耐压强度随电击穿次数的变化

由于未表面改性的 W_f 与基体结合较差，界面处存在较多的孔洞缺陷，而电击穿容易出现在不同元素之间的界面处，尤其是界面上的孔洞或裂纹缺陷处。对 W_f 表面的改性处理改善了 W_f 与基体的冶金结合，消除了由于 W_f 与基体界面结合差而产生的孔洞。烧蚀点应该同传统 CuW 合金类似，出现在周围的 Cu 相上；同时，由于 Cu 相均匀分布，电击穿烧蚀面积将会较大，且烧蚀坑较浅，从而可以避免烧蚀点在界面的孔洞缺陷处反复电击穿。为了分析表面改性对 W_f 增强合金首击穿相的影响，对合金先进行一次电击穿，电击穿后合金表面形貌(图 5.71)显示，未表面改性的 W_f 增强 CuW 合金，烧蚀点出现在 W_f 与周围邻近的 W 颗粒之间的 Cu 相上，电击穿后表面温度迅速升高，在电场力的作用下 Cu 相熔化后发生溅射，在表面形成较大的烧蚀坑，坑内底部裸露出下面的 W 颗粒，烧蚀坑较深。镀 Ni 的 W_f 增强 CuW 合金，烧蚀点出现在 W_f 及 W 颗粒周围的 Cu 相，Cu 相未出现严重的溅射现象，烧蚀坑较分散，烧蚀面积较大。在 W_f 与基体界面上，未出现烧蚀痕迹。镀 Cr 的 W_f 增强 CuW 合金，同镀 Ni 的 W_f 增强 CuW 合金烧蚀形貌类似，烧蚀点出现在 W_f 及 W 颗粒周围的 Cu 相，烧蚀坑较分散且面积较大。

(a) W_f 无镀层

(b) W_f 表面镀Ni

(c) W_f 表面镀Cr

图 5.71 W_f 增强 CuW 合金 1 次电击穿后表面形貌

综上所述，一方面，W_f 的高强度对 CuW 合金起到强化作用；另一方面，W_f 的引入产生了 W_f/W、W_f/Cu 两种界面，未改性 W_f 与基体结合较差，W_f 周围易出现孔洞缺陷。改性 W_f 增强 CuW 合金抗拉强度和耐电弧烧蚀性能明显提升，说明增强相 W_f 与基体的界面结合状况对合金的强度和耐电弧烧蚀性能有重要影响，改性后的 W_f 与基体界面结合良好，有利于基体与增强相的载荷传递以及放电过程电弧分散和裂化。

5.2.5 表面改性 W_f 网增强超细结构 CuW 合金的组织与性能

近年来，为制备性能更加优异的 CuW 合金，由纳米级 W 粉制备超细结构 CuW 合金，可望获得更加优异的综合性能。然而，纳米级 W 粉通常通过化学反应法获得，如化学共沉淀法、溶胶-凝胶法和氮化-脱氮法等[58, 59]，其存在工艺复杂且产量低等问题；此外，具有高表面能的纳米级粉末通常会引起团聚和拱桥效应，导致形成闭孔并降低电导率[60]。因此，以亚微米级的 W 粉作为初始原料并进行机械合金化预处理，然后复合 W_f 网以增强材料的力学性能[61]。

将 W_f 网浸入 HF 溶液中去除表面氧化物，然后在乙醇和去离子水中冲洗。室温拉伸试验评估结果(图 5.72)表明，W_f 网中的纤维抗拉强度高达 3055.78MPa。按照前面磁控溅射工艺获得表面镀 Cr 层的表面改性 W_f 网。然后，将磁控溅射镀

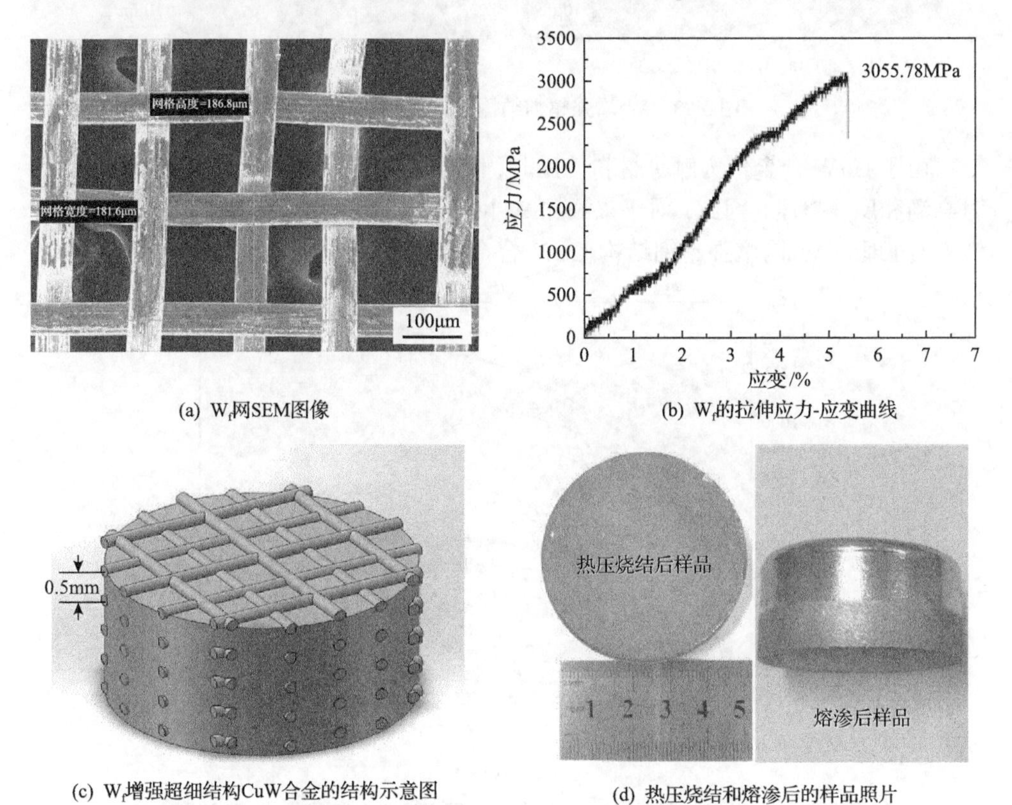

(a) W_f网SEM图像

(b) W_f的拉伸应力-应变曲线

(c) W_f增强超细结构CuW合金的结构示意图

(d) 热压烧结和熔渗后的样品照片

图 5.72 W_f网的形貌、性能、铺叠结构示意图及制备的 CuW 合金照片

Cr 处理的 W_f 网与球磨后的 Cu-W 混合粉末预组装后压坯、烧结、熔渗，得到如图 5.72 所示样品。

未经表面处理的 W_f 增强超细结构 CuW 合金微观组织显示，W_f 和 W 颗粒之间烧结性较差，在纤维和颗粒界面附近存在 Cu 相聚集。前期研究表明，在 CuW 合金中添加微量过渡元素 Cr、Ni 等，能有效促进 W 颗粒烧结颈的形成[62]。因此，为了改善 W_f 和 W 颗粒之间的烧结性，在 W_f 表面进行镀 Cr 处理，镀 Cr 后 W_f 增强超细结构 CuW 合金中，纤维与颗粒烧结性得到显著改善，同时 Cu 相聚集现象得到显著改善(图 5.73)。

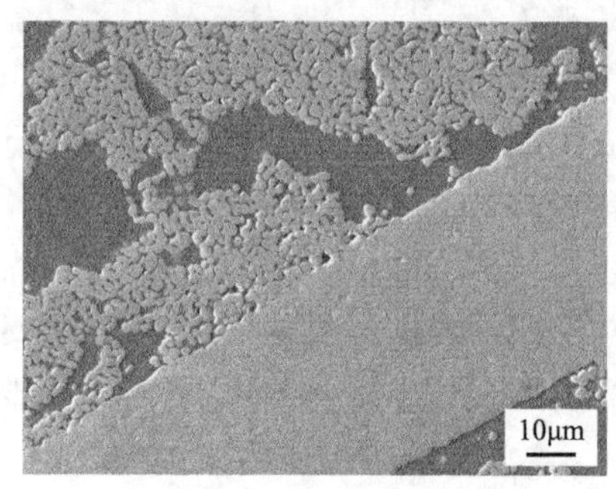

(a) W_f 表面未经处理

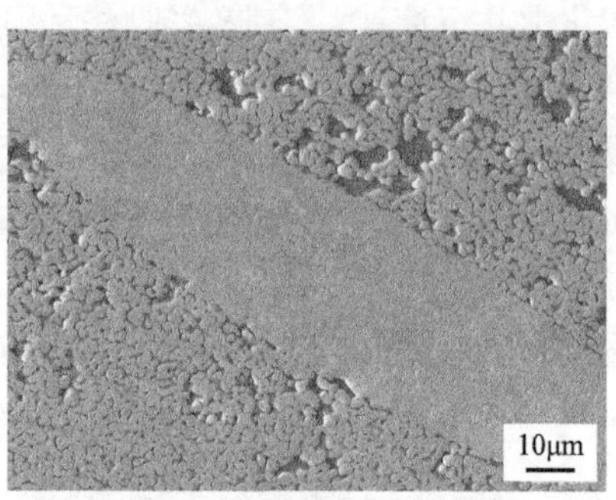

(b) W_f 表面镀Cr处理

图 5.73 W_f 增强超细结构 CuW 合金微观组织

由于 CuW 合金作为触头材料使用时，随着开关的不断开合，通常需要承受瞬时高温和反复挤压，因此，对于未添加 W_f 网、添加表面未经处理的 W_f 网以及表面镀 Cr 处理的 W_f 网增强超细结构 CuW 合金的高温压缩力学性能对比(图 5.74)表

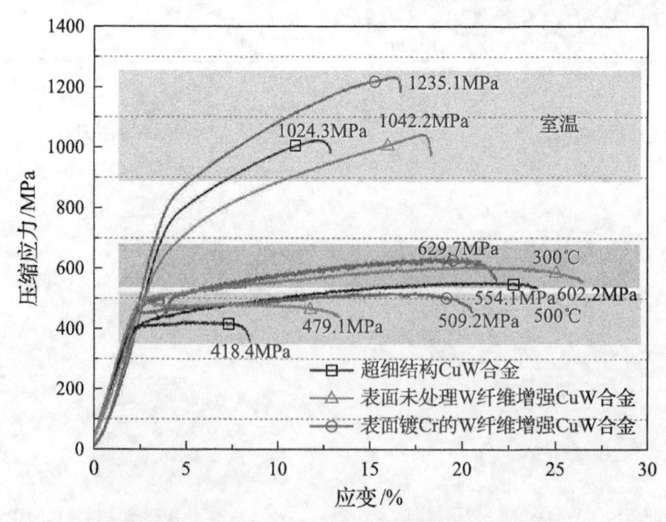

图 5.74 W_f 增强超细结构 CuW 合金不同温度下的压缩应力-应变曲线

明，随着温度的升高，合金软化速率的增加导致应力明显降低；对于表面镀 Cr 处理的 W_f网增强超细结构 CuW 合金，其在室温、300℃和 500℃变形时，抗压强度均优于未添加 W_f网增强的 CuW 合金以及添加表面未经处理的 W_f网增强 CuW 合金，且在检测温度下，表面镀 Cr 处理的 W_f网增强超细结构 CuW 合金均表现出优异的塑性变形，其优异的压缩力学性能归因于表面镀 Cr 处理 W_f与周围基体之间良好的界面结合状态，确保了载荷的有效传递和转移。

考虑到动、静弧触头开合过程由过盈配合引起的挤压磨损以及开合瞬间发生的电弧烧蚀现象，对未添加 W_f网、添加表面未经处理 W_f网以及表面镀 Cr 处理的 W_f网增强超细结构 CuW 合金分别进行耐磨性测试和耐电弧侵蚀性能测试，结果见图 5.75。对比可见，表面镀 Cr 处理的 W_f增强超细结构 CuW 合金摩擦系数最低（约 0.501），平均耐电压强度最高（9.79×10^7V/m），相比未添加 W_f网和添加表面未经处理 W_f网增强的 CuW 合金，其耐磨性和耐电弧侵蚀性能得到明显改善。

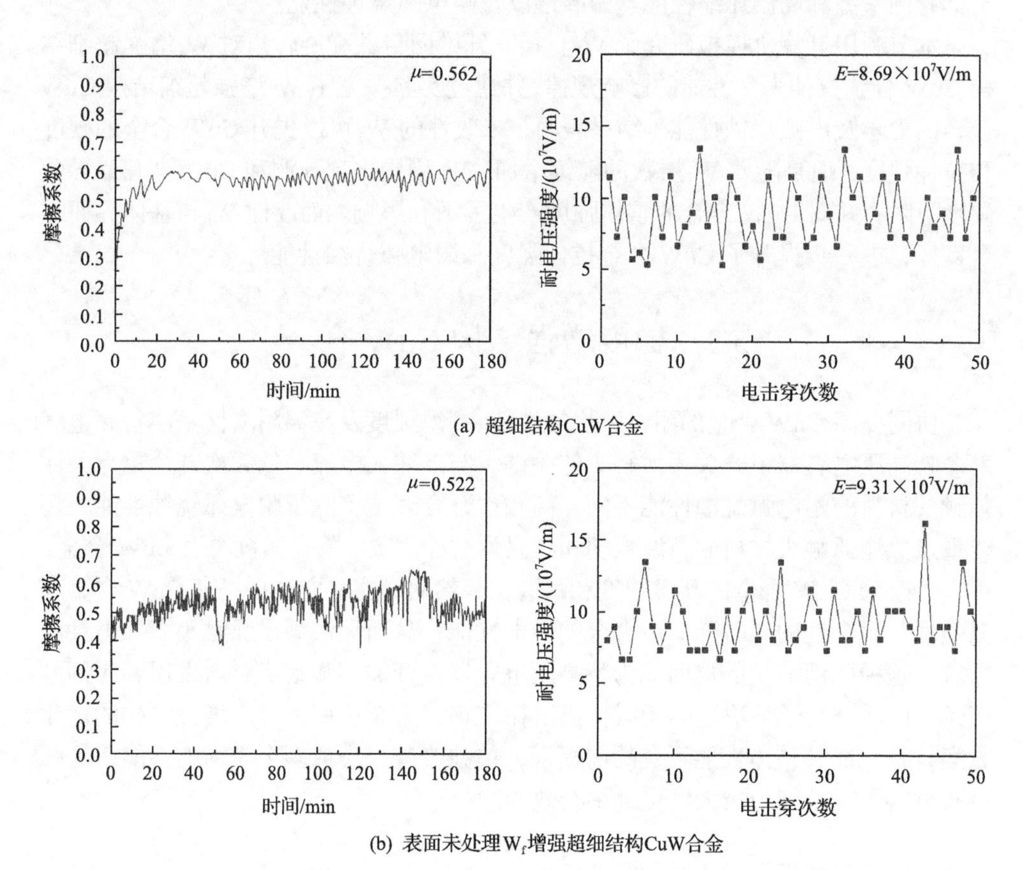

(a) 超细结构CuW合金

(b) 表面未处理W_f增强超细结构CuW合金

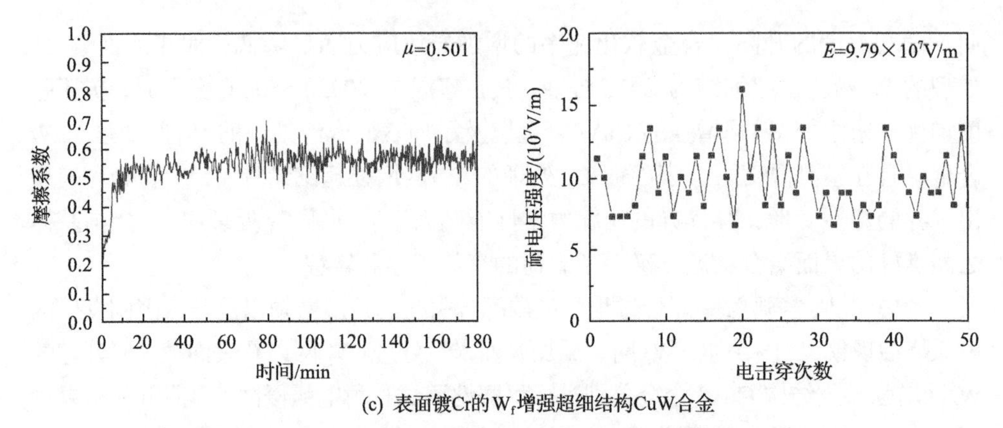

(c) 表面镀Cr的W_f增强超细结构CuW合金

图 5.75　W_f增强超细结构 CuW 合金的摩擦系数曲线以及耐电压强度曲线

上述研究表明，通过引入表面镀 Cr 处理的 W_f网，超细结构 CuW 合金表现出优异的室温和高温压缩性能、耐磨性以及耐电弧烧蚀性能。

本节利用计算机模拟研究了 W_f直径、纤维网目数和旋转角对 W_f增强超细结构 CuW 合金拉伸力学性能的影响规律,并通过实验探究了 W_f增强超细结构 CuW 合金的力学及电弧烧蚀性能。结果表明，未改性的 W_f可以提升 CuW 合金的硬度和拉伸强度，但是随着 W_f层数的继续增加，W_f周围出现孔洞和 Cu 富集区，导致硬度下降，并对 CuW 合金的整体强度产生了不利影响。而改性 W_f与基体界面结合良好，进一步提升了 CuW 合金拉伸强度和耐电弧烧蚀性能。

5.3　梯度增强结构 CuW 合金

协同提高 CuW 合金的耐电弧烧蚀性能、高温强度及高温耐磨性是制备高电气寿命特高压电容器组开关用弧触头的关键。与以往大电流、低频次开合重点关注弧触头材料的耐电弧烧蚀性能不同，高频次开合环境下除了耐电弧烧蚀性能，还要重点关注弧触头材料的高温强度和高温耐磨性。WC 陶瓷颗粒增强 CuW 合金，可显著改善 CuW 合金的高温强度和耐磨性，然而，这些方法在提高 CuW 合金高温强度和耐磨性的同时降低了合金的导电性能，从而无法满足弧触头高导电性的需求。这种此消彼长的局面成为特高压电容器组开关用弧触头材料发展和应用的瓶颈。因此，为了解决这一矛盾，提出在 CuW 合金中引入梯度增强结构的优化方案，在保证其整体性能不变的前提下，单独改善一个或多个表面的性能，为弧触头材料服役性能的极大优化提供有效的途径。

5.3.1　电弧作用下弧触头表面温度分布

特高压电容器组开关用弧触头在闭合和开断电路的瞬间，由于弧触头自身以及弧触头周围介质中含有大量可被游离的电子，在外加电压足够大时，将会产生强烈的电游离，因而产生电弧。通常情况下，电弧的中心位置温度高达 10000℃以上[63, 64]，这样弧触头就要承受高压电弧的高温烧蚀，在弧触头工作过程中，动、静弧触头的每一次分合动作，弧触头材料都要经历一次快速升温和快速降温的过程。在多次高压电弧的作用下，弧触头表面被反复烧蚀，从而促使 CuW 弧触头材料发生失效。

由于 CuW 弧触头材料服役环境温度高且变化很快，一般很难通过实验测试手段获得弧触头表面的温度分布及变化，因此通过有限元定性模拟研究 CuW 弧触头在电弧作用过程中的温度状态是一种比较有效的方法。采用有限元分析软件 ANSYS Multiphysics 定性模拟分析 CuW 弧触头材料的温度分布，为后续新型弧触头材料的开发提供指导。

1. *初始及边界条件*

通过电弧电压及电弧电流确定输入电极的热流功率，由于电弧所在区域具有良好的传热性，可认为动、静弧触头各接收热流功率的一半。

每个触头的最大输入热功率为

$$P_{\max}=\frac{I_{\mathrm{a}}U_{\mathrm{a}}}{2S} \tag{5.12}$$

式中，$P_{\max}$ 为最大输入热功率；I_{a} 为电弧电流；U_{a} 为电弧电压；S 为触头上的烧蚀面积。

考虑到触头烧蚀后 CuW 端面的烧蚀形貌，认为烧蚀过程中电弧在触头端面均匀分布。电容器组开关额定电压为 126kV，额定开断电流 1600A，涌流 9.3kA/400Hz。开断时电弧电流取 9.3kA，电弧电压取 100V。电流第 1 次过零时即可认为成功分断电流，燃弧时间取 3ms，初相角取 π/6。初始温度设定为 20℃。热作用时间极短，计算过程中忽略弧柱辐射及对流，触头边缘绝热。热载荷步加载次序：开断过程中电弧作用时长 3ms，之后自然冷却 1min。

2. *CuW 合金的热物理性能*

在计算过程中，CuW 合金在高温下会产生部分熔化甚至汽化，导致材料中部分区域发生相变，因此考虑不同温度下 Cu 相和 W 相的熔化及凝固，确定其热物理性能。计算中考虑触头烧蚀过程中 Cu 和 W 的熔化、汽化及凝固伴随有相变潜热对触头温度场分布产生的影响。

CuW 触头材料在服役过程中，由于高压电弧的热冲击作用，当材料温度达到

1083℃以上后 Cu 相熔化，而当温度高于 2595℃时 Cu 相汽化，材料性能急剧恶化。当 Cu 相熔化为液体后，以 W 骨架与液化的 Cu 相为基础，Cu 相汽化后，对 W 骨架进行计算。CuW 合金的热容值按照混合定律来计算[65]，其热导率采用 German 提出的十四面体模型来计算[66]，计算得到不同温度下 CuW 合金的热容和热导率[67]。

3. 弧触头表面温度仿真

由于动、静弧触头形状结构不同，本模拟将对动、静弧触头工作过程中的温度分布状况分别进行定性模拟。考虑到静弧触头为圆柱形，采用轴对称模型进行热传导分析。

在弧触头烧蚀过程中，Cu、W 两相的熔化、汽化及凝固的相变伴随有相变潜热的产生，从而对温度场的分布产生较大影响。采用热焓法处理相变潜热，其中，Cu 相的熔化潜热为 204.8J/g（1050～1100℃），汽化潜热为 4793J/g（2650～2670℃），W 相的熔化潜热为 184.2J/g（3300～3400℃）。

依据 CuW 合金在不同温度下的热物理及力学性能，考虑到静弧触头为轴对称结构，在弧触头表面施加均匀分布的热流密度函数载荷，应用 ANSYS Multiphysics 有限元分析软件进行计算。计算中考虑载荷作用过程中加热与冷却两个阶段，施加两个载荷步予以分析。

CuW 静弧触头在同样大小电弧作用后的温度分布（图 5.76）表明，在电弧作用过程中，弧触头表面的最高温度处于弧触头表面的顶点处，其最高温度为 3748℃。电弧作用过程中，电弧作用区域温度急剧变化，作用区域远端，温度变化幅度不大，依旧维持在室温附近。电弧作用过程中随着温度分布的变化，弧触头材料部分发生熔化及汽化。依据弧触头表面温度分布将加热区分为液化区（红色区域）、Cu 相汽化后的 W 骨架残留区（黄色区域）、W 骨架与 Cu 液并存区（天蓝色区域）。其中，液化区及骨架残留区极少，W 骨架与 Cu 液并存区的厚度约为 0.429mm。

CuW 静弧触头在电弧作用结束后冷却 1min 时的温度分布（图 5.77）表明，电弧作用结束 1min 后，弧触头表面温度分布基本趋于均匀，电弧作用过程中温度变化较大的弧触头表面顶端位置的温度仅为 29.71℃，与远离电弧作用区域的温差大约为 5℃，整个静弧触头表面温度变化幅度较小。

CuW 静弧触头中心 *A*、*B*、*C* 处（图 5.76）在电弧作用过程及结束后一段时间内的温度变化（图 5.78）表明，电弧作用结束后，弧触头 CuW 部分端面温度快速下降，大约 1min 后整体温度已经接近室温。电弧作用远端 *B*、*C* 处的温度在初始保持 20℃，触头冷却过程中由于热量传递，温度快速上升至 50℃左右，之后缓慢下降，最终又维持于室温左右。

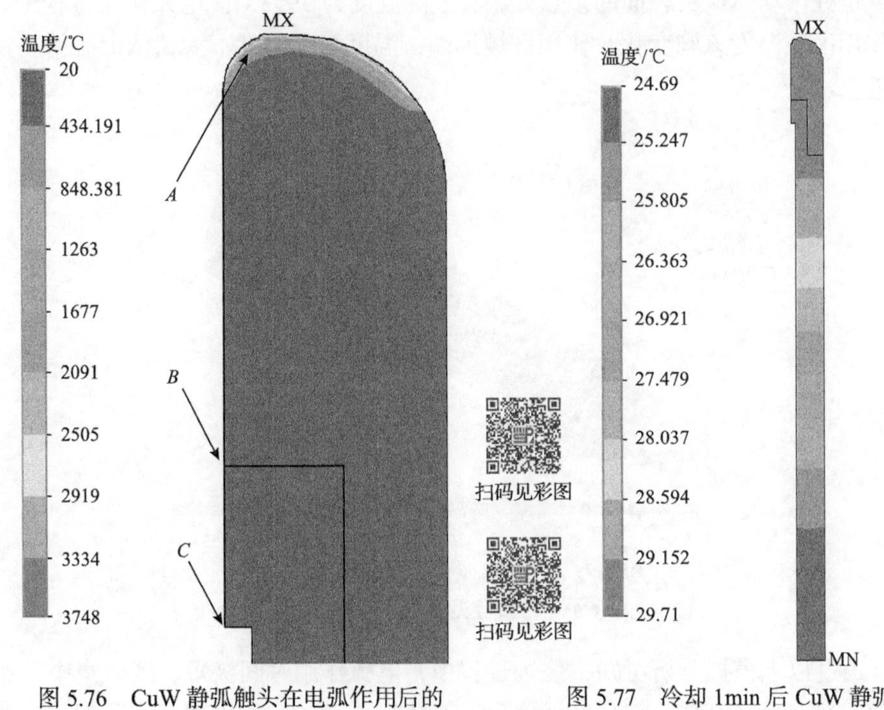

图 5.76 CuW 静弧触头在电弧作用后的温度分布

图 5.77 冷却 1min 后 CuW 静弧触头的温度分布

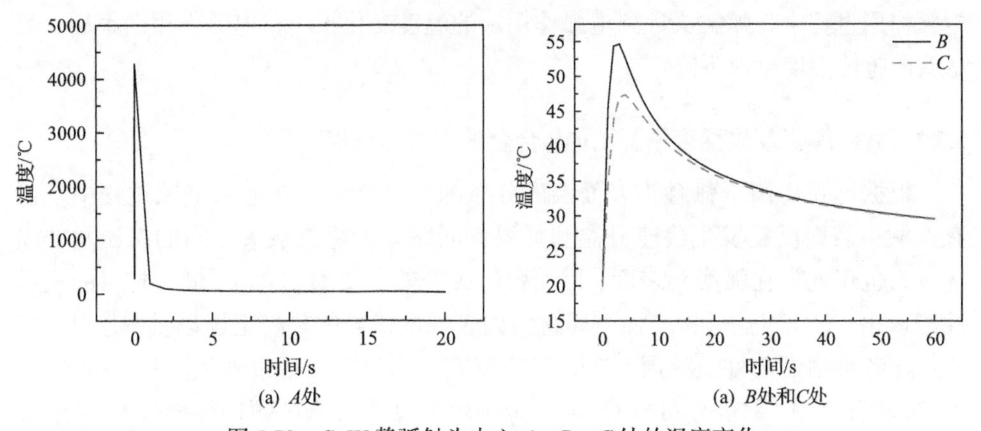

图 5.78 CuW 静弧触头中心 A、B、C 处的温度变化

以六瓣动弧触头为模拟对象，考虑到对称性，取动弧触头的 1/6 建立模型。开断过程中高压电弧假设均匀分布，按照静弧触头分析时的参数选取初始条件以及边界条件进行模拟仿真分析，动弧触头材料在电弧作用过程中的温度分布(图 5.79)表明，与静弧触头电弧作用时相同，动弧触头电弧作用过程中表面最高

温度也处于动弧触头表面的顶点处，其最高温度为 3973℃。电弧作用过程中，电弧作用区域温度急剧变化，作用区域远端，温度变化幅度不大，依旧维持在室温附近。

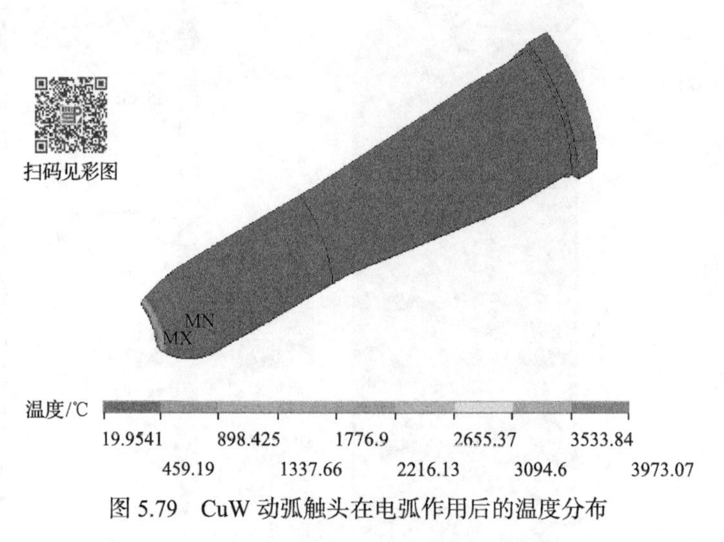

图 5.79 CuW 动弧触头在电弧作用后的温度分布

通过以上模拟分析可知，烧蚀过程中，电弧作用时间极短，区域集中，弧触头端部温度急剧上升，部分区域熔化，弧触头表面 Cu 相出现了汽化现象；弧触头表面的最高温度均低于 W 的沸点，W 相未被汽化，弧触头的烧蚀相对不明显；电弧作用过程中，弧触头远离电弧作用区的温度变化很小；电弧作用结束后，弧触头的整体温度迅速下降。

5.3.2 WC 陶瓷颗粒梯度增强 CuW 合金的组织与性能

根据电弧作用下弧触头表面温度分布的仿真结果，在电弧烧蚀过程中，仅有弧触头表面反复发生快速升温和降温，同时动、静弧触头之间的挤压及磨损等行为也仅发生在弧触头表面，因而弧触头失效主要为 CuW 弧触头材料的表层性能恶化。WC 陶瓷颗粒增强金属材料因表现出优异的热稳定性以及耐磨性，广泛用作各种耐磨部件及涂层[68-73]。已有研究结果表明，通过外加颗粒将 WC 引入 CuW 合金中，弥散分布于 CuW 合金中较大尺寸的 WC 颗粒很难与 W 相形成冶金结合；同时 WC 颗粒细化后很容易发生团聚，影响 CuW 合金的整体性能。因此，本节设计了一种原位自生 WC 梯度增强 CuW 合金[74]。采用原位合成方法，低温下在 W 骨架表层原位生成 W@WC 核壳结构，其结构示意图如图 5.80 所示，在保证 W 骨架良好烧结性的前提下，WC 优异的高温性能以及钉扎作用不仅可以提高材料表层的高温强度及耐磨性，还可起到分散电弧的作用；同时，梯度结构的设计希望在提高弧触头材料表层耐电弧烧蚀性能、高温强度及高温耐磨性的基础上，可以保证弧触头材料整体的传导性，同时可以解决与导电铜合金的连接问题。

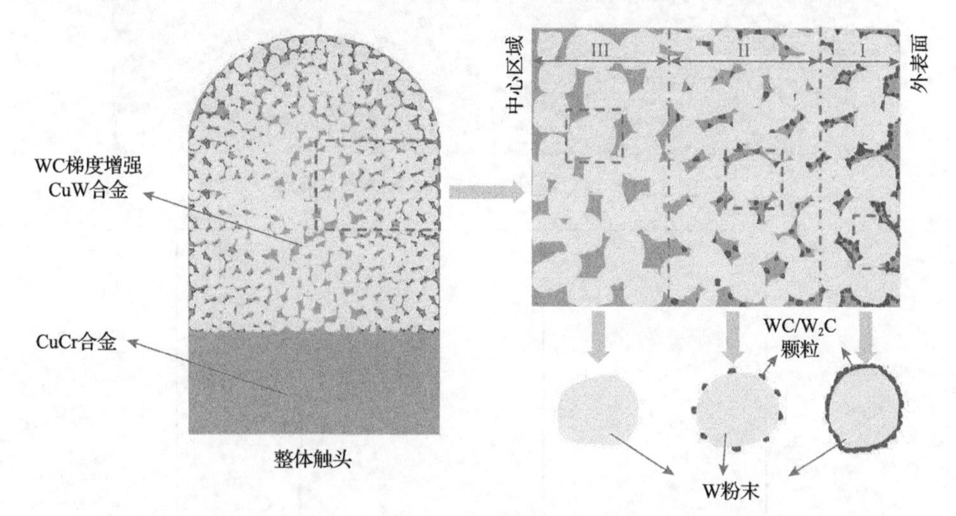

图 5.80　原位自生 WC 梯度增强 CuW 合金结构示意图

制备的 CuW 合金分为Ⅰ、Ⅱ、Ⅲ三个梯度：区域Ⅰ中生成的 WC 颗粒均匀、致密地包覆在 W 颗粒表面，形成 W@WC 核壳结构层，用来改善合金的耐电弧烧蚀性能、高温强度及耐磨性能[75, 76]；区域Ⅱ为一个成分过渡层，在这一区域 WC 颗粒弥散分布在 W 颗粒表面，且合金由表及里，W 颗粒表面弥散分布的 WC 颗粒数量逐渐减少；直至区域Ⅲ，W 颗粒表面没有 WC 存在，也就是说这一区域依旧为原始的 W 骨架，其可保证 CuW 合金的导热、导电性能及其与导电端 Cu 合金的连接强度。这样一种梯度结构最终就形成了梯度增强 CuW 合金。

1. *渗碳后骨架形貌及物相分析*

由真空脉冲渗碳后 W 骨架断口表面的微观形貌(图 5.81)可以看出，渗碳后，在 W 骨架断口中的 W 颗粒表面覆盖着一层生成物，即在微米级 W 颗粒的表面生成了一层致密的小颗粒，这些小颗粒和 W 颗粒形成了核壳结构，但其是否为 W@WC 核壳结构，还需进一步物相分析去验证。

为了确定这种核壳结构表面小颗粒的具体物相，对其进行 X 射线衍射物相分析(图 5.82)，可以发现，渗碳后骨架除了含有 W 相，还有 WC、W_2C 和 C 相出现。除了 W 相的衍射峰较强外，WC 相的衍射峰相对其他两种物相峰更强。可以断定 W 骨架中除了骨架本身的 W 相，主要生成相为 WC。本实验预期目标是在 W 骨架表层区域形成一层 WC 小颗粒均匀、致密包覆 W 颗粒表面的结构，即

图 5.81　真空脉冲渗碳后 W 骨架断口形貌

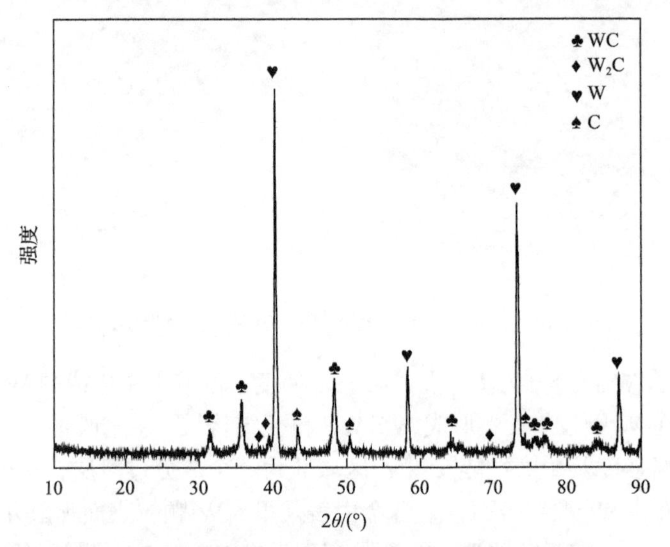

图 5.82　W 骨架断口真空脉冲渗碳后的物相分析结果

W@WC 核壳结构。目前，骨架表层 W 颗粒表面生长的小颗粒主要物相即为 WC，且其基本可以均匀、致密地生长在 W 颗粒表面。为了确定生成的 WC 小颗粒的晶粒大小，通过 Scherrer 公式[77, 78](5.13)计算求得 WC 颗粒的平均粒径为 26nm，纳米尺度 WC 颗粒的生成将会显著改善 CuW 合金表层的性能[79-81]。

$$D = k\lambda / (\beta \cos\theta) \tag{5.13}$$

式中，D 为晶粒尺寸，nm；k 为常数，球形颗粒 k 取 0.89，立方体颗粒 k 取 0.943；λ为 X 射线波长，λ=0.15405nm；β 为衍射峰半高宽，在代入式(5.13)进行计算时，需将 β 值换算为弧度制；θ 为衍射角，(°)。

设计思路除原位生成 W@WC 核壳结构外，还希望这种 W@WC 核壳结构仅存在于 CuW 合金的表层，内部依旧为传统 CuW 合金，形成一种梯度结构，在改善 CuW 合金表层耐电弧烧蚀性能、高温强度及耐磨性的同时，保证 CuW 合金整体的传导性能及其与导电 Cu 合金的连接强度。这种梯度结构在本节的实验工艺下能否获得，需要对渗碳后 W 骨架从表面至中心区域的形貌进行观察，来确认真空脉冲渗碳工艺制备的 W 骨架是否满足 W@WC 核壳结构以及梯度结构的设计要求。

真空脉冲渗碳处理后，W 骨架近表面 W 颗粒表面覆盖着一层均匀、致密的小颗粒，通过上述物相分析可知这种小颗粒为 WC 颗粒，呈现 W@WC 核壳结构。W 骨架过渡区域 W 颗粒表面弥散分布着一些 WC 小颗粒，且从骨架表面至中心方向，这种 WC 弥散颗粒的数量也逐步减少，呈梯度结构分布。骨架中心区域远离渗碳表面的任何位置处，W 颗粒表面均未发现 WC 小颗粒的存在，W 骨架中心区域依旧为原始的 W 骨架(图 5.83)。渗碳后 W 骨架形貌符合设计结构，在骨架表层为 W@WC 核壳结构，用来提高合金表层的高温强度和耐电弧烧蚀性能；由表及里，WC 增强颗粒的含量逐渐减少；内部依旧保持原始的 W 骨架，主要是用来保证 CuW 合金整体的导热、导电性能及其与导电端 Cu 合金的连接强度，避免了 WC 陶瓷颗粒对 CuW 合金作为整体触头使用时与 Cu 合金连接强度较差的缺陷。

(a) 近表面区域

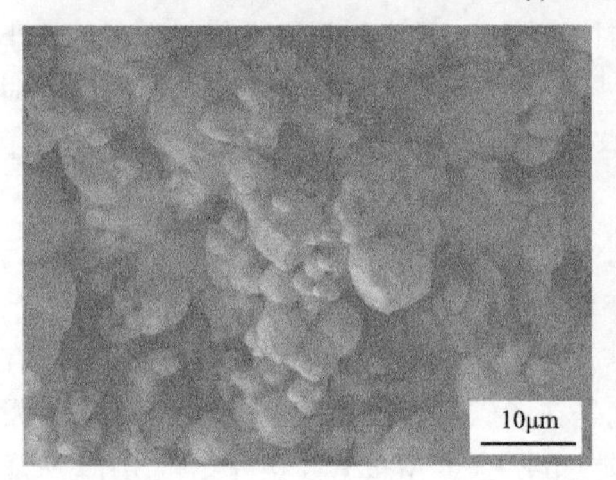

(b) 过渡区域

(c) 中心区域

图 5.83 真空脉冲渗碳后 W 骨架形貌

通过以上对真空脉冲渗碳后 W 骨架由表及里微观形貌的观察分析可以得出，实验选用的真空脉冲渗碳工艺参数仅在 W 骨架表面及近表面区域生成 W@WC 核壳结构，且沉积的碳由于驱动力不足，很难扩散进入骨架中心区域；在过渡区域，W 颗粒表面生长的 WC 小颗粒数量沿着骨架表面至中心区域逐步减少，这样就形成了表层具有 W@WC 核壳结构的梯度结构 W 骨架。这符合预期的 W@WC 核壳结构梯度增强 CuW 合金的设计思路，之后按照传统工艺对这种 W@WC 核壳结构梯度增强 W 骨架进行熔渗烧结处理，即制备出 W@WC 核壳结构梯度增强 CuW 合金，以下将对其微观组织与性能进行评价。

2. 核壳结构层微观组织及常规性能

1) 微观组织

由常规未渗碳 CuW 合金及真空脉冲渗碳 CuW 合金 W@WC 核壳结构层的微观组织(图 5.84)可以看出，两种材料中 W 颗粒的大小及分布情况没有明显差异，是否渗碳对原始 W 骨架的烧结性也无明显影响。与常规未渗碳 CuW 合金相比，真空脉冲渗碳 CuW 合金 W@WC 核壳结构层中 W 颗粒表面包覆着一层亮色的小颗粒，这些亮色小颗粒为真空脉冲渗碳过程中 C 与 W 的反应产物，根据前面对真空脉冲渗碳后骨架物相分析可推测，这些亮色的小颗粒为真空脉冲渗碳过程中生成的碳化钨陶瓷颗粒。

为了明确 W 颗粒表面包覆的亮色小颗粒的具体物相，对两种材料分别进行 XRD 分析(图 5.85)。结果表明，常规未渗碳 CuW 合金由 Cu 相和 W 相两相组成，真空脉冲渗碳 CuW 合金 W@WC 核壳结构层除了含有 Cu 相和 W 相，同时也存在碳化钨(WC 及 W_2C)，这些碳化钨相就是在渗碳过程中沉积的碳源与 W 颗粒发生碳化反应的产物。因此，真空脉冲渗碳 CuW 合金 W@WC 核壳结构层中 W 颗粒表面生长的亮色小颗粒为碳化钨(WC 及 W_2C)陶瓷颗粒。需要说明的是，真空

(a) 常规未渗碳CuW合金

(b) 真空脉冲渗碳CuW合金

图 5.84 CuW 合金的微观组织

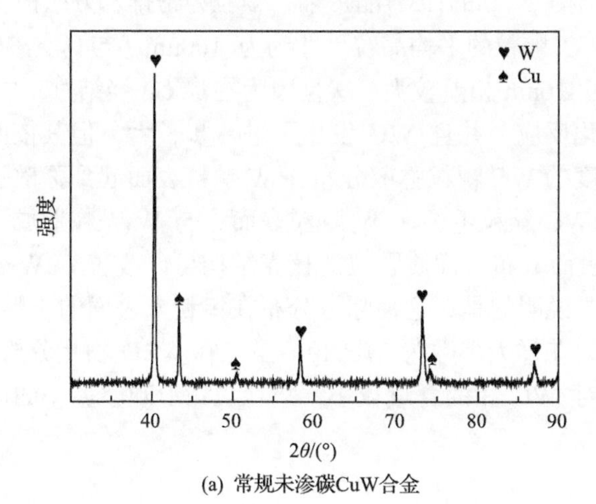

(a) 常规未渗碳CuW合金

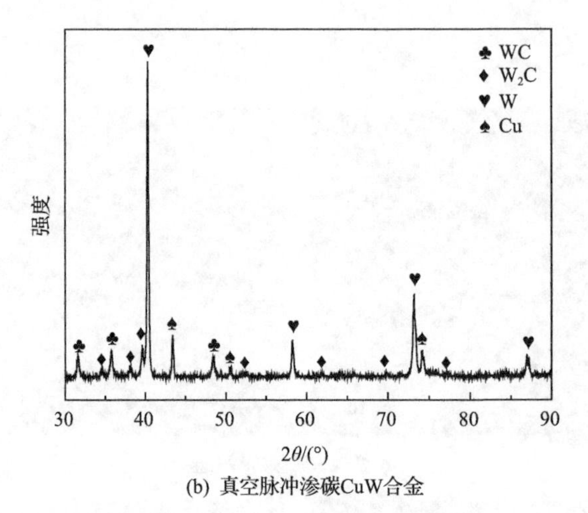

(b) 真空脉冲渗碳CuW合金

图 5.85 CuW 合金的物相分析结果

脉冲渗碳结束时 W 骨架中有残留的 C，而此时真空脉冲渗碳 CuW 合金物相分析中并没有检测到 C，这是因为在熔渗烧结过程中，残留的沉积碳源进一步扩散与钨反应生成碳化钨，故合金中无游离碳源存在，或者仅有微量游离碳源存在，故在 XRD 物相分析时无法检测到游离碳源的存在。

为了进一步明确生成的碳化钨陶瓷颗粒具体为 WC 相还是 W_2C 相，对真空脉冲渗碳 CuW 合金进行物相结构分析(图 5.86)发现，真空脉冲渗碳 CuW 合金主要包括浅色相、深色相以及弥散分布在深色相表面的小颗粒，对其进行标定并与标准 PDF 卡片进行对比分析可知，浅色相为面心立方结构 Cu 相的$[\bar{1}11]$晶带轴，深色相为体心立方结构 W 相的$[1\bar{3}1]$晶带轴，颗粒为密排六方结构 WC 陶瓷颗粒的$[1\bar{2}10]$晶带轴，WC 颗粒的平均晶粒尺寸约为 100nm，与真空渗碳后 W 骨架中 WC 平均晶粒尺寸 26nm 相差较大，这是因为在渗 Cu 烧结过程中，碳源与 W 粉末进一步发生碳化反应，并且 WC 发生了进一步长大，但其依旧为纳米尺度。正是这种纳米尺度的 WC 颗粒弥散分布在 W 颗粒表面起到弥散强化作用。同时，这些纳米尺度的 WC 颗粒生长在 W 颗粒表面，与 W 颗粒形成一种类似核壳结构的形貌，这种表面分布着硬质颗粒的核壳结构可以改善 CuW 合金的高温强度及耐磨性能。需要说明的是，这种弥散分布在钨粉末表面的小颗粒经 TEM 分析并标定其电子衍射花样大多数为 WC 相，虽然在 XRD 物相分析时存在 W_2C 相的峰，但是其相对 WC 相的含量较小，故在 TEM 观察微小的区域时很难找到 W_2C 相。

2) 常规性能

常规未渗碳 CuW 合金及真空脉冲渗碳 CuW 合金 W@WC 核壳结构层的硬度及导电率测试结果(表 5.11)表明，真空脉冲渗碳后 CuW 合金 W@WC 核壳结构层

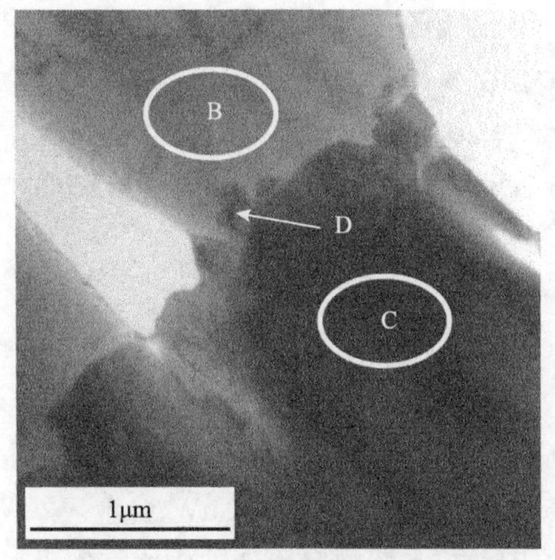

(a) TEM形貌

(b) 区域B的电子衍射花样及标定结果

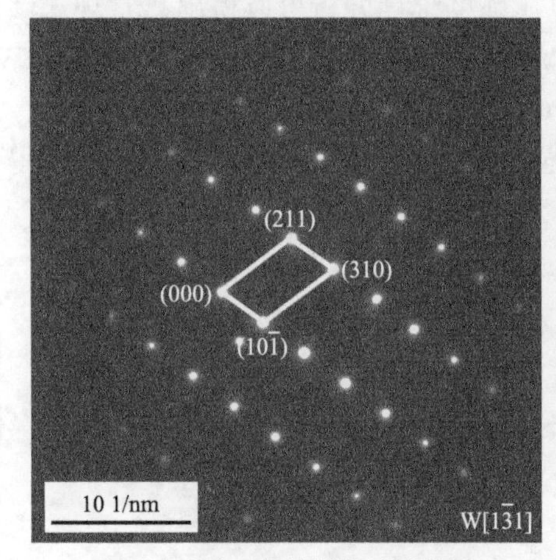

(c) 区域C的电子衍射花样及标定结果

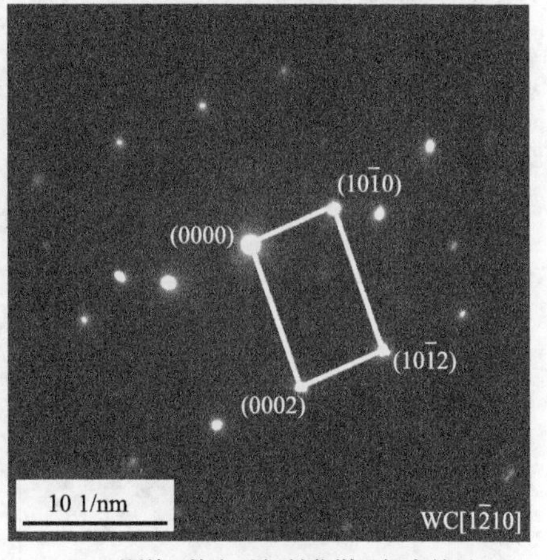

(d) 颗粒D的电子衍射花样及标定结果

图 5.86 真空脉冲渗碳后 CuW 合金的 TEM 形貌及选取电子衍射花样标定结果

表 5.11 未渗碳和渗碳 CuW 合金的硬度及导电率

CuW 合金	未渗碳	真空脉冲渗碳
导电率/%IACS	56.90	46.55
硬度/HB	181	216

的硬度相比未渗碳 CuW 合金提高了 19%，这是因为在渗碳过程中沉积的碳源与 W 颗粒发生碳化反应，逐步在 W 颗粒表面生成碳化钨硬质相颗粒。碳化钨硬质颗粒的硬度高于钨，而且在 W 颗粒表面生长的碳化钨颗粒起到弥散强化及钉扎的作用，从而使得合金的硬度有所提升。但是，真空脉冲渗碳后 CuW 合金 W@WC 核壳结构层的导电率有所下降，这是因为生成的碳化钨电阻率相对纯

钨较大，导致合金导电率降低；此外，骨架孔隙中生成的碳化钨颗粒阻碍了熔渗过程中液相铜的流动，容易在合金中形成闭孔，使得铜相的连接度有所减小，导致合金导电率降低。虽然真空脉冲渗碳后 W@WC 核壳结构层导电率有所降低，但其依旧满足《铜钨及银钨电触头》(GB/T 8320—2017)对触头材料使用标准的要求。

3. 核壳结构层高温性能

1)耐电弧烧蚀性能

常规未渗碳 CuW 合金及真空脉冲渗碳 CuW 合金 W@WC 核壳结构层的耐电压强度随电击穿次数的变化结果表明(图 5.87)，真空脉冲渗碳 CuW 合金 W@WC 核壳结构层 50 次电击穿后的耐电压强度值中，大多数耐电压强度相比常规未渗碳 CuW 合金明显有所提高。通过图中耐电压强度统计分析可以得出，常规未渗碳 CuW 合金的平均耐电压强度为 4.50×10^{7}V/m，而真空脉冲渗碳 CuW 合金 W@WC 核壳结构层的平均耐电压强度为 5.05×10^{7}V/m，相比常规未渗碳 CuW 合金，真空脉冲渗碳后，CuW 合金的平均耐电压强度提高了 12%，其耐电弧击穿性能得到显著提升。

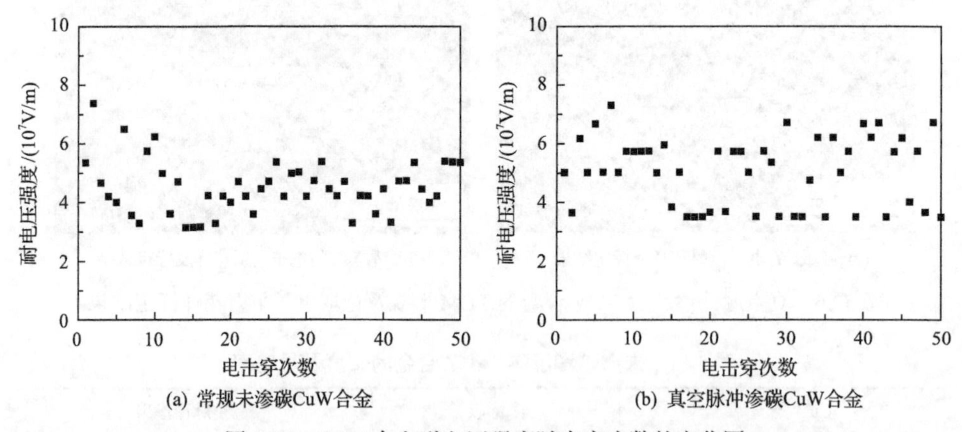

图 5.87 CuW 合金耐电压强度随击穿次数的变化图

常规未渗碳 CuW 合金及真空脉冲渗碳 CuW 合金 W@WC 核壳结构层电击穿 50 次后表面形貌(图 5.88)可以看出，电击穿后两种材料表面均发生了严重的电弧烧蚀，且其烧蚀坑边界较为模糊。比较而言，常规未渗碳 CuW 合金电击穿后烧蚀坑较深，且烧蚀区域较为集中；而真空脉冲渗碳 CuW 合金 W@WC 核壳结构层电击穿后烧蚀坑相对常规未渗碳 CuW 合金有所变浅，且其烧蚀区域相对分散，烧蚀面积较大。

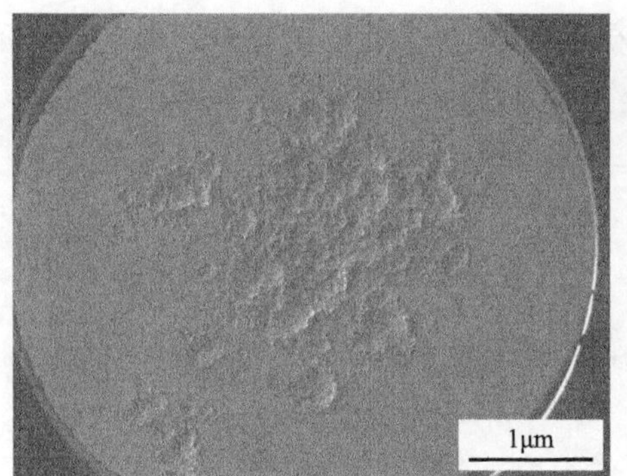

(a) 常规未渗碳CuW合金

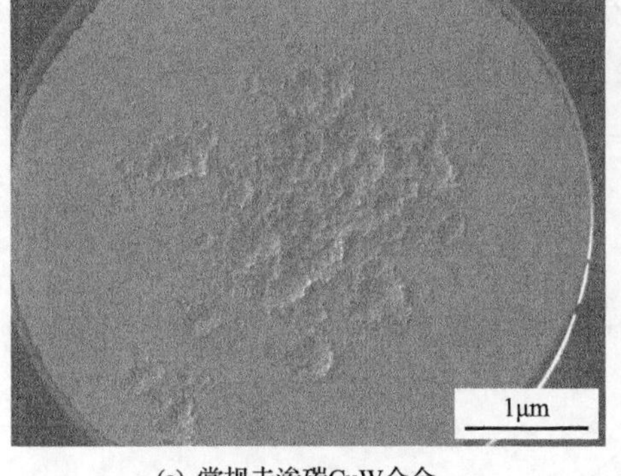

(b) 真空脉冲渗碳CuW合金

图 5.88 CuW 合金电击穿 50 次后的表面形貌

由逸出功理论可以知道，在电击穿过程中，电弧优先选择逸出功小的物相进行电击穿[82, 83]，在原位生成陶瓷颗粒强化的 WC@W 核壳结构层中，W 的电子逸出功为 4.54eV，Cu 的电子逸出功为 4.36eV，WC 陶瓷颗粒的电子逸出功约为 3.79eV[84, 85]，所以电弧会优先在陶瓷颗粒/Cu 相界面上发生电击穿。而随着真空脉冲渗碳后陶瓷颗粒的生成，CuW 合金表面存在较多陶瓷颗粒/Cu 相界面，在电击穿过程中，电弧优先选择其界面进行电击穿，这样使得电弧运动轨迹更加分散，从而电弧烧蚀区域就有所增大，避免了重复电击穿，烧蚀坑相对常规 CuW 合金就变得更浅、烧蚀面积更大。同时，真空脉冲渗碳后，CuW 合金中原位生长了一些 WC 硬质颗粒，当电弧在这些硬质颗粒上发生电击穿时，由于其熔点及强度较高，容易分散电弧，从而提高了合金的耐电压强度。

2）高温抗压性能

制备 W@WC 核壳结构梯度 CuW 合金的最初目标就是希望利用 WC 颗粒优异的高温性能，使其均匀、致密地分布在 CuW 合金近表面的 W 颗粒表面，来提高 CuW 合金近表面的高温强度。常规未渗碳 CuW 合金与真空脉冲渗碳 CuW 合金 W@WC 核壳结构层抗压强度随温度的变化曲线（图 5.89）可以看出，无论是否对骨架进行真空脉冲渗碳处理，CuW 合金的抗压强度随温度的变化趋势相同，随着温度的升高，合金的抗压强度呈明显的下降趋势。在 900℃时，合金的抗压强度大大降低，约为室温时的 18%。这是因为 CuW 合金是由 W 骨架和熔渗 Cu 相组合而成的一种假合金，随着温度升高，Cu 相发生塑性流动，同时组成骨架的钨颗粒发生颗粒重排，从而使合金的强度降低；同时，随着温度的升高，CuW 合金软化程度加快，其抗压强度急剧下降。与常规未渗碳 CuW 合金相比，相同温度时，真空脉冲渗碳 CuW 合金 W@WC 核壳结构层具有较高的抗压强度，真空脉冲渗碳 CuW 合金 W@WC 核壳结构层的抗压强度相比常规未渗碳 CuW 合金提高了 22%左右，这是因为 WC 陶瓷颗粒的硬度及强度显著高于 W，而且其高温下的软化程度又显著低于 W，因而真空脉冲渗碳后 CuW 合金表现出优异的高温抗压强度。说明渗碳形成的碳化钨颗粒对于合金高温强度的提高具有显著作用。

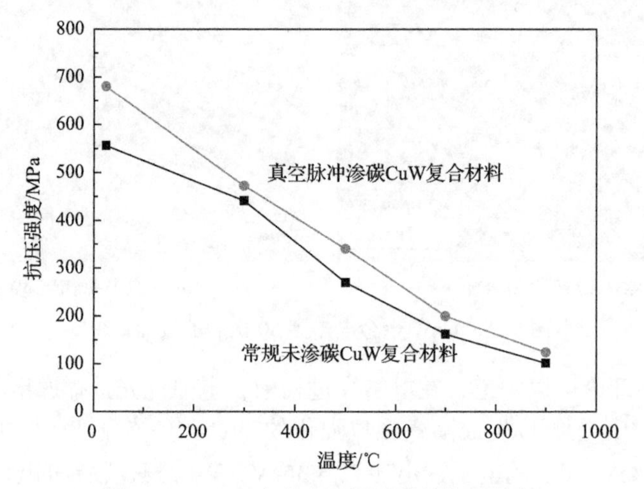

图 5.89　CuW 合金在不同温度的抗压强度

常规未渗碳 CuW 合金与真空脉冲渗碳 CuW 合金 W@WC 核壳结构层在不同温度下的压缩应力-应变曲线(图 5.90)表明，相比于常规未渗碳 CuW 合金，真空脉冲渗碳 CuW 合金 W@WC 核壳结构层在室温时的应变量明显降低，且在温度低于 500℃时，随着温度的升高，与常规 CuW 合金呈相反的趋势，真空脉冲渗碳 CuW 合金 W@WC 核壳结构层的应变量逐渐增大；而在高温时的应变量无明显变化。这是由于经过真空脉冲渗碳处理后，CuW 合金中生成碳化钨陶瓷颗粒，而陶瓷材料的化学键决定了其在室温下几乎不可能产生滑移或位错运动，因此很难产生塑

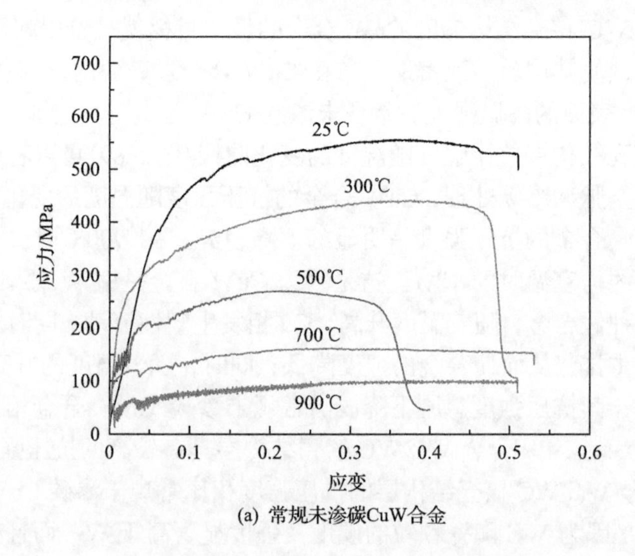

(a) 常规未渗碳CuW合金

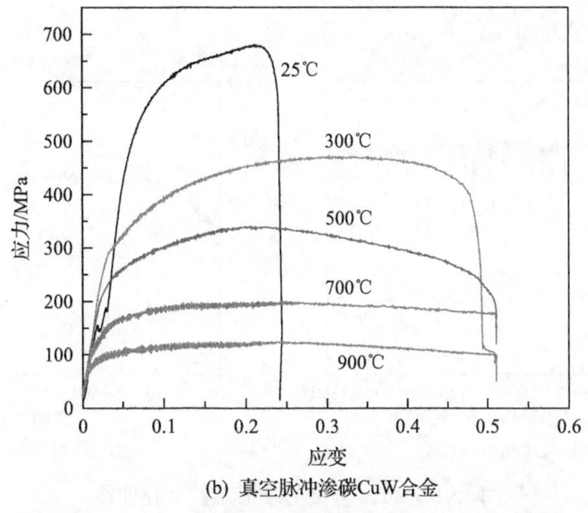

(b) 真空脉冲渗碳CuW合金

图 5.90 CuW 合金在不同温度的压缩应力-应变曲线

性变形，故真空脉冲渗碳处理后碳化钨陶瓷颗粒增强的 CuW 合金室温压缩时的应变量明显降低；而高温时由于陶瓷颗粒表现出不同程度的塑性[86, 87]以及对钨骨架的强化作用，CuW 合金的应变量得到显著提高，因而随着温度的升高，真空脉冲渗碳 CuW 合金 W@WC 核壳结构层的应变量逐步增大。因此，真空脉冲渗碳后形成的 W@WC 核壳结构层显著提高了 CuW 合金的高温抗压强度及高温变形能力。

3) 摩擦磨损性能

本节设计 W@WC 核壳结构梯度增强 CuW 合金的目的，一方面是想利用 W@WC 核壳结构中均匀、密集分布的 WC 陶瓷颗粒提高合金高温强度；另一方面是想通过梯度结构设计以及表层 W@WC 核壳结构来提高合金表层的耐磨性，同时过剩的未参与碳化反应的沉积碳源在合金摩擦磨损过程中能够起到自润滑作用，改善材料的耐磨性。常规未渗碳 CuW 合金与真空脉冲渗碳 CuW 合金 W@WC 核壳结构层室温下的摩擦系数变化曲线(图 5.91)表明，两种材料在经过 30min 跑合期后均进入稳定磨损阶段，但是在稳定磨损阶段，渗碳后合金的摩擦系数相对未渗碳合金更加稳定，且其摩擦系数明显减小。对磨损前后磨盘的质量进行称重表明，渗碳 CuW 合金磨损前后的质量损失率为 8.1210×10^{-6}，相对于常规 CuW 合金的质量损失率(4.1763×10^{-5})降低了约 80%。这是因为：一方面渗碳后的 CuW 合金中引入了纳米尺度碳化钨陶瓷颗粒，颗粒越硬，抵抗磨料磨损的能力越强[88]；另一方面，在摩擦过程中，碳化钨硬质相发挥有效承载的作用，同时钨骨架具有一定的强度，可有力支撑陶瓷颗粒，使合金耐磨性提高，磨损量增加幅度减小。因此，真空脉冲渗碳 CuW 合金 W@WC 核壳结构层相对于传统未渗碳 CuW 合金表现出良好的耐磨性。

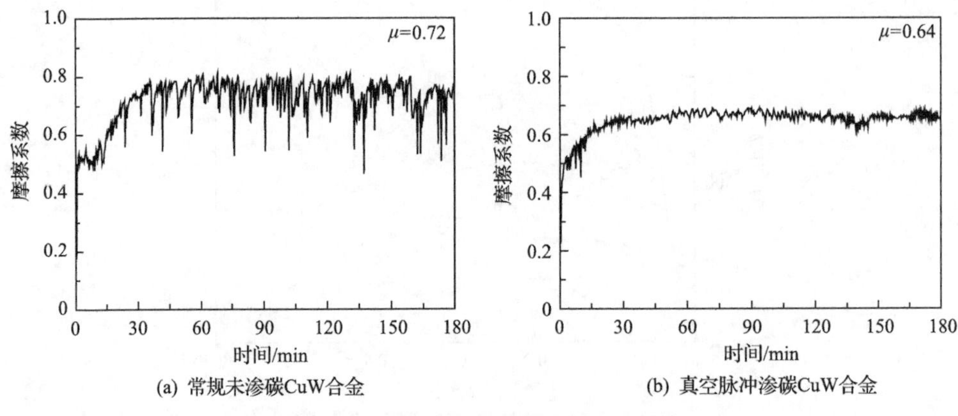

(a) 常规未渗碳CuW合金　　(b) 真空脉冲渗碳CuW合金

图 5.91　CuW 合金的摩擦系数变化曲线

采用真空脉冲渗碳工艺及熔渗烧结工艺可成功制备得到原位自生 W@WC 核壳结构梯度增强 CuW 合金，且 W@WC 核壳结构层的硬度相比常规 CuW 合金提高了 19%，而电导率降低了 18%；真空脉冲渗碳 CuW 合金 W@WC 核壳结构层电击穿 50 次的平均耐电压强度相比常规 CuW 合金提高了 12%,且其烧蚀坑变浅、烧蚀面积变大,说明真空脉冲渗碳 CuW 合金 W@WC 核壳结构层的耐电弧烧蚀性能优于常规未渗碳 CuW 合金；真空脉冲渗碳 CuW 合金 W@WC 核壳结构层在不同温度时的高温抗压强度相比常规未渗碳 CuW 合金均提高了 22%左右，且其高温变形能力得到显著改善,说明真空脉冲渗碳 CuW 合金 W@WC 核壳结构层的高温抗压性能优于常规 CuW 合金；真空脉冲渗碳 CuW 合金 W@WC 核壳结构层一定时间内的摩擦系数相比常规未渗碳 CuW 合金更加稳定，且其摩擦系数和质量损失率分别降低了 11%和 80%，说明真空脉冲渗碳 CuW 合金 W@WC 核壳结构层的耐磨性优于常规未渗碳 CuW 合金。

通过电弧作用时弧触头表面的温度模拟分析可知，烧蚀过程中，电弧作用时间短、区域集中，弧触头端部温度急剧上升，在起弧的瞬间，动、静弧触头顶端表层的温度分别高达 3973℃和 3748℃，部分区域被熔化，弧触头表面处的 Cu 出现了汽化现象，最高温度均低于 W 的沸点，W 相未被汽化；而远离电弧作用区的其他区域温度升高很小，基本维持在室温；电弧作用结束后，弧触头的整体温度下降很快。依据电弧作用时弧触头仅有表面温度变化较大的仿真结果，为了极大优化弧触头材料的整体性能，通过真空脉冲渗碳工艺，成功制备了 W@WC 核壳结构梯度增强 CuW 合金，W@WC 核壳结构层的硬度、耐电弧烧蚀性能、高温抗压强度和耐磨性相比常规未渗碳 CuW 合金均得到显著改善；合金过渡层为 WC 弥散强化的 CuW 合金，内部依旧为常规未渗碳 CuW 合金，这种梯度结构在提高其表面性能的同时，保证了弧触头材料整体的传导性，作为整体触头材料使用时还可解决与导电 Cu 合金的连接问题。

综上所述，针对高压断路器超大容量、超小型化、超长寿命的发展需求，本章通过微观组织结构优化的设计理念，分别从细化 W 粉粒径制备双连续超细结构 CuW 合金、添加 W_f 制备 W_f 网增强 CuW 合金、原位自生 WC 制备陶瓷颗粒梯度增强结构 CuW 合金三个方面制备了高性能 CuW 合金，改善了 CuW 合金的综合性能，为制备(超)大容量、小型化、长寿命高压断路器用 CuW 触头材料提供了理论基础和参考。

参考文献

[1] 山岸宣行, 戴惠芬, 李业建, 等. 电触头材料[J]. 电工材料, 2012, (2): 51-55.

[2] 杨晓红, 范志康, 梁淑华, 等. TiC 对 CuW 触头材料组织与性能的影响[J]. 稀有金属材料与工程，2007, 36(5): 817-821.

[3] 杨晓红, 李思萌, 范志康, 等. CuFeW 触头材料的性能[J]. 高压电器, 2008, 44(6): 537-540.

[4] Johnson J L, German R M. Phase equilibria effects on the enhanced liquid phase sintering of tungsten-copper[J]. Metallurgical Transactions A, 1993, 24: 2369-2377.

[5] Johnson J L, German R M. Theory of activated liquid phase sintering and application to copper-tungsten alloys[J]. Metal Powder Report, 1992, 47(10): 54.

[6] Liu G W, Muolo M L, Valenza F, et al. Survey on wetting of SiC by molten metals[J]. Ceramics International, 2010, 36(4): 1177-1188.

[7] 范景莲, 严德剑, 黄伯云, 等. 国内外钨铜复合材料的研究现状[J]. 粉末冶金工业, 2003, 13(2): 9-14.

[8] 范志康, 肖鹏, 梁淑华, 等. 钨粉粒径对熔渗法制备的 CuW 触头材料硬度的影响[J]. 电工材料, 2001, (3): 5-7.

[9] 苏亚凤, 胡明亮, 张孝林, 等. 纳米阴极材料电弧分散特性的理论分析[J]. 中国有色金属学报, 2007, 17(5): 683-687.

[10] 陈文革, 丁秉钧, 张晖. 机械合金化制备的纳米晶 W-Cu 电触头材料[J]. 中国有色金属学报, 2002, 12(6): 1224-1228.

[11] 拉弗蒂. 真空电弧理论和应用[M]. 程积高, 喻立贵, 译. 北京: 机械工业出版社, 1985.

[12] Zhang C Y, Yang Z M, Ding B J. Low electrode erosion rate of nanocrystalline CuCr-50 alloy in vacuum[J]. Modern Physics Letters B, 2006, 20(21): 1329-1334.

[13] Mackenzie J K, Shuttleworth R. A phenomenological theory of sintering[J]. Proceedings of the Physical Society. Section B, 1949, 62(12): 833.

[14] Kim J C, Moon I H. Sintering of nanostructured W-Cu alloys prepared by mechanical alloying[J]. Nanostructured Materials, 1998, 10(2): 283-290.

[15] Kim D G, Kim G S, Suk M J, et al. Effect of heating rate on microstructural homogeneity of sintered W-15wt%Cu nanocomposite fabricated from W-CuO powder mixture[J]. Scripta Materialia, 2004, 51(7): 677-681.

[16] Kim D G, Lee K W, Oh S T, et al. Preparation of W-Cu nanocomposite powder by hydrogen-reduction of ball-milled W and CuO powder mixture[J]. Materials Letters, 2004, 58(7-8): 1199-1203.

[17] Ozer O, Missiaen J M, Lay S, et al. Processing of tungsten/copper materials from W-CuO powder mixtures[J]. Materials Science and Engineering: A, 2007, 460-461: 525-531.

[18] Raharijaona J J, Missiaen J M. Tailoring powder processing and thermal treatment to optimize the densification of W-CuO powder mixtures[J]. International Journal of Refractory Metals & Hard Materials, 2010, 28: 388-393.

[19] Kim D G, Kim G S, Oh S T, et al. The initial stage of sintering for the W-Cu nanocomposite powder prepared from W-CuO mixture[J]. Materials Letters, 2004, 58(5): 578-581.

[20] Alam S N. Synthesis and characterization of W-Cu nanocomposites developed by mechanical alloying[J]. Materials Science and Engineering: A, 2006, 433(1-2): 161-168.

[21] Nakamura T, Takahashi H, Takeda K, et al. Change in cathode spot behavior in vacuum arc cleaning with application of polyethylene glycol[J]. Thin Solid Films, 2004, 457(1): 224-229.

[22] Kunieda M, Kameyama A. Study on decreasing tool wear in EDM due to arc spots sliding on electrodes[J]. Precision Engineering, 2010, 34(3): 546-553.

[23] Hara M, Yamakawa S, Saito M, et al. Bonding adhesive strength for plasma spray with cathode spots of low-pressure arc after grit blasting and removal of oxide layer on metal surface[J]. Progress in Organic Coatings, 2008, 61(2-4): 205-210.

[24] 冯宇, 张程煜, 杨志懋, 等. CuCr 触头材料纳米晶化对真空放电性能的影响[J]. 兵器材料科学与工程, 2005, 28(5): 19-22.

[25] 黄锡文. 电触头材料的导电性探讨[J]. 电工合金, 1998, (3): 26-32.

[26] Venkataraman K S, DiMilia R A. Predicting the grain-size distributions in high-density, high-purity alumina ceramics[J]. Journal of the American Ceramic Society, 1989, 72(1): 33-39.

[27] 冯威, 栾道成, 王正云, 等. 成形压力与粉末粒径对钨铜复合材料烧结性能的影响[J]. 粉末冶金材料科学与工程, 2007, 12(6): 354-358.

[28] Wang Z L, Wang H P, Hou Z H, et al. Dynamic consolidation of W-Cu nano-alloy and its performance as liner materials [J]. Rare Metal Materials and Engineering, 2014, 43(5): 1051-1055.

[29] Zhang H, Liu J R, Li Z B, et al. Preparation and properties of Al_2O_3 dispersed fine-grained W-Cu alloy[J]. Advanced Powder Technology, 2022, 33(3): 103523.

[30] 杜贤武, 张志晓, 王为民, 等. 粉末粒径对热压烧结碳化硼致密化及力学性能的影响[J]. 无机材料学报, 2013, 28(10): 1062-1066.

[31] 张乔. 长寿命弧触头用 WCu 复合材料的制备及组织性能研究[D]. 西安: 西安理工大学, 2017.

[32] Liu X M, Song X Y, Wei C B, et al. Quantitative characterization of the microstructure and properties of nanocrystalline WC-Co bulk [J]. Scripta Materialia, 2012, 66(10): 825-828.

[33] Zhao S X, Song X Y, Liu X M, et al. Quantitative relationships between microstructure parameters and mechanical properties of ultrafine cemented carbides[J]. Acta Metallurgica Sinica, 2011, 47(9): 1188-1194.

[34] 赵世贤, 宋晓艳, 刘雪梅, 等. 超细晶硬质合金显微组织参数与力学性能定量关系的研究[J]. 金属学报, 2011, 47(9): 1188-1194.

[35] 果世驹. 粉末烧结理论[M]. 北京: 冶金工业出版社, 1998.

[36] Abbaszadeh H, Masoudi A, Safabinesh H, et al. Investigation on the characteristics of micro- and nano-structured W-15 wt.%Cu composites prepared by powder metallurgy route[J]. International Journal of Refractory Metals & Hard Materials, 2012, 30(1): 145-151.

[37] 曹伟产. 熔渗法制备 CuW、CuCr 合金击穿特性研究及设计[D]. 西安: 西安理工大学, 2010.

[38] Tseng K H, Kung C, Liao T T, et al. Investigation of the arc erosion behaviour of W-Cu composites[J]. Canadian Metallurgical Quarterly, 2010, 49(3): 263-274.

[39] 王新刚, 宋华, 王茂林, 等. 第二相粒子大小对 Mo-La_2O_3 阴极电子发射性能的影响[J]. 稀有金属材料与工程,

2010, 39(11): 1928-1932.

[40] 侯宝强. 亚微米 WCu 合金的制备及组织性能研究[D]. 西安: 西安理工大学, 2014.

[41] Wang Y L, Liang S H, Xiao P, et al. FEM simulations of tensile deformation and fracture analysis for CuW alloys at mesoscopic level [J]. Computational Materials Science, 2011, 50(12): 3450-3454.

[42] 王珩, 李素华, 刘立强, 等. CuW 电触头材料研究综述[J]. 电工材料, 2014(5): 11-17, 23.

[43] Novák M, Vojtěch D, Vítů T. Influence of heat treatment on microstructure and adhesion of Al_2O_3 fiber-reinforced electroless Ni-P coating on Al-Si casting alloy[J]. Materials Characterization, 2010, 61(6): 668-673.

[44] Dong R H, Yang W S, Wu P, et al. Microstructure characterization of SiC nanowires as reinforcements in composites[J]. Materials Characterization, 2015, 103: 37-41.

[45] Luo X, Yang Y Q, Li J K, et al. The effect of fabrication processes on the mechanical and interfacial properties of SiC_f/Cu-matrix composites[J]. Composites Part A: Applied Science and Manufacturing, 2007, 38(10): 2102-2108.

[46] Choi-Yim H, Schroers J, Johnson W L. Microstructures and mechanical properties of tungsten wire/particle reinforced $Zr_{57}Nb_5Al_{10}Cu_{15.4}Ni_{12.6}$ metallic glass matrix composites[J]. Applied Physics Letters, 2002, 80(11): 1906-1908.

[47] Li Z K, Fu H M, Sha P F, et al. Atomic interaction mechanism for designing the interface of W/Zr-based bulk metallic glass composites[J]. Scientific Reports, 2015, 5: 8967.

[48] Johnson J L. Activated liquid phase sintering of W-Cu and Mo-Cu[J]. International Journal of Refractory Metals & Hard Materials, 2015, 53(B): 80-86.

[49] Yang X H, Gao Y, Xiao P, et al. The effect of Cr on the properties and sintering of W skeleton as an activated element[J]. Materials Science and Engineering A, 2011, 528(10-11): 3883-3889.

[50] Yang X H, Li X J, Xiao Z, et al. Effect of Cr alloying interlayer on the interfacial bond strength of CuW/CuCr integral materials[J]. Journal of Alloys and Compounds, 2016, 686: 648-655.

[51] Sha W, Wu X, Keong K G. Modelling the Thermodynamics and Kinetics of Crystallisation of Nickel-Phosphorus (Ni-P) Deposits[M]. Amsterdam: Elsevier, 2011, 12: 183-217.

[52] 胡海娇, 武晓阳, 刘定富. 化学镀镍稳定剂的研究[J]. 电镀与环保, 2015, 35(2): 20-23.

[53] 周林海. 一种高稳定型化学镀镍溶液及化学镀方法: 中国, CN104746055A[P]. 2015.

[54] 王建胜. 钢铁表面碱性化学镀镍的研究[J]. 现代涂料与涂装, 2015, 18(4): 47-50.

[55] 原张晓. W 纤维表面改性的化学沉积工艺研究[D]. 西安: 西安理工大学, 2015.

[56] Amirjan M, Zangeneh-Madar K, Parvin N. Evaluation of microstructure and contiguity of W/Cu composites prepared by coated tungsten powders[J]. International Journal of Refractory Metals & Hard Materials, 2009, 27(4): 729-733.

[57] Ghaderi Hamidi A, Arabi H, Rastegari S. Tungsten-copper composite production by activated sintering and infiltration[J]. International Journal of Refractory Metals & Hard Materials, 2011, 29(4): 538-541.

[58] Shi X L, Yang H, Wang S, et al. Characterization of W-20Cu ultrafine composite powder prepared by spray drying and calcining-continuous reduction technology[J]. Materials Chemistry and Physics, 2007, 104(2-3): 235-239.

[59] Wei X X, Tang J C, Ye N, et al. A novel preparation method for W-Cu composite powders[J]. Journal of Alloys and Compounds, 2016, 661: 471-475.

[60] Hong S H, Kim B K, Fabrication of W-20wt% Cu composite nanopowder and sintered alloy with high thermal conductivity [J]. Materials Letters, 2003, 57(18): 2761-2767.

[61] 陈龙. 钨纤维增强 CuW 合金的组织与性能研究[D]. 西安: 西安理工大学, 2017.

[62] Zangeneh-Madar K, Amirjan M, Parvin N. Improvement of physical properties of Cu-infiltrated W compacts via

electroless nickel plating of primary tungsten powder [J]. Surface & Coating Technology, 2009, 203(16): 2333-2336.

[63] Tepper J, Seeger M, Votteler T, et al. Investigation on erosion of Cu/W contacts in high-voltage circuit breakers[J]. IEEE Transactions on Components and Packaging Technologies, 2006, 29(3): 658-665.

[64] Xiao P, Liang S H, Zhao W B, et al. Influence of Cr particle size on the microstructure and electrical properties of CuW60Cr15 composites[J]. Key Engineering Materials, 2007, 334-335: 173-176.

[65] 蔡一湘，刘伯武，谭立新. 钨铜系合金的热物理性能模型及计算[J]. 粉末冶金材料科学与工程，1997，(1): 11-14.

[66] German R M. Supersolidus liquid-phase sintering of prealloyed powders[J]. Metallurgical and Materials Transactions A, 1997, 28(7): 1553-1567.

[67] 王彦龙. CuW 合金的宏细观损伤及裂纹演变模拟分析[D]. 西安：西安理工大学, 2012.

[68] Yang X H, Liang S H, Wang X H, et al. Effect of WC and CeO_2 on microstructure and properties of W-Cu electrical contact material[J]. International Journal of Refractory Metals & Hard Materials, 2010, 28(2): 305-311.

[69] Liu J, Yang S, Xia W S, et al. Microstructure and wear resistance performance of Cu-Ni-Mn alloy based hardfacing coatings reinforced by WC particles [J]. Journal of Alloys and Compounds, 2016, 654: 63-70.

[70] Wang J D, Li L Q, Tao W. Crack initiation and propagation behavior of WC particles reinforced Fe-based metal matrix composite produced by laser melting deposition[J]. Optics & Laser Technology, 2016, 82: 170-182.

[71] Liu D J, Hu P P, Min G Q. Interfacial reaction in cast WC particulate reinforced titanium metal matrix composites coating produced by laser processing[J]. Optics & Laser Technology, 2015, 69: 180-186.

[72] Weng Z K, Wang A H, Wu X H, et al. Wear resistance of diode laser-clad Ni/WC composite coatings at different temperatures[J]. Surface & Coatings Technology, 2016, 304: 283-292.

[73] Humphry-Baker S A, Lee W E. Tungsten carbide is more oxidation resistant than tungsten when processed to full density[J]. Scripta Materialia, 2016, 116: 67-70.

[74] Zhang Q, Liang S H, Zhuo L C. Fabrication and properties of the W-30wt%Cu gradient composite with W@WC core-shell structure[J]. Journal of Alloys and Compounds, 2017, 708: 796-803.

[75] Zhou S F, Lei J B, Dai X Q, et al. A comparative study of the structure and wear resistance of NiCrBSi/50wt% WC composite coatings by laser cladding and laser induction hybrid cladding[J]. International Journal of Refractory Metals & Hard Materials, 2016, 60: 17-27.

[76] Farahmand P, Kovacevic R. Corrosion and wear behavior of laser cladded Ni-WC coatings[J]. Surface & Coatings Technology, 2015, 276: 121-135.

[77] Sastry K Y, Froyen L, Vleugels J, et al. Mechanical milling and field assisted sintering consolidation of nanocrystalline Al-Si-Fe-X alloy powder[J]. Reviews on Advanced Materials Science, 2004, 8(1): 27-32.

[78] Lönnberg B. Characterization of milled Si_3N_4 powder using X-ray peak broadening and surface area analysis[J]. Journal of Materials Science, 1994, 29(12): 3224-3230.

[79] Benea L, Başa S B, Dănăilă E, et al. Fretting and wear behaviors of Ni/nano-WC composite coatings in dry and wet conditions[J]. Materials & Design, 2015, 65: 550-558.

[80] Lu L, Huang T, Zhong M L. WC nano-particle surface injection via laser shock peening onto 5A06 aluminum alloy[J]. Surface & Coatings Technology, 2012, 206(22): 4525-4530.

[81] Lekatou A, Karantzalis A E, Evangelou A, et al. Aluminium reinforced by WC and TiC nanoparticles (ex-situ) and aluminide particles (in-situ): Microstructure, wear and corrosion behaviour[J]. Materials & Design(1980-2015), 2015, 65: 1121-1135.

[82] Cao W C, Liang S H, Zhang X, et al. Effect of Fe on microstructures and vacuum arc characteristics of CuCr alloys[J]. International Journal of Refractory Metals & Hard Materials, 2011, 29(2): 237-243.

[83] 曹伟产, 梁淑华, 马德强, 等. 超细 WCrCu30 合金的电击穿特性[J]. 粉末冶金材料科学与工程, 2010, 15(4): 350-355.

[84] Sun J P, Zhang Z X, Hou S M, et al. Work function of tungsten carbide thin film calculated using field emission microscopy[J]. Acta Electronica Sinica, 2002, 30(5): 655-657.

[85] 杨文杰. 电弧焊方法及设备[M]. 哈尔滨: 哈尔滨工业大学出版社, 2007.

[86] Edalati K, Toh S, Ikoma Y, et al. Plastic deformation and allotropic phase transformations in zirconia ceramics during high-pressure torsion[J]. Scripta Materialia, 2011, 65(11): 974-977.

[87] Carter C B, Norton M G. Ceramic Materials: Science and Engineering[M]. New York: Springer, 2007.

[88] Anal A, Bandyopadhyay T K, Das K. Synthesis and characterization of TiB_2-reinforced iron-based composites[J]. Journal of Materials Processing Technology, 2006, 172(1): 70-76.

第6章　CuW 触头材料的损伤分析

在外部载荷或其他外界因素的作用下，材料内部组织发生变化，导致不同形式的缺陷出现，引起材料性能衰减，即产生材料损伤。CuW 触头材料在服役中需要承受高压电弧或其他热源引起的热冲击。热冲击是指由于材料或者构件急剧加热或冷却，在较短的时间内产生大量的热交换，其温度发生剧烈的变化，在内部形成较大的温度梯度，并使材料或者构件产生冲击热应力的现象。在热冲击载荷作用下，温度急剧变化，因材料自由膨胀或收缩受到约束而产生热应力及热应变，当应力和应变量超过材料的极限值时，材料产生损伤及破坏。由于材料的温度梯度分布、非均质固体中各部分的热膨胀系数差异等因素，材料在温度突变时容易发生开裂，是热膨胀引起的内应力局部或整体超过材料强度的必然结果[1]。

研究热冲击问题，即由剧烈温度变化引起的应力和应变之间的变化，以及由此带来的强度、刚度和断裂问题，是热弹性力学(包括塑性等)的重要组成部分，对于分析材料的失效具有重要的意义。CuW 触头材料在热冲击载荷作用下，一方面，急剧变化的温度梯度在合金表面和内部产生热应力，反复作用的应力变化促使微裂纹形成并扩展，在多次热冲击的循环作用下，微裂纹发展为宏观裂纹，导致材料断裂或者块状脱落；另一方面，热载荷作用的热影响区温度较低，所形成的热应力也较小，一般情况下不会产生热裂纹。CuW 合金的热影响区经过若干次热循环冲击后，虽然没有明显的微裂纹形核，但是已经产生了一定程度的损伤，损伤程度对材料进一步承载有一定影响。

作为高压电触头材料的 CuW 合金在服役过程中承受高温、气流冲蚀和机械载荷等的交互作用，其温度瞬间从室温到数千摄氏度甚至更高温度急剧变化。在这些过程中，触头材料表面产生微裂纹导致的断裂或块状脱落成为高温下 CuW 合金失效的主要方式。CuW 合金在高温热冲击过程中，Cu、W 两相均有不同程度的熔化和蒸发，热冲击的反复作用致使材料表面产生裂纹，而裂纹的产生加快了材料的侵蚀，如图 6.1 所示。这些裂纹及侵蚀的存在不仅会缩短触头材料的使用寿命，而且会造成极大的安全隐患。CuW 合金在热冲击作用下的损伤及裂纹演变关系到材料的服役失效，因此研究 CuW 触头材料的失效机理具有重要的科学意义及工程价值。本章主要从宏观和细观尺度，以应用较为广泛的 CuW70(质量分数)合金为对象，对其损伤及裂纹演变行为进行系统研究。

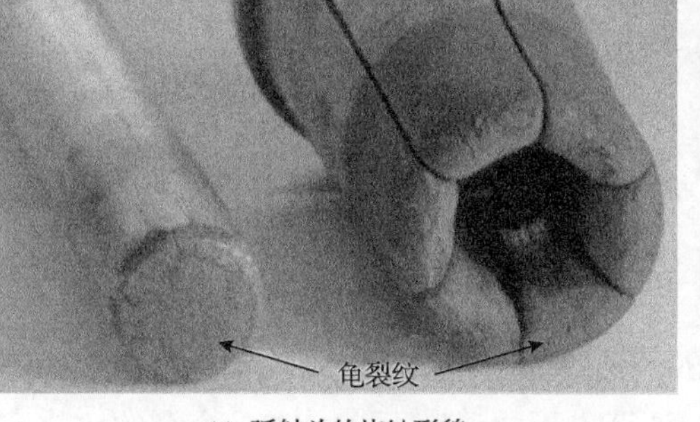
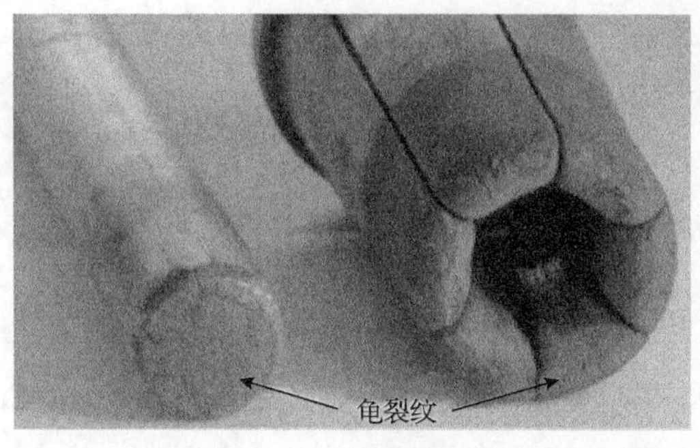

(a) 弧触头的烧蚀形貌　　(b) 触头表面的微裂纹

图 6.1　高压电弧热冲击作用后 CuW 触头材料的表面形貌

6.1　高压电弧作用下 CuW 触头的热应力

在电弧作用下温度场的计算方面，以往的研究对象主要针对低压 Ag 基触头材料，这些研究为触头失效分析计算奠定了一定的基础。CuW 合金服役温度更高，在电弧烧蚀过程中，Cu、W 两相均有不同程度的熔化和气化，同时热冲击的反复作用致使触头表面产生的裂纹明显加剧触头材料的侵蚀。在分析 CuW 触头材料的热应力及裂纹形成时，材料属性随温度变化的非线性行为、相变的发生以及移动的边界条件等，导致其计算过程更加复杂。

6.1.1　CuW 合金的物理属性

CuW 合金是典型的假合金，在电弧作用的热冲击过程中，材料属性随温度的变化呈现非线性行为，极大地影响了温度场和应力场的分布。在计算过程中，可根据混合定律及 German 模型等，利用 Cu 和 W 各自的性能计算 CuW 合金在不同温度下的物理参数和热力学参数。CuW 合金在服役过程中，由于高压电弧的热冲击作用，当材料温度达到 1083℃以上时 Cu 相发生熔化；而当温度高于 2595℃时，Cu 相发生气化，部分 CuW 合金转变为 W 骨架，导致材料性能急剧恶化。当 Cu 相熔化为液体后，材料的属性以 W 骨架与液态的 Cu 相进行计算；Cu 相气化后，仅对 W 骨架进行分析。

CuW 合金的热容值按照混合定律[2]计算，表示为

$$C_{\mathrm{comp}} = w_{\mathrm{Cu}} C_{\mathrm{Cu}} + w_{\mathrm{W}} C_{\mathrm{W}} \tag{6.1}$$

式中，C_{Cu} 和 C_{W} 分别是 Cu 和 W 的比热容；w_{Cu} 和 w_{W} 分别是 Cu 和 W 的质量分数。对于 CuW 合金，采用 German[3]提出的十四面体模型计算热导率得到：

$$Q_{\text{comp}} = \pi R^2 Q_{\text{Cu}} + (1-2R)^2 Q_{\text{W}} + \frac{Q_{\text{W}} Q_{\text{Cu}}\left(4R - 4R^2 - \pi R^2\right)}{1.5RQ_{\text{W}} + (1-1.5R)Q_{\text{Cu}}} \tag{6.2}$$

式中

$$R = 0.0113 + 1.58V_{\text{Cu}} - 1.83V_{\text{Cu}}^{3/2} + 1.06V_{\text{Cu}}^{3}$$

Q_{comp} 为 CuW 合金的热导率；Q_{W} 和 Q_{Cu} 分别为 W 和 Cu 的热导率；V_{Cu} 为 Cu 的体积分数。根据式(6.1)和式(6.2)，计算出不同温度下 CuW70 合金的比热容和热导率，结果如图 6.2 所示。

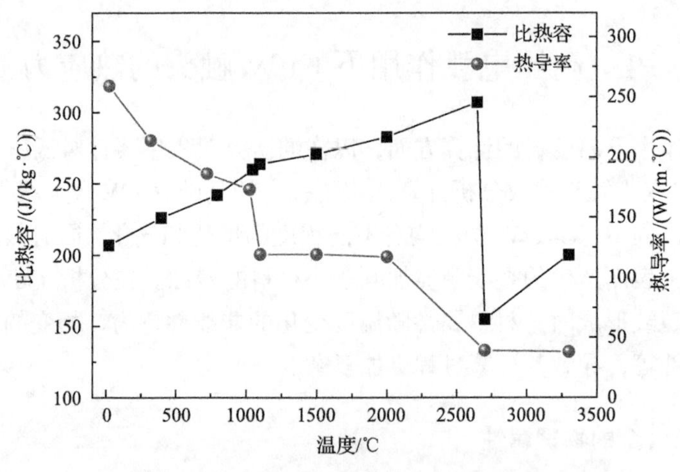

图 6.2 CuW70 合金的比热容和热导率

根据 Hashin 和 Shtrikman 提出的有关计算粉末冶金材料弹性模量的模型[2]，CuW 合金的弹性模量 E_{comp} 值为

$$E_{\text{comp}} = E_{\text{Cu}} \times \frac{E_{\text{Cu}} V_{\text{Cu}} + E_{\text{W}}\left(V_{\text{W}} + 1\right)}{E_{\text{W}} V_{\text{Cu}} + E_{\text{Cu}}\left(V_{\text{W}} + 1\right)} \tag{6.3}$$

式中，E_{W} 和 E_{Cu} 分别为金属 W 和 Cu 的弹性模量；V_{W} 和 V_{Cu} 分别为两相的体积分数。

CuW 合金的热膨胀系数采用混合定律计算：

$$\alpha_{\text{T}} = \alpha_{\text{Cu}} V_{\text{Cu}} + \alpha_{\text{W}} V_{\text{W}} \tag{6.4}$$

式中，α_{W} 和 α_{Cu} 分别是 W 和 Cu 的热膨胀系数。根据式(6.3)和式(6.4)，计算出 CuW70 合金在不同温度下的弹性模量及热膨胀系数，结果如图 6.3 所示。

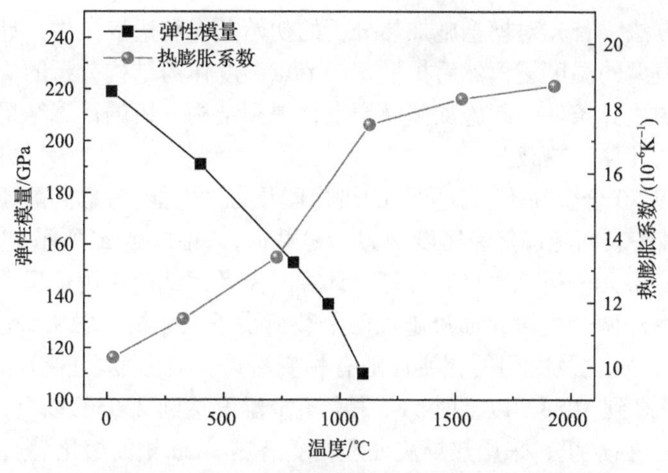

图 6.3　CuW70 合金的弹性模量及热膨胀系数

6.1.2　高压电弧作用下 CuW 触头的温度场

以静弧触头为例，在计算高压电弧作用下 CuW 触头材料的温度场过程中，为了简化计算过程，对建立的模型进行如下简化假设：①触头结构均匀，各向同性；②电弧近极热源按高斯分布，忽略焦耳热；③假定触头为有限圆柱体，温度场具有轴对称性；④忽略热传导松弛时间的影响。此外，考虑到触头所处的强瞬态热源及外部换热环境，在计算中施加第二类及第三类边界条件，即高压电弧引起的热流密度载荷及触头与介质之间的对流换热边界条件。

一般情况下，高压电弧作用过程从开始短暂的起弧、分散，最终稳定在触头的轴线部位。在电弧电压不变的条件下，热流密度是时间的正弦函数，假设电弧热流呈高斯分布，即电弧热流密度 $q(r)$ 在触头径向坐标轴 r 上的分布为[4, 5]

$$q(r) = q_{\max} \exp\left[-r^2 / (2\sigma^2)\right] \sin(\omega t + \phi) \tag{6.5}$$

式中，$q_{\max}$ 为最大热流密度；σ 为高斯分布的标准差；ω 为角频率；ϕ 为分断电路的初相位。

根据高斯分布的 3σ 原则，99.7%的电弧能量作用在距电弧轴线 3σ 的范围内，因此，可近似认为电弧弧根半径 $r_0=3\sigma$，电弧弧根面积与电弧电流的有效值成正比，即 $A_r=1.67\times10^{-9}I_a$。计算中通过电弧电流确定出弧根面积，进一步计算弧根半径及高斯分布的标准差σ，从而确定载荷的分布函数 $q(r)$。参照某厂家提供的某高压自能式 SF_6 断路器参数：额定电压 126kV，额定电流 3150A，供电频率 50Hz，设定工况为最大热流密度 $5GW/m^2$，弧根半径以电弧电流为 14kA 计算。电流第一次过零时即可成功分断电流，即燃弧时间为 18ms，初相角取 π/6。基于热-结构顺序耦合分析方法，首先对模型施加热分析的初始条件和边界条件，计算得到各离散时间点上模型的温度场，然后把模型的节点温度作为结构分析的“耦合载荷”与结构分析的边界条件一起施加到模型上，得到结构分析的计算结果，即模型的温度场是结构计算的热载荷。

依据 CuW70 合金在不同温度下的热物理及力学性能，考虑到静弧触头为轴对称结构，在触头表面施加热流密度函数 $q(r)$ 载荷，如图 6.4(a)所示，应用 ANSYS Multiphysis 有限元分析软件进行计算。计算时需考虑载荷作用过程中的高压电弧加热与自然冷却两个阶段，通过施加两个载荷步予以分析。触头烧蚀过程中 Cu 和 W 的熔化、气化及凝固的相变伴随有相变潜热，对温度场的分布产生大的影响。当温度升高到 1083℃以上时，Cu 相熔化；温度达到 2595℃以上，Cu 相蒸发，剩余 W 骨架。在这里，采用热焓法处理相变潜热，Cu 相的熔化潜热为 204.8J/g，气化潜热为 4793J/g，W 相的熔化潜热为 184.2J/g。

高压电弧作用下，CuW 合金触头材料中的温度分布随时间快速变化，材料部分液化及气化，在加热结束 18ms 时的温度分布如图 6.4(b)所示。依据温度分布及合金中 Cu、W 两相的熔点及沸点，将加热区域划分为气化区、液化区、Cu 相气化后的 W 骨架残留区、W 骨架与 Cu 液并存区等。此时熔池深度约为 0.9mm，半径约为 1.7mm；气化区深度 0.7mm，半径 1.5mm。加热区域大部分气化，熔池中液化区厚度约为 0.2mm。

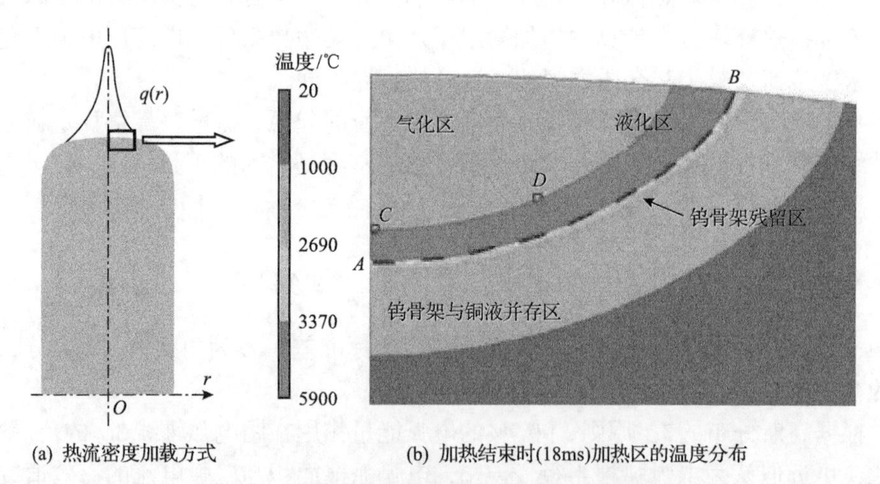

(a) 热流密度加载方式

(b) 加热结束时(18ms)加热区的温度分布

图 6.4 触头的热流加载方式及加热区温度分布

图 6.5 为熔池底面 *AB* 弧线上的温度分布随时间的变化规律。可以看出，熔池底面 *AB* 上各点温度随时间变化相对等速，可以近似认为各层同时熔化或凝固。对应图 6.5 中的 *C*、*D* 两点处在熔池熔化和凝固过程中的温度变化趋势如图 6.6 所示。可以看出，在电弧加热作用下，热作用区承受极大的瞬间热载荷，温度急速

上升。热载荷结束后，由于作用时间短，加热区域又很小，所以急速冷却，0.1s后温度降至1000℃以下；0.028s时，C、D两点的温度降至3370℃，低于W的熔点，从而确定出熔池完全凝固时间大约为0.028s，忽略熔液的流动，冷却时熔液在原位置快速凝固。

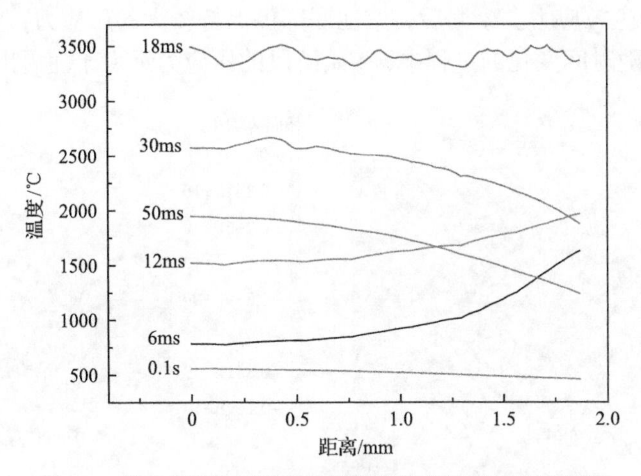

图6.5 熔池底面AB弧线上的温度分布随时间变化规律

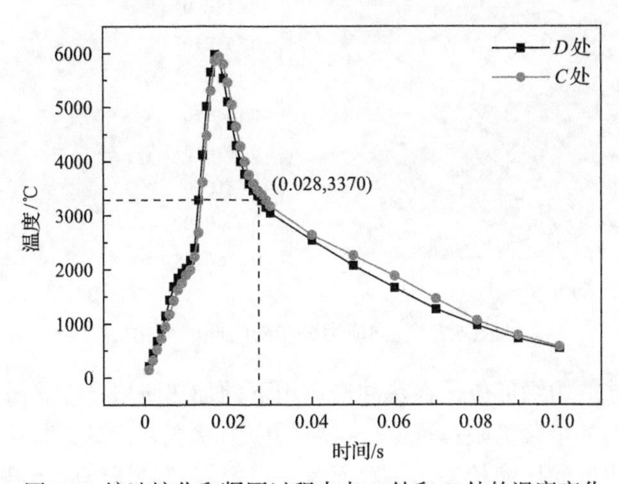

图6.6 熔池熔化和凝固过程中点C处和D处的温度变化

6.1.3 高压电弧作用下CuW触头的热应力场

在热载荷作用下，根据所确定的温度场分布，可以进一步对不同时间的温度场进行热固耦合分析，计算热应力的大小。因为高温下的液化区和气化区已经失去了承载能力，所以在计算过程中，对这些区域的材料通过生死单元法“杀死”相关单元。通过分析熔池区域外不同温度下的径向热应力和Mises等效热应力分布状况，研究可能导致合金内部裂纹的驱动力及裂纹产生部位。图 6.7 所示为加载过程中径向应力分布随时间的变化情况。可以看出，载荷作用的初始阶段，熔池底部的径向应力呈现很大的压应力，之后转变为拉应力。这是由于在升温过程中加热区材料急剧膨胀，各部位相互挤压；降温过程中，加热区冷却急速，材料收缩，从而产生拉应力。凝固后，熔池底部仍保持较大的压应力，随后逐渐转变为拉应力。在随时间变化的过程中，初始阶段的压应力远大于随后出现的拉应力。

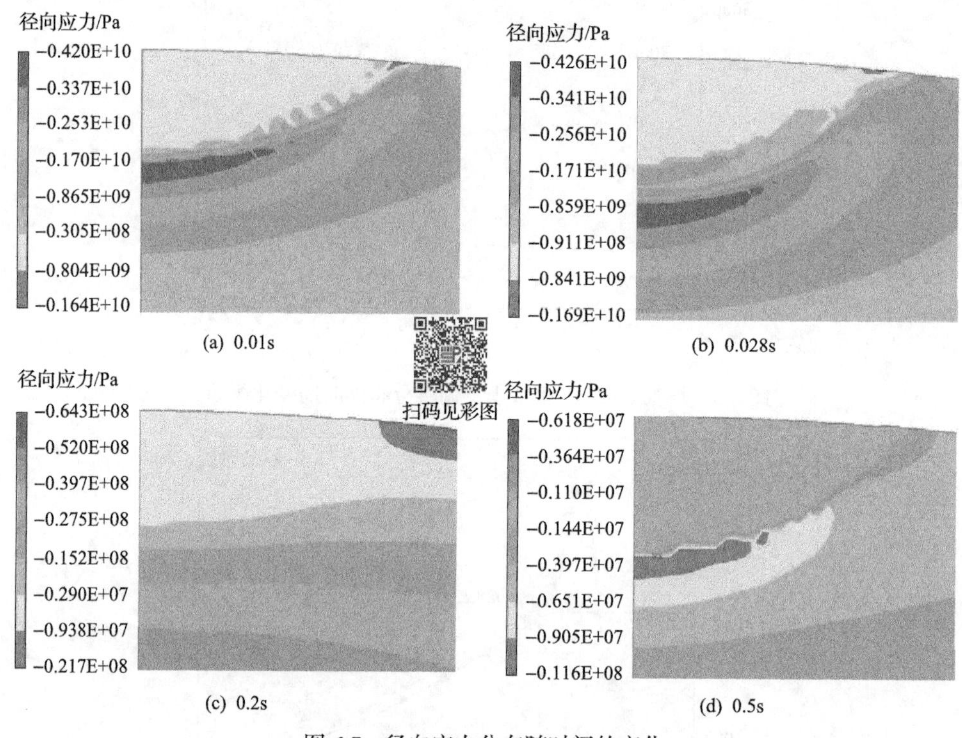

(a) 0.01s (b) 0.028s

(c) 0.2s (d) 0.5s

图 6.7 径向应力分布随时间的变化

在熔池区域的边缘部位，在热冲击作用下的加热阶段产生了较大的拉应力，甚至超过了材料的承载极限；这部分区域的应力状态在冷却过程中逐渐减小，但是没有转变为明显的压缩状态。一般而言，材料在三轴压缩时承载能力最好，而三轴拉伸状态是材料承载状态中最容易导致破坏的承载方式。因此，在热冲击过程中，熔池边缘部位在加热时有可能出现微裂纹的形核。尽管在冷却过程中部分微裂纹被重新凝固的金属覆盖或填充，微裂纹所造成的表面缺陷仍在后续的热冲击循环载荷下部分扩展。电弧反复热冲击作用，使得所形成的裂纹群扩展进而相互合并，最终导致材料出现部分剥落甚至触头失效。

图 6.8 为加载过程中的 Mises 等效应力分布随时间的变化情况。加载过程中熔池底部的 Mises 等效应力相对较大，该部位的 Mises 等效应力已经超过材料的

强度极限，从而促使微孔洞、夹杂等微观缺陷处裂纹形核。另外，电弧作用区域在加热过程中产生高温熔液，在降温的过程中重新凝固，会部分填充裂纹出现的部位，降温至大约 0.2s 后，该位置的 Mises 等效应力变小，此时径向压应力开始向拉应力转换，拉应力的出现促使裂纹进一步扩展。电弧的反复热冲击作用，使得所形成的裂纹群扩展进而相互合并，直至材料部分剥落甚至失效。

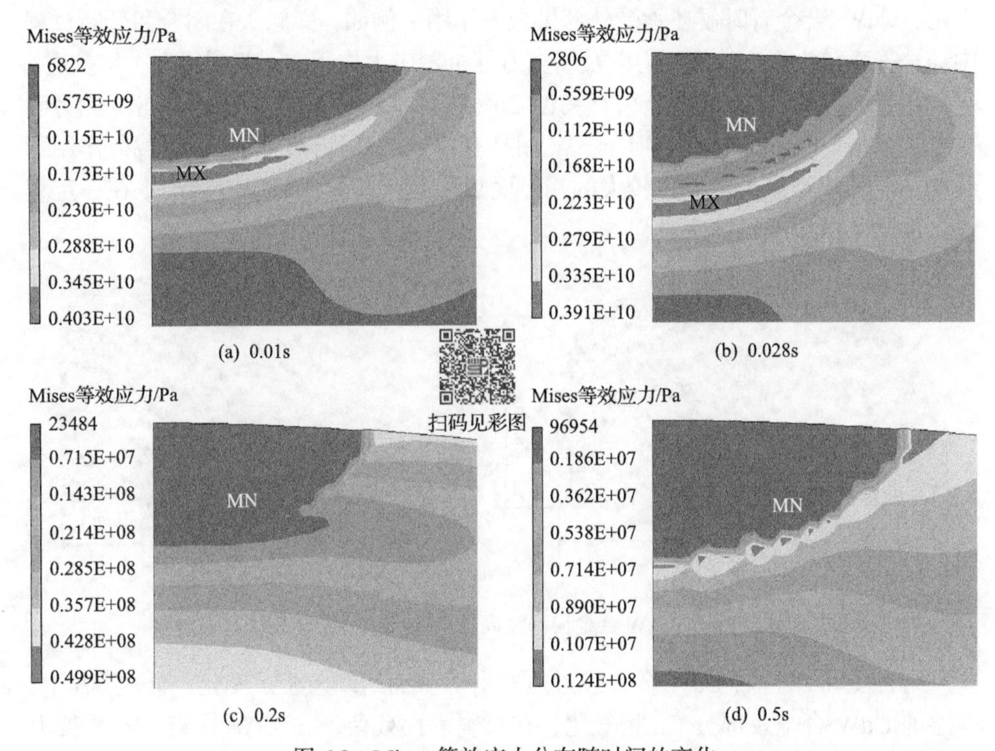

(a) 0.01s (b) 0.028s (c) 0.2s (d) 0.5s

图 6.8 Mises 等效应力分布随时间的变化

因此，高压电弧热冲击作用下产生瞬态温度场，CuW 触头的热作用区出现较大的温度梯度，灭弧后温度急剧下降。触头的破坏部位一般在熔池底部，在热载荷作用的初始阶段由于 Mises 等效应力促使裂纹形核，随后的拉应力使裂纹扩展。

6.2 热冲击下 CuW 合金的组织演变与损伤

6.2.1 热冲击下 CuW 合金的组织演变

根据温度场的计算可知，当高压电弧引起的热流施加于 CuW 触头时，合金内部出现较大的温度梯度，从而导致内部出现热应力。图 6.9 为某型电触头的 CuW 合金部分，在经过多次高压电弧热冲击载荷后，微裂纹开始出现，反复作用的循环应力促使裂纹向纵深方向扩展。

由于高压电弧引起的温度一般可达 5000℃以上，超过了合金中 Cu 相甚至 W 相的熔点，在热冲击过程中触头的表面部分熔化，冷却过程中熔融金属重新凝固，形成了如图 6.9(b)所示的表面形貌。同时，热应力作用导致表面裂纹的形核。在热冲击载荷的反复作用下，微裂纹开始扩展、合并。当微裂纹扩展到一定程度时，伴随着部分材料的烧蚀，合金表面出现块状脱落。除了热冲击载荷所产生的热应力作用，CuW 合金有时候还承受外部机械力作用。例如，弧触头在闭合和开断过程中动、静弧触头产生的挤压力以及摩擦力等机械应力作用会引起裂纹进一步扩展。

相对于纯 W，CuW 合金由于韧性 Cu 相的存在，相界面抵御热冲击的能力明显增强。但是，CuW 合金中 Cu、W 相具有不同的热物理性能，在热载荷作用下各相不同的热膨胀系数导致较大的相界面热应力，相界面热应力的产生在一定程度上加剧了微裂纹的演变进程。

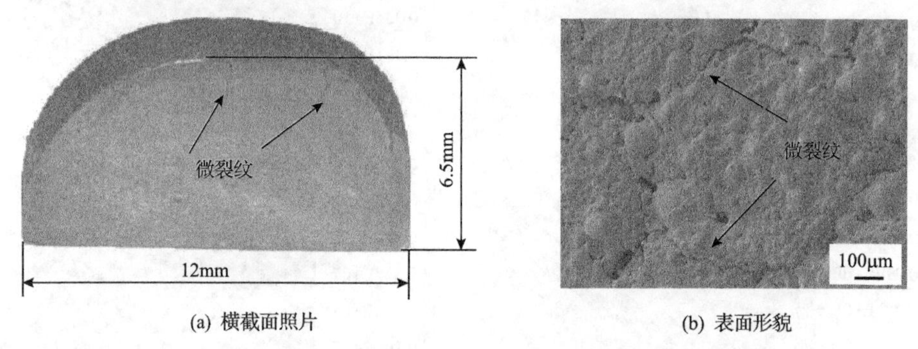

(a) 横截面照片　　(b) 表面形貌

图 6.9　某型电触头 CuW 合金局部经高压电弧烧蚀后的微裂纹及表面形貌

结合图 6.4 可知，CuW 合金经过热冲击后表面组织发生了变化。加热过程中，表层的 CuW 合金及部分 Cu 相气化，在材料表面残留了一层 W 骨架，W 骨架上层存在一层熔化金属。冷却后，熔融部分重新凝固，形成了再结晶的纯 W 层。另一方面，在加热过程中 W 骨架下方的部分 Cu 相熔化，形成 W 骨架与 Cu 液的共存区。在瞬间急剧变化的温度场中，合金中的各相快速热胀冷缩，造成这部分区域的 Cu 液在热冲击过程中部分被喷溅出来，仅残留 W 骨架及剩余的少量 Cu 液在冷却中凝固。同时，Cu 液的喷溅穿过表面的液化 W 层，客观上加剧了 W 层的疏松度及微裂纹的形成。图 6.10 为 CuW 触头在高压电弧多次热冲击后表面微观结构的演变。由图可以看出，热冲击后，CuW 合金表面呈现纯 W、W 骨架及 CuW 三层结构。

表面层状结构的 CuW 合金在承受下一次热冲击载荷时，合金表面的纯 W，特别是 W 骨架脆性较高，失去 Cu 相的韧化作用后，在高温下熔化或产生裂纹源，如图 6.10(a)所示。相关的热冲击实验表明，热冲击过程中表面部分 W 层熔化成为 W 层损伤破坏的主要原因，表面裂纹一般由此形成。W 层下面的合金以 W 骨架为主，当合金多次产生热冲击时，即在热冲击的冷却阶段，由于拉伸载荷的作用，表面裂纹向下层材料中纵深扩展，在热冲击时 W 骨架中部分连接较弱的烧结颈先后断开，W 颗粒开始脱落，促使表面裂纹进一步扩展。CuW 合金在烧蚀过程中，W、Cu 两相均有不同程度的熔化和气化，而微裂纹的存在可明显加快材料的侵蚀。

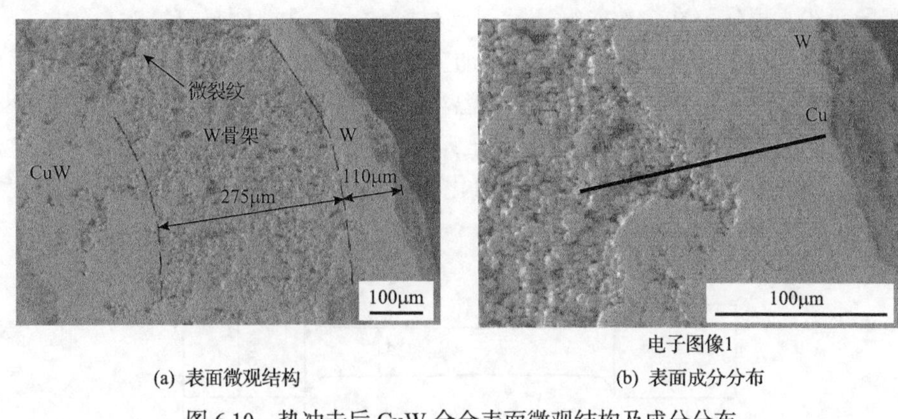

(a) 表面微观结构　(b) 表面成分分布

图 6.10 热冲击后 CuW 合金表面微观结构及成分分布

热冲击过程中 CuW 合金表面组织的变化示意图如图 6.11 所示。热冲击起始阶段，表层的 Cu 相和 W 相依次发生熔化与气化；在冷却阶段，残存的 W 骨架表面处，液化了的 W 相重新凝固并形成一层纯 W 层；这一部分纯 W 层及下面的部分 W 骨架在下一次的热冲击加热阶段再次被液化和气化，W 骨架区域向着 CuW 合金区域逐渐延伸，冷却后重新形成 W、W 骨架及 CuW 合金三层结构，伴随着部分表层的剥落和材料损失。

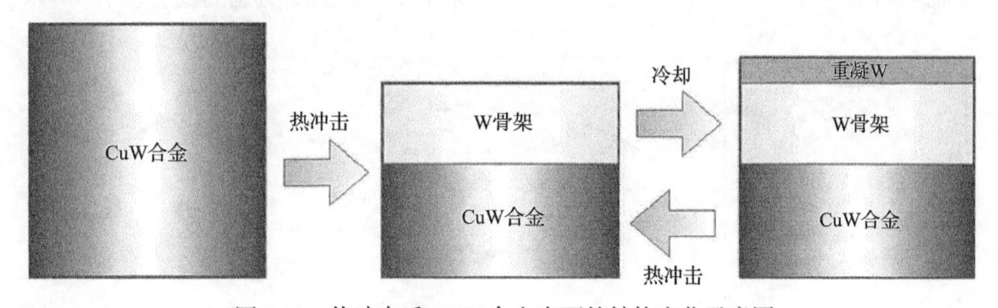

图 6.11 热冲击后 CuW 合金表面的结构变化示意图

6.2.2 CuW 合金热冲击损伤

CuW 合金在承受热冲击过程中，高温区的材料由于微观结构的变化和热应力的作用，产生微裂纹并不断扩展；而处于低温区的材料在多次热冲击过程中，由于距离热载荷作用区域较远，温差载荷也较小，其微观结构并不会发生明显变化，但在多次热冲击循环载荷的作用下，材料内部拉应力及压应力的反复作用，致使材料产生损伤，其承载能力也随之降低。一直以来，关于材料的热冲击实验及仿真研究持续不断，对材料通过水冷处理而实施的热冲击实验，由于方法简单且实用性较高得以普遍应用。实验过程中，快速变化的温度导致材料内部出现温度梯度，并进一步产生热应力。应力的变化促使合金或者合金中的韧性相发生塑性变形而造成损伤，在多次热循环后引起材料的力学性能明显衰减。

热冲击实验中，首先将 CuW 合金加工成如图 6.12 所示的拉伸试样；然后将加工好的试样置于电阻炉中央，分别升温至 400℃、600℃和 900℃，并保温 2min；随后快速取出放置到水池中冷却约 1min，至试样与外部环境达到热平衡。经过热循环 25 次和 50 次后，抛光试样表面氧化层，再进行拉伸实验，分析拉伸过程中的应力-应变关系。

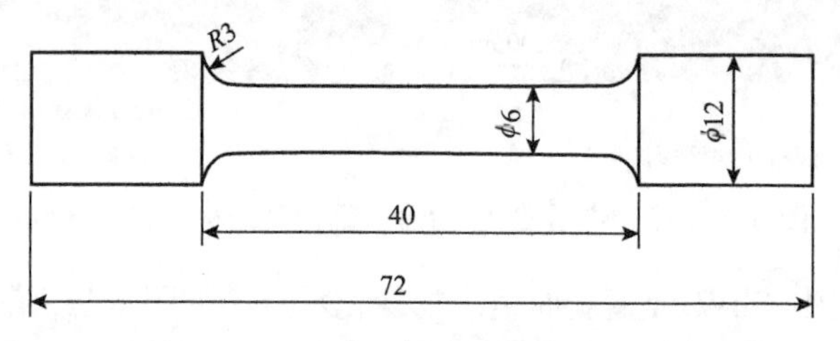

图 6.12　CuW 合金拉伸试样(单位：mm)

CuW 合金的拉伸应力-应变曲线如图 6.13 所示。可以看出，在拉伸变形过程中，CuW 合金没有明显的屈服阶段，其塑性变形也很小，整体上呈现典型的脆性断裂行为。相对于没有热冲击的材料，经过多次 900℃热冲击循环后，CuW 合金仍旧维持原有的脆性变形行为，应力-应变曲线形状没有发生明显的变化。在 900℃

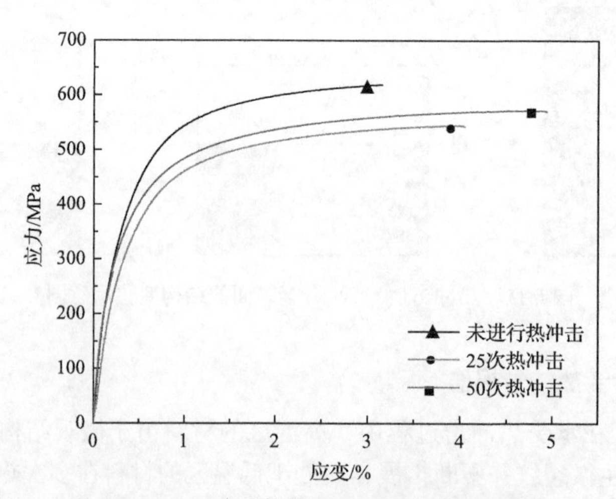

图 6.13　CuW 合金拉伸过程中的应力-应变曲线

下热冲击循环 50 次后，CuW 合金的强度相对于未经热冲击的 CuW 合金有一定程度的降低，屈服强度从 408MPa 降至 355MPa，强度极限从 619MPa 降至 544MPa，降低幅度分别为 13%和 12%。在经过 25 次热冲击循环后，CuW 合金的韧性有较大程度的提高，拉伸变形过程中的伸长率从最初的 3.1%提高到 5.0%，提高幅度达到了 61%。虽然 CuW 合金为脆性材料，但仍具有一定的塑性。在多次热冲击载荷作用下，材料承受拉应力及压应力的反复作用，材料组织分布趋于均匀，合金的韧性有一定程度的提高。

图 6.14 为 CuW 合金在 400℃、600℃和 900℃下热循环 10 次后的抗弯强度。可以看出，随着热冲击温差的加大，合金的抗弯强度先下降，然后缓慢升高，在 600℃抗弯强度最低。900℃温差热冲击后 CuW 合金的抗弯强度明显提高，出现“热冲击增强”现象。与 600℃热冲击后的抗弯强度相比，900℃热冲击循环后 CuW 合金的热冲击抗弯强度有所升高，对此现有研究中也发现类似的热冲击循环后引起复合材料强度提高的现象。相对于 600℃热冲击循环，在 900℃下已经接近 Cu 的熔点，Cu 相接近熔融状态，冷却过程中 Cu 相重新分布、硬化，部分恢复为初始的组织状态，强度也明显回升。

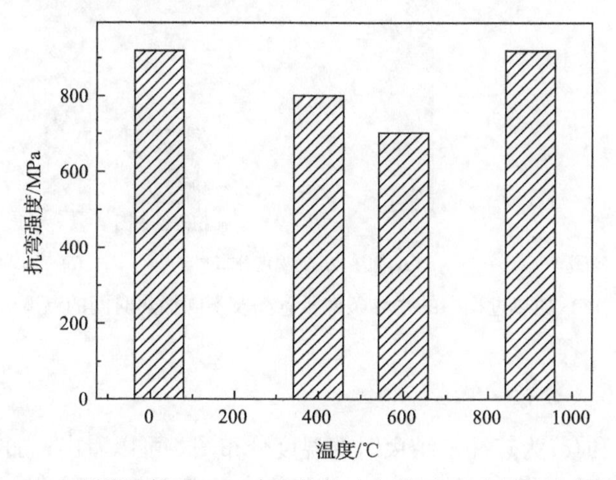

图 6.14 不同温度下 CuW 合金的热冲击循环 10 次后的抗弯强度

6.2.3 热冲击过程中 CuW 合金内部应力

为了深入认识 CuW 合金热冲击损伤的内在机理，通过有限元方法分析 CuW 合金快速加热后水冷处理过程中内部应力的变化与分布。

1. 计算模型及单值性条件

针对图 6.12 所示的 CuW 合金拉伸试样，应用轴对称模型进行有限元计算，如

图 6.15(a)所示。计算过程中的温度场载荷设置为热冲击循环实验的最高温度 900℃，先后施加两个载荷步：第一步，设置初始温度为 20℃，之后拉伸试样处于 900℃的温度场载荷中，其边界条件为空气对流换热和辐射换热两种。第二步，设置初始温度为 900℃，之后拉伸试样处于 20℃的外部环境中，其边界条件为以水为介质的对流换热。

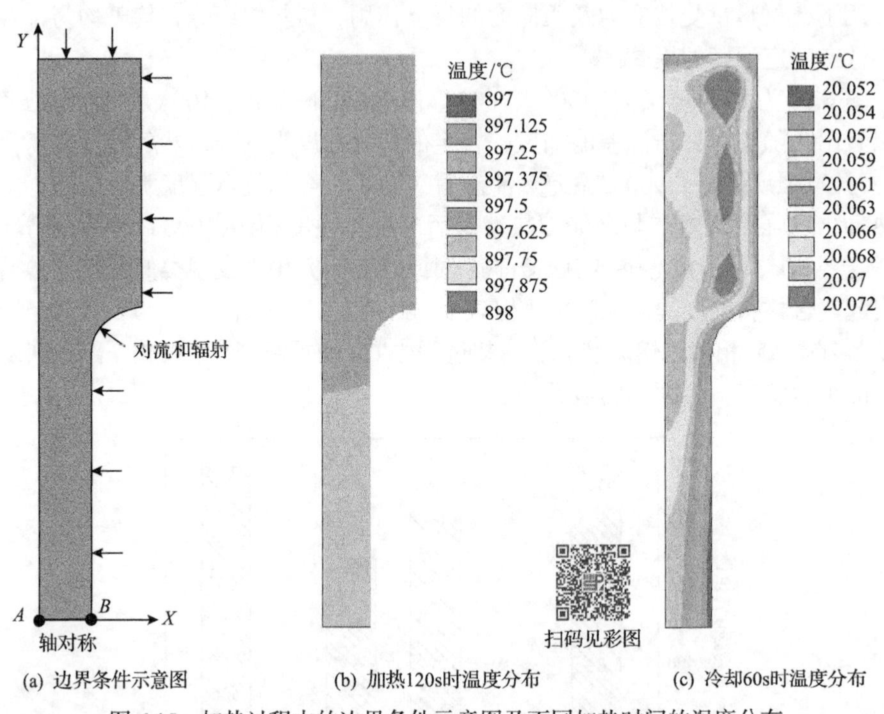

(a) 边界条件示意图 (b) 加热120s时温度分布 (c) 冷却60s时温度分布

图 6.15 加热过程中的边界条件示意图及不同加热时间的温度分布

2. 内部热应力分析

图 6.15(b)和(c)为热冲击结束时的温度分布图。可以看出，加热 120s 后，试样的整体温度几乎处于 897.75℃，与外部气体温度 900℃近似热平衡。水冷 60s 后，试样的整体温度完全处于 20℃，与外部水池环境完全处于热平衡状态。这说明 CuW 合金试样经过 120s 的快速加热和 60s 的快速冷却热冲击处理，其整体温度已经达到了要求，可以满足下一次热冲击循环的初始条件。

拉伸试样的性能测试针对试样标距以内的部位，断裂部位通常也发生在试样的中部附近。因此，在热冲击的应力计算中，主要针对试样中部的温度及力学性能变化。对于图 6.15 所示的分析模型，考虑材料的热膨胀因素，基于热弹性理论分析试样的应力分布状态，在加热和冷却过程中，试样中 A、B 处的温度及热应力变化如图 6.16 所示。可以看出，在加热和冷却的最终时刻，A 处和 B 处的温度与外界的温度几乎完全相同，意味着 CuW 合金试样此时已经与外部环境达到了热平衡，同时，材料内部的应力(包括轴向、径向及周向应力)也接近零值，试样中的应变能得到了完全释放。热冲击过程中，最大应力一般出现在加热和冷却的初始阶段，其中试样内部 *A* 处的应力明显大于外部 *B* 处的应力，而且 *A* 处的轴向应力比周向及径向应力大两倍左右。*B* 处由于位于试样表面，其径向应力为零。加载过程中主要表现为周向及轴向应力在起作用。

此外，*A* 处的轴向、径向及周向应力在加热阶段表现为拉应力状态(图 6.16(a))，而在冷却阶段则快速转变为压应力(图 6.16(c))。*B* 处的轴向及径向应力在加热阶段表现为压应力状态(图 6.16(b)，而在冷却阶段则快速转变为拉应力状态(图 6.16(d))。在快速加热约 120s 及快速冷却 60s 后，试样的温度与环境温度达到热平衡，材料内部及表面的热应力也迅速回归为零值。如此，在多次热冲击循环过程中，CuW 合金中的不同部位将会承受幅值大小不同的交变载荷。从加载过程中的应力大小可知，试样中 *A* 处及 *B* 处的最大应力远小于 CuW 合金的屈服强度，甚至远小于合金中 Cu 相的屈服强度，所以在交变载荷作用下，材料始终处于弹性变形范围内。

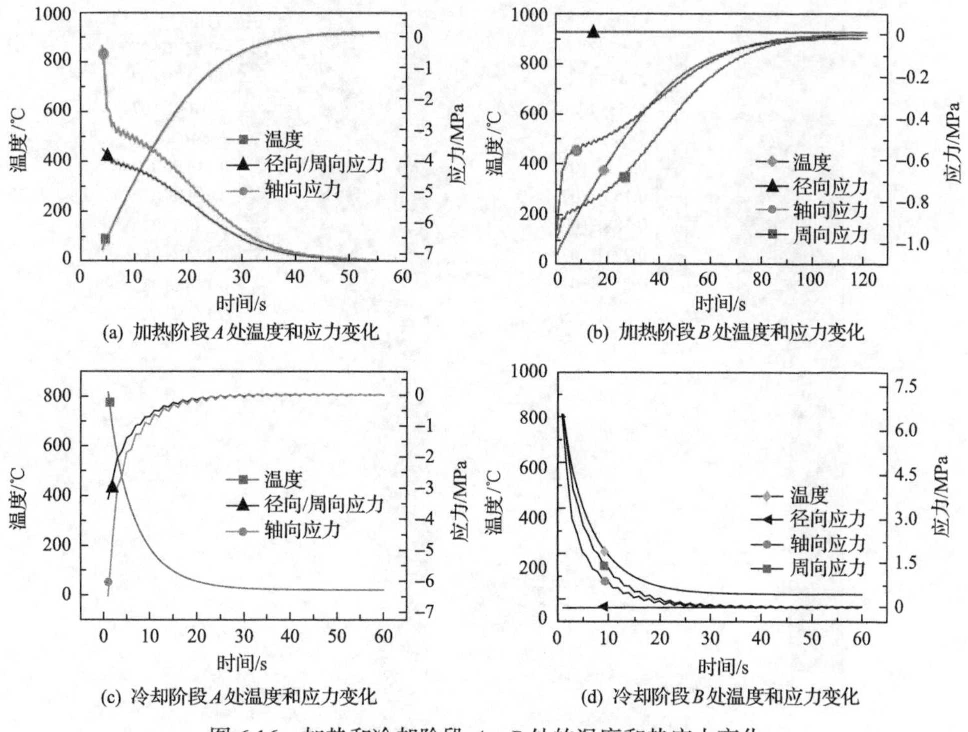

图 6.16 加热和冷却阶段 *A*、*B* 处的温度和热应力变化

在 900℃时，CuW 合金仍然保持比较典型的脆性行为，材料内部的主应力可以用来评估其承载状况。图 6.17(a)和(b)分别为加热及冷却 1s 时的主应力分布。

可以看出，试样中心(*A* 处)的应力远大于表面(*B* 处)的应力。相对而言，冷却阶段的热应力明显高于加热阶段的热应力。在加热 1s 时，试样中心 *A* 处的主应力为拉应力，从试样中心至表面 *B* 处，主应力逐渐减小，并逐渐转换为压应力，在 *B* 处压应力相对达到最大。当试样与外部环境完全热平衡后，主应力减小为零。当冷却 1s 时，试样 *A* 处重新表现为受压状态，而 *B* 处的主应力则为拉应力，在加热和冷却过程中，试样内部热应力远小于材料的强度极限，并且仅发生在弹性范围内，还远不能达到促使材料发生塑性变形乃至破坏的程度。考虑到 CuW 合金是由 Cu 相和 W 相构成的假合金，由于各相的热膨胀系数不同，在加热和冷却中不同相之间会产生大的热应力，严重时强度较低、韧性较好的 Cu 相发生塑性变形。在多次热冲击循环过程中，材料承受反复拉-压应力的交替作用，合金的微观组织趋向于均匀化，其韧性得以有效提高。另外，在 W/Cu 相界面处由于 W 颗粒棱角处在承载过程中出现应力集中现象，随着热冲击循环次数的增加，W/Cu 相界面的强度逐渐降低，再加上 CuW 合金中 Cu 相发生塑性变形所诱发的性能损伤，CuW 合金整体产生损伤，材料的强度等力学性能明显降低。

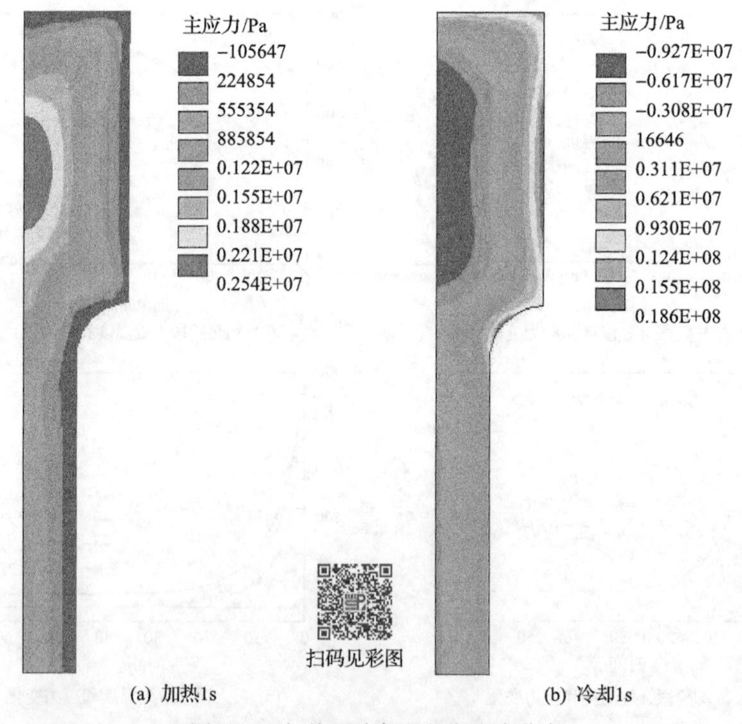

图 6.17 加热和冷却时的主应力分布

CuW 合金在热冲击烧蚀过程中，表面的双连续相结构由于熔化和气化，呈现 W 层、W 骨架层及 CuW 层的层状结构。随着热冲击循环次数的增多，内部由于交变载荷作用导致 CuW 合金的性能损伤，其强度有所减小。为了详细分析热冲击过程中材料内部不同相之间的力学作用机制，必须从细观角度进行研究。

6.3 热冲击下 CuW 合金细观损伤与微裂纹演变

在热冲击过程中，瞬间变化的外部热载荷导致材料内部出现明显的温度梯度，从而引起材料内部拉应力及压应力的交替作用。CuW 合金中 Cu 相及 W 相在高温环境中不同的热膨胀系数导致相界面出现应力，在这两方面应力的作用下，CuW 合金出现一定程度的损伤，并由此引发微裂纹的萌生与扩展。为了研究 CuW 合金在热冲击载荷作用下微观损伤的产生及其演变机理，采用 CuW 合金的细观代表体单元模型(representation volume element，RVE)，施加外部局部载荷，通过有限元方法予以分析。在热冲击过程中，热流密度加载下 CuW 合金试样的示意图如图 6.18 所示。

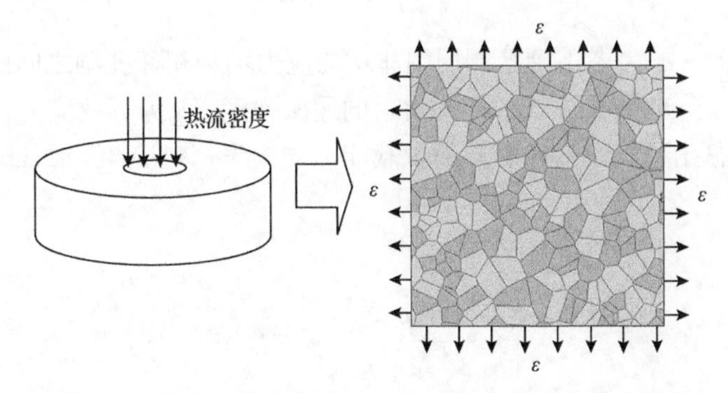

图 6.18 热冲击载荷作用下 CuW 合金的宏观和细观模型

考虑到热冲击过程中 CuW 合金的热作用区部分熔化甚至汽化，细观模型选择在热作用区的附近区域。热冲击过程中，由于温度梯度的存在，热作用区附近的材料内部在加热过程中出现轴向及径向的压应力，而在冷却过程中则转变为拉应力，一般情况下拉伸载荷更容易导致材料的破坏。热冲击过程中，细观模型受到两个外部载荷的作用，即应变载荷和温度场载荷。设置细观模型的初始温度为 20℃，对细观模型施加 900℃的温度场载荷，然后在细观模型上加载双轴拉伸应变载荷。CuW 合金的细观模型通过 Voronoi 技术建立。基于 Voronoi 多边形集合，依照 CuW 合金的微观结构对不同的多边形赋予 Cu 相和 W 相的材料属性，CuW 合金的细观代表体单元模型中深灰色区域为 Cu 相，灰色部分为 W 相。

6.3.1 GTN 损伤模型

金属材料韧性断裂过程一般可分为三个阶段：①微孔洞的形核。微孔洞的形核主要是由于材料细观结构的不均匀性，大多数微孔洞形核于第二相粒子附近，或产生于第二相粒子的自身开裂，或产生于第二相粒子与基体的界面脱黏。②微孔洞的长大。随着不断的加载，微孔洞周围材料的塑性变形越来越大，微孔洞也不断扩展和长大。③微孔洞的聚合。微孔洞附近的塑性变形达到一定程度后，微孔洞之间发生塑性失稳，导致微孔洞之间形成局部剪切带，剪切带中的二级孔洞片状汇合形成宏观裂纹。加载过程中宏观裂纹的形成是孔洞在夹杂物和第二相微粒周围形核、长大直至聚合的结果。

准静态情况下球形孔洞生长的 GTN（Gurson-Tvergaard-Needleman）损伤模型首先由 Gurson[6]提出，之后由 Tvergaard 和 Needleman 进一步完善[7, 8]。Tvergaard 和 Needleman 修正后模型中的屈服函数表达如下：

$$\Phi=\left(\frac{q}{\sigma_{\mathrm{y}}}\right)^{2}+2q_{1}f^{*}\cosh\left(\frac{3}{2}\frac{q_{2}p}{\sigma_{\mathrm{y}}}\right)-\left(1+q_{3}f^{*2}\right)=0 \tag{6.6}$$

式中，q_1、q_2、q_3为考虑到孔洞周围非均匀应力场和相邻孔洞之间的修正系数，为 Tvergaard-Needleman 常数；σ_{y}为材料的屈服强度；q 为等效应力；p 为静水应力；f^* 为考虑孔洞长大聚合引起的承载能力的损失，对应 Tvergaard-Needleman 函数为

$$f^{*}(f)=\begin{cases}f, & f\leqslant f_{\mathrm{c}}\\ f_{\mathrm{c}}+\dfrac{1/q_{1}-f_{\mathrm{c}}}{f_{\mathrm{F}}-f_{\mathrm{c}}}(f-f_{\mathrm{c}}), & f>f_{\mathrm{c}}\end{cases} \tag{6.7}$$

其中，f为孔洞体积分数；f_{c}为临界孔洞体积分数；f_{F}为失效孔洞体积分数；f_{c}为f的一个临界值，当f达到f_{c}时，孔洞开始聚合，随后材料的应力承载能力便迅速衰减。

随着塑性变形的增大，已经形核的孔洞要扩张，新的孔洞又要形核，故孔洞体积分数的增大率为[9]

$$f=f_{\mathrm{g}}-f_{\mathrm{n}} \tag{6.8}$$

式中，f_{n}为孔洞形核的体积分数；f_{g}为孔洞生长的体积分数。

GTN 模型中关于铜相的材料参数设定如表 6.1 所示。对基于应变控制的孔洞形核机制，孔洞的形核缘由为名义应变 ε_{N}及其对应的偏差 s_{N}，计算中分别假设为 0.3 和 0.1。f_0为初始的孔洞体积分数，一般情况下，Tvergaard、Needleman 假设孔洞临界体积分数为 15%。在这里，为了研究合金中 Cu 相的损伤及其所导

致的裂纹演变，可将 W 相看作线弹性材料，不考虑其塑性行为。

表 6.1　GTN 模型中铜的材料参数[10]

q_1	q_2	q_3	ε_N	s_N	f_0	f_c	f_F
1.47	1	1.47	0.3	0.1	0.002	0.028	0.15

6.3.2　热冲击过程中 CuW 合金损伤演变

通过有限元方法计算，热冲击作用后 CuW 合金的细观代表体单元模型的孔洞体积分数(void volume fraction，VVF)如图 6.19 所示。可以看出，微孔洞首先出现在靠近 W 颗粒棱角处的 Cu 相中，在温度场载荷作用下其值远小于临界孔洞体积分数 f_c，始终维持在很小值范围内。考虑到温度梯度引起的外部拉伸载荷，在施加应变载荷后，拉伸应变损伤作用下的损伤分布如图 6.19(b)所示。这时，Cu 相中靠近 W 颗粒的棱角 *B* 处的损伤已经达到失效孔洞体积分数 15%，即微裂纹将萌生在 W 颗粒棱角 *B* 处的 Cu 相中。CuW 合金在承载过程中，由于 Cu 相和 W 相的力学性能不匹配，相界面处出现大的应力及损伤，特别是 W 颗粒的棱角处还会出现应力集中现象，导致 *B* 处的损伤达到失效值而出现微裂纹。随着载荷的作用，损伤沿着 Cu/W 界面 *BC* 扩展至 W 颗粒的下一个棱角 *C* 处，然后微裂纹在 Cu 相中沿着直线 *BA* 和 *CD* 路径进一步扩展，直至下一个 W 颗粒的棱角 *A* 和 *D* 处。同样，在 *EFGH* 路径上，即 W 颗粒的边缘处及 Cu 相中的 W 颗粒棱角直线方向，也萌生了较大的损伤，微裂纹也会由此形核并沿着其路径进行扩展。在 Cu 相的塑性变形过程中，Cu、W 界面损伤引起的微裂纹主要是由此处的热物理性能及各相的弹性、塑性不匹配所引起的。塑性流在韧性较好的区域产生，其微裂纹尖端在生长过程中一般会偏向于异质材料的韧性区域。

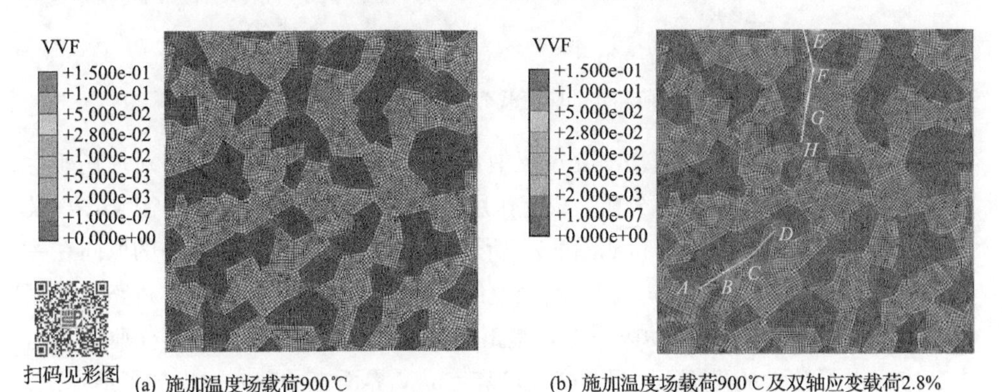

(a) 施加温度场载荷900℃　(b) 施加温度场载荷900℃及双轴应变载荷2.8%

图 6.19　孔洞体积分数分布

在载荷作用过程中，细观模型的应变能变化及模型中 *B* 处的孔洞体积分数变化如图 6.20(a)所示。可以看出，900℃温度场载荷作用下，由于内部 Cu 相及 W 相的热膨胀系数相差甚大，在不同相之间产生大的相互作用力，并由此导致整个细观代表体单元的应变，随着温度的升高逐渐线性增大。应变能增大的同时，*B* 处的微孔洞及损伤开始萌生，但其体积分数始终维持在很小的范围内，远不足以对合金材料中各相造成实际的损伤，材料基本保持正常服役状态。

在考虑到细观模型外部的局部载荷后，整个模型的应变能随着外部应变载荷的增大快速升高，如图 6.20(b)所示。相对于温度场载荷作用下的最大应变能 1.42×10^6J，外部应变载荷最终所导致的应变能达到 74.5×10^6J。因此，外部应变载荷引起的应变能远大于温度场所引起的应变能，作用效率增加了几十倍。应变能增大的同时，*B* 处的孔洞体积分数也开始缓慢升高，并在载荷作用的最后阶段突然增大到 Cu 相材料的失效损伤值 0.15。综上所述，在热冲击过程中，温度梯度所引起的应变场载荷对 CuW 合金内部变形及损伤起主导作用，并最终导致 Cu 相的损伤失效及其诱发的微裂纹萌生，而合金内部 Cu 相及 W 相的热膨胀系数不同所引起的相间应力对合金材料的损伤影响不大，仅促进了损伤的进一步发展。

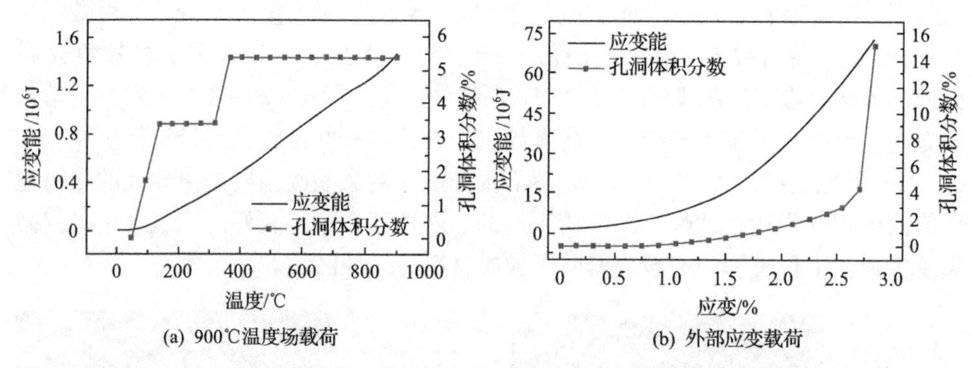

(a) 900℃温度场载荷　　(b) 外部应变载荷

图 6.20　900℃温度场载荷和外部应变载荷作用下应变能及 B 处的孔洞体积分数

为了进一步深入研究损伤演变过程中合金材料内部的力学行为，对损伤萌生及生长过程中的驱动力进行分析。载荷作用的最终阶段，图 6.19 中路径 *ABCD* 及 *EFGH* 的法向及切向应力分布如图 6.21 所示。可以看出，W 颗粒棱角的取向在一定程度上影响了应力的分布，两个路径上的应力有比较大的波动。分析路径中的 Cu 相可知，其中的损伤驱动应力主要是正应力，而 Cu/W 界面上的损伤驱动应力中剪应力占了较大的份额。路径 *BC*、*FG* 和 Cu/W 界面上的剪应力出现了最大值，甚至在一定程度上起主导地位，而在 Cu 相中(路径 *AB*、*CD*、*EF* 和 *GH*)剪应力较小，甚至为 0。

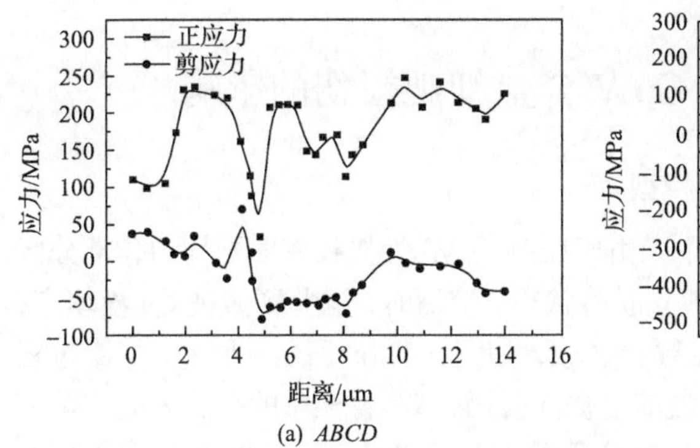

(a) *ABCD*

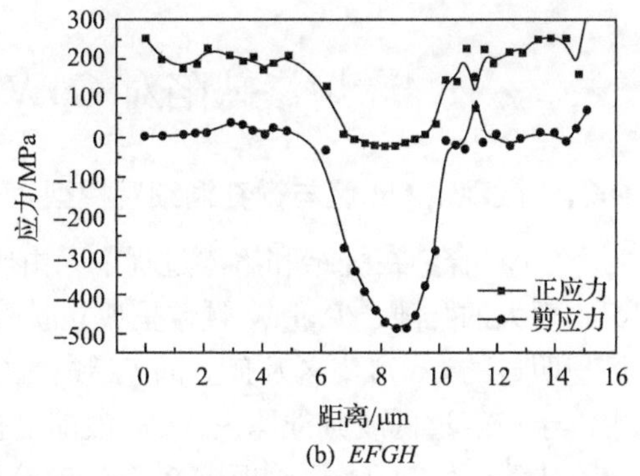

(b) *EFGH*

图 6.21 不同路径的法向应力(正应力)和切向应力(剪应力)分布

6.3.3 高压电弧作用下 CuW 合金的微裂纹

为了验证有限元计算分析的结果，通过试验对热冲击导致的微观裂纹进行进一步分析。实验中，热冲击通过 SF_6 断路器中的高压电弧予以实现。CuW 触头作为电极安装在 SF_6 断路器中，在 126kV 电压、3150A 电流下进行电击穿实验。热冲击作用下 CuW 合金不同区域的裂纹如图 6.22 所示。其中，深灰色区域为 Cu 相，灰色区域为 W 相。可以看出，微裂纹主要产生在 Cu 相及 Cu、W 相界面处。结合有限元分析结果，微裂纹一般出现在 Cu/W 界面，随着外部载荷的增加，沿着 Cu/W 界面扩展并进入 Cu 相中，然后在 Cu 相中继续扩展，直至临近 W 颗粒的棱角处。热冲击实验产生的微裂纹样式与有限元计算分析出的损伤所导致的微裂纹样式相同，从而在一定程度上验证了仿真计算的正确性及有效性。

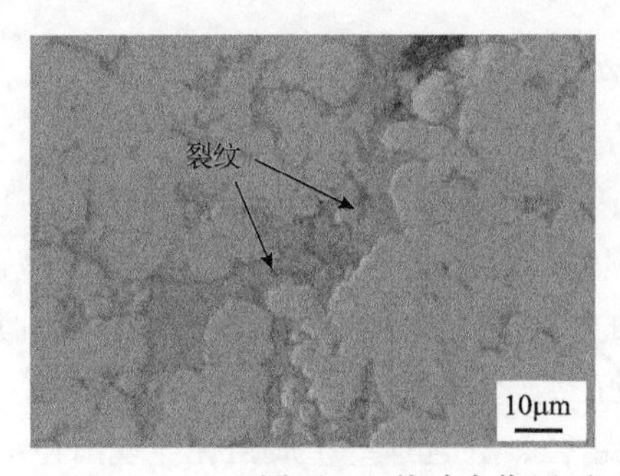

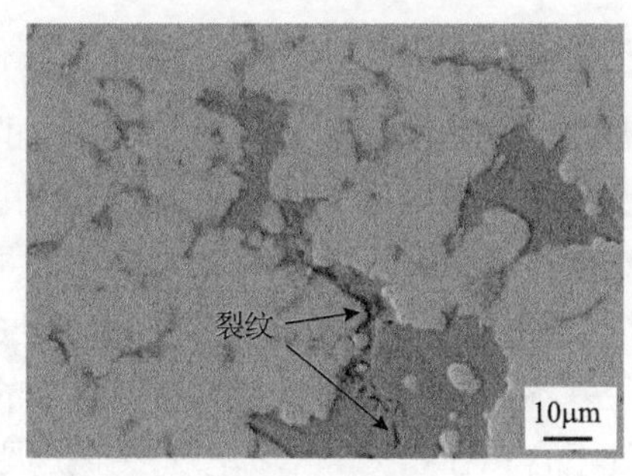

图 6.22 热冲击作用下 CuW 合金不同区域的裂纹

因此，热冲击载荷作用下，CuW 合金的损伤主要归结于材料中温度梯度所引起的局部热应力作用。Cu/W 界面上的损伤及其所引起的微裂纹由正应力及剪应力共同控制，而 Cu 相中的损伤及其所引起的微裂纹主要依赖于正应力的作用。

6.4 熔渗缺陷对 CuW 合金细观损伤的影响

6.4.1 微观富 Cu 区与微孔洞细观模型

CuW 合金在烧结和熔渗过程中，由于压制的 W 骨架致密度不均匀，部分区域出现大的孔隙，少量 W 颗粒呈孤立脱落状态。熔渗时，这些区域被 Cu 液填充，呈现明显的 Cu 富集区及孤立的 W 颗粒区域，如图 6.23(a)所示。另外，熔渗过程中由于温度过低或其他原因，Cu 液前沿提前凝固，W 骨架中的孔隙未能完全填充，从而产生微孔洞，如图 6.23(b)和(c)所示。为了分析这些工艺缺陷对韧性 Cu 相损伤的影响，通过构造细观模型、施加温度场及外部应力载荷，应用 GTN 模型研究微裂纹的形核及扩展行为。

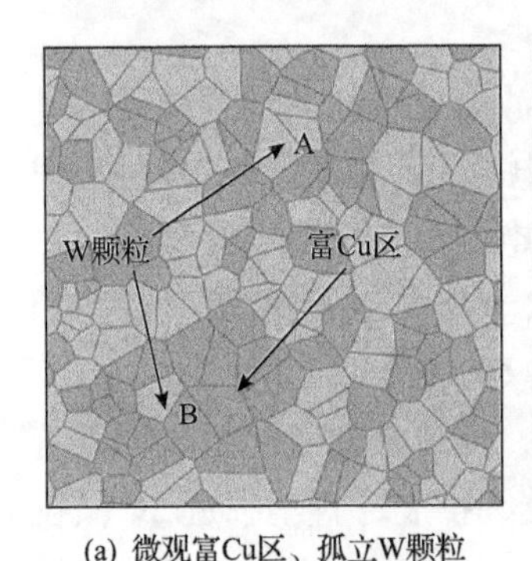

(a) 微观富Cu区、孤立W颗粒

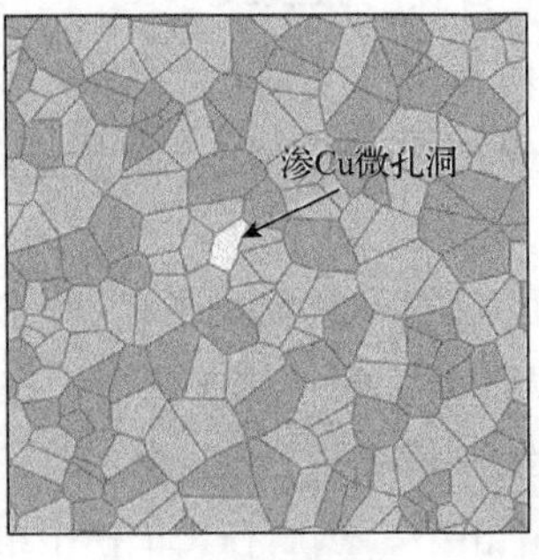

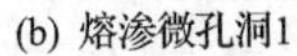

(b) 熔渗微孔洞1

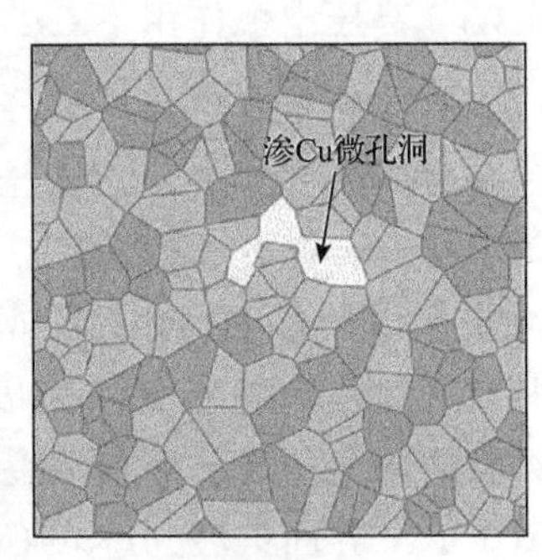

(c) 熔渗微孔洞2

图 6.23 微观富 Cu 区、孤立 W 颗粒及熔渗微孔洞细观模型

6.4.2 微观富 Cu 区与孤立 W 颗粒对损伤行为的影响

温度场载荷及双轴应力加载过程中的孔洞形核体积分数如图 6.24 所示。可以看出，温度场载荷下的损伤总体很小，几乎可以忽略不计。当双轴应变达到 1.5% 时，W 颗粒棱角处的 Cu 相出现明显的损伤，微孔洞在此开始形核。随着载荷的逐渐增大，多处 W 颗粒棱角及相界面处的孔洞形核加剧，损伤也开始扩展，其扩展路径基本沿着相界面，并有相互合并的趋势。W 颗粒附近的扩展路径选择在其棱角处汇合；在富 Cu 区域呈现多条扩展路径，并且这些扩展路径显现出在富 Cu 区汇集的趋势。

图 6.25 为微孔洞分布及变化图，相对于原有的细观模型，CuW 合金的损伤度明显减小，最大微孔洞体积分数为 5.5%，远没有达到材料的临界损伤值 15%。因此，由于富 Cu 区的出现，细观模型的局部韧性得以很大提高。微孔洞演变过程中，其萌生位置及扩展路径与形核行为相同，孔洞的生长在后期的路径扩展中

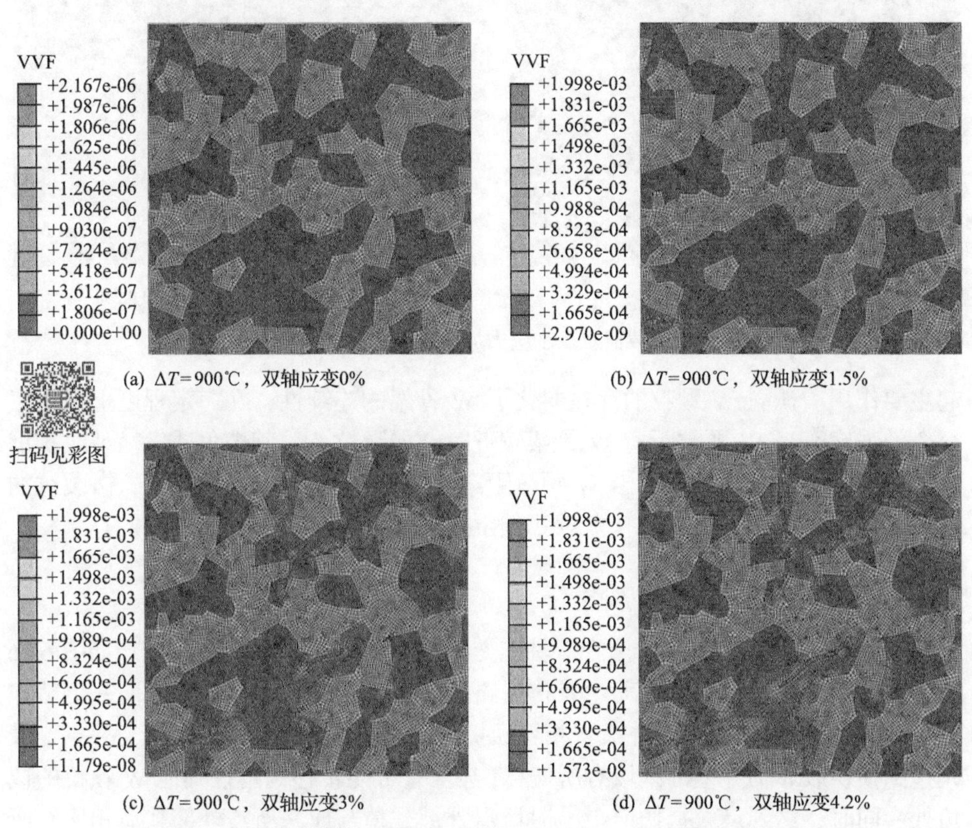

(a) $\Delta T=900$℃，双轴应变0%　(b) $\Delta T=900$℃，双轴应变1.5%

(c) $\Delta T=900$℃，双轴应变3%　(d) $\Delta T=900$℃，双轴应变4.2%

图 6.24　温度场载荷及双轴应力加载过程中的孔洞形核体积分数分布

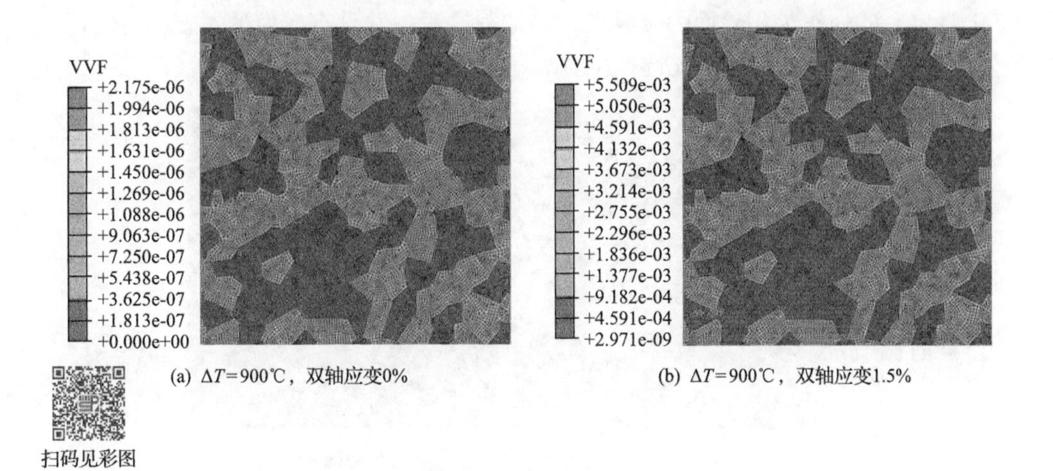

(a) $\Delta T=900$℃，双轴应变0%　(b) $\Delta T=900$℃，双轴应变1.5%

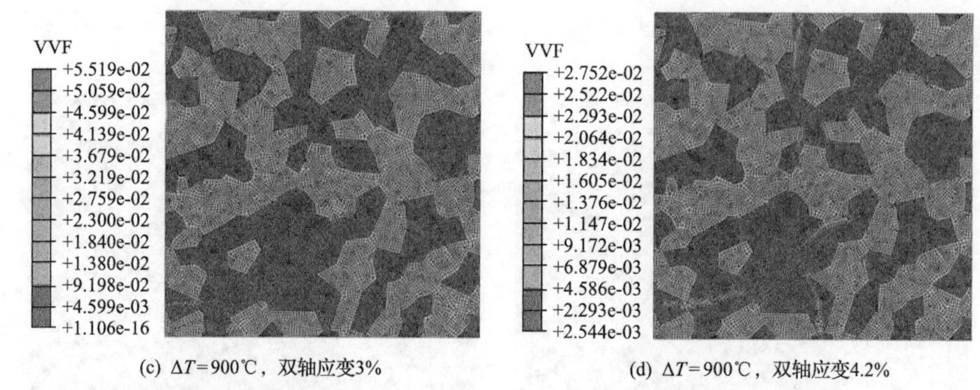

(c) $\Delta T=900℃$，双轴应变3%　　(d) $\Delta T=900℃$，双轴应变4.2%

图 6.25　温度场载荷及双轴应力加载过程中的孔洞体积分数分布

起主要作用。孤立 W 颗粒的存在弱化了 W 骨架的连续性，在一定程度上削弱了合金的强度。当 W 颗粒距离 W 骨架较近时，如颗粒 A，其棱角诱发微裂纹扩展路径经由其棱角继续扩展。当 W 颗粒距离 W 骨架较远时，如颗粒 B，微裂纹的萌生区域及扩展距离较远，基本对 Cu 相中的微裂纹不产生影响(图 6.23)。

6.4.3　微孔隙对损伤行为的影响

微孔洞存在时，CuW 合金在双轴应变为 2.4%时的孔洞体积分数分布如图 6.26 所示。可以看出，微裂纹的萌生及扩展路径与无孔洞时的情况基本相同，仍然在原来的 W 颗粒棱角处萌生并沿着相界面扩展，只是当较大的孔隙如 *B* 存在时，最先达到损伤破坏临界值的区域有所偏移，甚至有可能转移到附近其他 W 颗粒的棱角处。同时，达到最大损伤值 15%时所需外部载荷与原来所需外部载荷相比有所减小，即微孔洞的存在削弱了材料的韧性，使得 CuW 合金的承载能力有所降低。孔隙 *A*、*B* 处作为相界面的分界点，在加载过程中并没有成为最先破坏的位置，但依然成为损伤扩展的优先选择位置。

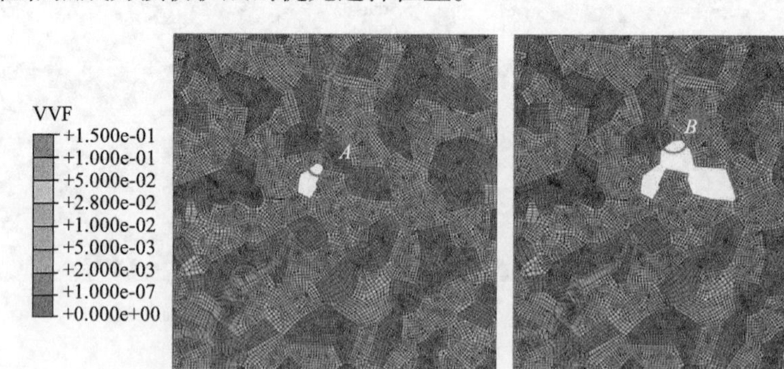

扫码见彩图

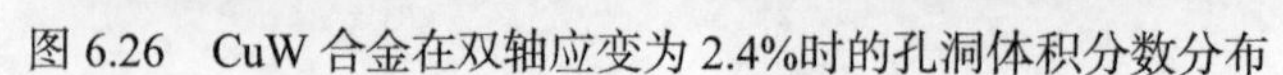
图 6.26　CuW 合金在双轴应变为 2.4%时的孔洞体积分数分布

图 6.27 为温度场载荷和局部应变载荷作用下，孔隙边缘 *A* 处的损伤变化。温度场载荷下，*A* 处由于处于孔隙边缘，释放了材料内部不同相之间热膨胀差异所产生的应变能，始终处于不承载状态。当外部应变载荷作用时，*A* 处开始产生损伤，微孔洞逐渐形核，缓慢增大，最终达到形核的临界值。紧接着微孔洞继续生长，孔洞体积分数中微孔洞的生长开始占据主导地位，但孔洞体积分数在总体上与临界损伤值 15%相差甚远，并没有影响其他部位损伤的形核与扩展。

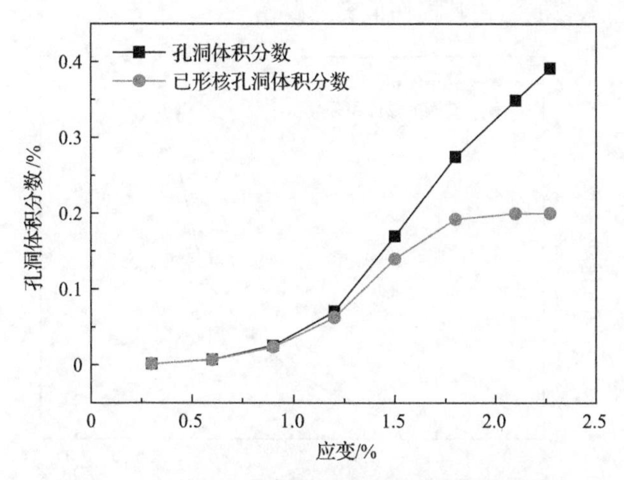

图 6.27 局部应变载荷作用下 *A* 处的孔洞体积分数

图 6.28 为细观模型(图 6.18)损伤最大值处出现熔渗孔洞时的损伤分布。可以看出，当局部应变载荷达到 2.4%时，原有的微裂纹萌生位置有所偏移，在原始位置附近的 *C* 处出现明显的损伤，并接近损伤破坏临界值 15%，其微裂纹扩展路径沿着相界面，并在相界面末端即 W 颗粒棱角处寻求附近损伤值最大的 W 颗粒棱角处继续扩展。随着局部载荷增大至 3%，*C* 处附近的损伤值有所降低。在 *C* 处区域的放大图中可以看到，*C* 处已经出现了破坏情况，说明微裂纹开始形成，同时破坏点失去了承载能力。但微裂纹的出现释放了部分应变能，*C* 处附近的损伤

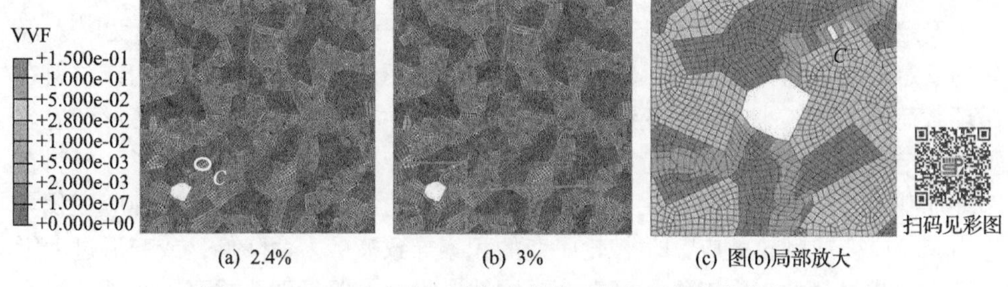

(a) 2.4%　(b) 3%　(c) 图(b)局部放大

图 6.28 CuW 合金在双轴应变载荷下的孔洞体积分数分布

值有所降低。随着外部载荷的继续增大，*C* 处的微裂纹继续扩展。

图 6.29 为局部应变载荷下 *C* 处的损伤变化。可以看出，在温度场载荷作用后，即应变载荷的初始阶段，孔洞体积分数接近零(即损伤大小)。随着外部应变载荷的增大，损伤逐渐增大。大约在 1%应变载荷后，微孔洞形核明显递增，并很快达到形核临界值 0.028%。此后的损伤值基本取决于微孔洞的生长(VVFG)，孔洞体积分数开始进入明显的增长阶段，并在 2.5%应变处达到最大值。这时 *C* 处材料被破坏，失去承载能力，其损伤值突然跌落。

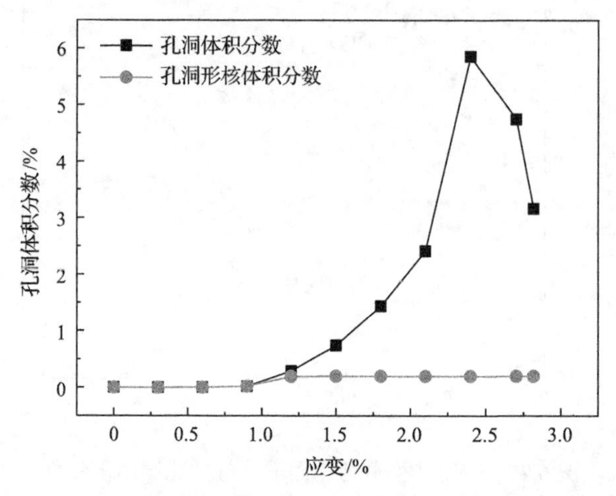

图 6.29　900℃时随局部应变载荷变化的 *C* 处孔洞体积分数

CuW 合金中孤立 W 颗粒的存在弱化了 W 骨架的连续性，一定程度上影响了微裂纹的扩展路径。合金中微孔洞的存在并没有明显地促进损伤的萌生，但在微裂纹的扩展中起一定的诱导作用。

6.5　循环载荷下 CuW 合金的细观累积损伤

6.5.1　安定与低周疲劳损伤理论

安定性分析广泛应用于研究结构或材料在循环载荷作用下的塑性行为[11]。经典的安定分析包括弹性安定、塑性安定和累积破坏。弹性安定是指结构或材料在循环载荷下产生较小的塑性变形，随后处于纯弹性状态，无新的塑性变形产生。塑性安定是指在一个循环载荷周期内结构或材料产生可恢复的塑性变形。材料在循环加载时，平均应力的存在导致塑性应变沿平均应力方向积累，这种应变积累称为棘轮应变或棘轮效应[12]。棘轮应变的积累导致疲劳寿命降低，或变形过大影响了构件或材料的正常工作。可靠性对构件或材料的服役至关重要，在承载过程中，大变形或者棘轮效应与疲劳的相互作用，导致明显的棘轮效应产生乃至失效。

一般情况下，当材料或结构承受大的温度梯度载荷时，材料本身产生塑性变形。

经过多次热冲击载荷循环后，CuW 合金本身可能会出现以下三种状态之一：弹性安定，即不会产生低周疲劳的危险；塑性安定，材料经过若干次循环后失效，通过能量法可以预测其寿命；塑性棘轮效应，材料失效。通过研究循环载荷下微裂纹的演变行为，可以探究合金中微观组织对裂纹行为的影响。一般认为，金属材料疲劳损伤分为三个阶段，即裂纹的形核、短裂纹的扩展及长裂纹的扩展。在宏观疲劳裂纹出现之前，已有杂乱分布的疲劳短裂纹产生，尺寸为微米量级，其长度随循环次数增加而不断加大，这个过程是疲劳的第一阶段，也称为连续损伤阶段，该阶段常常达到整个寿命的 90%以上[13]，是疲劳过程的主要部分。

对于低周疲劳，微裂纹的长大是由交变载荷引起的代表性体积单元尺度的塑性变形造成的，损伤的发展局限在局部应力集中部位，导致局部刚度的丧失，这时仍可以在细观尺度上用通常的损伤力学方法进行处理。低周疲劳分析可以研究基于连续介质本构模型的韧性材料渐进损伤及失效。损伤的萌生是指材料中某个区域性能下降的开始。在低周疲劳分析中，损伤萌生的临界条件以每次循环的累积非弹性滞回耗能 Δw 来确定，Δw 及材料常数可以用来分析损伤萌生的临界循环次数 N_0。在载荷循环的最终时刻 N，通过与损伤萌生临界循环次数 N_0 相比较，来验证材料中一点损伤是否萌生。这一过程中材料刚度一般不会降低，除非损伤已经萌生。低周疲劳分析中，滞回耗能损伤的理论损伤萌生准则，通过应力重复及非弹性应变累积预测损伤的起始。基于每次循环所累积的非弹性滞回耗能 Δw，在循环载荷作用下，当材料中某处的结构响应开始稳定时，材料损伤萌生，其损伤循环次数，即 Darveaux 模型如下[14, 15]：

$$N = N_0 + \frac{D}{\mathrm{d}D/\mathrm{d}N} \tag{6.9}$$

$$N_0 = c_1 \Delta w^{c_2} \tag{6.10}$$

式中，N_0 为损伤萌生时的循环次数；D 为损伤变量；c_1 和 c_2 为材料常数。

当材料中某点的损伤萌生条件满足时，基于非弹性滞回耗能，稳态循环中的损伤状态被重新更新。这时候材料弹性刚度的下降可以应用损伤变量 D 予以描述。每次循环材料中某一处的损伤率 $\mathrm{d}D/\mathrm{d}N$ 通过非弹性滞回耗能累积所得，即损伤速率为

$$\frac{\mathrm{d}D}{\mathrm{d}N} = c_3 \Delta w^{c_4} \tag{6.11}$$

式中，c_3 和 c_4 为材料常数。

在给定载荷循环下，韧性材料的损伤变量 D 与材料中应力张量 σ 之间的关系为

$$\sigma = (1-D)\bar{\sigma} \tag{6.12}$$

式中，$\bar{\sigma}$ 为没有损伤的材料应力张量。当 $D=1$ 时，材料完全失去承载能力。

循环中如果材料中任意一点的损伤形核准则得以满足，从当前循环外推损伤变量 D_N 经过一定循环次数 ΔN 后的一个增量，即新的损伤值 $D_{N+\Delta N}$ 为

$$D_{N+\Delta N} = D_N + \frac{\Delta N}{N} c_3 \Delta w^{c_4} \tag{6.13}$$

6.5.2 循环载荷下 CuW 合金的累积损伤与裂纹演变

以热冲击烧蚀区附近 CuW 合金表面的区域为研究对象，在热冲击过程中，热冲击作用所产生的熔池边缘处一直承受较大的拉应力。同时，在熔池的底部及附近区域在加热时首先承受压应力，冷却过程中转变为拉应力。考虑到材料升温过程中内部温度梯度引起的热应力及拉伸载荷对材料的破坏情况，对代表体单元施加双轴拉伸应变循环载荷。

CuW 合金中 W 相及 Cu 相的力学性能按照其宏观参数予以设定。其中，W 在常温下为典型的脆性材料，随着温度的升高，W 的断裂韧性也有所增加，其断裂行为开始向准脆性乃至韧性发展。Cu 相的力学性能基于纯 Cu 的拉伸实验得到。SchmunK 等[16]研究了 W 在常温及 1505K 下的破坏及低周疲劳行为，并给出了相应的参数。基于给定参数及 Darveaux 模型，拟合出 W 的 Darveaux 模型中相关参数 c_1、c_2、c_3 及 c_4，计算的置信度为 95%。Cu 和 W 在 Darveaux 模型中相关参数如表 6.2 所示。

表 6.2 Darveaux 模型中 Cu 和 W 的材料参数

材料	c_1/(cycle/MPa)	c_2	c_3/[mm/(cycle/MPa)]	c_4
Cu[14]	41.2	−1.433	0.0037	1.768
W	13.58	−1.281	1.809	1.899

1. 累积损伤的萌生

图 6.30 所示为循环应变载荷为 0.15%时，细观代表体单元的应变能变化。可以看出，在第 12 次周期载荷之前，材料的应变能保持不变，处于安定状态。第 13 次周期载荷作用后，应变能逐渐降低，并且从第 53 次周期载荷开始应变能出现明显的跌落趋势。在第 73 次周期载荷作用后，应变能仅仅维持在初始应变能的一半左右，材料的承载能力显著降低，并在第 78 次周期载荷后降至初始应变能的 1/5，材料基本丧失了承载能力。

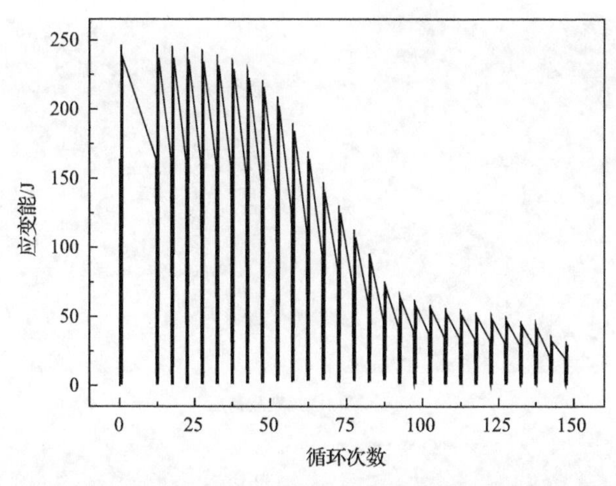

图 6.30 0.15%循环应变载荷时应变能随循环次数的变化

尽管第 13 次周期载荷前没有损伤发生，在初始阶段 CuW 合金仍然发生了塑性变形，如图 6.31 所示。第 1 次周期载荷后，塑性剪切带出现在 Cu 相的棱角和连接处，而整个 W 相仅产生了弹性变形。这是因为 Cu 相相对于 W 相具有较小的屈服强度，而易于产生塑性变形。塑性剪切带出现在 Cu 相但并没有开裂归结于其较好的韧性。随着循环次数的增加，局部塑性变形增大导致位错累积，从而引起 Cu 相边缘及棱角处的应力集中。

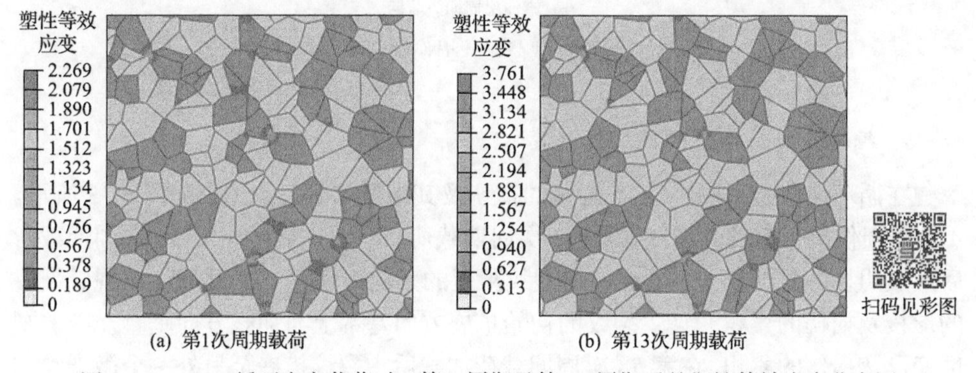

(a) 第1次周期载荷　(b) 第13次周期载荷

图 6.31 0.15%循环应变载荷时，第 1 周期及第 13 周期后的塑性等效应变分布图

随着循环次数的增加，由于棘轮效应，在 0.15%循环应变载荷下微裂纹开始出现。见图 6.32(a)，W 颗粒的棱角附近由于应力集中的原因，首先出现损伤的萌生，然后随着循环次数的增加逐渐扩展。当损伤度达到 1 时，微裂纹开始出现，同时新的损伤伴随着微裂纹产生并沿着 W 颗粒的边缘向铜相中扩展，见图 6.32(b)。因此，相对于不规则形状，圆滑的 W 颗粒更易于削弱合金中损伤及微裂纹产生的敏感性。

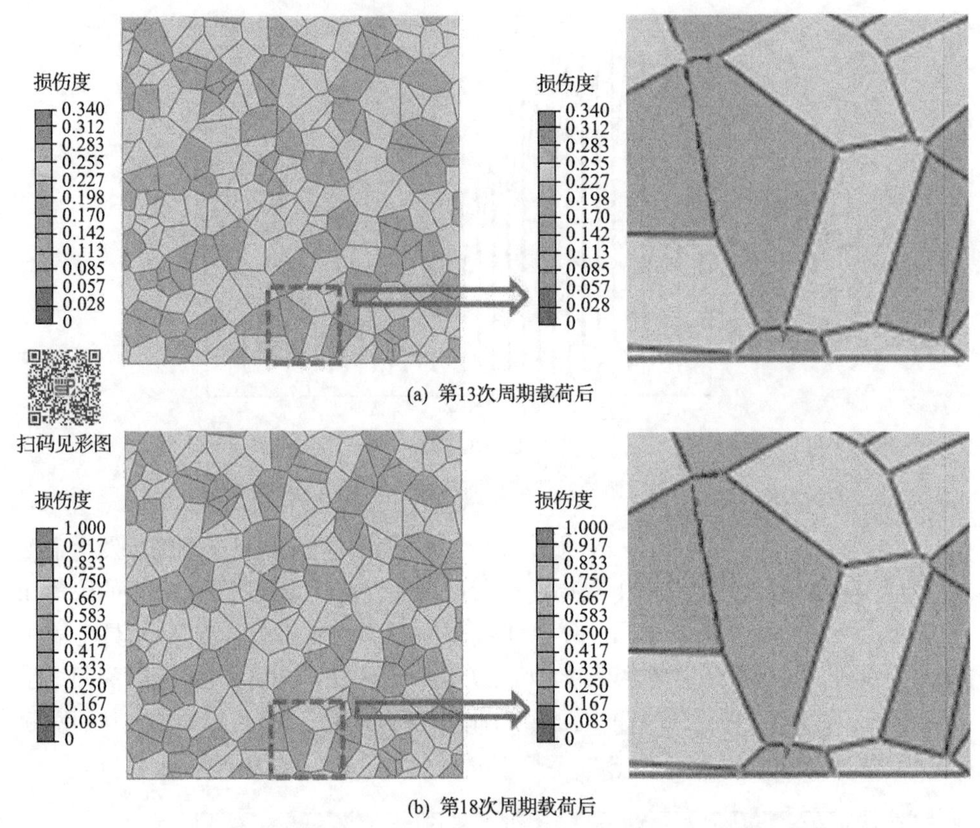

图 6.32 0.15%循环应变载荷时，损伤的萌生及微裂纹的形核

2. 循环应变载荷下的微裂纹演变

在循环加载过程中，CuW 合金的损伤及其导致的微裂纹扩展如图 6.33 所示。*A* 处的损伤所引起的微裂纹在第 23 次周期载荷后开始扩展，在第 38 次周期载荷后形成明显的微裂纹 *B*。同时在主裂纹附近的其他部位 *C*、*D* 处开始出现微裂纹的形核及损伤的累积，且主裂纹的初始扩展方向基本上与加载方向垂直。随着塑性变形及损伤的累积，在第 58 次周期载荷加载后主裂纹扩展至另外一个微裂纹的形核 *D* 处，并继续向出现微裂纹形核的 *E* 处扩展。同时，已经形核的微裂纹 *C* 也开始逐渐扩展。第 68 次周期载荷作用后，主裂纹的扩展方向大致沿着模型的最大剪应力方向，意味着裂纹扩展的驱动力由初始的拉伸应力开始转变为剪应力。在主裂纹的扩展过程中，其他裂纹基本向着主裂纹的方向扩展，并汇集在主裂纹的拐点 *D* 处。当主裂纹扩展至一定程度时，材料的承载能力大幅降低。第 88 次周期载荷作用后，主裂纹在后续的扩展中倾向于垂直拉伸载荷的方向，裂纹后期扩

展的驱动力再次转变为拉伸应力。这时候，CuW 合金的其他部位承载载荷较小，一般不会出现损伤并促使微裂纹的形核。

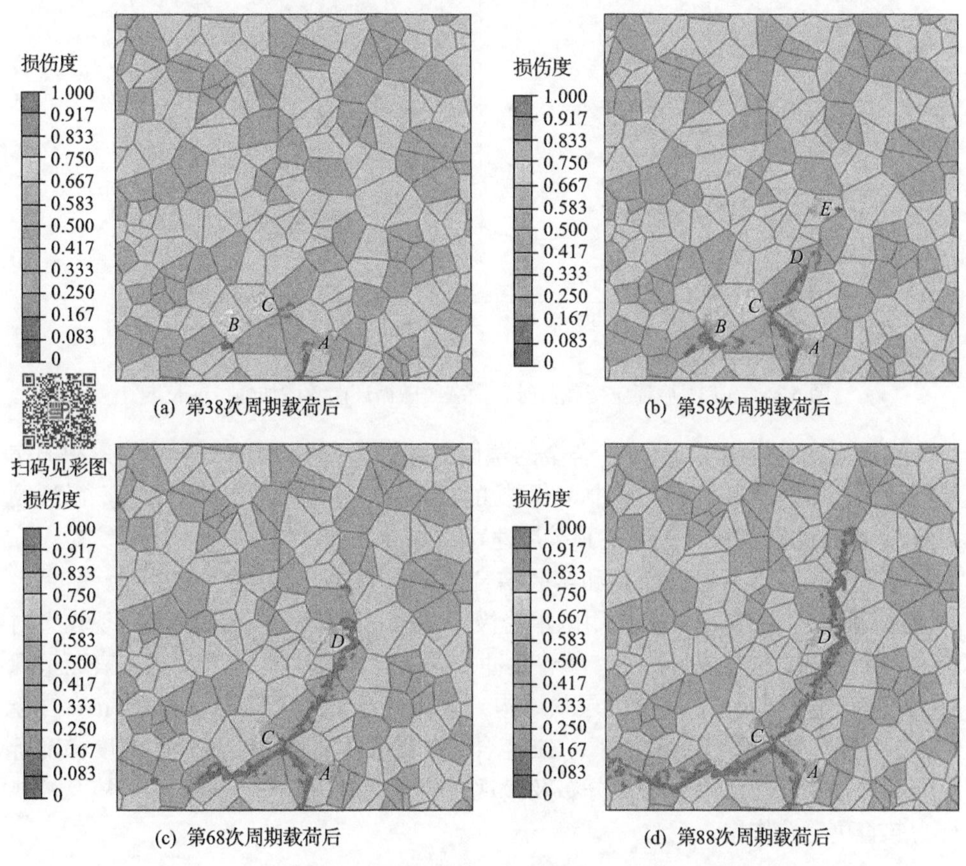

(a) 第38次周期载荷后　(b) 第58次周期载荷后

(c) 第68次周期载荷后　(d) 第88次周期载荷后

图 6.33　0.15%循环应变载荷时，损伤分布及微裂纹的演变过程

图 6.34 为 0.15%循环应变载荷下，微裂纹随循环次数增加的扩展长度变化。微裂纹从第 18 次周期载荷后开始形成并缓慢扩展，在第 48 次循环周期之后，微裂纹进入 Cu 相较多并且连贯的区域，这一区域没有 W 颗粒的影响，微裂纹的扩展相对较快。在第 68 次周期载荷时，微裂纹前沿受到 W 骨架烧结颈的阻碍，扩展速度有所降低。在第 83 次周期载荷后，微裂纹的扩展突破烧结颈，即烧结颈发生断裂，微裂纹的扩展加速。综上可知，W 骨架中烧结颈的存在迟滞了裂纹的扩展速度，CuW 合金中的烧结颈数量越多，微裂纹的扩展速度越慢。另外，W 颗粒棱角的突出，改变了 Cu 相中微裂纹的扩展走向，相对于裂纹的直线扩展，微裂纹扩展方向的改变在一定程度上延缓了扩展速度。

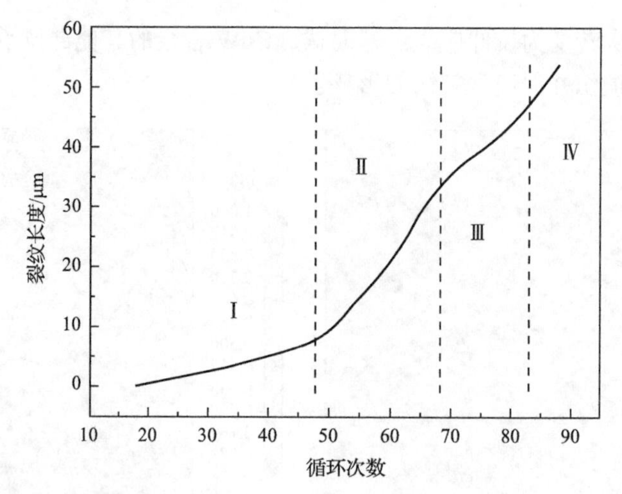

图 6.34 0.15%循环应变载荷时，微裂纹随循环次数增加的扩展长度

循环应变载荷作用下 CuW 合金的塑性滑移带首先出现在 Cu 相中，累积损伤及其诱发的微裂纹形核于合金中 W 颗粒的棱角处。随着循环次数的累积，微裂纹沿着 W 颗粒的边缘进行扩展，其扩展速率在穿过 W 相的烧结颈时有所减缓。

综上所述，本章通过模拟和实验结合研究了 CuW 触头的损伤过程。结果表明，在高压电弧加热下，热作用区承受极大的瞬间热载荷，触头内部出现较大内应力，导致裂纹的形核和扩展。随着热冲击循环次数的增多，CuW 触头表面呈现 W 层、W 骨架层及 CuW 层的层状结构，内部由于交变载荷作用导致 CuW 合金的性能损伤。热冲击载荷作用下，CuW 合金的损伤主要归结于材料中温度梯度所引起的局部热应力作用，组织分布及微观缺陷对材料的损伤、微裂纹形核及扩展行为起着决定性作用。

参 考 文 献

[1] 王彦龙. CuW 合金的宏细观损伤及裂纹演变模拟分析[D]. 西安: 西安理工大学, 2012.

[2] 蔡一湘, 刘伯武, 谭立新. 钨铜系合金的热物理性能模型及计算[J]. 粉末冶金材料科学与工程, 1997, (1): 11-14.

[3] German R M. Supersolidus liquid-phase sintering of prealloyed powders[J]. Metallurgical and Materials Transactions A, 1997, 28(7): 1553-1567.

[4] 吴细秀, 狄美华, 李震彪. 电流电弧作用下触头表面热过程的数值计算[J]. 华中科技大学学报(自然科学版), 2003, (2): 93-96.

[5] 荣命哲. 电接触理论[M]. 北京: 机械工业出版社, 2004.

[6] Gurson A L. Continuum theory of ductile rupture by void nucleation and growth: Part I—Yield criteria and flow rules for porous ductile media[J]. Journal of Engineering Materials and Technology, 1977, 99(1): 2-15.

[7] Tvergaard V. Influence of voids on shear band instabilities under plane strain conditions[J]. International Journal of Fracture, 1981, 17(4): 389-407.

[8] Tvergaard V, Needleman A. Analysis of the cup-cone fracture in a round tensile bar[J]. Acta Metallurgica, 1984, 32(1): 157-169.

[9] 郑长卿, 周利, 张克实. 金属韧性破坏的细观力学及其应用研究[M]. 北京：国防工业出版社, 1995.

[10] Benseddiq N, Imad A. A ductile fracture analysis using a local damage model[J]. International Journal of Pressure Vessels and Piping, 2008, 85(4): 219-227.

[11] 郑小涛. 复杂条件下结构的安定性分析与评价方法研究[D]. 上海: 华东理工大学, 2011.

[12] Yang X J. Low cycle fatigue and cyclic stress ratcheting failure behavior of carbon steel 45 under uniaxial cyclic loading[J]. International Journal of Fatigue, 2005, 27(9): 1124-1132.

[13] Düber O, Künkler B, Krupp U, et al. Experimental characterization and two-dimensional simulation of short-crack propagation in an austenitic-ferritic duplex steel[J]. International Journal of Fatigue, 2006, 28(9): 983-992.

[14] Micol A, Zeanh A, Lhommeau T, et al. A`n investigation into the reliability of power modules considering baseplate solders thermal fatigue in aeronautical applications[J]. Microelectronics Reliability, 2009, 49(9-11): 1370-1374.

[15] Qu X, Chen Z Y, Qi B, et al. Board level drop test and simulation of leaded and lead-free BGA-PCB assembly[J]. Microelectronics Reliability, 2007, 47(12): 2197-2204

[16] SchmunK R E, Korth G E. Tensile and low-cycle fatigue measurements on cross-rolled tungsten[J]. Journal of Nuclear Materials, 1981, 104: 943-947.